海洋经济分析评估
理论、方法与实践

何广顺　丁黎黎　宋维玲　编著

海洋出版社

2014 年·北京

图书在版编目(CIP)数据

海洋经济分析评估理论、方法与实践 / 何广顺，丁黎黎，宋维玲编著. —北京：海洋出版社，2014.5

ISBN 978 - 7 - 5027 - 8867 - 4

Ⅰ. ①海… Ⅱ. ①何… ②丁… ③宋… Ⅲ. ①海洋经济 - 经济分析 - 研究 Ⅳ. ①P74

中国版本图书馆 CIP 数据核字(2014)第 095279 号

责任编辑：高朝君
责任印制：赵麟苏

海洋出版社　出版发行

http://www.oceanpress.com.cn
北京市海淀区大慧寺路 8 号　邮编：100081
北京旺都印刷有限公司印刷
2014 年 5 月第 1 版　2014 年 5 月北京第 1 次印刷
开本：787 mm×1092 mm　1/16　印张：27.25
字数：548 千字　定价：68.00 元
发行部：62132549　邮购部：68038093
编辑室：62100038　总编室：62114335
海洋版图书印、装错误可随时退换

前　　言

　　海洋经济分析评估是反映海洋经济发展状况的一项基础性工作，也是开展海洋经济管理工作的重要依据。随着海洋经济的快速发展，社会各界对海洋经济的关注度不断提高，各级海洋管理部门和科研院所对海洋经济进行分析评估的需求也在日益增长。特别是在国家和省级海洋经济运行监测与评估系统建设过程中，需要分析评估哪些内容？用什么方法来进行分析评估？这些现实问题一直困扰着大多数海洋经济工作者。本书从拓展海洋经济研究的深度和广度出发，以宏观经济理论和统计学理论方法为指导，以海洋经济统计资料为基础，对我国海洋经济运行过程、规律以及海洋经济总量、产业结构和布局等进行了较为系统的分析评估，其目的是为全面深刻认识海洋经济发展规律及其特征提供一把开启思路的钥匙。

　　本书的核心思想是通过实证来考察和检验宏观经济理论和方法在海洋经济领域中的适用性。因此，在每章结构和内容的编排上力求简明易懂，对涉及的各种理论只做简要梳理和阐述，对涉及的分析评估方法只介绍怎样使用，尽量避免数学推导，希望能使读者易学易用。全书共分为十章，除第一章概述和第十章统计分析报告以外，每章节都力求能解决某一类专门问题，因此全书不仅具有一个完整的框架体系，而且各个章节均具有较强的独立性，可以根据实际需要单独使用。

　　本书是集体智慧与力量的结晶，也是在师友和家人的鼓励、支持和帮助下才得以完成的。在编写过程中，从确定框架结构和写作提纲，到明确编写体例和实际撰写，都经过了大家的充分讨论和交流。其中丁黎黎参与撰写了第三、五、八章，宋维玲参与撰写了第三、六、八章，郑慧参与撰写了第四章，王涛参与撰写了第二、三、八章，李琳琳参与撰写了第四、五、七章，何佳霖参与撰写了第六、七章；全书的实证基本由李琳琳和王涛完成；全书的统稿工作由笔者和宋维玲完成。在本书的写作过程中，我们参考、引用了大量的相关文献，在此向各位作者表示衷心的感谢！所引用的文献虽尽量给予了注明，但恐仍有疏漏，不周之处敬请谅解。

　　由于我们的学识、能力与水平有限，加之海洋经济分析评估本身又是比较新的研究领域，在某些问题上我们仅仅做了一些有益的探索和尝试，在分析评估的深度和广度上还远远不够，因此我们期待同行专家批评指正，并将致力于进一步的完善。

何广顺

2014 年 2 月于天津

目　　录

第一章 绪 论

海洋经济分析评估是在海洋经济统计调查的基础上，运用各种分析评估方法对海洋经济运行的数量关系进行研究的实践活动，是经济统计工作的统计设计、统计调查、统计整理和统计分析四个阶段中最后一个阶段。海洋经济分析的实质是以宏观经济理论为指导，以海洋经济统计资料为基础，以统计分析方法为手段，对海洋总量、产业结构、区域布局、经济增长和周期波动等所进行的分析评估。

第一节 我国海洋经济发展历程

全面了解我国海洋经济发展的历程，对开展海洋经济分析会有极大的帮助。纵观我国海洋经济发展的历程，大体经历了初级发展、快速发展和全面发展三个阶段。

一、海洋经济初级发展阶段

从新中国成立到改革开放前，是海洋经济初级发展阶段。这一阶段由于受到整个国家经济环境的影响和生产力发展水平的制约，加之对海洋的认知程度较低，海洋经济发展主要以资源依赖型、劳动密集型、自给自足型的产业为主；海洋产业结构比较单一，以海洋捕捞为主的海洋渔业占有绝对优势，海洋经济规模很小。由于该阶段我国开发海洋资源的能力不足，所以经济活动对海洋资源和环境产生的压力较小，人与自然的矛盾尚不突出，海洋资源环境承载能力尚未被削弱，海洋环境基本处于"原生态"水平。

二、海洋经济快速发展阶段

从改革开放以后到20世纪末，是海洋经济高速发展阶段。这一阶段随着对外开放水平的不断提高，沿海的区位优势逐步显现，吸引了大量的资金、技术、劳动力向沿海一带聚集。海洋经济总量快速增长，特别是"八五"和"九五"期间，海洋经济的增长速度都高于国民经济。该阶段海洋开发科技水平显著提高，开发强度日趋增大，但海洋三次产业结构仍不尽合理，海洋渔业仍然占据半壁江山。由于海洋管理的法律法规还不健全，管理经验不足，海洋开发方式较为粗放，出现了海洋资源开发"无序""无度""无偿"的现象，在追求海洋经济高速发展的同时，给近海资源和环境带来巨大压力，海洋环境质量整体下降。

三、海洋经济全面发展阶段

进入 21 世纪以来，随着科学发展观的确立与实践的深入，人们逐渐认识到海洋资源过度开发带来的后果，越来越关注海洋经济发展与资源环境的关系，关注沿海地区的可持续发展。海洋经济开始向又好又快的方向转变。"十五"期间，海洋经济年均增长 16.7%，比同期国民经济高出 3 个百分点。"十一五"期间，海洋经济年均增长 13.5%，持续高于同期国民经济增速。在此期间，海洋三次产业结构不断调整优化，由"十五"期初的 7∶44∶49 调整为 2012 年的 5∶46∶49，呈现出"三二一"的发展格局。随着海洋技术创新的不断突破，海洋传统产业得到改造提升，海水利用业、海洋可再生能源业等以海洋高技术为支撑的战略性新兴产业快速发展，"十一五"期间年均增速超过 20%。同时，邮轮、游艇、休闲渔业、海洋文化、涉海金融及航运服务业等一批新型服务业初露端倪，成为"十一五"期间海洋经济发展的新亮点。同时，海洋经济增长方式从注重数量向注重质量过渡，海洋环境保护工作得到重视和加强，但近岸海域环境尚未根本好转，海洋环境污染形势依然严峻。进入"十二五"以来，随着世界经济的持续低迷和国内经济的增速放缓，我国海洋经济发展的外部环境正在发生深刻变化，海洋经济虽然仍保持着平稳的发展态势，但已难以保持前些年的高速增长。据初步核算，2012 年海洋生产总值为 50 087 亿元，比上年增长 7.9%。可以说，海洋经济已经由高速增长期进入结构调整期。

第二节　海洋经济分析内容与作用

一、海洋经济分析的内容

海洋经济分析的基础是海洋经济统计数据，离开统计数据，统计分析工作只能是纸上谈兵。因此，海洋经济分析的内容和深度是随着统计数据的可获得性而不断发展和完善的。在现有条件下，目前能够开展的海洋经济分析评估的内容主要包括：海洋经济总量、海洋产业、区域海洋经济、海岛经济、海洋经济增长、海洋经济周期、海洋经济监测预警和国际海洋经济发展等。

根据海洋经济工作实践，海洋经济分析主要包括制度化统计分析和专题统计分析。海洋经济制度化统计分析主要依托《海洋统计报表制度》和《海洋生产总值核算制度》，是在海洋经济统计指标体系和统计资料的基础上，对海洋经济发展总量、产业结构、增长速度、取得的主要成绩、存在的主要问题、相关对策建议以及海洋经济规划实施效果评估等所进行的全面系统分析。如：国家海洋局每年年初发布的《中国海洋经济统计公报》，每年 8 月发布的《上半年海洋经济统计分析报告》以及随着统计频次的增加而增加的季度和月度海洋经济统计分析等，其主要任务是为海洋经济管理决策提供系统、客观和科学的依据。

海洋经济专题统计分析是根据海洋经济管理工作的需要，针对具体领域或某一具体问题而不定期开展的专项统计分析。如：国家海洋局 2003 年开展的涉海就业人员统计分析，2007 年开展的海岛经济统计分析以及 2009 年开展的金融危机对海洋产业发展的影响分析等。专题统计分析是制度化统计分析的一种补充，其主要目的是对所研究的专题或问题进行更加深入的分析和认识，以解决制度化统计分析无法或难以完成的工作。因此，单纯依靠制度化统计资料是不足以完成专题统计分析工作的，在具体实践中，要结合补充调查、抽样调查、典型调查和问卷调查等手段，去采集更全面、更详细的基础数据和资料。

二、海洋经济分析评估的作用

随着海洋经济统计工作的不断完善，海洋经济分析也在不断完善，在总量和结构上不断深化系统分析的理论和方法，并从静态的、简单的分析逐步向动态的、复杂的分析发展，同时也在不断加强对海洋经济运行机制方面的系统分析。因此，海洋经济分析在海洋经济宏观指导和调控中发挥着越来越重要的作用，主要体现在以下方面[①]：

（1）把握海洋经济运行的基本状况，对海洋经济运行做出正确的判断。海洋经济是一个复杂的运行系统，不同行业、不同地区以及不同环节之间存在着复杂的经济联系，只有对海洋经济发展各个方面和各个层次进行全面分析，才能把握海洋经济运行的全貌，并在此基础上对海洋经济运行的状态做出正确的判断。

（2）揭示海洋经济运行中的主要矛盾和问题，为制定海洋经济政策、进行宏观指导和调控服务。通过开展海洋经济分析，可以揭示海洋经济运行中存在的主要矛盾和问题，及时发现新出现的重要矛盾和问题，分析问题的性质、形成的原因、对海洋经济发展和运行的影响，揭示这些矛盾和问题发展变化的趋势和动

---

① 参考陈瑾玫. 宏观经济统计分析的理论与实践［M］. 北京：经济科学出版社，2005.

向，从而为政府决策部门有针对性地采取一些经济政策措施提供依据。

（3）分析海洋经济政策的效应和有效性。海洋经济运行质量如何，很大程度上反映了海洋经济政策实施的效应，海洋经济分析能够反映经济政策实施的效果与预期效果的差异、经济政策执行情况、经济政策对各行业的影响情况以及政策实施后所产生的新情况和新问题，从而检验海洋经济政策的正确性和适应性，为政府决策部门重新制定或修正现行政策提供全面、可信的参考。

（4）预测海洋经济发展趋势和运行态势，提出今后海洋经济管理的对策建议。通过开展海洋经济分析，可以对海洋经济未来发展走向做出基本判断，包括经济增长的适合速度、经济运行的变化和平稳程度、经济运行质量前景以及经济运行中可能出现的一些问题，从而为决策者提供具有重要参考价值的政策咨询建议。

第三节　海洋经济分析指标

统计指标是经济分析的基础和工具。海洋经济分析是从海洋经济现象的数量方面来认识海洋经济活动的，因此就要借助于海洋经济统计指标。根据统计指标的作用和特点，海洋经济分析所应用的指标包括绝对指标（亦称总量指标）、相对指标和平均指标三类。这三类指标在统计学中都是用于概括和分析现象总体的数量特征和数量关系的，统称为综合指标。海洋经济分析评估离不开这三种基本的综合指标，其他统计指标都是在这些基本指标的基础评估上进一步加工、演化和具体运用的结果。

一、绝对指标

绝对指标是反映经济现象在一定时间、地点、条件下的总规模或总水平的统计指标。绝对指标也称为总量指标或绝对数。绝对指标是计算相对指标、平均指标和各种分析指标的基础。相对指标和平均指标一般都是由两个相关的绝对指标对比得到的，它们都是绝对指标的派生指标。

绝对指标是统计分析过程中所使用的最基本的综合指标，在实际工作中应用十分广泛。在经济分析中，绝对指标主要用于经济总体或各产业的价值量、实物量的差额分析和反映某一经济现象在两个不同时期数量增减的变化。如：2011年我国海洋生产总值为 4.55 万亿元，海水养殖产量为 1551.3 万吨，沿海地区海盐产量比上年增长 35.79 万吨等都是绝对指标。

按绝对指标反映的时间状况不同，绝对指标又分为时期指标和时点指标。时期指标又称时期数，它反映的是经济现象在一段时期内的总量。如海水养殖产量、盐产量、海洋服务业收入等。时期数通常可以累积，从而得到更长时期内的总量。时点指标又称时点数，它反映的是经济现象在某一时刻上的总量，如年末涉海就业人数、涉海企业设备台数、海洋专业在校学生数等。时点数通常不能累积，各时点数累积后没有实际意义。

在经济分析中，绝对指标具有一定的经济内容，一般都有计量单位。按绝对指标所反映的客观事物性质的不同，计量单位可分为实物单位、货币单位和劳动单位。如万标准箱、万元、天等。

使用绝对指标时应注意：①一般情况下，只有同类现象才能加总。例如，海洋水产品产量和海洋化工产品产量，两者的性质不同，所以不能将两者加总。但在某些特殊情况下，对于具体形式不同但使用价值相同的产品，可以折算为标准品再行加总，如原煤、原油、天然气、水电等，可以折算成标准煤后加总。②必须明确绝对指标的含义。只有明确绝对指标的含义，才能科学地确定指标的计算范围和计算方法，进而准确地计算绝对指标。例如，海洋电力业增加值是指电力企业和单位一定时期内在沿海地区利用海洋能、海洋风能进行电力生产活动的最终成果的货币表现形式。沿海火力发电、核能发电都不是海洋电力业应包括的内容。因此，一定要根据研究目的，统一规定指标的含义。③统计汇总时必须要有统一的计量单位。同类现象的绝对指标的数值，其计量单位只有统一时，才能加总，否则，在统计汇总时，首先要换算成统一的计量单位。如：海水水产品的计量单位可用吨或千克表示，计算时要统一。

二、相对指标

相对指标是说明经济现象之间数量对比关系的统计指标，是两个有联系的绝对指标数值之比，又称相对数。相对指标在经济分析中有着较为广泛的应用，其表现形式通常为比例和比率两种。如：2012 年，我国海洋经济增长速度为7.9%；海洋生产总值占国内生产总值的比重为 9.6% 等都是相对指标。

根据对比基础和研究目的的不同，相对指标可以分为结构相对指标、比例相对指标、动态相对指标、比较相对指标、强度相对指标和计划相对指标六种。在经济分析实践中，比较常用的是前四种。

结构相对指标是总体某部分数值与总体全部数值之比，又称比重或比率，一般用百分数(%)表示。如海洋三次产业比重。利用结构相对指标可以研究总体内各组成部分的分配比重及其变化情况，从而深刻认识事物各个部分的特殊性及其在总体中所占的地位。

比例相对指标是同一总体各组成部分数量之间的对比而得到的相对指标，又称比例相对数。利用比例相对指标，可以分析总体内各组成部分或各局部之间的数量关系是否协调一致。按比例发展是事物发展的客观要求,如各产业之间的比例、人口性别比例等都可以运用比例相对指标进行分析研究。在比例相对数的计算过程中,分子和分母数值可以互换颠倒。

动态相对指标是指将同类指标在不同时期数量对比关系的相对指标,一般用百分数(%)或倍数表示。其中的基期可以是上期、上年同期、历史水平最好时期,也可以是特殊意义的时期。动态相对指标实际上就是发展速度,在统计分析中应用广泛,利用该指标可以了解经济活动的发展动态和增长速度(即发展速度减1)。当动态相对指标值大于0小于1时,表明报告期水平低于基期水平;当动态相对指标值等于1或大于1时,表明报告期水平达到或超过基期水平。

比较相对指标是将两个不同地区、部门、单位的同类指标做静态对比得到的相对指标,一般用百分数(%)或倍数表示。使用时,相比较的两个指标所属的指标含义、口径、计算方法和计量单位必须要一致。比较相对指标可以用绝对指标进行对比,也可以用相对指标或平均指标进行对比。但由于总量指标易受总体范围大小的影响,因而,计算比较相对指标时,更多地采用相对指标或平均指标。例如我国人均 GDP 与英国人均 GDP 相比。

强度相对指标又称强度相对数,是有一定联系的两种性质不同的总量指标相比较形成的相对指标。通常以复名数和百分数(%)、千分数(‰)等无名数表示。例如人口密度。

计划相对指标又称计划完成百分数。将实际完成数与计划任务数相比较,用以表明计划完成情况的相对指标,通常用百分数(%)表示。计划完成程度指标的分子是实际完成数,分母是计划任务数,分子和分母在指标含义、计算方法、计量单位以及时间长度等方面应该完全一致。同时,分子、分母不允许互换。

相对指标的使用原则是:①要与绝对指标相结合。相对指标虽可以反映现象之间的差异程度,但把现象的绝对水平抽象化了,说明不了现象之间在绝对数量上的差异。因此,应用相对指标进行统计分析时,必须与其背后的绝对水平以及两个对比指标的绝对额结合起来,以全面、正确地认识客观事物。②要注意分子与分母的可比性。主要是指对比的分子和分母两个指标之间在经济内容、计算范围、计算方法和计量单位等方面要保持一致或相互适应的状态。例如,由于不同时期商品和劳务价格水平的不同,不能简单地将 2011 年海洋生产总值同 2005 年海洋生产总值进行对比,为了保证两者的可比性,应剔除价格因素影响,统一使用不变价。③要综合运用多种相对指标。一种相对指标只能说明一个方面的问题,在分析研究复杂现象时,应该将多种相对指标结合起来运用,这样才能把从不同侧面反映的情况结合起来观察分析,从而较全面地说明客观事物的情况及其发展规律。

三、平均指标

平均指标又称平均数，是海洋经济统计中十分重要的指标。平均指标是指同质总体的某一标志值在一定时间、地点条件下达到的一般水平。它在一定意义上反映了总体分布的集中趋势。利用平均指标还可以比较不同空间同一事物一般水平的差异，比较总体各种标志的一般水平在时间上的变动过程和趋势，分析现象之间的依存关系。

平均指标是把各个变量之间的差异抽象化，从而说明总体的一般水平。平均指标只能在同质总体中计算，这是计算平均指标的前提。常用平均指标的计算方法主要有五种：简单算术平均数、加权算数平均数、几何平均数、众数和中位数。

简单算术平均数是计算平均指标最基本、最常用的方法，是将总体各个单位的指标数值加总除以总体单位个数。在计算算术平均数时，分子与分母必须同属一个总体，在经济内容上有着从属关系，即分子数值是分母各单位标志值的总和。也就是说，分子与分母具有一一对应的关系，有一个总体单位必有一个标志值与之对应。

加权算术平均数是具有不同比重的数据（或平均数）的算术平均数。比重也称为权重，反映了该变量在总体中的相对重要性，每种变量权重的确定与一定的理论经验或变量在总体中的比重有关。依据各个数据的重要性系数（即权重）进行相乘后再相加求和，就是加权和。加权和与所有权重之和的比就是加权算术平均数。加权算术平均数主要用于原始资料已经分组，并得出次数分布的条件。当各个标志值的权数都完全相等时，权数就失去了权衡轻重的作用，这时候，加权算术平均数就成为简单算术平均数。

几何平均数是 n 项变量值连乘积的 n 次方根。在经济分析中，几何平均数常用来计算多年平均发展速度。

众数是总体中出现次数最多的标志值。它能直观地说明客观现象分配中的集中趋势。如果总体中出现次数最多的标志值不是一个，而是两个，那么，合起来就是复（双）众数。只有在总体单位数较多，各标志值的次数分配又有明显的集中趋势时才存在众数；如果总体单位数很少，尽管次数分配较集中，那么计算出来的众数意义也不大；或尽管总体单位数较多，但次数分配不集中，即各单位的标志值在总体分布中出现的次数较均匀，那么也无所谓众数。由于众数是由标志值出现次数多少决定的，不受资料中极端数值的影响，因此使用众数可以增强对总体一般水平的代表性。

中位数是将各单位标志值按大小排列，居于中间位置的那个标志值就是中位数。对于未分组资料先将数据按从小到大顺序排列，如项数为奇数，居于中间的那个单位标志值就是中位数；如项数为偶数，那么中位数就是中间两个数据的平均数。使用中位数可以不受数列中极大或极小数据的影响，同样也可以增强对总体一般水平的代表性。

第四节　海洋经济分析数据预处理

高质量的数据是统计分析结论可靠性的根本保障。作为统计整理阶段的重点工作，统计数据预处理是对原始数据质量进行审查、诊断、评估及提升的一个过程，它直接决定着分析数据的质量，影响到统计产品的可信度以及以此所做决策的科学性。本节重点就统计数据预处理的必要性、处理过程和处理方法进行论述。

一、统计数据预处理的必要性

在统计工作中，人们普遍重视对数据收集和统计分析的研究，却相对忽视对数据收集之后、正式分析之前这一中间阶段的研究，而这一阶段的主要工作就是统计数据的预处理。在数据收集阶段，无论如何仔细认真，不管是一手数据还是二手数据，总是不可避免地会存在一些质量问题。统计调查数据由于调查过程中的工作失误、被调查者不配合、抽样方法选取不当、问卷设计不合理等因素而存在误差；利用信息采集系统收集到的数据，由于数据录入、转换及数据库链接等过程中的失误，可能会出现错误字段、记录重复或缺失等问题；政府统计部门生产的宏观统计数据，也会因人为干扰、体制缺陷等原因而存在数据质量问题；一些上市公司在财务数据上弄虚作假、发布虚假信息；一些商业性调查由于样本选择不规范、调查偷工减料、弄虚作假，甚至人为编造数据，让人对数据质量产生质疑。正是由于这些问题的客观存在，降低了统计结果的可信度，同时也给后续的研究工作带来严重影响。

统计数据的质量需要贯穿统计工作始终，数据质量是计量经济模型赖以建立和成功应用的基础条件，保障统计数据的质量是统计分析的关键，为了满足统计分析的实际需要，提高数据质量，保证统计分析结果的客观、有效，在正式开展统计分析之前，对统计数据进行预处理是十分必要的。

二、统计数据预处理的步骤

统计数据预处理包括数据审查、数据清理、数据转换和数据验证四大步骤。[①]

---

① 程开明. 统计数据预处理的理论与方法述评. 统计与信息论坛[J]. 2007, 2(6)：98 – 103.

(一)数据审查

主要检查数据的数量(记录数)是否满足分析的最低要求,字段值的内容是否与调查要求一致,是否全面;还包括利用描述性统计分析,检查各个字段的字段类型,字段值的最大值、最小值、平均数、中位数等,记录个数,缺失值或空值个数等。

(二)数据清理

主要针对数据审查过程中发现的明显错误值、缺失值、异常值、可疑数据,选用适当的方法进行"清理",使"脏"数据变为"干净"数据,有利于后续的统计分析得出可靠的结论。当然,数据清理还包括对重复记录进行删除。

(三)数据转换

数据分析强调分析对象的可比性,但不同字段值由于计量单位等不同,往往造成数据不可比;对一些统计指标进行综合评价时,如果统计指标的性质、计量单位不同,也容易引起评价结果出现较大误差,再加上分析过程中的其他一些要求,需要在分析前对数据进行变换,包括无量纲化处理、线性变换、汇总和聚集、适度概化、规范化以及属性构造等。

(四)数据验证

数据验证的主要目的是初步评估和判断数据是否满足统计分析的需要,决定是否需要增加或减少数据量。利用简单的线性模型以及散点图、直方图、折线图等图形进行探索性分析,利用相关分析、一致性检验等方法对数据的准确性进行验证,确保不把错误和偏差的数据带入到数据分析中去。

上述四个步骤是逐步深入、由表及里的过程。先是从表面上查找容易发现的问题(如数据记录个数、最大值、最小值、缺失值或空值个数等),接着对发现的问题进行处理,即数据清理,再就是提高数据的可比性,对数据进行一些变换,使数据形式上满足分析的需要。最后则是进一步检测数据内容是否满足分析需要,诊断数据的真实性及数据之间的协调性等,确保优质的数据进入分析阶段。

三、统计数据预处理的方法

选用恰当方法开展统计数据预处理,有利于保证数据分析结论真实、有效。根据处理对象的特点和各步骤的不同任务,统计数据预处理可采用的方法包括描述和探索性分析、缺失值处理、异常值处理、数据变换技术、信度与效度检验、宏观数据诊断六类。①

---

① 程开明. 统计数据预处理的理论与方法述评. 统计与信息论坛[J]. 2007,2(6):98-103.

对应于统计数据预处理的四个步骤，各有不同的处理方法。数据审查阶段主要是对调查数据进行信度、效度检验，利用描述及探索性分析手段对数据进行基本的统计考察，初步认识数据特征；数据清理阶段主要是利用多种插值方法对缺失值进行插补，采用平滑技术进行异常值纠正；数据转换阶段则根据不同的需要可供选择的方法较多，针对计量单位不同可采用无量纲化和归一化，针对数据层级不同可采用数据汇总、泛化等方法，结合分析模型的要求可对数据进行线性或其他形式的变换、构造和添加新的属性以及加权处理等；数据验证阶段包括确认上述步骤的正确性与有效性，检查数据的逻辑转换是否造成数据扭曲或偏差，并再次利用描述及探索性分析检查数据的基本特征，对数据之间的平衡关系及协调性进行检验。

（一）描述和探索性分析

描述性统计技术主要是对数据开展频数、描述统计量及列联表分析。频数分析是利用非连续变量的频数表，报告出变量个数、记录数以及缺失值等；描述统计量分析主要是计算连续变量的均值、标准差、最小值、最大值、偏度、峰度等统计量，以便检查出超出范围的数据或极端值；列联表分析主要起到交叉分类的作用，从中可以很容易地发现逻辑上不一致的数据。

探索性分析利用图形直观地考察数据所具有的特征，反映数据的分布特征、发展趋势、集中和离散状况等，主要包括茎叶图、箱形图、散点图、直方图、折线图、条形图等。茎叶图把观测数据分为茎和叶两部分，使我们认识到数据接近对称的程度、是否有数据远离其他数据、数据是否集中、数据是否有间隙等特征。箱形图有助于直观地描述分布与离散状况，利用最大值、最小值、中位数、上四分位数和下四分位数等反映出数据的实际分布。散点图用于直观地表现两个或多个变量之间有无相关关系，并反映数据的分布、集中、离散状况；P－P图和Q－Q图则可用于展示数据是否符合正态分布；直方图、折线图、饼图、雷达图等，都可从不同侧面直观反映出数据的特征和趋势。

（二）缺失值处理

对缺失数据的处理方法可以分为四类。

1. 忽略

若一条记录中有属性值缺失，则将该条记录排除在数据分析之外。该方法简单易行，但是容易导致严重的偏差，仅适用于含有少量缺失数据的情况。

2. 插补（替代）

可采用以下几种方法：①使用一个固定的值代替缺失值。所有缺失值用一个常量代替，譬如用字母"N"代替缺失值。当某一属性的缺失值较多，使用此方法可能导致结果出现偏差，也只适合于缺失值不多的情况。②使用均值代替缺失值。对同一属性的所有缺失值都用其平均值代替，可选用简单及加权算术平均数、中位数和众数，要尽量使替代值更接近缺失值，减少误差。③使用同一类别的均值代替缺失值。对数据按某一标准分类，分别计算各个类别的均值来代替相应类别的缺失值，不同类别的均值可选用不同的平均数。④使用成数推导值代替缺失值。若同一属性的记录值只有少量几种，可计算各种记录值在该属性中所占比例，并对缺失值同比例赋值，该方法较适合缺失属性为是非标志的情况。⑤使用最可能的值代替缺失值。利用回归分析、决策树或贝叶斯方法等建立预测模型，利用预测值代替缺失值。该方法相对复杂，但能够最大限度地利用现存数据所包含的信息。

3. 再抽样

包括以下三种情况：①多次访问。对无回答单位进行再次补充调查，尽可能多地获得调查数据。如果缺失数据是不可忽略的，由于积极回答者和不积极回答者之间的数量特征有较大差异，多次访问很有必要，且差异越大，访问次数也需相应增加。②替换被调查单位。在出现无回答的情况下，为使样本量不低于原设计要求，补救方法之一是实行替换，用总体中最初未被选入样本的其他单位去替代那些经过努力后仍未获得回答的单位，替换时应尽可能保证替代者和被替代者的同质性。③对无回答进行子抽样。当后续访问的单位费用昂贵时，子抽样可作为减少访问次数的一种方法。

4. 加权调整

利用调整因子来调整包含缺失数据所进行的总体推断，将调查设计中赋予缺失数据的权数分摊到已获取数据身上。该方法的前提是已获得数据与缺失数据之间没有显著差异，主要用于单位数据缺失情况下的调整。

（三）异常值处理

异常值处理的首要任务是检测出孤立点。由于异常值可能是数据质量问题所致，也可能反映事物现象的真实发展变化，所以检测出异常值后必须判断其是否为真正的异常值。检测异常值的方法主要包括统计学方法、基于距离的方法和基于偏离的方法，但这些方法比较复杂，应用难度较大。

1. 统计学方法

首先对源数据假设一个分布或概率模型，然后根据模型采用相应的统计量做不一致性检验来确定异常值。常用的方法是用切比雪夫定理来检测异常值。该方法要求知道数据的分布参数，而多数情况下这一条件难以满足，故具有一定的局限性。

2. 基于距离的方法

源数据中数据对象至少有 p 部分与数据对象 O 的距离大于 d，则数据对象 O 是一个带参数 p 和 d 的基于距离的异常值，常用的距离是欧氏距离。

3. 基于偏离的方法

通过检查一组数据对象的主要特征来确定异常值，与给出的描述相"偏离"的数据对象被认为是异常值。对检测出的事实异常值还要进行处理，处理方法主要是采用分箱、聚类、回归等数据平滑技术，按数据分布特征修匀源数据。

(四)数据变换技术

数据变换是通过一定的方法将原始数据进行重新表达，以改变原始数据的某些特征，增进对数据的理解和分析。一般包括以下几类。

1. 对原始数据重新分类、编码、定义变量和修改变量

对于以下两种情况，有必要将原始数据重新分类或重新编码：①希望将数据分成更有意义的类别；②希望将数据合并成更少的几大类别。重新定义变量或修改现有变量也经常用到，有时变量间呈现出曲线关系，分析前可能需要利用现有变量定义新的变量。重新规定变量的另一种情况是标准化，目的是为了使不同计量单位或不同量级的变量在分析中具有可比性。

2. 数据的代数运算

当变量间的关系是非线性关系时，有时为了便于模型求解，对数据要进行一些代数运算，譬如对数、指数、幂运算等，当然也可能是多种运算的组合。

3. 数据汇总和泛化

对数据进行汇总或合计操作，譬如对日销售额进行汇总可得到月销售额和年销售额；泛化处理则是利用更高层次的概念取代低层次的数据，如县级属性可以泛化到地级市、省、国家等更高层次的属性。

4. 属性构造

根据给定的属性(字段)，构造新的属性(字段)，以更好地理解数据结构和更容易发现变量间的关系。譬如可以根据"长"和"宽"添加属性"面积"、根据"产量"和"价格"得到"产值"这样新的属性。

5. 加权处理

有时对调查取得的数据需要进行加权处理，以使样本更具有代表性或是强调某些被调查群体的重要性。

(五)信度和效度检验

问卷调查是通过获取样本信息以推断总体特征，推断结果是否真实可靠依赖于样本信息的准确性和代表性。如果样本不具有代表性，对总体的推断结果便会

失真。因此，必须对样本数据所能达到的正确程度和水平高低做必要的检验，即信度和效度检验。信度是对调查对象而言的，主要反映回答前后是否一致，即调查结果的可靠性问题；效度是针对调查统计所要研究的问题而言，主要回答调查工具是否合适，即调查结果的正确性问题。

信度是指调查统计结果的稳定性或一致性，也就是对同一调查对象多次重复进行调查或测量，所得结果的一致程度。可表示为 N 次调查中有多少次是正确的，或每次调查属于正确的概率是多少。信度的度量通常是以相关系数来表示的，又称信度系数，可以利用相关分析、计算 α 系数等方法来进行检验。效度是指调查结果反映客体的准确程度，反映出调查问卷本身设计的问题。如果问题设计得科学、合理，能够对调查对象进行很好的测量，那么效度就高，反之则低。效度检验具体包括内容、准则和建构三个方面，分别对应内容效度、准则效度和构建效度，可以利用相关分析和因子分析等方法进行检验。

(六)宏观统计数据诊断

数据诊断是通过适当的理论方法，发现对研究结果的可靠性产生显著不良影响的数据。对于横截面数据的质量诊断主要基于计量模型通过各种诊断统计量来进行，而对于时间序列数据则通过时间序列分析来进行。主要方法包括：

1. 分量指标对总量指标的支撑度判断

选取与总量指标密切相关的分量指标进行多元回归分析，建立相应的模型，测算出分量指标数据所能支撑的总量数值，再将支撑数据与现实数据进行比较。

2. 宏观统计数据的因果性分析

如果某个变量的统计数据存在异常，利用与其存在因果关系的变量进行推论，可以得到该变量的真实数据，以对其进行修正。

3. 各专业数据之间的匹配关系判断

国民经济各指标间存在着一定比例关系，把握主要经济指标的合理数量界限，界定其趋势范围，是检验这些数据质量的关键。利用主要经济指标间的比例关系，能够检测出未来短期内的数据置信程度。

4. 时间序列的预测值与实际值的比较

以经济指标的现有数据为基础，利用各个经济变量自身发展情况的走势进行最优化模拟，建立相应的时间序列模型，对相应指标进行预测，可得到该指标在理论上应该达到的数值，然后与实际数据相对比，以此评价实际数据与理论值的接近程度。

5. 其他手段

包括全面调查与抽样调查的结果相验证，投入产出调查与国民经济核算资料相验证，利用统计执法检查的结果对数据进行调整等。

统计数据预处理必须以统计分析的要求为出发点，其目的是提高进入分析阶段的数据质量。进行统计数据预处理时，并非每一次都要对所有步骤进行操作，而应根据研究目的、内容及数据特点，选用恰当的预处理方法和步骤。

四、统计数据标准化方法

数据标准化是统计数据预处理过程中的关键环节。经济统计指标有多种类型，其数据表现形式也各式各样：①不同的指标数据有不同的计量单位（量纲），即使是同一个指标，若采用不同的计量单位，所得的数据值也会不同；②不同指标数据值的大小不尽相同，有的达数万甚至更大，有的只有零点几，在量级上相差悬殊；③指标具有不同的性质，有些指标（正向指标）对分析对象有正向作用力，有些指标（逆向指标）对分析对象有逆向作用力；④有些指标（效益型指标）数据值越大越好，有些指标（成本型指标）数据值越小越好，还有一些指标值（适度型指标）过大过小都不好。如果将这些不同性质、不同类型的指标放在一起进行分析评价，则很难从数值的大小上判断出分析对象的优劣，也很难得出正确的结论。因此，在开展统计分析之前，通常需要先将数据进行标准化，利用标准化后的数据进行统计分析。

（一）常用的数据标准化方法

数据标准化处理主要包括数据同趋化处理和无量纲化处理两个方面。数据同趋化处理主要解决不同性质指标的数据问题，对不同性质指标直接加总不能正确反映不同作用力的综合结果，须先考虑改变逆指标数据性质（一般采用取倒数或取负数等），使所有指标对分析对象的作用力同趋化，再加总才能得出正确结果。数据无量纲化处理主要解决数据的可比性问题，去除数据的单位限制，将其转化为无量纲的纯数值，便于不同单位或量级的指标能够进行比较和加权。

数据标准化的方法有很多种，最常用的有以下八种方法，每种方法中正向指标和负向指标的计算方法略有不同。

1. 标准差标准化

亦称 z – score 标准化，该方法所得到的新数据，平均值为 0，标准差为 1。正向指标的计算公式为

$$新数据 = （原数据 - 均值）/标准差$$

逆向指标的计算公式为

$$新数据 = （均值 - 原数据）/标准差$$

2. 极差标准化

亦称 min – max 标准化，该方法得到的数据值均在 0 与 1 之间，其正向指标

的计算公式为

$$新数据 = (原数据 - 极小值)/(极大值 - 极小值)$$

逆向指标的计算公式为

$$新数据 = (极大值 - 原数据)/(极大值 - 极小值)$$

3. 极大值标准化

亦称极小化标准化，正向指标的计算公式为

$$新数据 = 原数据/极大值$$

逆向指标的计算公式为

$$新数据 = 1 - 原数据/极大值$$

4. 极小值标准化

亦称极大化标准化，正向指标的计算公式为

$$新数据 = 原数据/极小值$$

逆向指标的计算公式为

$$新数据 = 极小值/原数据$$

5. 均值标准化

正向指标的计算公式为

$$新数据 = 原数据/均值$$

逆向指标的计算公式为

$$新数据 = 均值/原数据$$

6. 总和标准化

这种标准化方法得到的数据值均在 0 与 1 之间。正向指标的计算公式为

$$新数据 = 原数据/原数据总和$$

逆向指标的计算公式为

$$新数据 = 1 - 原数据/原数据总和$$

7. 小数定标标准化

这种方法通过移动数据的小数点位置来进行标准化。小数点移动多少位取决于原数据中的最大绝对值。计算公式为

$$新数据 = 原数据 \times 10^i$$

式中：i 为满足条件的最小整数，可取正数，亦可取负数。

8. 初值标准化

正向指标的计算公式为

$$新数据 = 原数据/原数据初值$$

逆向指标的计算公式为

新数据 = 原数据初值/原数据

此外，还有对数标准化、模糊量化标准化、折线型标准化和曲线型标准化等数据标准化方法。

（二）数据标准化方法的选择

不同的分析评价目的对数据标准化方式的要求不同，因此对数据标准化方法的选择也就不同，如果分析评价仅仅是为了排序，而不需要对评价对象之间的差距进行分析，那么无论选用哪种标准化方法，都不会对分析评价排序产生影响。也就是说，以排序为主的评价对标准化方法是不敏感的。对于需要进一步分析评价对象差距以及对评价对象进行分级的评价，一般采用极值标准化和极差标准化，这两种方法既有利于评价结果的排序，也有利于评价结果数据的深入分析和比较。

1. 数据标准化方法的比较原则

数据标准化方法的比较，一般应遵循以下三个原则[①]：

（1）同一指标内部相对差距不变原则。任何标准化方法，都不能改变评价对象指标内部数据之间的相对差距，因为如果相对差距改变了，最终评价结果评价对象间的差距就被扭曲了。

（2）不同指标间的相对差距不确定原则。所谓指标间的相对差距，是指在客观事物的发展过程中，不同指标的发展水平并不相同。有些指标发展比较快，总体水平可能较高；而有些指标发展比较慢，总体水平可能较低。数据标准化必须体现出这种差距，为了简捷起见，可以用不同指标标准化后的极差来反映。

（3）标准化后极大值相等原则。既然是数据标准化，必须保证标准化后的极大值全部相等（通常为 1 或者 100），否则就失去了标准化的意义。如果某个指标标准化后的极大值小于 1，那么总指标值也会变小，从而使人们对评价结果产生错觉。

2. 数据标准化方法的选择

选择数据标准化方法时应该注意以下几个问题[②]：

（1）标准化所选用的转换公式，一方面要求尽量能客观反映指标实际值与事物综合发展水平间的对应关系，另一方面要符合统计分析的要求。如进行聚类分析和关联分析时，选用前文讲的常用方法就可以了，而在进行综合评价时，则需要选用较为复杂的转换公式。

---

① 俞立平，潘云涛，武夷山．学术期刊综合评价数据标准化方法研究．图书情报工作[J]．2009，53 (12)：136 – 139.

② 马立平．统计数据标准化——无量纲化方法，北京统计[J]．2000，(121)：34 – 35.

（2）尽量遵循简易性原则，能够用简单转换公式的就不用复杂的转换公式。因为复杂转换公式并不是在任何情况下都比简单转换公式精确，而且越复杂的公式如曲线型转换，其参数的选择难度越大。

（3）选用标准化公式，还要注意转化自身的特点，这样才能保证转化的可能性。比如极值法和标准差法，极值法对指标数据的个数和分布状况没什么要求，转化后的数据都在 0~1 之间，转化后的数据性质较为明显，便于做进一步的数学处理，同时这种方法所依据的原始数据信息较少；而标准差法一般在原始数据呈正态分布的情况下应用，其转化结果超出了 0~1，存在着负数，有时会影响进一步的数据处理，同时该方法所依据的原始数据信息多于极值法。

选用不同的数据标准化方法，得到的数据和分析结论肯定会不同，到底哪种方法更适合实际情况，则需要对不同的方法进行比较和检验，为最大限度地避免"表面上的合理性掩盖着实际上的不合理性"的现象，我国学者利用斯皮尔曼（Spearman）等级相关系数理论，对数据标准化方法进行比较和选优，具体操作步骤如下[①]：

（1）用不同标准化方法所做的等级排序号平均值的排序作为"合理排序"。

（2）分别计算各种标准化方法的等级排序号与合理排序的斯皮尔曼等级相关系数，相关系数越小，标准化方法越差，因此要去掉此方法。

（3）重复步骤 1 和步骤 2，直到剩下最后一个标准化方法为止，则此方法为最优标准化方法。

第五节　海洋经济分析方法

正确的分析方法对于开展海洋经济分析是非常重要的。它需要根据分析的对象和要达到的分析目的，科学地选择各种分析方法来组合使用，以全面深刻认识海洋经济发展规律及其数量特征。从理论上讲，海洋经济分析方法是国民经济分析方法在海洋经济领域的应用，在实践中重点考察和检验的是其在海洋经济分析中的适用性。

一、宏观经济分析方法

1. 静态分析法

静态分析法也叫静态均衡分析法，是指完全抽象掉时间因素和经济变动过

---

① 张卫华，赵铭军. 指标无量纲化方法对综合评价结果可靠性的影响及其实证分析. 统计与信息论坛[J]，2005，20（3）：33-36.

程，在假定各种基本经济条件稳定不变，即人口数量、资本存量、技术知识水平等均保持不变的条件下，分析经济现象均衡状态的形成及其条件的方法。简单地说，就是抽象了时间因素和具体变动的过程，静止地、孤立地考察某些经济现象。在分析的过程中，从基本因素开始，逐步扩展增加因素，进而展开分析的层次。它一般用于分析经济现象的均衡状态以及有关经济变量达到均衡状态所需要的条件。通常使用短期资料和横截面数据来分析经济活动的特征和规律性。常用的静态分析法有相对数分析法、平均数分析法、比较分析法、结构分析法、因素替换分析法、综合计算分析法和价值系数分析法等。

2. 比较静态分析法

比较静态分析法是对个别经济现象的一次变动前后以及两个或两个以上的均衡位置进行比较，而撇开转变期间和转变过程本身的分析方法。因此，比较静态分析法将构成增长的各个孤立均衡状态加以比较，而不涉及从一种均衡状态发展到另一种均衡状态的调节过程和转化过程。也就是说，比较静态分析法不考虑由经济制度中固有的内生因素所决定的经济过程的发展。以自变量和因变量的状态为参照点的研究方法来分类，比较静态分析方法就是对于同一个经济问题，考察自变量的变化会引起的因变量的均衡值发生变化的情况。

3. 动态分析法

动态分析法是指考虑到时间因素，把经济现象的变化看作一个连续的发展过程，对从原有的均衡过渡到新均衡的实际变化过程进行分析的方法。其分析的角度不再是时点上的状态，而是过程上的特征和规律性。不是把经济分析的变量看作不断重复的变动，而是基于经济变量的时序关系展开分析，即随时间变化的经济过程以及经济发展由内生因素决定的过程。动态分析法十分重视时间因素，重视过程分析。

在经济学中，动态分析是对经济变动的实际过程所进行的分析，其中包括分析有关变量在一定时间过程中的变动，这些经济变量在变动过程中的相互影响和彼此制约的关系以及它们在每一个时点上变动的速率等。动态分析法的一个重要特点是考虑时间因素的影响，并把经济现象的变化当作一个连续的过程来看待。在宏观经济学中，特别是在经济周期和经济增长研究中，动态分析方法占有重要的地位。

4. 比较动态分析法

比较动态分析法是基于动态经济分析法进行的。如果说动态分析是就一个经济过程所进行的分析，那么比较动态分析就是对两个经济过程的比较分析，比较差异集中在两个方面，一方面是变量之间的时滞关系，另一方面是变量之间的依存关系，即参数变动。

5. 均衡分析法

均衡分析法是指经济体系中各种相互对立或相互关联的力量在变动中处于相对平衡而不再变动的状态。分析经济均衡的形成与变动条件的方法，叫作均衡分析法。它又分为一般均衡分析法和局部均衡分析法，二者相互对应、相互区别。

一般均衡分析法，是分析整个经济体系的各个市场、各种商品的供应同时达到均衡的条件与变化的方法。它是在与整个经济体系有关的前提为已知的条件下，以各经济因素的内在联系为依据，建立联立方程，通过数学模型，推导出与均衡状态要求相适应的各经济变量的大小，从而说明整个经济体系的均衡条件及其相应经济变量的决定。

局部均衡分析法，是在不考虑经济体系某一局部以外的因素影响条件下，分析这一局部本身所包含的各种因素相互作用中，均衡的形成与变动的分析方法。在研究经济体系中某一局部问题时，在合理的假定下，运用局部均衡分析法可以使问题简单明了，易于分析和说明。局部均衡分析法多应用于微观分析中。

6. 边际分析法

边际分析法是利用边际概念对经济行为和经济变量进行数量分析的方法。边际是指自变量发生少量变动时，在边际上因变量的变动量。这种方法对经济变量相关关系的定量分析比较严密，被广泛应用于现代经济研究中，经常用边际分析法来计算贡献率。边际分析法的特点：①数量分析，研究微增量的变化及变量之间的关系，可使经济理论精细地分析各种经济变量之间的关系及其变化过程，使得对经济变量相互关系的定量分析更严密；②最优分析，研究因变量在某一点递增、递减变动的规律，这种边际点的函数值就是极大值或极小值，边际点的自变量是做出判断并加以取舍的最佳点，据此可以做出最优决策；③现状分析，它根据两个微增量的比求解，计算新增自变量所导致的因变量的变动量，这表明边际分析是对新出现的情况进行分析，即属于现状分析。在现实社会中，由于各种因素经常变化，用过去的量或过去的平均值概括现状和推断今后的情况是不可靠的，而用边际分析则更有利于考察现状中新出现的某一情况所产生的作用以及所带来的后果。

边际分析法的一般形式为 $\Delta Y / \Delta X$，它研究一个变量的增量变化对另一个变量增量的影响程度。通常情况下，分子是分母的一部分，分母是自变量，分子是因变量，即分母是因，分子是果。

二、经济统计分析方法

1. 描述性分析方法

描述性统计分析是运用科学的变量体系来描述分析一个经济运行整体的数量

特征。在这个过程中需要指标体系的选定，也需要对所选定的变量进行准确的核算、推算和估算，还需要变量数据的可比性处理方法，这些方法既需要经验，也需要理论，还需要统计技术或技巧。描述统计方法是经济分析应用的一个非常重要的基础。该方法在数据分析的时候，首先要对数据进行描述性统计分析，以发现其内在的规律，再选择进一步分析的方法。描述性统计分析要对调查总体所有变量的有关数据做统计性描述，主要包括数据的频数分析、数据的集中趋势分析、数据离散程度分析、数据的分布以及一些基本的统计图表。

数据的频数分析可用于数据的预处理，一般使用频数分析和交叉频数分析来检验异常值。此外，频数分析也可以发现一些统计规律。比如说，收入低的被调查者用户满意度比收入高的被调查者高，或者女性的用户满意度比男性低等。不过这些规律只是表面的特征，在后面的分析中还要经过检验。

数据的集中趋势分析是用来反映数据的一般水平，常用的指标有平均值、中位数和众数等。如果各个数据之间的差异程度较小，用平均值就有较好的代表性；而如果数据之间的差异程度较大，特别是有个别的极端值的情况，用中位数或众数则有较好的代表性。

数据的离散程度分析主要用来反映数据之间的差异程度，常用的指标有方差和标准差。方差是标准差的平方，反映了各变量值与均值的平均差异，根据不同的数据类型有不同的计算方法。

数据的分布在统计分析中主要用于检验数据样本是否符合正态分布，常用的指标有偏度和峰度。偏度衡量的是样本分布的偏斜方向和程度；峰度衡量的是样本分布曲线的尖峰程度。一般情况下，如果样本的偏度接近于0，而峰度接近于3，就可以判断总体的分布接近于正态分布。

2. 相关分析法

相关分析法是分析一个经济变量与另一个经济变量之间相关关系的一种重要方法。一般而言，相关分析包括回归和相关两个方面的内容，因为回归与相关都是研究两个变量相互关系的分析方法。但就具体方法所解决的问题而言，回归分析和相关分析是有明显差别的。相关系数能确定两个变量之间相关方向和相关的密切程度。但不能指出两个变量相互关系的具体形式，也无法从一个变量的变化来推测另一个变量的变化情况，而这恰恰是回归分析的优势所在。

相关分析研究的内容主要包括：①确定谁是因，谁是果，或是互为因果；②计算相关系数，确定相关关系的存在、相关关系呈现的形态和方向以及相关程度的高低；③确定相关关系的数学表达式；④确定因变量估计值的误差程度。

相关系数 r 的符号反映相关关系的方向，其绝对值的大小则反映相关关系的密切程度，相关系数的绝对值不会超过1。当 $|r| = 1$ 时，表示两个变量为完全相

关；当$0 < |r| < 1$时，表示两个变量间存在着一定的线性关系，$|r|$数值愈大，愈接近1，表示两个变量线性相关的程度愈高，反之则表示两个变量线性相关的程度愈低。通常的判断标准是：$|r| < 0.3$称为弱相关；$0.3 < |r| < 0.5$称为低度相关；$0.5 < |r| < 0.8$称为显著相关；$0.8 < |r| < 1$称为高度相关。当$r > 0$时，表示两个变量为正相关，当$r < 0$时，表示两个变量为负相关。当$|r| = 0$时，表示一个变量的变化与另一变量无关，两个变量完全没有线性相关关系。

3. 多元统计分析方法

多元统计分析是处理多个变量的综合统计分析方法，它可以把多个变量对一个或多个变量的作用程度大小表示出来，反映事物多变量间的相互关系；可以消除多个变量的共性，将高维空间的问题降至低维空间，在尽量保存原始信息量的前提下，消除重叠信息，简化变量间的关系；可以通过事物的表象，挖掘事物深层次的、不可直接观测到的属性即引起事物变化的本质；也可以透过繁杂事物的某些性质，将事物进行识别、归类。最常用的多元统计方法有主成分分析、因子分析和聚类分析等。

主成分分析也称主分量分析，是利用降维的思想，将多个指标重新组合成一组相互独立的少数几个综合指标的多元统计分析方法。在多因素评价中，由于涉及的指标多，各指标间往往又存在一定的相关关系，而且量纲有差异，使得不同指标间难以进行直接比较，因此需要从多个指标中构造出少数几个综合指标，这样既能综合反映原来指标的信息，又尽可能不含重复信息。主成分分析法具有以下优点：①全面性。在选择了主分量后，仍能保留原始数据信息量的85%以上，保证了对研究问题的全面评价。②可比性。一是对指标进行标准化以后，消除了原始数据数量级上的差异，使各指标间具有可比性和可加性；二是对M个主成分进行线性加权，使M个综合因子化为一个综合评价函数，通过综合评价函数数值的大小对不同样本进行比较，并排出名次，解决了样本间可比性的问题。③合理性。综合评价函数中的权重不是人为确定的，而根据主成分的方差贡献率确定的合理性较高。方差越大的变量越重要，因此该变量的权重越大。

因子分析是主成分分析的推广，它也是利用降维的思想，通过研究变量变动的共同原因和特殊原因，从变量群中找出隐藏的具有代表性的因子，将相同本质的变量归入一个因子，把多变量归结为少数几个综合因子的一种多元统计分析方法。因子分析法具有两大优点：①减少了分析变量个数；②通过对变量间相关关系的检测，对原始变量进行了分类，使相关性高的变量分为一组，并找出共性因子来代替该组变量。

聚类分析又称群分析，是根据"物以类聚"的原理对指标进行分类的一种多元统计分析方法。聚类分析的过程是将指标分类到不同的类或者簇中，同一类中的个体有很大的相似性，而不同类间的个体差异性很大。聚类分析方法具有三个优点：①适用于没有先验知识的分类；②可以处理多个变量决定的分类；③能够分析指标的内在特点和规律。进行聚类分析时需要定义指标间的距离，常见的距离有绝对值距离、欧氏距离、明科夫斯基距离和切比雪夫距离。聚类的方法包括直接聚类法、最短距离聚类法和最远距离聚类法。聚类分析的计算方法主要有分裂法、层次法、基于密度的方法、基于网格的方法和基于模型的方法等。

4. 其他统计分析方法

在统计分析中，经常使用的经济统计分析方法还有比例分析法、速度分析法、弹性分析法和比较分析法等。此外，利用现代统计思想开发专门使用的综合分析指标或综合评价指标的方法，也是经济分析方法的重要内容。

比例分析法是经济活动分析中最常用也是最基本的方法之一。它是通过一个指标值与另一个指标值相比，从而得出一个比率，并且通过这个比率分析和判断经济活动成果的一种方法。比例分析法的一般形式为 $A/B \times 100\%$，该方法的特点是简单实用，但使用时要注意比较对象的合理性，研究它的合理界限。

速度分析法即计算增长速度，也是统计分析中最常用的方法之一。根据所用的价格不同，增长速度又分为现价（名义）增长速度和不变价（实际）增长速度，前者包含价格因素，后者剔除了价格因素的影响。根据计算的基期不同，增长速度又可分为同比增长率和环比增长率，前者是与上年同期相比的增长速度，后者是与上期（月或季）相比的增长速度。

弹性分析法是利用弹性系数对两个相关经济变量之间的关系进行分析的方法。所谓弹性系数就是一个经济变量的增长率与另一个相关经济变量的增长率之间的比值。其一般形式为 $\left(\dfrac{\Delta Y}{Y}\right) \Big/ \left(\dfrac{\Delta X}{X}\right)$，使用时要求对比的两个变量之间有较明显的相关关系，而且如果分母是实物量指标，则分子也应为实物量指标或可比价指标。

比较分析法是通过比较找出规律和存在问题的一种分析方法。许多问题和差距都是通过相互比较得出来的。具体应用时，可以从总体上、结构上、因素上、联系上、时间上和地域上等多个角度对所研究的问题进行比较分析，可以做横向（静态）比较，也可以做纵向（动态）比较。使用时要注意相互比较的指标在内涵和外延、计算方法、计量单位、总体性质等方面的可比性。

分组法是指为了区分事物的质，或表明某一总体内部结构或整个结构的类型特征，或分析现象之间的依存关系，按照某种（变异）标志将总体区分为若干部分或若干组的一种统计整理分析方法。

综合指标法。包括绝对指标、相对指标和平均指标。其中相对指标和平均指标都是在绝对指标的基础上计算加工出来的。这些指标前文均有描述。

三、数量经济分析方法

1. 回归分析法

回归分析是在相关关系的基础上，具体描述因变量对自变量的线性依赖关系，寻找能够清楚表明变量间相关关系的数学表达式，并根据这个表达式进行分析和预测的分析方法。回归分析有多种分类，根据自变量的多少，分为一元回归和多元回归；按照回归方程的类型，分为线性回归和非线性回归；根据自变量性质的不同，包括普通回归和自回归，前者的自变量与因变量含义不同，后者的自变量就是因变量，只是相位不同（提前一个或若干个相位）；根据确定参数过程的不同，分为常规回归、微分回归和积分回归等，分别用原始数据、原始数据的微分或积分确定回归参数。

回归分析中把变量分为两类，一类是因变量，它们是实际问题中所关心的一类指标，通常用 Y 表示；而影响因变量取值的另一变量称为自变量，用 X 来表示。回归分析研究的主要内容包括：①确定 X 和 Y 间的定量关系表达式，建立回归方程并估计其中的未知参数；②对回归方程的可信度进行检验；③判断自变量 X 对 Y 有无影响，将影响显著的自变量选入模型中，而剔除影响不显著的变量，通常用逐步回归、向前回归和向后回归等方法；④利用最终的回归方程进行预测和控制。

回归方程的一个重要作用在于根据自变量的已知值推算因变量的可能值。这个可能值也称估计值、理论值、平均值，它和真正的实际值可能一致，也可能不一致。当估计值与实际值不一致时，表明推断不够准确，也就是说估计值和实际值之间存在误差，这种误差有的是正差，有的是负差。回归方程的代表性如何，一般是通过估计标准误差来加以检验，只有在估计标准误差小的情况下，用回归方程做估计或预测才具有实用价值。

2. 时间序列分析法

时间序列分析法是根据客观事物发展的连续规律性，应用数理统计方法，通过对时间序列数据的分析和建模，推测未来发展趋势的一种动态统计分析方法。时间序列分析的基本原理一是承认事物发展的延续性，应用历史数据，就能推测事物的发展趋势；二是考虑到事物发展的随机性，任何事物发展都可能受偶然因素影响，因此要利用适当的分析方法对历史数据进行处理。时间序列分析是经济研究中广泛使用的方法。

时间序列数据是按时间顺序排列的一组数字序列，通常由四种要素组成，包括趋势要素、季节变动要素、循环波动要素和不规则波动要素。趋势要素是时间序列在长时期内呈现出来的持续向上或持续向下的变动；季节变动要素是时间序列在一年内重复出现的周期性波动；循环波动要素是时间序列呈现出的非固定长度的周期性波动；不规则波动要素是时间序列中除去趋势、季节变动和周期波动之后的随机波动。

时间序列建模的基本步骤是：①用观测、调查、统计、抽样等方法取得时间序列动态数据。②根据动态数据做相关图，进行相关分析，求出自相关函数。相关图能显示出变化的趋势和周期，并能发现跳点和拐点。跳点是指与其他数据不一致的观测值，如果跳点是正确的观测值，在建模时应考虑进去，如果是反常现象，则应把跳点调整到期望值；拐点则是指时间序列从上升趋势突然变为下降趋势的点，如果存在拐点，则在建模时必须用不同的模型去分段拟合该时间序列。③辨识合适的随机模型，进行曲线拟合。对于短的时间序列，可用趋势模型和季节模型加上误差来进行拟合；对于平稳时间序列，可用通用 ARMA 模型（自回归滑动平均模型）及其特殊情况的自回归模型、滑动平均模型或组合 ARMA 模型等来进行拟合；当观测值多于 50 个时一般都采用 ARMA 模型。对于非平稳时间序列则要先将观测到的时间序列进行差分运算，化为平稳时间序列，再用适当模型去拟合这个差分序列。

3. 计量经济模型方法

计量经济模型是利用数学模型对经济运行的内在规律、发展趋势进行分析和预测的一种方法，是融经济理论、数学和统计学于一体的专门分析技术，可以用来描述宏观经济主要变量的基本特征和数量关系，进行预测、模拟和规划等方面的分析。一个国家或地区的经济整体，可以建立一个宏观计量经济模型，作为提高宏观经济科学决策的常用手段。

计量经济模型的功能主要包括结构分析、经济预测、政策评价和理论检验四个方面。结构分析就是揭示变量之间的关系，是通过对模型结构参数的估计实现的。经济预测是利用基于样本建立的模型对样本外的经济主体状态进行的预测，曾经是经典计量经济学模型的主要应用。政策评价是将建立的模型作为"经济政策实验室"，评价各种拟实施政策的效果。理论检验是在计量经济学模型建立过程中已经完成的，如果模型总体设定是基于先验理论的，那么当模型通过了一系列检验以后，就认为该先验理论在一定概率意义上经受了样本经验的检验。

应用计量经济模型时需要注意，不同的应用目的对模型构建有不同的要求，不可能建立一个适用于所有应用目的的模型。用于结构分析的模型必须是结构模型，而具有政策评价功能的模型必须是包含政策变量的结构模型。同样是用于预测，基于截面随机抽样数据建立的结构模型，对截面非样本个体的预测效果一般较好；而基于时间序列数据建立的结构模型，对样本外时点的预测效果一般较差。同样以时间序列数据为样本建立预测模型，如果政策有效，则必须建立结构模型；如果政策无效，可以建立"无条件预测"的随机时序模型。同一个结构模型，如果仅用于结构分析，解释变量需要具备弱外生性；如果用于预测，解释变量需要具备强外生性；如果用于政策分析，作为解释变量的政策变量必须具备超外生性。[①]

4. 投入产出分析方法

投入产出分析是关于国民经济部门间技术经济联系分析的一种技术方法。在现实经济中，一个比较大的经济体内由于各地区资源禀赋和自身发展特点等不同，各产业发展程度往往相差很大。在某地区发展已经相对成熟、生产规模很大的产业，在别的地区有时却会发展缓慢、滞后。而经济活动是由许多产业部门组成的有机整体，这些部门间在生产和分配上有着非常复杂的经济联系和技术联系。每个部门都有双重身份，一方面，作为生产部门把产品提供给其他部门作为消费资料、积累和出口物资等；另一方面，该部门的生产过程也要消耗别的部门或本部门的产品和进口物资。投入产出表就是反映一定时期各部门间相互联系和平衡比例关系的一种平衡表，又称部门联系平衡表。

投入产出表是投入产出分析的基础和基本工具，表中第Ⅰ象限反映部门间的生产技术联系，是表的基本部分；第Ⅱ象限反映各部门产品的最终使用；第Ⅲ象限反映国民收入的初次分配；第Ⅳ象限反映国民收入的再分配，因其说明的再分配过程不完整，有时可以不列出。投入产出表根据不同的计量单位，分为实物表和价值表；按不同的范围，分为全国表、地区表、部门表和联合企业表；按模型特性，分为静态表、动态表。此外，还有研究诸如环境保护、人口、资源等特殊问题的投入产出表。1987年，我国明确规定每五年(逢二、逢七年份)进行一次全国投入产出调查和编表工作。

5. 经济周期分析方法

经济周期分析是一种动态数量分析的系统方法，即在统计系统描述基础上，分析经济周期波动的因素、机制和控制过程。经济周期分析的主要目的是探究引发经济波动背后的推动力，因此需要构建一个具有放大初始冲击的内在传导机制，从而使我们能从理论上阐释清楚经济是在如何受到一个初始的、短期的、幅度小的短期冲击与扰动以后，经由这一内在传导机制的放大而成为一个幅度大的、时间相对持久的经济波动。

现代时间序列分析方法在经济周期分析中占据重要地位，此外还有系统动力学、VAR等方法。在应用经济周期分析方法来解释现实中的经济增长波动时，

---

① 李子奈. 计量经济学模型方法论的若干问题[R]. 2007.

需要比较充足(长时间序列)和完善(质量高)的统计数据,而且要依据实际情况加以验证和调整。

四、海洋经济分析中需注意的问题

1. 要综合运用多种分析方法从多角度进行分析

分析海洋经济发展情况,只看全年的海洋生产总值数据很难说明问题的全部。但如果用多种方法来分析,用动态分析法分析近几年海洋经济水平的高低和发展速度的快慢;用经济周期法分析海洋经济周期波动原因及机制;用时间序列法分析海洋经济发展趋势;用比例分析法对各主要海洋产业进行解剖,对比分析各海洋产业发展情况;用聚类分析法分析沿海各地区海洋经济发展水平的高低;再使用经济效益分析法对海洋经济效益进行分析评估,那么我们对海洋经济的基本状况就有了总体的认识和了解。然后在此基础上抓住其中的主要矛盾和关键问题,就可以把分析引向深入。当然,并不是分析每个问题都必须综合运用各种分析方法,需要针对分析对象灵活选择。

2. 要采取定性分析与定量分析相结合的方法

定性分析是根据现有资料和经验,主要运用演绎、归纳、类比以及矛盾分析的方法,对事物的性质进行分析研究。定性分析主要从实地调查收集资料,通过选择能代表事物本质特征的典型事例进行研究而获得结论。定性分析可以较快地从纷繁复杂的事物中找出其本质要素。但由于定性分析忽略了同类事物在数量上的差异,结论多具有概貌性,并带有一定程度的主观成分,因此不容易根据定性分析的结论来推断所涉及的社会经济现象的总体。定量分析是研究经济现象的数量特征、数量关系和发展过程中的数量变化的方法。定量分析可以为认识经济现象提供量的说明,反映事物的数量情况。定量分析是现代统计调查分析的主要方法。但定量分析也有一定的局限性,只有把定量分析与定性分析结合起来,才能形成完整的、科学的分析方法体系。

3. 要善于使用比较分析的方法

比较是认识事物的基本方法,也是统计分析的基本方法。统计分析离不开比较,如分组法、动态数列法、标准化方法等统计分析方法,它们有一个共同的特点,都是通过比较来说明问题。比较可以分为纵比和横比。纵比是事物现状与历史的比较,它可以反映事物前后的变化,揭示事物的内部联系。横比是一事物与其他同类事物的比较,它可以反映事物之间的差距,找出事物的外部联系。在统计分析中使用比较的地方较多,如实际完成数与计划数比、本期与上期比、本期与上年同期比、本单位与外单位比等。使用比较应注意可比性,指标的口径范围、计算方法、计量单位必须一致，比较的指标类型必须统一，比较单位的性质必须相同。

4. 要善于进行系统分析

社会是一个错综复杂、互相联系的有机整体。在分析过程中，不但要注意研究对象所包括的各因素之间的相互联系、相互制约的关系，而且要用系统的眼光将所研究的对象放在社会大系统中去考察。如 2008 年我国海洋船舶工业保持快速发展，单从产业本身看，似乎没有多大问题，但是将其放在整个国民经济大系统中来分析，2008 年全球范围的金融危机对我国国民经济造成了很大的影响，但由于当时我国造船企业手持订单较充裕，使得金融危机的影响相对滞后，在这样的发展环境下，作为外向型产业的海洋船舶工业，金融危机的长期影响不容忽视，未来发展速度肯定会降低。这就是从系统分析中得出的观点。只要我们从多层次、多角度去进行分析，就可以使认识不断深化，逐步由感性上升到理性，弄清事物的本质和规律。

第二章　海洋经济总量分析

总量是反映整个社会经济活动状态的经济变量。总量指标包括两类：①个量的总和，如国内生产总值、总投资和总消费等；②平均量或比例量，如价格水平是各种商品与劳务的平均水平并以某时期的基期计算的百分比。总量分析是指对宏观经济运行总量指标的影响因素及其变动规律进行的分析，如国内生产总值、消费额、投资额、银行贷款总额及物价水平的变动规律的分析，进而说明整个经济的状态和全貌。总量分析主要是一种动态分析，因为它主要研究总量指标的变动规律。同时，也包括静态分析，因为总量分析包括考察同一时期内各总量指标的相互关系，如投资额、消费额和国内生产总值的关系等。通过对海洋经济总量进行统计分析，能够全面反映我国海洋经济总体运行状况，科学评价海洋经济发展规律和趋势。

第一节　海洋经济总量变动分析

海洋经济总量的核心指标是海洋生产总值，而海洋经济增长速度是反映海洋经济总量在不同时期的发展变化程度、海洋经济是否具有活力的基本指标。海洋经济增长速度也称海洋经济增长率，其大小代表海洋经济增长的快慢，代表海洋经济水平提高所需时间的长短，是政府部门和学者都非常关注的指标。

一、常用指标和计算方法

1. 发展速度和增长速度

发展速度是某指标报告期数值与该指标基期数值的比值。它表示发展变化相对程度，即报告期是基期的百分之几或若干倍。常用百分数或倍数表示，其计算公式为

$$发展速度 = \frac{报告期数值}{基期数值} \qquad (2-1)$$

增长速度是某指标报告期增长量与基期数值的比值，它表明该指标的报告期比基期增长了百分之几或若干倍，其计算公式为

$$增长速度 = \frac{报告期增长量}{基期数值} \qquad (2-2)$$

增长速度与发展速度的关系为

$$增长速度 = \frac{报告期增长量}{基期数值} = \frac{报告期数值 - 基期数值}{基期数值}$$

$$= \frac{报告期数值}{基期数值} - 1 = 发展速度 - 1 \qquad (2-3)$$

根据增长速度与发展速度的关系，当发展速度高于 1 时，增长速度大于 0，表明该指标发展水平的增加，其具体数值体现了增长程度；当发展速度低于 1 时，增长速度小于 0，表明该指标发展水平的下降，其具体数值体现了下降程度。

2. 定基增长速度、同比增长速度和环比增长速度

定基增长速度是报告期水平相对于某一固定时期水平（通常是最初水平）的增长量与固定时期水平之比，其计算公式为

$$定基增长速度 = \frac{报告期水平相对于最初水平的增长量}{最初发展水平} \times 100\%$$

$$= 定基发展速度 - 1 \qquad (2-4)$$

同比增长速度是年距增长量与去年同期发展水平之比，其计算公式为

$$同比增长速度 = \frac{年距增长量}{去年同期发展水平} \times 100\% = 同比发展速度 - 1 \qquad (2-5)$$

环比增长速度是报告期增长量与前一期水平之比，其计算公式为

$$环比增长速度 = \frac{本期增长量}{前一期水平} \times 100\% = 环比发展速度 - 1 \qquad (2-6)$$

同比增长速度可以消除季节变动的影响，用来说明本期发展水平与去年同期发展水平相比达到的相对增长速度。环比增长速度表明对象逐期的发展水平，由于是本期与上一期做比较，易受到季节变化的影响。同比增长速度和环比增长速度多用于衡量季度和月度指标的增长情况，两者各有千秋，实际中应综合运用。

3. 年度增长速度和年均增长速度

年度增长速度衡量的是两年之间数值的变化，其计算公式为

$$年度增长速度 = \frac{报告期水平 - 基期水平}{基期水平} \times 100\% = 年度发展速度 - 1$$

$$(2-7)$$

年均经济增长速度是某个指标的基期数值增加到报告期数值的年均增长速度，如果基期指标值为 a_0，报告期指标值为 a_n，那么年均增长速度的计算公式为

$$年均增长速度 = \sqrt[n]{\frac{a_n}{a_0}} - 1 \qquad (2-8)$$

这里需要注意的是，年均增长速度不等于每年增长速度的简单算术平均。

报告期相对于基期的定基发展速度 $\frac{a_n}{a_0}$ 可以通过报告期与基期间逐年的环比发展速度来换算，计算公式为

$$\frac{a_n}{a_0} = \frac{a_1}{a_0} \times \frac{a_2}{a_1} \times \cdots \times \frac{a_{n-1}}{a_{n-2}} \times \frac{a_n}{a_{n-1}} \qquad (2-9)$$

4. 现价指标、可比价指标

现价又称当前价格，是指报告期当年的市场价格。现价指标是用现价计算的以货币表现的价值量指标，如国内生产总值、社会商品零售总额和固定资产投资完成额等，能够反映当年的现实情况，便于考察同一年份中不同指标之间的联系并进行对比，以便对生产、分配、流通、消费之间进行综合平衡。

不变价格亦称固定价格、可比价格，是指固定某一时期或某一时点的产品价格不变，作为计算一定时期内产品产值的价格。不变价格是各级计划部门、统计部门、管理部门和生产企业计算产品产值的依据，它的目的在于消除不同时期价格变动的影响。[1]

不变价格只是在一定时期内不变，并非永远不变。例如，随着工农业产品价格水平的变化，不变价格在使用一段时间之后，需要重新编定。国家统计局已先后八次制定了全国统一的工业产品不变价格和农产品不变价格，即：1952 年不变价格，1957 年不变价格，1970 年不变价格，1980 年不变价格，1990 年不变价格，2000 年不变价格，2005 年不变价格，2010 年不变价格。同一年份利用不同的不变价格计算出来的指标数值是不一样的。

可比价格是指计算各种总量指标所采用的扣除了价格变动因素的价格。可比价指标是指用可比价格计算的以货币表现的价值量指标。可比价指标有两种计算方法：①直接用产品产量乘某一年的不变价格计算；②用价格指数进行缩减。可比价指标更加具有可比性，能够真实反映不同时期总量指标的发展水平和发展速度。

5. 名义增长速度和实际增长速度

在计算增长速度时，如果各指标的值都以现价计算，则计算出的经济增长速度就是名义增长速度。如果各指标的值都以不变价（以某一时期的价格为基期价格）计算，则计算出的经济增长速度就是实际增长速度。在度量经济增长时，一般都采用实际增长速度。

---

[1] 郑家亨. 统计大辞典[M]. 北京：中国统计出版社. 1995：9 - 10.

二、海洋经济总量变动实证分析

2001—2012 年海洋生产总值现价数据及可比价增速如表 2 - 1 所示。

表 2 - 1　2001—2012 年海洋生产总值及年度增长速度

年份	现价海洋生产总值/亿元	年度可比价增长速度/%	年份	现价海洋生产总值/亿元	年度可比价增长速度/%
2001	9 518.4	—	2007	25 618.7	14.8
2002	11 270.5	19.8	2008	29 718.0	9.9
2003	11 952.3	4.2	2009	32 277.6	9.2
2004	14 662.0	16.9	2010	39 572.7	14.7
2005	17 655.6	16.3	2011	45 496.0	9.9
2006	21 592.4	18.0	2012	50 045.2	8.1

资料来源：《中国海洋统计年鉴 2012》，《2012 年中国海洋经济统计公报》。

由表中数据可见，进入 21 世纪以来，海洋经济总体发展迅速，除 2003 年受非典影响增速较低以外，海洋生产总值年度增长速度均在 7% 以上；2001—2012 年 11 年间年均增长速度达到 12.8%，高出同期国内生产总值年均增速 2.3 个百分点。2012 年，海洋经济继续保持平稳增长的良好势头，全国海洋生产总值 50 045 亿元，名义增长速度达到 10.0%，而实际增长速度为 8.1%。

第二节　海洋经济总量构成分析

海洋经济总量的构成包括产业构成、三次产业构成和地区构成。海洋经济总量构成分析是指利用海洋经济统计资料，对我国海洋产业结构和地区分布情况开展的系统分析，其目的是了解和掌握我国海洋经济活动的结构和布局情况，为海洋经济发展宏观管理与决策提供依据。

一、海洋经济的产业构成分析

1. 海洋产业与海洋相关产业构成分析

海洋产业与海洋相关产业共同构成海洋经济总体，海洋生产总值包括海洋产业增加值和海洋相关产业增加值两大部分。目前，海洋产业一直占据着海洋经济的主体地位。2012 年我国海洋产业增加值为 29 397 亿元，占全国海洋生产总值的 58.7%；海洋相关产业增加值为 20 690 亿元，占全国海洋生产总值的 41.3%。

2. 主要海洋产业构成分析

主要海洋产业是海洋经济的核心产业，发展历史悠久，门类日益丰富，规模逐渐壮大，目前由 12 个产业构成。2012 年，我国主要海洋产业总体保持稳步增长，主要海洋产业增加值为 20 575 亿元，比上年增长 6.2%，占海洋生产总值的 41.1%。按照产业增加值由高到低的顺序，各产业发展情况如下：

滨海旅游业持续保持健康发展态势，产业规模继续增大。2012 年实现增加值 6 972 亿元，比上年增长 9.5%，占海洋生产总值的比重达到 13.92%。

受国内外宏观经济环境影响，海洋交通运输业虽继续保持增长态势，但增速持续放缓。2012 年实现增加值 4 802 亿元，比上年增长 6.5%，占海洋生产总值的比重为 9.59%。

海洋渔业继续保持稳定增长态势，海水养殖生产形势良好，海洋捕捞总体稳定，远洋渔业综合实力逐步增强。2012 年实现增加值 3 652 亿元，比上年增长 6.4%，占海洋生产总值的比重为 7.29%。

受国际油价波动、国内经济增速减缓、油气生产调整和产能控制等多重因素影响，海洋油气业增速呈现负增长。2012 年实现增加值 1 570 亿元，比上年减少 8.7%，占海洋生产总值的比重为 3.13%。

海洋船舶工业积极推进转型升级，加快调整产品结构，但受全球航运市场持续低迷的影响，交船难、接单难、盈利难等问题依然突出。2012 年实现增加值 1 331 亿元，比上年减少 1.1%，占海洋生产总值的比重为 2.66%。

海洋工程建筑业继续保持平稳增长，新开工项目和在建工程稳步推进。2012 年实现增加值 1 075 亿元，比上年增长 12.7%，占海洋生产总值的比重为 2.15%。

海洋化工业发展态势趋好，2012 年实现增加值 784 亿元，比上年增长 17.4%，占海洋生产总值的比重为 1.57%。

随着国家对海洋生物医药业政策扶持和投入力度的逐步加大，2012 年海洋生物医药业发展势头良好。全年实现增加值 172 亿元，比上年增长 13.8%，占海洋生产总值的 0.34%。

海洋盐业增速呈现负增长，2012 年实现增加值 74 亿元，比上年减少 7.3%，占海洋生产总值的比重为 0.15%。

随着沿海地区大规模海上风电场的建成投产，2012 年海洋电力业发展势头总体良好。全年实现增加值 70 亿元，占海洋生产总值的比重为 0.14%，比上年增长 14.3% 。

海洋矿业继续保持增长态势，海砂开采管理力度不断加强，产业秩序得到进一步规范。2012 年实现增加值 61 亿元，比上年增长 17.9% ，占海洋生产总值的比重为 0.12% 。

海水利用产业发展环境逐步趋好，产业化进程逐步加快，海水利用业呈现稳步发展态势。2012 年实现增加值 11 亿元，比上年增长 4.0% ，占海洋生产总值的比重为 0.02% 。

二、海洋三次产业构成分析

海洋三次产业结构是分析海洋经济结构、判断海洋经济发展阶段和水平的重要依据。同国民经济类似，海洋经济也由以渔业等为主的海洋第一产业、以工业和建筑业为主的海洋第二产业和以服务业为主的海洋第三产业构成。2012 年我国海洋经济三次产业比重分别为 5.3% 、45.9% 和 48.8% ，呈现"三二一"型的产业结构。而同期国民经济三次产业比重分别为 10.1% 、45.3% 和 44.6% ，呈现"二三一"型的产业结构。相较于国民经济，海洋经济的发展更依赖于第二、第三产业，尤其是第三产业的发展，如图 2-1 所示。海洋第三产业比重明显高于国民经济第三产业比重；海洋第二产业比重与国民经济第二产业比重相当；而海洋经济第一产业的比重仅为国民经济第一产业比重的一半。

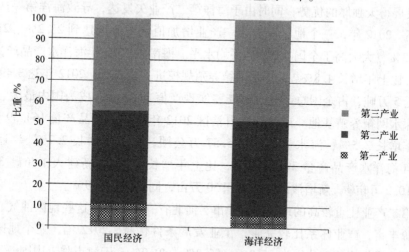

图 2-1　2012 年国民经济与海洋经济三次产业结构对比

沿海地区海洋三次产业结构如表 2-2 所示。由于各地区自然地理条件、海洋资源禀赋及政策经济环境等的差异，我国沿海省（自治区、直辖市）海洋三次产业结构差别较大。

表2-2　2012年沿海地区海洋三次产业结构变化(%)

地区	一产比重	二产比重	三产比重
天津	0.2	65.8	34.0
河北	4.2	55.3	40.5
辽宁	12.3	41.4	46.3
上海	0.1	36.4	63.5
江苏	3.3	49.9	46.8
浙江	7.4	44.0	48.6
福建	7.9	44.8	47.3
山东	7.2	46.9	45.9
广东	2.6	45.3	52.1
广西	21.9	34.9	43.2
海南	23.2	17.3	59.5

　　第一产业比重较高的地区有海南省、广西壮族自治区和辽宁省。这些地区毗邻南海、北部湾、渤海和北黄海等重要渔场，海洋渔业资源十分丰富，具有海洋渔业发展得天独厚的优势；同时由于海洋第二产业欠发达，导致海洋第一产业比重较高。2012年，三个地区海洋第一产业增加值比重分别达到23.2%、21.9%和12.3%，大大高于全国5.3%的平均水平。海南省2012年海洋水产品产量130万吨，比上年增长4.8%[1]；深水网箱养殖规模进一步扩大，2012年达3 499口，产量近5万吨，占全国总产量的80%，实现产值11亿元，成为国内最大、最集中的深水网箱养殖基地。广西壮族自治区2012年海洋水产品产量164.39万吨，比上年增长3.5%；海水养殖面积5.57万公顷，比上年增长2.7%。[2] 辽宁省2012年海洋水产品产量391.5万吨，比上年增长6.3%；新建人工鱼礁37处，面积10.2万亩[3]，新增浅海底播面积50万亩，同比增长6.9%。[4]
　　第二产业比重较高的地区有天津市、河北省、江苏省。这些地区油气、盐业等资源丰富，产业体系比较完善，工业发展条件优越。2012年，三个地区海洋第二产业增加值比重分别为65.8%、55.3%、49.9%。天津市临近中国海油产量

①　2012年海南省经济和社会发展统计公报[OL]．南海网－海南日报，2013－01－28．
②　2012年广西渔业生产稳定增长地区[OL]．广西壮族自治区统计局网站，2013－03－01．
③　亩为非法定计量单位，1公顷=15亩。
④　2012年辽宁渔业经济总产值近1 350亿元[OL]．人民网－辽宁频道，2013－02－25．

最高、规模最大的渤海油田，海洋油气业规模较大。2010 年油田油气产量突破
3 000 万吨，是我国北方重要的能源生产基地。① 河北省拥有海盐产量最大的长
芦盐场，产量占全国海盐总产量的 1/4；所处的京津塘产业基地，工业基础雄
厚，海洋油气业和海洋盐业基础较好，因此处于下游的海洋石油化工业和海盐化
工业也比较发达。江苏省作为中国的造船大省，造船业占全国市场份额 1/3 强，
在中国整个船舶工业格局中具有举足轻重的地位，造船完工量、手持订单量和新
承接订单量三项指标居全国首位。2013 年 1—6 月，江苏省造船完工量 663.1 万
载重吨，同比下降 32.9%；手持船舶订单量 4 010.6 万载重吨，同比下降
17.5%；新承接船舶订单量 680 万载重吨，同比增长 189.7%。②

第三产业比重较高的地区有上海市、海南省和广东省，这些地区凭借港口资
源优势、旅游资源优势和科技、人力资源优势，海洋服务业兴盛。2012 年，三
个地区海洋第三产业增加值比重分别为 63.5%、59.5%、52.1%。上海港扼长江
入海口，地处长江东西运输通道与海上南北运输通道的交汇点，是我国沿海的主
要枢纽港。2005 年货物吞吐量达 4.43 亿吨，首次成为世界第一大货运港口；
2010 年集装箱吞吐量 2 905 万标准箱，首次成为世界第一大集装箱港。2012 年上
海港货物吞吐量 7.36 亿吨，集装箱吞吐量 3 252.9 万标准箱，双双蝉联世界第
一。上海市作为国际化大都市，凭借全方位的优质服务，每年吸引着国内外大批
游客前往休闲度假或商务洽谈。2012 年，上海市旅游收入达 3 650.55 亿元，其
中，旅游外汇收入达 55.82 亿美元。③ 2010 年 1 月 4 日，国务院发布《国务院关
于推进海南国际旅游岛建设发展的若干意见》，海南省滨海旅游业进入快车道，
2012 年海南省实现旅游总收入 379.12 亿元，同比增长 17%。④ 广东省是名副其
实的海洋大省，海洋产业门类齐全，尤以滨海旅游业和海洋交通运输业规模最
大。广东省海岸线绵长，海域面积辽阔，海洋旅游资源丰富，悠久的潮汕文化风
俗独特，2012 年广东省实现旅游总收入 7 389 亿元，同比增长 14.7%。⑤ 广东省
港口资源丰富。截至 2012 年年底，拥有沿海万吨级以上深水泊位 265 个；全年
港口货物吞吐量 12.13 亿吨，同比增长 5.95%，完成集装箱吞吐量 4 763 万标准
箱，同比增长 3.22%。⑥

① 中海油简介. 国家石油和化工网[OL]，2013 - 03 - 28.
② 江苏造船业：新船订单"疯涨" 经营状况难言复苏[OL]. 新华网，2013 - 07 - 17.
③ 2012 年上海市旅游收入达 3 650.55 亿元[OL]. 中国行业咨询网（www.china-consulting.cn），2013 - 02 - 27.
④ 2012 年海南旅游总收入 379 亿元 增长 17%[OL]. 海南在线，2013 - 01 - 17.
⑤ 广东去年旅游总收入达 7 389 亿元[OL]. 深圳新闻网，2013 - 02 - 06.
⑥ 广东省交通运输厅关于报送广东省 2012 年水运经济形势分析报告的函[OL]. 广东省交通运输厅公众网，2013 - 05 - 02.

三、海洋经济地区构成分析

从区域角度来看，全国海洋经济由环渤海地区、长江三角洲地区和珠江三角洲地区三大区域以及 11 个沿海地区构成。其中，环渤海地区包括河北省、辽宁省、山东省和天津市，长江三角洲地区包括江苏省、浙江省和上海市，珠江三角洲地区主要包括广东省。2012 年，环渤海地区海洋生产总值 18 078 亿元，占全国海洋生产总值的比重为 36.1%，比上年提高了 0.5 个百分点；长江三角洲地区海洋生产总值 15 440 亿元，占全国海洋生产总值的比重为 30.8%，比上年回落了 1.0 个百分点；珠江三角洲地区海洋生产总值 10 027.6 亿元，占全国海洋生产总值的比重为 20.0%，比上年回落了 0.3 个百分点。

1. 沿海地区海洋经济总体发展现状分析

2012 年海洋经济地区构成如图 2－2 所示。按照海洋生产总值由高到低的顺序，各沿海地区海洋经济发展情况如下：

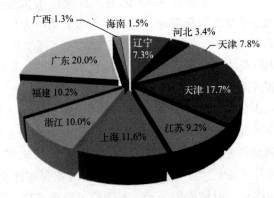

图 2－2　2012 年各沿海地区海洋生产总值比例

在《广东海洋经济综合试验区规划》的指导下，广东省坚持解放思想、勇于开拓创新，努力推动全省海洋经济实现持续、快速、协调发展。2012 年海洋经济规模依旧位居全国之首，实现海洋生产总值 10 028 亿元，占全国海洋生产总值的比重为 20.0%，比上年回落了 0.3 个百分点。

山东省紧紧抓住山东半岛蓝色经济区和黄河三角洲高效生态经济区建设的重大机遇，保持了全省海洋经济健康稳步发展。2012 年海洋生产总值 8 860 亿元，占全国海洋生产总值的比重为 17.7%，比上年提高了 0.1 个百分点。

上海市加快海洋产业结构和布局的优化调整，推动海洋高科技产业和海洋新兴产业发展，促进海洋科技与海洋产业联动，加强海洋生态环境保护和建设，努力实现海洋经济的可持续发展。2012 年海洋生产总值 5 819 亿元，占全国海洋生产总值的比重为11.6%，比上年回落了0.7个百分点，比重降低明显。

福建省注重通过海洋经济规模壮大、产业集聚发展和转型升级、生态建设和可持续发展实现海洋经济强省战略。2012年，《福建海峡蓝色经济试验区发展规划》获得国务院批准，将进一步推动福建海洋经济的发展。2012年海洋生产总值5 109亿元，占全国海洋生产总值的比重为10.2%，比上年提高了0.8个百分点。

浙江省深入贯彻落实《浙江海洋经济发展示范区规划》，继续深入实施"八八战略"和"创业富民、创新强省"的总战略，海洋经济稳步发展。2012年海洋生产总值5 034亿元，占全国海洋生产总值的比重为10.0%，比上年提高了0.1个百分点。

江苏省彰显国家战略叠加效应集中释放、综合开发加速扩张、整体实力明显提升的"三大态势"，海洋经济实现新突破。2012年海洋生产总值4 587亿元，占全国海洋生产总值的比重为9.2%，比上年回落了0.2个百分点。

天津市不断提高海洋经济管理能力，加快推进经济发展方式转变和结构调整，全市海洋经济保持平稳较快发展。2012年海洋生产总值3 885亿元，占全国海洋生产总值的比重为7.8%，与上年基本持平。

辽宁省重点园区建设步伐加快，海洋产业结构优化，港口建设发展迅速，海洋牧场建设取得新进展。2012年海洋生产总值3 637亿元，占全国海洋生产总值的比重为7.3%，比上年回落了0.1个百分点。

河北省处于环渤海经济圈的中心地带，海洋资源丰富、海洋环境气候适宜、海洋灾害少，海洋经济发展潜力巨大。2012年海洋生产总值1 695亿元，占全国海洋生产总值的比重为3.4%，比上年提高了0.2个百分点。

海南省海洋支柱产业逐步形成，海洋产业布局日趋合理，海洋基础设施不断完善。2012年海洋生产总值760亿元，占全国海洋生产总值的比重为1.5%，比上年略有提高。

广西壮族自治区努力加快推进海洋经济发展方式转变和结构调整，但由于起步较晚、基础薄弱，海洋经济规模较小。2012年海洋生产总值672亿元，占全国海洋生产总值的比重为1.3%，与上年基本持平。

2. 沿海地区主要海洋产业构成分析[①]

我国沿海地区优势海洋产业各具特色。从单个产业来看，山东海洋渔业增加值占全国的3/10以上；天津海洋油气业占全国的1/2以上；福建海洋矿业占全国的3/5以上；河北海洋盐业占全国的近1/10；江苏的海洋船舶工业占全国的1/3；广东的海洋化工占全国的1/2以上；浙江的海洋生物医药占全国的1/5以

---

① 中国海洋年鉴编纂委员会，《2012年中国海洋年鉴》。

上；浙江和山东的海洋工程建筑业占全国的 2/5 以上；辽宁海洋电力业占全国的 1/8 以上；上海的滨海旅游业占全国的 1/5。

海洋渔业较发达的地区有山东、江苏、福建、海南和广西，这些省区临近重要的渔场，海洋渔业资源丰富，但由于渔业资源日趋稀少，且近年来国家加强对海洋渔业资源的保护，山东、江苏、福建海洋渔业明显趋于下滑趋势。广西和海南海洋渔业后发优势明显，尤其海南所辖海域面积占全国海域面积的 2/3，具有大力发展海洋渔业的潜力。在不断加大海洋渔业投入、更新渔业设备的情况下，广西与海南海洋渔业占该地区海洋生产总值的比例逐渐提高。

海洋油气业较发达的地区有天津、河北、广东和山东。我国海油国内作业区域主要分布在渤海、南海西部、南海东部和东海四大区域。渤海是目前我国最大的海洋油气产区，地处天津、河北和山东的大港油田、冀东油田和渤海油田的原油、天然气生产规模较大，并且有很强的原油加工能力，是环渤海经济的重要组成部分。

海洋矿业较发达的地区有福建、山东和海南。我国海洋矿业保持平稳发展，目前已探明的具有工业储量的海滨矿砂矿种主要分布在山东、福建、广东、广西、海南和台湾，同时全国各地对海矿开采的管理进一步增强，山东、福建、广东各地纷纷采取行动打击盗砂行为，产业秩序得到规范，海洋矿业继续保持稳步增长的态势。

海洋盐业较发达的地区有河北、天津、海南、江苏和山东。这些省份属于我国传统的产盐区，辽东湾盐区、长芦盐区、山东盐区和淮盐产区是我国北方四大盐区，海南莺歌海盐场是华南地区最大盐场。① 近年来，针对不断出现的盐田被征用、生产面积萎缩、海盐产量逐渐下降等问题，各省相继加强了对海盐生产的管理，加大了对盐业生产的政策扶持力度。

海洋船舶工业较发达的地区有辽宁、江苏、上海和浙江。近年来，中国的船舶工业在复杂的外部环境下继续保持了平稳健康的发展，江苏省造船完工量、新承接订单、手持订单三大指标仍居全国首位，辽宁沿海经济带已经形成了集造船、修船、海洋工程、配套为一体的强势发展的船舶产业集群，浙江舟山积极开展船舶结构调整，推进船企转型升级。

海洋化工业较发达的地区有河北、天津、山东、广东和广西。我国主要大型化工企业集中在渤海湾周围，大都靠近大型盐场。山东已经形成了纯碱工业、氯碱工业和以卤水为原料生产溴化物及海藻化工产品的海洋化工工业体系，河北沿海区域正构建以石油化工为主导，煤化工、盐化工、精细化工协调发展的产业链。

---

① 蒋以山，谢维杰，高正. 发展海洋化工业，振兴蓝色经济[J]. 海洋开发与管理，2013(1)：81-83.

　　海洋生物医药业较发达的地区有山东、江苏、浙江和福建。随着国家对战略性新兴产业扶持力度的不断加大，海洋生物医药业持续增长。沿海各地纷纷加大对海洋医药产业的投入力度，海洋生物医药成为蓝色经济的增长推动热点。浙江省把生物产业列入重点培育发展的战略性新兴产业的重中之重，山东省有近20个生物技术医药已投入生产，海洋生物医药产业初具规模，河北省也将海洋药物研究与开发列入了海洋生物资源利用技术及产业化的重点任务，福建省海洋生物提取技术已获得重大突破。

　　海洋工程建筑业较发达的地区有山东、浙江、福建和广西。在沿海地区基础设施建设投资项目推动下，海洋工程建筑业蓬勃发展，港口改建工程相继实施，跨海桥梁工程成绩斐然，促进了基础物资便捷输送。杭州湾跨海大桥、青岛海湾大桥、青岛胶州湾海底隧道等相继建成通车，港珠澳大桥等一批海洋工程建筑正在建设中。

　　海洋电力业较发达的地区有辽宁、山东、江苏、福建与海南。随着大规模海上风电场的建成投产，海洋电力业发展势头总体良好。江苏省拥有我国目前最大的海上风电场——国电龙源江苏如东海上风电场，山东、浙江、天津和上海等地的风电项目都已并网发电，促进了海上风电业的迅速发展。

　　海水利用业较发达的地区有辽宁、河北、福建、广西和天津。近年来，我国海水利用业保持平稳发展势头，继续朝规模化方向发展。国家和沿海各级政府部门支持海水利用业的相关政策陆续出台，在规划、财政、税收、投融资、科技、基础能力建设等方面，不断加大对海水利用业的扶持。天津被确定为国家首批海水淡化产业发展试点，河北省首个自主设计大型海水淡化项目一期已经竣工。

　　海洋交通运输业较发达的地区有河北、山东、江苏和广西。虽然近两年受国际需求放缓及航运价格下跌等影响，海洋交通运输业总体放缓，但我国沿海港口生产势头总体良好，2012年全年实现增加值4 802亿元，比上年增长6.5%。河北港口生产保持高位运行，秦皇岛港口吞吐量创历史最高水平。上海港口货物吞吐量连续八年全球第一，国际集装箱吞吐量连续三年全球第一。宁波—舟山港口货物吞吐量突破4.53亿吨，居中国大陆港口第三位，集装箱吞吐量达1 567万标准箱，排名保持中国大陆集装箱港口第三位。

　　滨海旅游业较发达的地区有上海、浙江、福建、广东和海南。滨海旅游在我国旅游业发展中占有重要的地位，并且因其所具有的特殊活力和潜力备受关注。我国形成了以大连、秦皇岛和青岛为中心的环渤海湾滨海旅游带，以上海、连云港和宁波为中心的长三角滨海旅游带，以福州、厦门和泉州为中心的海峡西岸滨海旅游带，以香港和深圳为中心的珠三角滨海旅游带，以海口和三亚为中心的海南滨海旅游带五大滨海旅游带。这五大滨海旅游带的滨海旅游目的地基础设施和配套设施较为完善，滨海度假产品初步形成，拥有一定的国际知名度和国际客源。

第三节　海洋经济对国民经济贡献分析

海洋经济是国民经济的重要组成部分，是国民经济中开发、利用和保护海洋的各类产业活动以及与之相关联的活动的总和。[①] 定量分析海洋经济对国民经济的贡献，有利于合理定位海洋经济的地位和作用，科学谋划海洋经济的长远发展，对准确把握宏观经济形势，有效调控海洋经济发展具有重要意义。

一、海洋经济贡献分类

根据海洋经济对国民经济的影响范围，将海洋经济的贡献划分为以下三类：

1. 直接贡献

直接贡献是指海洋经济作为国民经济和地区经济的一部分，在国家和地区经济规模中的产出份额或创造的增加值。具体来看，是指某海洋产业在其对应的国民经济行业中的产出份额或创造的增加值。

2. 间接贡献

间接贡献是指海洋经济通过产业间的技术经济联系，而对国民经济产生的后向拉动作用和前向推动作用。后向拉动作用是指海洋产业作为物质消耗部门，通过产品和劳务需求而导致的相应国民经济各产业增加的产出或创造的增加值。前向推动作用是指海洋经济作为中间投入部门，通过产品和劳务的供给而引起的相应国民经济各产业增加的产出或创造的增加值，也称海洋经济对国民经济发展的支撑作用。

3. 诱发贡献

诱发贡献是指由直接贡献和间接贡献形成的收入中用于消费的部分再次引起的国民收入增量。海洋经济直接创造的增加值、后向拉动作用和前向推动作用创造的增加值中，有一部分形成了劳动者报酬和税收收入，这些收入中用于消费的部分通过物质循环过程，进入国民经济的消费品生产行业和公益产品生产行业，从而促进消费品、公益产品行业的产出增加，通过分配与使用而再次引起国民收入的增加，即通过消费拉动国民经济的增长。

---

① 《海洋及相关产业分类》（GB/T 20794－2006）[S]．2006.

二、海洋经济贡献率的测度方法

（一）直接贡献测度方法

通常采用增加值和就业等指标来衡量海洋经济对国民经济的直接贡献。主要从总量贡献、增量贡献和增长率贡献三个方面来测度。

1. 基于增加值指标的直接贡献测度方法

采用增加值指标衡量海洋经济对国民经济的直接贡献，计算公式为

$$海洋生产总值比重 = \frac{海洋生产总值}{国内生产总值} \qquad (2-10)$$

$$海洋经济直接贡献率 = \frac{海洋生产总值增量}{国内生产总值增量} \qquad (2-11)$$

$$海洋经济对国民经济的拉动 = 国内生产总值增长率 \times 海洋经济直接贡献率 \qquad (2-12)$$

海洋生产总值比重通常是指以现价计算的海洋生产总值占国内生产总值的比重，该指标可以较好地度量海洋经济对国民经济规模的直接贡献；海洋经济直接贡献率通常是指以不变价计算的海洋生产总值增量与国内生产总值增量的比值，反映了在国内生产总值增加的部分中海洋生产总值所占的比重；海洋经济对国民经济的拉动是指国内生产总值的增长速度与海洋经济直接贡献率的乘积，反映了国内生产总值增长率中海洋生产总值贡献的大小。如果分析对象是沿海地区，则用沿海地区生产总值来替代国内生产总值。

2. 基于就业指标的直接贡献测度方法

采用就业指标衡量海洋经济对国民经济的直接贡献，计算公式为

$$涉海就业比重 = \frac{涉海就业人数}{就业人数} \qquad (2-13)$$

$$涉海就业直接贡献率 = \frac{涉海就业增量}{就业增量} \qquad (2-14)$$

$$涉海就业对全国就业的拉动 = 全国就业增速 \times 涉海就业直接贡献率 \qquad (2-15)$$

涉海就业比重反映了就业总人数中有多少人从事涉海行业工作；涉海就业直接贡献率反映了在就业总人数增加的部分中涉海就业人数增量所占的比重；涉海就业对全国就业的拉动表示就业人数的增长率中涉海就业人数贡献的大小。

（二）间接贡献测度方法

间接贡献主要测度海洋经济对国民经济影响的"波及效应"。通常运用投入产出法，研究海洋产业对国民经济的直接关联效应、感应度、影响力、生产诱发

效应和最终依赖度等，各指标的具体计算方法详见第三章。

三、海洋经济直接贡献实证分析

基于增加值指标，考察 21 世纪以来我国海洋经济对国民经济的直接贡献。使用海洋生产总值、国内生产总值和沿海地区生产总值现价数据，测度海洋经济对国民经济和地区经济规模的贡献；使用国内生产总值平减指数（1978 = 100）消除价格变动对海洋生产总值、国内生产总值和沿海地区生产总值的影响，据此测度海洋经济对国民经济和地区经济的直接贡献率和增长拉动，计算结果见表 2 - 3。

表 2 - 3　海洋经济直接贡献测度指标（%）

年份	海洋经济对国民经济的贡献			海洋经济对沿海地区经济的贡献		
	海洋生产总值占国内生产总值比重	海洋经济对国民经济的直接贡献率	海洋经济对国民经济的拉动	海洋生产总值占沿海地区生产总值比重	海洋经济对沿海地区经济的直接贡献率	海洋经济对沿海地区经济的拉动
2001	8.68	—		15.23	—	—
2002	9.37	16.92	1.41	16.25	26.09	2.44
2003	8.80	3.15	0.29	14.80	4.06	0.48
2004	9.17	12.85	1.18	15.14	17.91	1.94
2005	9.55	12.87	1.31	15.27	16.21	2.09
2006	9.98	13.41	1.51	15.98	21.56	2.42
2007	9.64	7.21	0.89	15.90	15.12	1.47
2008	9.46	7.65	0.67	15.64	12.94	1.11
2009	9.47	9.53	0.80	15.56	14.69	1.32
2010	9.86	13.68	1.28	16.09	20.88	2.09
2011	9.62	7.04	0.60	15.74	11.88	0.99
2012	9.64	N/A	N/A	15.87	N/A	N/A

资料来源：《中国海洋统计年鉴 2012》，《中国统计年鉴 2012》，《2012 年中国海洋经济统计公报》。

注：①海洋生产总值占国内生产总值比重、海洋生产总值占沿海地区生产总值比重为现价指标，其余指标为按照 1978 年不变价计算的可比价指标。由于尚不能获得 2012 年国内生产总值平减指数（1978 = 100），2012 年直接贡献率和增长拉动可比价指标暂时无法计算。

②N/A 表示不可获得。

由表 2 - 3 可以看出：在总量上，海洋经济对国民经济的贡献较大。2001—2012 年间，海洋生产总值占国内生产总值的比重基本保持在 9% 以上，并且呈波动上升的趋势，也就是说，每 100 元国内生产总值中，就有近 10 元是海洋经济的贡献。在对国民经济的直接贡献率上，由于宏观经济形势的变化和海洋经济自身的特点，海洋经济对国民经济的直接贡献率起伏较大。2002 年最高，达到 16.92%，说明 2002 年国内生产总值的增量中，有 16.92% 是海洋经济的贡献；2003 年受"非典"的影响，海洋经济受到重创，对国民经济的直接贡献率最低，降为 3.15%，说明 2003 年国内生产总值的增量中，海洋经济仅贡献了 3.15%。在对国民经济的拉动作用上，海洋经济对国民经济的拉动作用的波动显著。2006 年最大，达到 1.51%，说明 2006 年海洋经济拉动了国内生产总值 1.51% 的增长率；2003 年最小，为 0.29%，说明 2003 年海洋经济仅拉动国内生产总值 0.29% 的增长率。

海洋经济对沿海地区经济的贡献明显大于对国民经济的贡献。在总量上，进入 21 世纪以来，海洋生产总值占沿海地区生产总值比重基本保持在 15%～16% 的水平，也就是说每 100 元的沿海地区生产总值中，就有约 15 元是海洋经济的贡献。海洋经济对沿海地区经济的直接贡献率，亦普遍高于对国民经济且呈起伏状态，除个别年份以外，其波动趋势与对国民经济的贡献率基本保持一致，2002 年最高，达 26.09%；2003 年最低，为 4.06%。在对沿海地区经济的拉动作用上，也显著大于对国民经济的拉动作用，2002 年最高，达 2.44%，说明 2002 年海洋经济拉动了沿海地区生产总值 2.44% 的增长率；即使在最低的 2003 年，海洋经济也拉动了沿海地区生产总值 0.48% 的增长率。十多年间，海洋经济对沿海地区经济的拉动作用也呈波动状态，其波动趋势与对国民经济的拉动作用保持一致。

第四节　海洋经济总量预测分析

海洋经济预测分析是海洋经济发展战略与规划制定的重要环节，开展海洋经济总量的预测分析，深化对海洋经济发展规律的认识，对于确定海洋经济增长目标、开展海洋经济趋势研究具有重要的实践意义。海洋经济预测模型的选择没有统一的标准和要求，应根据不同的情况和需求，采用不同的预测方法。

一、常用预测方法和模型

预测方法从技术上分为定性方法和定量方法两种。定性预测主要是由业内专家，根据经验对事物未来发展的趋势和状态做出判断和预测。定量预测则是运用统计方法和数学模型，通过对历史数据的统计分析，用量化指标对系统未来发展趋势进行预测。目前常用的定量预测方法有：回归预测法、时间序列预测法、灰色预测法、人工神经网络预测法和组合预测法等。

1. 回归预测法

回归预测是根据历史数据的变化规律，寻找自变量与因变量之间的回归方程式，确定模型参数，并据此做出预测。在经济预测中，人们把预测对象（经济指标）作为被解释变量（或因变量），把那些与预测对象密切相关的影响因素作为解释变量（或自变量）；根据两者历史和现在的统计资料，建立回归模型，经过经济理论、数理统计和经济计量三级检验后，利用回归模型对被解释变量进行预测。回归预测法一般适用于中期预测。

回归预测的数学描述是：设因变量为 Y，自变量为 $X(X_1, X_2, \cdots, X_m)$，则回归预测的目的就是利用已有的观测数据，建立 Y 与 X 之间的统计模型，即确定成 $Y = f(X)$ 中的参数。所用方法有最小二乘法（使拟合误差平方和最小）和最大似然估计法等，其中最小二乘法运用最为广泛。

常见的一元回归模型形式如下：

线性模型　　　$Y = a + bX$

指数函数模型　$Y = ae^{bX} + c$

幂函数模型　　$Y = b_0 + b_1 X + b_2 X^2 + \cdots$

生长函数模型　$Y = \dfrac{a}{1 + be^{-cX}}$

单对数函数模型　$Y = a + b\log(X)$

双对数函数模型　$\log(Y) = a + b\log(X)$

常见的多元线性回归模型形式如下：

$$Y = b_0 + b_1 X_1 + b_2 X_2 + \cdots + b_m X_m$$

回归预测法要求样本量大且样本有较好的分布规律。当预测的长度大于原始数据的长度时，采用该方法进行预测在理论上不能保证预测结果的精度。另外，可能出现量化结果与定性分析结果不符的现象，有时难以找到合适的回归方程类型。

使用回归预测方法时，需要进行下述检验：

（1）判别系数（可决系数）检验。反映拟合优度的度量指标。通常情况下，如果建立回归方程的目的是进行预测，判别系数一般不应低于90%。

（2）F 检验。判断建立的回归方程是否具有显著性。当 F 统计量的 P 值小于显著性水平 α 时，表示拒绝原假设，即变量之间线性关系显著。

（3）t 检验。判断回归方程参数是否显著。当 t 统计量的 P 值小于显著性水平 α 时，表示拒绝原假设，即该解释变量对被解释变量影响显著。

（4）序列自相关检验。通常时间序列数据需要进行序列自相关检验，常用的检验有 D. W. 检验及 LM 检验。实践中，如果 $D. W.$ 值在 2 附近，表示不存在序列相关；如果 $D. W.$ 值小于 2（最小为 0），表示存在正序列相关；如果 $D. W.$ 值在 2～4 之间，表示存在负序列相关。需要注意的是 D. W. 检验只适用于一阶自相关性检验；而且如果回归方程的右边存在滞后因变量，D. W. 检验不再有效。在 LM 检验中，当 LM 统计量的 P 值小于显著水平 α 时，拒绝原假设，即随机误差项存在序列相关性，需要进行修正处理。LM 检验可以用于高阶自相关的检验，且在方程中存在滞后因变量的情况下，LM 检验依然有效。

（5）White 检验。用于判断模型是否存在异方差，通常截面数据需要进行异方差检验。当 White 检验统计量的 P 值小于显著水平 α 时，表示随机误差项存在异方差，需要进行修正处理。

2. 时间序列预测法

时间序列预测是通过建立数据随时间变化的模型，外推到未来进行预测。时间序列预测有效的前提是过去的发展模式会延续到未来，其主要优点是数据容易获得，易被决策者理解，且计算相对简单。但该方法只对中短期预测效果较好，而不适用于长期预测。

采用时间序列模型时，需假定数据的变化模式可以根据历史数据识别出来；同时，决策者所采取的行动对时间序列的影响较小。因此这种方法主要用来对一些环境因素，或不受决策者控制的因素进行预测，如宏观经济情况、就业水平、产品需求量等；而对于受人的行为影响较大的事物进行预测则并不合适，如股票价格、改变产品价格后的产品需求量等。

时间序列分析方法中最简单的是平滑法，基本公式如下。

（1）简单滑动平均法　　$F_t = (x_{t-1} + x_{t-2} + x_{t-3} + \cdots + x_{t-n})/n$

式中：F_t 为 t 时刻的预测值；x_t 为 t 时刻的观察值。

（2）单指数平滑法　　$F_t = \alpha x_t + (1 - \alpha) F_{t-1}$

式中：α 为预测值的平滑系数。

（3）线性指数平滑法　　$T_t = \beta(S_t - S_{t-1}) + (1 - \beta) T_{t-1}$

$$S_t = \alpha x_t + (1 - \alpha)(S_{t-1} + T_{t-1})$$

$$F_{t+m} = S_t + mT_t$$

式中：T_t 为趋势值的平滑值；S_t 为预测值的平滑值；β 为趋势值的平滑系数。

（4）季节性指数平滑法　　$S_t = \alpha \dfrac{x_t}{I_{t-L}} + (1 - \alpha)(S_{t-1} + T_{t-1})$

$$T_t = \beta(S_t - S_{t-1}) + (1 - \beta) T_{t-1}$$

$$I_t = \gamma \dfrac{x_t}{S_t} + (1 - \gamma) I_{t-L} \quad F_{t+m} = (S_t + mT_t) I_{t-L+m}$$

式中：S_t 为消除了季节因素影响的平滑值；I_t 为季节因素平滑值；γ 为季节因素平滑系数；L 为季节的长度。

(5)阻尼趋势指数平滑法　　$S_t = \alpha x_t + (1 - \alpha)(S_{t-1} + \varphi T_{t-1})$

$$T_t = \beta(S_t - S_{t-1}) + (1 - \beta)\varphi T_{t-1}$$

$$F_{t+m} = S_t + \sum_{i=1}^{m} \varphi^i T_t$$

式中：φ 为阻尼趋势平滑系数。

使用平滑法时，需要在计算过程中注意以下问题。

(1)平滑初值的确定。

对于单指数平滑法　　$F_1 = x_1$

对于线性指数平滑法　　$F_1 = x_1$，$T_1 = x_2 - x_1$，$e_1 = 0$

对于季节性指数平滑法　　$S_1 = x'_1$，$T_1 = x'_2 - x'_1$，其中，v 为 x 中消除了季节因素后的值。

另一类方法是采用最小二乘法，列出方程后求出最优初值。

(2)平滑系数的选择。在上述公式中遇到的平滑系数 α、β、γ、φ，主要通过搜索法，比较不同数值下的 MSE 或 MAD，使用最小误差所对应的系数值。

(3)方法有效性的判定。判断方法是否适用于实际问题的预测，关键在于误差 $e_t = (x_t - F_t)$ 的分布，如果误差的均值为 0，方差为常数，则该方法是适当的，否则就要寻求其他方法。

上述方法比较简单，分别适用于不同的情况；但在使用时常常受到一些限制，且方法的理论基础不甚坚实。自回归积分滑动平均法能适应任何情况，且理论上清晰严格，应用广泛。主要有三种模型可以用来描述各种形态的时间序列，分别是自回归 AR、滑动平均 MA 和自回归滑动平均 ARMA。模型满足的方程如下：

AR(p)模型　　$x_t = c + \varphi_1 x_{t-1} + \varphi_2 x_{t-2} + \cdots + \varphi_p x_{t-p} + \varepsilon_t$

MA(q)模型　　$x_t = x + \varepsilon_t + \theta_1 \varepsilon_{t-1} + \theta_2 \varepsilon_{t-2} + \cdots + \theta_q \varepsilon_{t-q}$

ARMA(p, q)模型

$x_t = c + \varphi_1 x_{t-1} + \varphi_2 x_{t-2} + \cdots + \varphi_p x_{t-p} + \varepsilon_t + \theta_1 \varepsilon_{t-1} + \theta_2 \varepsilon_{t-2} + \cdots + \theta_q \varepsilon_{t-q}$

ARMA(p, q)模型的建模过程如下[①]：

(1) 对序列进行平稳性检验，如果序列不满足平稳性条件，可以通过差分变换(单整阶数为 d，则进行 d 阶差分)或其他变换(如对数差分变换)，使序列满足平稳性条件；

(2)通过计算能够描述序列特征的统计量(如自相关系数和偏自相关系数)，

---

① 白营闪. 基于 ARIMA 模型对上证指数的预测[J]. 科学技术与工程，2009，9(16)：485－488.

来确定 ARMA(p, q)模型的阶数 p 和 q，并在初始估计中选择尽可能少的参数；

（3）估计模型的未知参数，检验参数的显著性以及模型本身的合理性；

（4）进行诊断分析，以证实所得模型确实与观察到的数据特征相符。

3. 灰色预测法

灰色系统理论是由我国学者邓聚龙先生首先提出的。灰色预测方法包括五种基本类型，即数列预测、灾变预测、季节灾变预测、拓扑预测和系统综合预测；其中数列预测是基础，且在实践中用途最广。灰色数列预测中最常用的是 GM（1，1）模型（一阶单变量灰色模型），该模型是微分回归分析的一个特例，即以指数形式为基础，以一次累加数据为原始数据，以初始观测值为准确定积分常数的微分模型。通常用于短期预测。

一般情况下，对于给定的原始数据序列：$X_{(0)} = \{x_{(0)}^{(1)}, x_{(0)}^{(2)}, x_{(0)}^{(3)}, \cdots, x_{(0)}^{(N)}\}$，不能直接用于建模，因为这些数据大多是随机、无规律的。若将原始数据列经过一次累加生成，可获得新数据列：

$$X_{(1)} = \{x_{(1)}^{(1)}, x_{(1)}^{(2)}, x_{(1)}^{(3)}, \cdots, x_{(1)}^{(N)}\}, \text{其中} x_{(1)}^{(i)} = \sum_{k=1}^{i} x_{(0)}^{(k)}$$

新生成的数据是单调递增序列，平稳程度大大增加，其变化趋势可近似地用如下微分方程描述：

$$\frac{\mathrm{d}X_{(1)}}{\mathrm{d}t} + aX_{(1)} = \mu$$

用该方程对累加生成的数据序列进行拟合并建立模型，可以根据时间进行外推，从而进行预测。

采用灰色预测方法进行预测的一般过程如下：

（1）进行级比平滑检验，判断序列是否可以使用灰色预测法进行预测，当级比 $\sigma(i) \in (0.135\ 3, 7.389\ 0)$ 时，表明该序列是平滑的，可以做灰色预测；当级比 $\sigma(i) \in (e^{-\frac{2}{n+1}}, e^{\frac{2}{n+1}})$ 时，表明该序列可以得到精度较高的 GM（1，1）模型①；

（2）对原始序列进行一次累加生成，得到累加序列；

（3）构建 GM（1，1）模型，采用最小二乘法估计灰参数 a, μ；

（4）将灰参数带入时间函数，计算得到累加序列的预测值；

（5）将预测得到的累加序列预测值进行还原，得到原始序列的预测值；

（6）模型诊断及应用模型进行预测。为了分析模型的可靠性，必须对模型进行诊断，目前通用的方法是后验差检验。

① 《中国海洋经济发展趋势与展望》课题组．中国海洋经济预测研究［J］．统计与决策，2005，（12）：43－46．

虽然该方法在经济预测中用途较广，并被证明较为有效，但和一般的微分回归分析相比，对不等间隔取值的序列无法应用；而且在常数选取方面，以初始值为准也缺乏理论基础。①

4. 人工神经网络预测法

1987 年 Lpaeds 和 Fbarer 首先应用神经网络进行预测，开创了人工神经网络预测的先河。该方法利用人工神经网络的学习功能，用大量样本对神经元网络进行训练，调整其连接权值和阈值，然后利用已确定的网络模型进行预测。神经网络能从数据样本中自动地学习以前的经验而无需繁复的查询和表述过程，并自动地逼近那些能够最佳反映样本规律的函数，而不论这些函数具有怎样的形式，且函数形式越复杂，神经网络的作用就越明显。

目前，应用较多的人工神经网络是前馈反向传播网络（Back-Propagation-Network，简称 BP 网络）。BP 神经网络，通常由输入层、输出层和若干隐层构成，每一层都由若干个节点组成，每一个节点表示一个神经元，上层节点与下层节点之间通过权连接，层与层之间的节点采用全互联的连接方式，每层内节点之间没有联系。一个简单的三层 BP 神经网络结构如图 2 - 3 所示。

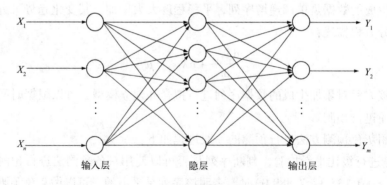

图 2 - 3　三层 BP 神经网络结构

BP 网络的基本思想是通过网络误差的反向传播，调整和修改网络的连接权值和阈值，使误差达到最小，其学习过程包括前向计算和误差反向传播。一个简单的三层人工神经网络模型，就能实现从输入到输出之间任何复杂的非线性映射关系。神经网络方法的优点是可以在不同程度和层次上模仿人脑神经系统的信息处理和检索等功能，具有信息记忆、自主学习、知识推理和优化计算等特点，其自学习和自适应功能是常规算法和专家系统技术所不具备的，在一定程度上解决了由于随机性和非定量因素而难以用数学公式严密表达的复杂问题。人工神经网

---

① 吴殿延. 区域经济学 [M]. 北京：科学出版社. 2003：480 - 481.

络方法的缺点是网络结构确定困难，同时要求有足够多的历史数据，样本选择困难，算法复杂，容易陷入局部极小点。

5. 组合预测法

由于资料来源和数据质量的局限，用来预测的数据常常是不稳定、不确定和不完全的。不同的时间范围常常需要不同的预测方法，形式上难以统一。且由于不同的预测方法在复杂性、数据要求以及准确度上均不同，因此选择一个合适的预测方法通常是很困难的。

实践中，建立预测模型受到两方面的限制：一是不可能将所有在未来起作用的因素全部包含在模型中；二是很难确定众多参数之间的精确关系。从信息利用的角度来说，任何一种单一预测方法都只利用了部分有用信息，同时也抛弃了其他有用的信息。为了充分发挥各预测模型的优势，在实践中，往往采用多种预测方法，然后将不同预测模型按一定方式进行综合，即为组合预测方法。根据组合定理，各种预测方法通过组合可以尽可能利用全部信息，提高预测精度，达到改善预测性能的目的。

组合预测有两种方法：一是将几种预测方法所得的结果，选取适当的权重进行加权平均，其关键是确定各个单项预测方法的加权系数。二是在几种预测方法中进行比较，选择拟合度最佳或标准离差最小的模型进行预测。组合预测通常在单个预测模型不能完全正确地描述预测量变化规律时发挥作用。

二、海洋经济总量预测实证分析

由于缺少海洋经济总量的长时间序列数据，本文选用主要海洋产业增加值为替代指标。主要海洋产业作为海洋经济的重要组成部分，是海洋生产总值分析预测的核心内容。下面分别运用回归预测法、ARMA(p, q)模型、灰色预测法、BP神经网络、组合预测法对主要海洋产业增加值进行预测。

1. 回归预测法

选用1990—2011年数据构建预测模型，预测2015年及2020年主要海洋产业增加值。具体过程如下：

1）变量选择

被解释变量为主要海洋产业增加值(Y)，解释变量为影响主要海洋产业增加值的因素。根据生产理论，决定产值的要素主要是生产和需求两个方面，结合数据可得性，选取的解释变量为：沿海地区全社会固定资产投资(X_1)、沿海地区消费品零售总额(X_2)、沿海地区商品零售价格指数(X_3)、居民消费价格指数(X_4)、沿海地区进出口总额(X_5)、沿海地区财政支出(X_6)、人民币汇率(X_7)。经过相关性检验和向后逐步回归之后，最终保留沿海地区消费品零售总额(X_2)、沿海地区商品零售价格指数(X_3)、居民消费价格指数(X_4)、沿海地区进出口总额(X_5)、人民币汇率(X_7)这 5 个解释变量。

2)模型构建与检验

运用最小二乘法进行参数估计,最终建立回归方程如下:

$$\hat{Y} = -2\ 211.00 + 0.12X_2 + 693.15X_3 - 681.21X_4 + 2.2 \times 10^{-5}X_5 + 1.97X_7$$
$$(-1.275\ 1)\ (8.063\ 1)\ (3.121\ 5)\ (-3.200\ 7)\ (3.964\ 7)\ (3.964\ 7)$$

$$(2-16)$$

$$R^2 = 0.997\ 4 \qquad D.W. = 1.74 \qquad F = 1\ 247.990\ 0$$

回归方程判决系数 $R^2 = 0.997\ 4$,说明模型整体拟合优度较高。在 5% 的显著性水平下,F 检验的伴随概率 $p = 0 < 0.05$,通过了 F 检验,说明模型整体线性关系显著。除常数项外,方程系数的伴随概率 p 均小于 0.05,通过了 t 检验,说明各解释变量对被解释变量影响显著。序列自相关 LM 检验的伴随概率 $p = 0.87 > 0.05$;且 $D.W. = 1.74$,在 2 附近,说明不存在序列自相关性。异方差 White 检验伴随概率 $p = 0.18 > 0.05$,说明模型不存在异方差。该模型总体统计特性较好,可以用来进行主要海洋产业增加值预测。

3)预测

首先利用灰色预测法预测 2015 年和 2020 年解释变量沿海地区消费品零售总额、沿海地区商品零售价格指数、居民消费价格指数、沿海地区进出口总额、人民币汇率的数据,预测结果见表 2 - 4。

表 2 - 4   解释变量预测值

年份	消费品零售总额/亿元	商品零售价格指数	居民消费价格指数	进出口额/万美元	人民币汇率
2015	133 108.9	98.7	98.9	5.7×10^8	776.5
2020	283 329.8	96.8	96.8	1.3×10^9	784.3

将表 2 - 4 中的数据代入回归方程式(2 - 16),得到 2015 年主要海洋产业增加值为 33 902.2 亿元,2020 年主要海洋产业增加值将为 74 341.4 亿元。

2. ARMA(p, q)模型

采用 1985—2012 年主要海洋产业增加值数据,运用 ARMA(p, q)模型对 2015 年及 2020 年主要海洋产业增加值进行预测。具体过程如下:

1)平稳性检验

对 1990—2011 年时间序列进行单位根检验,检验结果见表 2 - 5。原序列 ADF 统计量为 3.858 2,伴随概率 $p = 1.00 > 0.05$,接受原假设即序列不平稳。原

序列二阶差分后 ADF 统计量为 $-6.629\,6$，伴随概率 $p=0<0.05$，拒绝原假设即二阶差分后序列平稳。

表 2 – 5　单位根检验结果

阶数	ADP 值	1% 临界值	p 值
0	3.858 2	$-4.416\,3$	1.00
1	0.019 6	$-4.467\,9$	0.99
2	$-6.629\,6$	$-4.467\,9$	0

2）阶数 p 和 q 的确定

对二阶差分后的序列进行自相关和偏自相关检验，结果见表 2 – 6。在自相关分析图中，当 $k>1$ 时，自相关系数都在随机区间内，即自相关函数具有截尾性；在偏自相关分析图中，序列样本的偏自相关系数逐渐衰减到 0，具有拖尾性；故初步判断建立 MA(1) 模型。

表 2 – 6　自相关和偏自相关检验结果

自相关	偏自相关		自相关系数	偏自相关系数	Q 统计量	概率 P
		1	-0.431	-0.431	5.406 2	0.020
		2	-0.109	-0.361	5.763 7	0.056
		3	0.031	-0.266	5.794 1	0.122
		4	-0.013	-0.247	5.799 8	0.215
		5	0.018	-0.203	5.811 5	0.325
		6	0.002	-0.179	5.811 7	0.445
		7	0.025	-0.114	5.835 6	0.559
		8	-0.027	-0.112	5.865 3	0.662
		9	-0.001	-0.098	5.865 4	0.753
		10	-0.005	-0.104	5.866 5	0.826
		11	-0.002	-0.112	5.866 7	0.882
		12	0	-0.126	5.866 7	0.923

3）模型建立

参数估计及统计检验结果如表 2 – 7 所示。预测模型如下：

$$D^2Y_t = 94.49 + \varepsilon_t - 0.96\varepsilon_{t-1}$$

由统计结果可知，在 5% 的显著性水平下，模型参数的伴随概率 $p<0.05$，通过了 t 显著性检验；MA 的特征根的倒数为 0.96，绝对值小于 1，说明该模型稳定；考虑到样本数量及实际情况，拟合优度 $R^2=0.46$ 可以接受。因此，初步

判断MA(1)为二阶差分序列较为理想的预测模型。

表2-7　参数估计及统计检验结果

变量	系数	标准差	t 统计量	概率 P
C	94.489 960	15.809 20	5.976 899	0
MA(1)	-0.963 113	0.048 38	-23.583 640	0
R^2 统计量	0.458 792	因变量均值		65.429 62
调整 R^2 统计量	0.436 242	因变量标准差		741.933 50
回归标准差	557.072 1	AIG 信息准则值		15.557 07
残差平方和	7 447 904	SC 信息准则值		15.653 85
对数似然值	-200.241 9	F 统计量		20.345 25
D.W. 统计量	1.920 223	P 值（F 统计量）		0.000 144
MA 特征根的倒数	0.96			

4）诊断分析

首先，对 MA(1) 模型的残差进行序列自相关 LM 检验，LM 检验统计量为 0.503 5，其伴随概率 $p = 0.61 > 0.05$，说明残差不存在序列自相关；其次，采用建立的模型拟合 1995—2011 年数据，得到拟合的绝对平均百分误差为 10.43%，拟合误差相对较小，说明模型比较优良，可以进行预测。

5）预测

采用建立的模型对 2015 年及 2020 年主要海洋产业增加值进行预测，得到预测结果为：2015 年主要海洋产业增加值为 27 009.2 亿元，2020 年主要海洋产业增加值为 39 622.5 亿元。

3. 灰色预测法

采用 1990—2012 年主要海洋产业增加值，运用灰色预测模型对 2015 年及 2020 年主要海洋产业增加值进行预测。具体过程如下：

1）级比平滑检验

计算级比 $\sigma(i) = x^{(0)}(t-1)/x^{(0)}(t)$ $(i \geqslant 2)$，可知 $\sigma(i) \in (0.59, 0.99) \subset (0.135 3, 7.389 0)$，表示该序列是平滑的，可以使用灰色预测法进行预测，但由于 $\sigma(i) \in (0.59, 0.99) \not\subset (e^{-\frac{2}{23+2}}, e^{\frac{2}{23+2}}) = (0.92, 1.08)$，故主要海洋产业增加值序列建立的灰色预测模型精度可能不高。

2）一次累加生成

对原始序列进行一次累加生成，得到累加序列。

3）灰参数估计

对累加序列，利用最小二乘法求灰参数，得到主要海洋产业增加值累加序列的预测模型：

$$\hat{x}(t+1) = 5\,348.70e^{0.17t} - 5\,123.36$$

4）模型诊断

模型后验差比 $c = 0.41 < 0.5$，小误差概率 $p = 0.91 > 0.9$，表示模型合格，可以用于预测。运用上述模型拟合 1995—2012 年主要海洋产业增加值，得到拟合的绝对平均百分误差为 51.28%，说明模型预测精度不高。

5）预测

利用上述模型进行外推预测，并将累加序列还原，得到 2015 年主要海洋产业增加值为 51 043.5 亿元，2020 年主要海洋产业增加值为 116 742.1 亿元。

4. BP 神经网络

选用隐层神经元个数为 10 的三层 BP 神经网络，采用 sigmod 函数和线性函数作为传递函数，运用 LM 网络训练算法，对主要海洋产业增加值进行预测。输入神经元个数为 5，输出神经元个数为 1，即采用 5 期主要海洋产业增加值预测第 6 期增加值，依此进行单步预测。样本选择上，选取 1985—2010 年数据作为训练样本，采用 1990—2012 年的数据作为测试样本。鉴于 BP 神经网络对 0 与 1 间数据较为敏感的性质，在建立网络前对数据进行预处理，将数据均乘以 10^{-4}。对神经网络进行训练后，仿真模拟 1990—2012 年数据的平均百分误差为 1.3%，拟合效果良好。

运用该网络对 2015 年及 2020 年数据进行预测，得到 2015 年主要海洋产业增加值为 38 544.0 亿元，2020 年主要海洋增加值为 49 971.2 亿元。

5. 组合预测法

对几种方法所得的预测结果，选取适当的权重进行加权平均，对 2015 年及 2020 年的主要海洋产业增加值进行预测。常用赋权方法是以实际值为被解释变量，以不同单一方法得到的拟合值为解释变量进行回归，运用最小二乘法确定每个单一预测方法的权重，使得组合预测的均方误差达到最小。

由于灰色预测法进行预测误差太大，所以进行组合预测时不采用灰色预测法的结果。鉴于数据限制，采用 1995—2011 年的实际值和回归分析、ARMA 模型、BP 神经网络的拟合值进行回归，最终建立的组合预测模型为

$$Y = -122.96 + 0.23Y_1 + 0.10Y_2 + 0.70Y_4$$

式中：Y 为实际值；Y_1 为回归分析法得到的拟合值；Y_2 为 ARMA 模型得到的拟合值；Y_4 为 BP 神经网络得到的拟合值。

运用组合预测法得到 2015 年、2020 年主要海洋产业增加值分别为 37 356.3

亿元和55 917.7亿元。

6. 综合分析

组合预测法及各单一方法的预测值和误差参数见表2-8。比较各种方法的预测结果可知，在单一预测方法中，BP神经网络的绝对平均百分误差及平均相对误差最小，但BP神经网络对于训练样本拟合效果很好，而对于不属训练样本的测试样本(如2011年及2012年)，其预测误差明显变大。除BP神经网络外，组合预测法的绝对平均百分误差和平均相对误差相对较小，预测精度相对较高。最终选择组合预测模型的结果，得到2015年主要海洋产业增加值为37 356.3亿元，2020年主要海洋产业增加值为55 917.7亿元。

表2-8　不同方法主要海洋产业增加值预测结果比较

年份	实际值	预测值				
		回归预测	ARMA模型	灰色预测	BP神经网络	组合预测
1995	1 107.3	856.5	1 155.5	1 865.5	1 105.5	1 170.7
1996	1 266.3	1 153.1	1 533.3	2 201.1	1 267.1	1 337.3
1997	1 477.2	1 491.0	1 519.8	2 597.2	1 476.7	1 506.1
1998	1 602.9	1 877.4	1 782.6	3 064.5	1 603.1	1 646.8
1999	2 022.2	2 320.7	1 823.1	3 615.9	2 022.0	2 003.8
2000	2 297.0	2 830.4	2 536.0	4 266.6	2 297.1	2 331.1
2001	3 886.6	3 418.2	2 666.4	5 034.3	3 886.6	3 646.9
2002	4 696.8	4 097.2	5 570.6	5 940.1	4 696.8	4 662.6
2003	4 754.5	4 883.3	5 601.5	7 008.9	4754.5	4 795.3
2004	5 827.8	5 794.6	4 906.7	8 270.1	5 827.8	5 675.7
2005	7 188.2	6 852.6	6 995.6	9 758.1	7 188.2	7 111.3
2006	8 790.4	8 082.6	8 643.1	11 513.9	8 790.4	8 725.2
2007	10 478.4	9 513.8	10 487.1	13 585.7	10 478.4	10 470.2
2008	12 176.1	11 180.8	12 260.9	16 030.2	12 176.1	12 266.2
2009	12 843.8	13 124.0	13 968.8	18 914.5	12 843.8	13 303.0
2010	16 187.8	15 390.6	13 606.0	22 317.9	16 187.8	16 303.0
2011	18 865.2	18 036.1	19 626.3	26 333.6	17 549.5	18 513.1
绝对平均百分误差(%)	9.2		10.43	51.28	1.34	2.73
平均相对误差(%)	2.1		-1.33	51.28	0.42	0.95

　　应该看到，模型预测方法是以模拟历史、从已经发生的经济活动中找出经济行为规律从而进行预测的手段与方法。然而，影响经济活动的因素是复杂、多变且相互关联的，很多经济过程呈现出非稳定发展的态势，不会完全按照某一模型设定的路径发展。上述经济预测方法只能在理论上存在做出完美预测的可能性，要在实际预测中实现准确预测却几乎是不可能的。因此，在对海洋经济活动的预测过程中，除了要考虑统计数据的影响以外，还要特别注重定量分析与定性分析相结合，如考虑专家评分、决策者态度、环境变化等因素对预测的影响，以提高预测结果的准确性。

| 第三章 | 海洋产业分析评估 |

海洋产业是海洋经济的主体和基础。海洋产业分析是应用产业经济学理论和方法，对海洋产业结构、产业关联、主导产业选择、产业布局和产业集聚等进行的分析。在产业结构领域主要研究海洋产业结构的发展演变、产业结构的高度化和合理化等；在产业关联领域主要研究海洋产业间以及海洋产业与陆域产业间的经济技术联系；在主导产业选择领域主要研究海洋主导产业的定性和定量选择方法；在产业布局领域主要研究海洋产业布局的理论与评价方法；在产业集聚领域主要研究海洋产业集聚的理论和方法。

第一节　海洋产业结构分析

海洋产业结构是海洋经济的基本结构，是海洋经济总体中各类产业的多层次有序组合，反映了在海洋资源开发过程中各产业构成的比例关系。海洋产业结构既具有质的特征，又具有量的特征，其质的特征是各海洋产业的地位和作用，量的特征是各产业在海洋经济总体中所占的比重。海洋产业结构变动是海洋经济增长过程中出现的必然现象。海洋经济增长是海洋产业结构演变的基础，同时，海洋产业结构的转换与升级又是海洋经济总量获得新增长的必要条件。

一、产业结构相关理论和方法

在人类财富不断增长和积累过程中，产业结构理论也随之不断地发展和完善。概括来讲，产业结构理论主要包括产业结构演变理论和产业结构调整理论。

（一）产业结构演变理论

1. 配第－克拉克理论

随着经济发展，劳动力首先由第一产业向第二产业移动，当人均国民收入水平进一步提高时，劳动力便向第三产业移动。根据配第－克拉克定理，通过一个国家时间序列数据的比较和不同国家横截面数据的比较，可以判断一个国家产业结构所处的阶段及特点，便于制定合理的产业政策；还可以对一国未来的就业需求进行预测，以便制定相应的劳动就业政策。

2. 库兹涅兹理论

国民收入和劳动力在三次产业间分布结构的演变趋势特点为：第一产业的比较劳动生产率低于1，而第二、第三产业的比较劳动生产率则大于1。随着时间的推移，第二产业在整个国民收入中的比重趋于上升，而劳动力在全部劳动力中的比重大体不变；第三产业在整个国民收入中的比重大体不变，而劳动力在全部劳动力中的比重则呈上升趋势。

3. 钱纳里理论

经济发展会规律性地经过六个阶段：①以农业为主的传统社会阶段；②以初级工业品为主的工业化初期阶段；③由轻型工业向重型工业转变、非农业劳动力开始占主体、第三产业开始迅速发展的工业化中期阶段；④第三产业由平稳增长转入持续高速增长的工业化后期阶段；⑤制造业内部结构由资本密集型产业为主导转向技术密集型产业为主导的后工业化社会阶段；⑥第三产业中的智能密集型和知识密集型产业开始从服务业中分离出来并占主导地位的现代化社会阶段。

4. 霍夫曼理论

工业化进程可以划分为四个发展阶段：第一阶段，消费品工业的生产在制造业中占主导地位，而资本品工业的生产在制造业中是不发达的；第二阶段，资本品工业的增长快于消费品工业的增长，但消费品工业的生产规模仍然要比资本品工业的生产规模大得多；第三阶段，资本品工业的生产继续增长，规模迅速扩大，与消费品工业的生产处于平衡状态；第四阶段，资本品工业的生产占主导地位，其规模大于消费品生产规模，基本上实现了工业化。

5. 赤松要雁行形态理论

在需求与供给相互作用制约下，落后国家的产业结构要经历三个阶段的变化：①进口阶段。在某些产品的需求增加，而国内生产困难时，靠进口满足需求。②国内替代阶段。在国内生产该种产品的条件成熟后，以国内生产满足需求，替代进口产品。③出口阶段。随着国内生产条件日益改善，该种产品生产成本大大降低，市场竞争力加强，产品转而进入国际市场。后进国家应遵循进口、国内生产、出口的雁行发展形态。该理论的基本结论是：落后国家的发展过程是先发展轻工业，然后发展重工业。

（二）产业结构调整理论

1. 马克思主义的结构理论

马克思根据产品用途的不同将产品分成生产资料Ⅰ和消费资料Ⅱ两大部类：①Ⅰ$(V+M)$ = Ⅱ(C)，为了使简单再生产能够顺利进行，第Ⅰ部类生产资料的生产和第Ⅱ部类对生产资料的需要之间以及第Ⅱ部类消费资料的生产和第Ⅰ部类对消费资料的需要之间，都必须保持适当的比例关系。这种适当的比例关系即所谓的合理的产业结构。② $Ⅰ(V + \Delta V + M/X) = Ⅱ(C + \Delta C)$，第Ⅰ部类提供的产品，除满足两大部类对原有生产资料的补偿外，还必须满足两大部类对扩大再生产追加生产资料的需要；而第Ⅱ部类提供的产品，除满足两大部类对原有生活资料的需要外，还必须满足第Ⅰ部类扩大再生产所需追加的生活资料和第Ⅱ部类本身扩大再生产所需追加的生活资料的需要以及用于社会消费部分的需要。要保证社会再生产能够顺利进行，社会生产两大部类之间必须保持适当的比例关系。马克思的社会生产两大部类及其协调发展理论，是经济学史上重要的产业结构理论。

2. 刘易斯的二元结构转变理论

发展中国家一般存在着由传统农业部门和现代工业部门构成的二元经济结构。在一定条件下，传统农业部门的边际生产率为零或者接近于零，劳动者在最低工资水平上提供劳动；而城市工业部门边际劳动生产率要高于农业剩余劳动力，因而工业生产可以从农业中得到向城市工业部门转移的劳动人口。随着城市工业的发展壮大，资本家不断将利润进行再投资，现代工业部门的资本量得到扩充，从农业部门吸收的剩余劳动力越来越多。随着农村剩余劳动力不断向城市工业转移，农村劳动力的边际生产率不断提高，工业劳动力的边际生产率不断降低，这种效应直到工业劳动力与农业劳动力的边际生产率相等才会停止，这时的二元经济结构转变为一元经济结构，过渡到了刘易斯的现代经济增长。发展中国家可以充分利用劳动力资源丰富这一优势，加速经济的发展。

3. 罗斯托的主导部门理论

根据技术标准把经济成长划分为六个阶段，每个阶段都存在起主导作用的产业，经济阶段的演进就是以主导产业交替为特征的。具体内容详见第四章第二节。

4. 筱原三代平的两基准理论

产业结构规划的两个基本准则是收入弹性基准和生产率上升率基准。收入弹性基准是指把收入弹性高的产业和产品列为优先发展的对象，生产率上升原则要求优先发展那些生产率上升可能性比较大的部门。具体内容详见本章第三节。

(三)产业结构分析指标与计算方法

产业结构分析的常用指标主要包括产业资源利用水平指标、技术进步水平指标、需求供给水平指标、结构变化幅度指标、结构变动趋势指标和效益指标六类。这六类指标中既有静态分析指标，又有动态分析指标；既有水平分析指标，又有趋势分析指标；既有产出分析指标，又有效益分析指标。

1. 产业资源利用水平指标

1）单位产值自然资源消耗

指某种自然资源消耗量与国内生产总值的比值。其计算公式为

$$Z = \frac{M}{Y} \tag{3-1}$$

式中：Z 为单位产值自然资源消耗；M 为某种自然资源的消耗量；Y 为国内生产总值。

【示例】

$$2011 \text{ 年海洋油气业单位产值自然资源消耗} = \frac{2011 \text{ 年海洋油气产量}}{2011 \text{ 年海洋油气业增加值}}$$

$$= \frac{5\ 545.\ 15 \text{ 万吨油当量}}{1\ 719.\ 7 \text{ 亿元}}$$

$$= 3.\ 22 \text{ 吨/万元}$$

表示海洋油气业每实现 1 万元增加值，需消耗 3.22 吨油当量。

2）产业消耗产出率

指每消耗一单位的物质资料，能够带来多少总产值的收益。其计算公式为

$$Z_i = \frac{X_i}{C_i} \tag{3-2}$$

式中：Z_i 为第 i 产业消耗产出率；C_i 为第 i 产业的总消耗，等于中间投入加上固定资产折旧；X_i 为第 i 产业的总产值。

3）产业能源消耗产出率

指某一产业每消耗一单位能源，能生产多少总产值。其计算公式为

$$XD_i = \frac{X_i}{\sum_j d_{ij} X_{ij}} \tag{3-3}$$

式中：XD_i 为第 i 产业能源消耗产出率；X_i 为第 i 产业的总产值；d_{ij} 为第 i 产业第 j 能源的完全消耗系数；X_{ij} 为第 i 产业第 j 能源的部门产品数量。

4）劳动生产率

指某产业增加值与该产业劳动者人数之比。其计算公式为

$$XL_i = \frac{X_i}{L_i} \tag{3-4}$$

式中：XL_i 为第 i 产业劳动生产率；X_i 为第 i 产业的增加值；L_i 为第 i 产业的就业人数。

【示例】

以 2001—2011 年主要海洋产业劳动生产率为例(表 3 − 1),海洋油气业、海洋生物医药业、海洋电力和海水利用业、海洋交通运输业等科技含量高、资金密集型产业的劳动生产率较高,这些产业 2011 年的劳动生产率均达到 50% 以上。2001—2011 年间,海洋生物医药业、海洋油气业、海洋电力和海水利用业劳动生产率的上升幅度最大,主要是由于这些行业处于成长期,科技创新能力不断提高,劳动生产率提升较快。

表 3 − 1 2001—2011 年主要海洋产业劳动生产率(万元·人$^{-1}$)

产业名称	2001	2002	2003	2004	2005	2006	2007	2008	2009	2010	2011
海洋渔业	2.8	2.9	2.8	3.0	3.3	3.4	3.7	4.2	4.5	5.2	5.7
海洋油气业	14.3	13.6	17.8	23.2	32.2	38.4	36.1	54.0	32.0	66.1	85.6
海洋矿业	1.0	1.8	2.6	6.6	6.4	9.6	10.9	23.4	26.0	28.2	33.3
海洋盐业	2.2	2.1	1.6	2.2	2.0	1.8	1.8	1.9	1.9	2.8	3.1
海洋化工业	4.0	4.4	5.2	7.8	7.2	19.6	21.0	16.9	18.6	24.0	26.7
海洋生物医药业	9.5	21.9	23.5	27.1	35.7	43.6	50.5	62.9	57.8	83.8	150.8
海洋电力和海水利用业	4.1	4.4	5.6	6.9	7.1	9.5	11.3	16.9	25.9	42.8	63.3
海洋船舶工业	5.3	5.3	6.4	8.2	10.1	11.8	17.0	23.6	30.9	37.2	40.5
海洋工程建筑业	2.8	3.5	4.3	5.0	5.0	7.8	8.6	5.9	11.2	14.2	17.3
海洋交通运输业	25.9	27.5	29.8	33.2	35.4	35.6	39.9	45.2	39.9	46.9	51.1
滨海旅游业	13.7	18.0	12.2	16.2	19.4	23.9	27.5	31.5	35.9	42.6	49.1

2. 产业技术进步水平指标

1)产业技术进步速度

技术进步速度指标是根据柯布 − 道格拉斯生产函数导出的,其计算公式为

$$v = y - \alpha k - \beta l \qquad (3-5)$$

式中:v 为技术进步速度;y 为产出增长率;k 为资金投入量增长率;l 为劳动投入量增长率;α、β 分别为资金和劳动力的产出弹性,在规模报酬不变的条件下,$\alpha + \beta = 1$。

2)产业技术进步贡献率

指在产出的增长量中有多大份额是由技术进步引致的。这是直接反映技术进步对经济增长影响的一项综合指标。其计算公式为

$$TD = \frac{v}{y} \qquad (3-6)$$

式中:TD 为技术进步贡献率;v 为技术进步速度;y 为产出增长率。

3. 产业需求供给水平指标

1）需求收入弹性

指某产品需求量的变动对收入量变动的反应程度。其计算公式为

$$EQ = \frac{\Delta Q/Q}{\Delta Y/Y}$$ (3-7)

式中：EQ 为需求收入弹性；Y 为国内生产总值；ΔY 为国内生产总值的增量；Q 为收入水平为 Y 时对某一产业产品的社会需求量；ΔQ 为当收入增加 ΔY 时，对该产品的需求增量。

【示例】

2011 年海水产品产量的需求收入弹性

$$= \frac{2011 \text{ 年海水产品增量}/2010 \text{ 年海水产品产量}}{2011 \text{ 年国内生产总值增量}/2010 \text{ 年国内生产总值}}$$

$$= \frac{1\ 105\ 175 \text{ 吨}/27\ 975\ 312 \text{ 吨}}{71\ 679.6 \text{ 亿元}/401\ 202.0 \text{ 亿元}} = 0.221\ 1$$

表示 2011 年国内生产总值每增长 1%，导致海水产品产量增长 0.22%。

2）产业资金出口率

指每一单位的投资能带来多少出口价值。其计算公式为

$$EI_i = \frac{E_i}{I_i}$$ (3-8)

式中：EI_i 为第 i 产业资金出口率；E_i 为第 i 产业的出口额；I_i 为第 i 产业的投资额。

4. 产业结构变化幅度指标

1）产业结构变动度

指与初始时期相比，各产业产出比重的综合变动程度。其计算公式为

$$K_j = \sum_{i=1}^{n} |Q_{ij} - Q_{i0}|$$ (3-9)

式中：K_j 为 j 时期相对于初始时期产业结构变化值；Q_{ij} 为 j 时期第 i 产业产出在整个国民经济中所占比重；Q_{i0} 为初始时期第 i 产业产出在国民经济中所占比重；n 为产业个数。K_j 越大，表明 j 时期相对于初始时期产业结构的变动幅度越大；反之，越小。

【示例】

2012 年相对于 2001 年主要海洋产业结构变动度

$$= \sum_{i=1}^{12} |2012 \text{ 年第 } i \text{ 产业增加值占海洋生产总值比重} - 2001 \text{ 年第 } i \text{ 产业增加值占海洋生产总值比重}| = 0.151\ 5$$

2012 年相对于 2001 年主要海洋产业结构变动幅度为 0.151 5。同理，计算得到 2012 年相对于 2006 年主要海洋产业结构变动度和 2006 年相对于 2001 年主要海洋产业结构变动度分别为 0.065 4 和 0.095 6。说明 21 世纪以来我国主要海洋产业结构变动幅度(0.151 5)不大，且结构变动幅度呈现变小的趋势，"十一五"以来主要海洋产业结构变动幅度(0.065 4)小于"十五"时期结构变动幅度(0.095 6)。

以 2001 年为基期，利用 2001—2012 年主要海洋产业增加值数据，计算主要海洋产业结构逐年变动度如表 3 - 2 所示。从表中可以看出，主要海洋产业结构的高级化进程不断加快，大体经历了三个阶段，即 2001—2005 年、2006—2008 年和 2009—2012 年。①产业结构平稳期。2001—2005 年主要海洋产业结构处于稳定期，与 2001 年相比，产业结构变动值较小，维持在 0.04 左右的水平上。②产业结构调整期。2006 年，国民经济进入"十一五"规划期，国家对海洋经济的重视程度日益提高，十七大报告中更是明确提出要"发展海洋产业"。海洋产业结构调整步伐明显加快，海洋传统产业、海洋新兴产业、海洋经济管理等各个领域蓬勃发展，与 2001 年相比，产业结构变动值持续上升至 0.10 以上。但这种良好的发展势头因 2008 年国际金融危机的冲击而受到抑制。③产业结构升级期。2009—2012 年随着宏观经济的复苏，海洋经济逐渐回暖，科技创新水平进一步提高。适应新时期国内外经济形势变化，海洋产业结构及时转型升级，海洋经济进入发展的战略机遇期，与 2001 年相比，产业结构变动值继续上升至 0.15 以上。2012 年之后，产业结构变动值增幅有所降低，海洋产业结构进入新一轮的平稳期。

表 3 - 2　2002—2012 年主要海洋产业结构变动度

年份	产业结构变动度	年份	产业结构变动度	年份	产业结构变动度	年份	产业结构变动度
2002	0.037 8	2005	0.044 4	2008	0.102 6	2011	0.166 4
2003	0.046 3	2006	0.095 6	2009	0.130 3	2012	0.151 5
2004	0.041 1	2007	0.101 4	2010	0.151 6		

2)产业结构熵数

指将产业结构比的变化视为产业结构的干扰因素，来综合反映产业结构变化程度大小的指标。其计算公式为

$$e_t = \sum_{i=1}^{n} W_{i,t} \ln\left(\frac{1}{W_{i,t}}\right) \qquad (3-10)$$

式中：e_t 为 t 时期产业结构熵数；$W_{i,t}$ 为 t 时期第 i 产业所占的比重；n 为产业部

门个数。e_t 值越大，说明产业结构愈趋向于多元化；e_t 值越小，说明产业结构愈趋向于专业化。

【示例】

2001—2012 年主要海洋产业结构熵数如表 3 – 3 所示。从表中可以看出，海洋产业结构熵数总体呈升高趋势，表明我国主要海洋产业结构日趋多元化，海洋产业体系逐渐完善。但在 2003 年、2008 年、2009 年和 2012 年海洋产业结构熵数值有所降低，主要是由于"非典"、国际金融危机等突发性事件的冲击，滨海旅游业、海洋交通运输业、海洋船舶工业、海洋油气业、海洋渔业等支柱产业的发展受到影响，导致多元化水平降低。

表 3 – 3　2001—2012 年主要海洋产业结构熵数

年份	产业结构熵数	年份	产业结构熵数	年份	产业结构熵数	年份	产业结构熵数
2001	0.989 7	2004	1.013 1	2007	1.065 7	2010	1.091 5
2002	0.999 7	2005	1.030 7	2008	1.062 3	2011	1.109 3
2003	0.998 9	2006	1.064 3	2009	1.050 7	2012	1.091 0

3）Moore 结构变化值[①]

指运用空间向量测定法，将国民经济看作是由 n 个部门构成的一组 n 维向量，把不同时期两组向量的夹角，作为表征产业结构变化程度的指标。其计算公式为

$$\theta = \arccos \frac{\sum_{i=1}^{n} W_{i,t_1} W_{i,t_2}}{\left(\sum_{i=1}^{n} W_{i,t_1}^2\right)^{\frac{1}{2}} \times \left(\sum_{i=1}^{n} W_{i,t_2}^2\right)^{\frac{1}{2}}} \qquad (3-11)$$

式中：θ 为 Moore 结构变化值，表示不同时期产业结构的相对变动程度，且有 $0° \le \theta \le 90°$；W_{i,t_1} 为 t_1 时期第 i 产业所占的比重；W_{i,t_2} 为 t_2 时期第 i 产业所占的比重。如果将整个国民经济划分为 n 个产业，那么这 n 个产业就构成空间的一组 n 维向量。若在 t_1 时期和 t_2 时期，某产业在国民经济中的份额发生变化，则国民经济 n 维向量从 t_1 时期变动到 t_2 时期的过程中就会形成一个夹角，用这个夹角的大小来反映国民经济产业结构在这期间的变动程度。θ 值越大，表示不同时期两个 n 维向量的夹角越大，说明产业结构变动程度越大。

【示例】

以 2001 年为基期，计算主要海洋产业 Moore 结构变化值如表 3 – 4 所示。可

---

① 王庆丰，党耀国. 基于 Moore 值的中国就业结构滞后时间测算[J]. 管理评论，2010，22(7)：3 – 7.

以看出，与 2001 年相比，海洋产业结构持续变动，但总体变动幅度不大，夹角最大不超过 20°。根据 Moore 结构变化值也可以将 2001 年以来海洋产业结构演变划分为三个阶段：2001—2004 年，2005—2008 年，2009—2012 年。变动的轨迹及原因与海洋产业结构变动值分析的结论类似，说明 Moore 结构变化值和产业结构变动度指标对海洋产业结构变化幅度的判断基本一致。

表 3 - 4　2002—2012 年主要海洋产业 Moore 结构变化值

年份	$\theta/(°)$	年份	$\theta/(°)$	年份	$\theta/(°)$	年份	$\theta/(°)$
2002	6.07	2005	5.52	2008	11.65	2011	19.01
2003	6.30	2006	10.30	2009	15.94	2012	17.48
2004	4.51	2007	11.09	2010	17.36		

5. 产业结构变动趋势指标

1) 经济弹性系数

产业经济弹性系数是指产业的相对变化量与国民经济的相对变化量之比。它可以反映出产业的发展和萎缩过程，其计算公式为

$$\eta = \left(\frac{\theta_{i,t+1}}{\theta_{i,t}} \right) \Big/ \left(\frac{\sum \theta_{i,t+1}}{\sum \theta_{i,t}} \right) \qquad (3-12)$$

式中：η 为产业经济弹性系数；$\theta_{i,t}$ 为 i 产业在 t 年的产值；$\sum \theta_{i,t}$ 为所有产业在 t 年的产值。$\eta > 1$，则 i 产业的增长速度大于国民经济的增长速度，说明该产业处于增长阶段；$\eta = 1$，则 i 产业的增长速度等于国民经济的增长速度，说明该产业与国民经济处于同步增长阶段；$\eta < 1$，则 i 产业的增长速度低于国民经济的增长速度，说明该产业呈萎缩趋势。

【示例】

使用增加值指标计算主要海洋产业相对于海洋经济的经济弹性系数见表 3 - 5。如表所示，由于产业发展特征不同，各海洋产业经济弹性有所不同。

从经济弹性水平上来看，海洋渔业、海洋盐业、海洋交通运输业等传统产业经济弹性基本小于 1，说明这些行业呈萎缩趋势，增长速度低于海洋经济的增长速度。其余产业的经济弹性基本大于 1，说明这些行业处于增长阶段，增长速度高于海洋经济的增长速度。

从经济弹性变动趋势上来看，受外界因素的影响，个别年份海洋产业的经济弹性存在波动。例如：2003 年受"非典"突发事件影响，海洋渔业、海洋工程建筑业、海洋交通运输业等经济弹性有所降低；2009 年受国际金融危机冲击，海

洋渔业、海洋交通运输业、滨海旅游业等经济弹性下降。

表 3 – 5   2001—2011 年主要海洋产业经济弹性系数

产业名称	2001	2002	2003	2004	2005	2006	2007	2008	2009	2010	2011
海洋渔业	0.95	0.99	0.91	0.98	0.91	0.96	1.01	1.01	0.95	0.98	1.04
海洋油气业	0.87	1.33	1.09	1.27	1.04	0.84	1.32	0.55	1.73	1.15	0.83
海洋矿业	1.61	1.50	2.11	0.87	1.33	1.02	1.86	1.09	0.88	1.03	1.05
海洋盐业	0.88	0.78	1.12	0.83	0.78	0.91	0.94	0.92	1.11	1.02	0.87
海洋船舶工业	0.91	1.23	1.09	1.12	1.01	1.30	1.22	1.12	1.01	0.97	0.89
海洋化工业	1.01	1.18	1.28	0.84	2.35	0.97	0.71	1.03	1.08	0.99	1.02
海洋生物医药业	1.94	1.18	0.94	1.25	1.00	1.10	1.07	0.85	1.31	1.57	1.03
海洋工程建筑业	1.12	1.25	0.98	0.92	1.35	0.99	0.60	1.78	1.06	1.08	0.90
海洋电力	1.07	1.21	0.89	0.93	1.03	0.99	1.90	1.70	1.50	1.35	1.08
海水利用业	1.00	1.23	1.18	1.02	1.42	1.01	1.03	0.97	0.94	1.01	0.96
海洋交通运输业	0.97	1.10	0.94	0.92	0.87	1.04	0.99	0.83	0.98	0.97	1.03
滨海旅游业	1.20	0.68	1.12	1.10	1.07	1.04	1.01	1.06	0.99	1.01	1.01

2)产业结构变动的反应弹性

指产业部门增加值的变动受人均国内生产总值变动的影响程度。其计算公
式为

$$E_i = a_i + \frac{a_i - 1}{r} \qquad\qquad (3 - 13)$$

式中：E_i 为产业 i 的反应弹性；a_i 为产业 i 报告期比重与基期比重之比；r 为人
均国内生产总值增长率。若 $E_i > 1$，表明人均国内生产总值增长时，i 产业比重也
增加；这时，如果 $\frac{a_i - 1}{r} > 1$，则说明 i 产业比重的增长率大于人均国内生产总值
增长率；如果 $\frac{a_i - 1}{r} = 1$，则说明 i 产业比重的增长率等于人均国内生产总值增长
率；如果 $\frac{a_i - 1}{r} < 1$，则说明 i 产业比重的增长率小于人均国内生产总值增长率。
若 $E_i = 1$，表明人均国内生产总值增长时，i 产业比重没有变化。若 $E_i < 1$，表明
人均国内生产总值增长时，i 产业比重下降；这时，如果 $\frac{a_i - 1}{r} < -1$，则说明 i 产
业比重的下降率大于人均国内生产总值增长率；如果 $\frac{a_i - 1}{r} = -1$，则说明 i 产业

比重的下降率等于人均国内生产总值增长率；如果 $-1 < \dfrac{a_i - 1}{r} < 0$，则说明 i 产业比重的下降率小于人均国内生产总值增长率。

【示例】

使用 2001 年、2011 年主要海洋产业增加值比重现价数据，2001—2011 年沿海人均地区生产总值年均增长率指标，计算 2011 年相对于 2001 年主要海洋产业结构变动的反应弹性见表 3 – 6。从表中数据可以看出，绝大部分产业的反应弹性大于 1，$\dfrac{a_i - 1}{r}$ 亦大于 1，说明随着沿海人均地区生产总值的增长，这些产业的比重不断增加，且产业比重的增长率要大于沿海人均地区生产总值的增长率，海洋经济发展前景广阔。其中，海洋矿业、海洋电力业、海洋生物医药业的反应弹性最高，海洋船舶工业、海洋化工业、海洋工程建筑业、海洋油气业、海水利用业和滨海旅游业的反应弹性次之。而海洋渔业、海洋盐业和海洋交通运输业等传统产业的反应弹性较低，均小于 1，且 $\dfrac{a_i - 1}{r}$ 均小于 -1，表明随着沿海人均地区生产总值的增长，这些产业的比重呈下降趋势，且产业比重的下降率要大于沿海人均地区生产总值的增长率。

表 3 – 6　2011 年海洋产业结构变动反应弹性

产业名称	反应弹性	$\dfrac{a_i - 1}{r}$
海洋渔业	– 1.42	– 2.10
海洋油气业	8.42	6.43
海洋矿业	74.53	63.74
海洋盐业	– 2.90	– 3.38
海洋船舶工业	12.48	9.95
海洋化工业	10.00	7.80
海洋生物医药业	33.95	28.56
海洋工程建筑业	8.77	6.74
海洋电力业	45.08	38.21
海水利用业	8.31	6.34
海洋交通运输业	– 1.59	– 2.25
滨海旅游业	2.43	1.24

3）比较劳动生产率

指某一产业的劳动生产率与全社会劳动生产率之比，或者说某一产业的总产值比重与劳动力比重之比。其计算公式为

$$h_i = \frac{X_i/L_i}{\sum X_i/\sum L_i} = \frac{X_i/\sum X_i}{L_i/\sum L_i} \tag{3-14}$$

式中：h_i 为比较劳动生产率；X_i 为第 i 产业的增加值；L_i 为第 i 产业的劳动力人数。

【示例】

2001—2011 年主要海洋产业比较劳动生产率见表 3-7。由于各产业所处的发展阶段和科技进步速度不同，比较劳动生产率的水平和变动趋势也各不相同。

表 3-7   2001—2011 年主要海洋产业比较劳动生产率（%）

产业名称	2001	2002	2003	2004	2005	2006	2007	2008	2009	2010	2011
海洋渔业及相关产业	0.42	0.39	0.40	0.36	0.35	0.32	0.30	0.31	0.32	0.29	0.28
海洋油气业	2.15	1.82	2.53	2.79	3.45	3.57	3.00	3.94	2.25	3.78	4.29
滨海砂矿	0.15	0.24	0.36	0.80	0.68	0.89	0.90	1.71	1.83	1.61	1.67
海洋盐业	0.33	0.28	0.23	0.26	0.21	0.16	0.15	0.14	0.13	0.16	0.16
海洋化工业	0.61	0.59	0.73	0.94	0.77	1.82	1.75	1.24	1.31	1.37	1.34
海洋生物医药业	1.44	2.94	3.34	3.26	3.82	4.04	4.19	4.59	4.07	4.79	7.56
海洋电力和海水利用业	0.61	0.59	0.80	0.83	0.76	0.88	0.94	1.24	1.82	2.45	3.17
海洋船舶工业	0.80	0.71	0.91	0.94	1.09	1.42	1.73	2.18	2.13	2.03	
海洋工程建筑业	0.43	0.46	0.61	0.60	0.54	0.72	0.72	0.43	0.79	0.81	0.86
海洋交通运输业	3.91	3.68	4.23	4.00	3.79	3.30	3.32	3.30	2.81	2.68	2.56
滨海旅游业	2.07	2.41	1.73	1.94	2.08	2.22	2.29	2.30	2.52	2.44	2.46

从比较劳动生产率水平上来看，海洋渔业、海洋盐业、海洋工程建筑业属于劳动密集型行业，科技含量较低，2001—2011 年比较劳动生产率一直在小于 1 的水平上，低于社会平均水平；海洋矿业、海洋化工业、海洋电力业和海水利用业、海洋船舶工业比较劳动生产率在 2001—2011 年由小于 1 变为大于 1，说明这些行业内科技创新水平较高，产业实现转型升级，由劳动密集型产业逐步转变为资金和技术密集型产业；其余产业诸如海洋油气业、海洋生物医药业、海洋交通运输业和滨海旅游业，比较劳动生产率持续大于 1，说明这些行业科技含量较

高，劳动生产率高于社会平均水平。

从变动趋势上来看，海洋生物医药业、海洋电力业和海水利用业、海洋船舶工业、海洋化工业科技进步速度较快，比较劳动生产率上升幅度较大；海洋工程建筑业、海洋油气业、滨海旅游业科技水平不断提高，2001—2011 年比较劳动生产率有所提高，但上升幅度较小；海洋渔业、海洋交通运输业和海洋盐业这些传统海洋产业技术进步缓慢，比较劳动生产率呈下降趋势，迫切需要改造和升级。

4）生产率上升率

反映某产业不同时期生产率情况的指标，它用来说明某产业生产率提高的速度。其计算公式为

$$k_i = \frac{V_{it}}{V_{i0}} \qquad (3-15)$$

式中：k_i 为第 i 产业的生产率上升率；V_{it} 为报告期 t 第 i 产业的生产率；V_{i0} 为基期第 i 产业的生产率。此处的生产率指综合生产率，包括劳动生产率、资金生产率、能源生产率等生产要素生产率的加权平均。

通常状况下，生产率上升较快的产业，技术进步速度较快，其生产成本下降也较快，在竞争中处于优势，从而带动整个产业结构向更高生产率的水平发展。

6. 产业效益分析指标

1）产业结构效益

产业结构效益可用如下公式计算：

$$G = \sum_{i=1}^{n} \frac{Q_i}{E} \cdot P_i - P \qquad (3-16)$$

式中：G 为产业结构效益；Q_i 为第 i 个产业部门的产值；E 为全部产业的总产值；P_i 为第 i 个产业部门的资金利税率；P 为各产业部门的平均资金利税率。当 $G > 0$ 时，表明产业结构较优，按各产业产值比重加权的资金利税率水平高于平均资金利税率水平，其经济效益也较高；当 $G = 0$ 时，表明产业结构趋稳，其经济效益一般；当 $G < 0$ 时，表明产业结构较差，其经济效益较低。如与前一时期某一时点相比，G 值上升，则说明产业结构效益提高，产业结构优化；反之，产业结构效益降低，产业结构恶化。

2）结构影响指数

假定以资金利税率作为计算经济效益的基础指标，则结构影响指数 K 的计算公式为

$$K_j = \sum_{i=1}^{n} P_{ij} \cdot \frac{q_{ij}}{\sum_{i=1}^{n} P_{ij} \cdot q_{i0}} \qquad (3-17)$$

式中：P_{ij} 为 j 区域 i 产业部门的资金利税率；q_{ij} 为 j 区域 i 产业部门的资金占 j 区域全部产业资金总额的比重；q_{i0} 为对比区域 0 第 i 产业部门资金占其全部产业资金总额的比重。$K_j > 1$，表示 j 区域产业结构影响较大，整体效益高于对比区域；$K_j = 1$，表示 j 区域产业结构影响一般，整体效益与对比区域持平；$K_j < 1$，表示 j 区域产业结构影响较小，总体效益低于对比区域。

3）效益超越系数

产业结构的效益超越系数计算公式为

$$F = \frac{r}{R} \tag{3-18}$$

式中：F 为效益超越系数；r 为净产值的增长率；R 为总产值的增长率。若 $F > 1$，则产业结构素质好，产业经济效益大于产值增长速度；若 $F = 1$，则产业结构素质一般，产业经济效益等于产值增长速度；若 $F < 1$，则产业结构素质差，经济效益小于产值增长速度。

4）投资产出效果系数

投资产出效果系数可用下式表示：

$$Z_j = \frac{1}{n} \sum_{i=1}^{n} \frac{1}{p_{ij}} = \frac{1}{n} \sum_{i=1}^{n} \frac{1}{a_{ij} + b_{ij} + c_{ij}} \tag{3-19}$$

式中：Z_j 为 j 产业的投资产出效果系数；p_{ij} 为投资产出系数，即 j 产业每增加一个单位产品的产出所需的 i 产业的投资；a_{ij} 为流动资金投资产出系数，即 j 产业每增加一个单位的产出，所需要购买 i 产业的原料、材料、半成品的资金额；b_{ij} 为更新改造投资产出系数，即 j 产业每增加一个单位产出，需要用更新改造资金购买 i 产业的产品作为固定资产的资金额；c_{ij} 为基建投资产出系数，即 j 产业每增加一个单位产出，需要用基建资金购买 i 部门产品作为固定资产的资金额，因此，$p_{ij} = a_{ij} + b_{ij} + c_{ij}$。$Z_j$ 值较大，表示在相同投资的情况下，j 产业产出多于其他产业，或者在产业产出相同的情况下，j 产业所需投资少于其他产业；Z_j 值较小，表示在相同投资的情况下，j 产业产出少于其他产业。

二、海洋产业结构发展演变分析

产业结构发展演变的动因主要包括国内外宏观经济形式、科技创新水平、产业政策、供给要素和需求要素等。除此以外，一个国家的历史、政治、文化和社会的各种状况也会影响产业结构。所有这些因素的影响都不是孤立的，它们相互促进、相互制约、综合地影响和制约着产业结构及其变化。随着经济发展和技术水平的不断提高，产业结构也会随之发生改变，但这种改变应当有一个正常的节奏。如果在较短时间内产业结构变化过快，表明经济发展处于不平衡状态，并且

存在着相当程度的经济波动；如果在较长时期内产业结构变化不大，则表明经济
发展缓慢或经济发展缺乏潜力。海洋产业结构发展演变分析常用的指标有两个，
即环比增长速度和定基增长速度。

（一）海洋经济产业结构发展演变

1. 海洋产业与海洋相关产业结构演变分析

海洋产业与海洋相关产业比例结构是海洋经济特有的结构，两者相互促进、
相互依存，海洋产业能够带动海洋相关产业的增长，反过来海洋相关产业又能够
加速海洋产业的发展。如图 3 - 1 所示，整体而言海洋产业增加值与海洋相关产
业增加值比例相对稳定，保持在 6 : 4 左右。海洋产业持续占据海洋经济的主体，
而海洋相关产业增加值总体呈稳中略升的发展态势。说明近些年我国海洋经济内
部的技术经济关系没有发生实质性变化，但随着海洋产业扩散效应的增强，海洋
相关产业在我国海洋经济发展中的地位正逐渐提高。

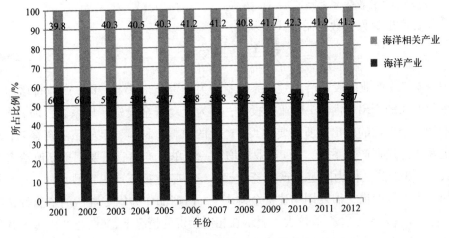

图 3 - 1 2001—2012 年海洋及相关产业增加值构成

2. 主要海洋产业结构演变分析

从定基增长速度（表 3 - 8）来看，与 2001 年相比，海洋矿业、海洋电力业和
海洋生物医药业等规模较小的产业，处于产业发展初期，技术更新迅速，产值增
速最高；海洋船舶工业、海洋化工业、海水利用业、海洋工程建筑业和海洋油气
业等新兴产业处于产业成长期，产值规模适中，且增长速度较快；滨海旅游业、
海洋渔业和海洋交通运输业等传统产业处于产业成熟期，产值规模较大，但增长
速度较低；海洋盐业处于产业衰退期，产值规模较小，增长速度也较低。

表3-8　2002—2012年各主要海洋产业增加值定基增长速度(现价,%)

产业名称	2002	2003	2004	2005	2006	2007	2008	2009	2010	2011	2012
海洋渔业	13.0	18.5	31.6	56.1	73.1	97.3	130.7	152.7	195.2	231.6	278.1
海洋油气业	2.9	45.4	95.2	198.8	278.4	277.3	477.4	247.4	636.7	873.0	788.3
海洋矿业	91.1	204.0	686.1	719.8	1 229.7	1 511.9	3 380.2	4 022.8	4 372.3	5181.2	5 980.2
海洋盐业	4.7	-13.0	19.4	19.7	13.8	22.3	33.6	33.7	100.9	135.3	126.1
海洋船舶工业	7.5	39.8	86.8	152.1	210.6	380.3	579.5	802.6	1 012.2	1 137.1	1 117.8
海洋化工业	19.2	48.9	134.2	137.0	580.8	683.2	544.4	619.3	848.8	975.7	1 111.8
海洋生物医药业	130.1	187.9	231.3	399.5	509.1	693.9	889.2	810.0	1 364.9	2 536.5	2 903.5
海洋工程建筑业	33.2	76.4	112.3	135.6	288.2	357.7	218.6	515.9	700.9	895.6	884.9
海洋电力业	26.1	61.4	76.1	96.6	147.2	190.9	539.8	1 080.1	2 067.0	3 261.9	3 892.0
海水利用业	18.5	54.6	124.1	175.0	376.9	471.3	581.5	619.4	727.8	865.7	925.9
海洋交通运输业	14.5	33.1	54.3	80.3	92.3	130.6	165.8	139.0	187.6	220.4	264.8
滨海旅游业	42.1	3.1	42.0	87.6	144.4	200.9	251.3	306.0	394.7	482.1	550.3

从环比增长速度(表3-9)来看,2002—2012年海洋渔业、海洋交通运输业、海洋船舶工业和海洋盐业等传统产业发展比较稳定,增速平稳;海洋生物医药业、海洋工程建筑业、海洋电力业、滨海旅游业和海水利用业等新兴产业,发展不稳定,增速波动较大;海洋化工业、海洋矿业、海洋油气业等受需求要素变动、产业政策、国际经济形势变化等影响,产业增速波动剧烈。

表3-9　2002—2012年各主要海洋产业环比增长速度(现价,%)

产业名称	2002	2003	2004	2005	2006	2007	2008	2009	2010	2011	2012
海洋渔业	13.0	4.9	11.0	18.6	10.9	14.0	16.9	9.5	16.8	12.3	14.0
海洋油气业	2.9	41.3	34.3	53.0	26.6	-0.3	53.0	-39.8	112.1	32.1	-8.7
海洋矿业	91.1	59.1	158.6	4.3	62.2	21.2	115.9	18.5	8.5	18.1	15.1
海洋盐业	4.7	-16.9	37.3	0.2	-4.9	7.5	9.2	0.1	50.3	17.1	-3.9
海洋船舶工业	7.5	30.1	33.6	35.0	23.2	54.6	41.5	32.8	23.2	11.2	-1.6
海洋化工业	19.2	25.0	57.2	1.2	187.3	15.0	-17.7	11.6	31.9	13.4	12.7
海洋生物医药业	130.1	25.2	15.1	50.8	21.9	30.3	24.6	-8.0	61.0	80.0	13.9
海洋工程建筑业	33.2	32.5	20.3	11.0	64.7	17.9	-30.4	93.3	30.0	24.3	-1.1
海洋电力业	26.1	27.9	9.2	11.6	25.7	17.7	119.9	84.5	83.6	55.1	18.7
海水利用业	18.5	30.5	44.9	22.7	73.4	19.8	19.3	5.6	15.1	16.7	6.2
海洋交通运输业	14.5	16.3	15.9	16.9	6.7	19.9	15.3	-10.1	20.3	11.4	13.9
滨海旅游业	42.1	-27.4	37.6	32.1	30.3	23.1	16.8	15.6	21.8	17.7	11.7

（二）海洋三次产业结构发展演变

从海洋三次产业定基增长速度（表3－10）来看，与2001年相比，海洋第二产业增速最快，2012年海洋第二产业增加值比2001年增长453.3%；其次是海洋第三产业，2012年海洋第三产业增加值比2001年增长417.6%；海洋第一产业增速最慢，2012年海洋第一产业增加值仅比2001年增长315.1%。从而导致海洋第二产业比重上升，海洋第一产业比重下降，但海洋第三产业仍然占据海洋经济的主体地位。随着科技水平的提高、工业化进程的加快、劳动力素质的提高和产业政策的倾斜，海洋第二产业的发展条件日趋优越，产业得以迅速发展；由于对外贸易的发展和人民生活水平的提高，海洋第三产业发展需求增加，产出随之增长；近年来国家加强对海洋渔业资源的养护，尤其是休渔制度的执行，在保护渔业资源的同时，也使得海洋捕捞产量有所减少，加上海洋渔业劳动生产率提高较慢，导致海洋第一产业增长缓慢。

表3－10　2002—2012年海洋三次产业定基增长速度（现价，%）

年份	海洋第一产业	海洋第二产业	海洋第三产业
2002	13.0	17.2	20.2
2003	18.5	29.3	23.3
2004	31.7	60.5	51.4
2005	56.1	93.8	82.2
2006	90.1	146.1	114.9
2007	115.9	189.3	158.7
2008	162.2	230.8	202.7
2009	187.5	260.8	227.1
2010	210.7	356.3	294.5
2011	268.6	422.3	354.0
2012	315.1	453.3	417.6

从海洋三次产业环比增长速度（表3－11）来看，受国内外宏观经济环境等的影响，海洋三次产业增长存在波动。2003年受"非典"突发事件影响，海洋三次产业增速均存在不同程度的降低。其中包括海洋交通运输业和滨海旅游业在内的海洋第三产业影响最严重，增速降至2.5%；其次是海洋第一产业，增速仅为5.0%；海洋第二产业受到的影响较小，但增速也由2002年的17.2%下降到10.3%。2009年，受国际金融危机影响，海洋三次产业全面受到影响，增速分别降至9.6%、9.1%和8.1%。由于世界经济复苏缓慢，外需持续疲软，2010年海洋第一产业仍未有起色，直至2011年增速才有所抬头；而由于金融危机对海

洋船舶工业等的影响存在滞后效应，2010 年以后海洋第二产业增速持续走低，2012 年仅为 5.9%，为历年最低水平；海洋第三产业同样受到金融危机的后续影响，2010 年之后增速持续下降，但降幅不及海洋第二产业。

表 3-11　2002—2012 年海洋三次产业环比增长速度(现价,%)

年份	海洋第一产业	海洋第二产业	海洋第三产业
2002	13.0	17.2	20.2
2003	5.0	10.3	2.5
2004	11.1	24.1	22.9
2005	18.5	20.8	20.3
2006	21.8	27.0	18.0
2007	13.6	17.5	20.4
2008	21.4	14.4	17.0
2009	9.6	9.1	8.1
2010	8.1	26.5	20.6
2011	18.6	14.5	15.1
2012	12.6	5.9	14.0

(三)沿海地区海洋产业结构发展演变

沿海地区海洋三次产业比重变化情况如表 3-12 所示。

表 3-12　2001 年、2012 年沿海地区海洋三次产业结构变化情况(%)

地区	2001 年			2012 年		
	一产比重	二产比重	三产比重	一产比重	二产比重	三产比重
天津	0.35	57.26	42.39	0.20	65.80	33.99
河北	5.52	44.94	49.54	4.22	55.32	40.46
辽宁	10.73	50.88	38.39	12.29	41.45	46.26
上海	0.10	48.46	51.44	0.05	36.42	63.53
江苏	5.73	35.30	58.97	3.31	49.90	46.79
浙江	11.27	33.14	55.58	7.34	44.02	48.64
福建	12.47	43.30	44.23	7.93	44.79	47.28
山东	11.65	47.06	41.29	7.23	46.88	45.89
广东	5.39	37.20	57.41	2.62	45.29	52.10
广西	16.11	40.55	43.34	21.95	34.85	43.20
海南	18.21	28.67	53.13	23.16	17.34	59.51

从表中可以看出，我国沿海地区海洋三次产业结构日趋优化，海洋第一产业比重普遍降低，由于区域比较优势不同，海洋第二产业、海洋第三产业比重升降情况有所不同。与2001年相比，除辽宁省、广西壮族自治区和海南省外，海洋第一产业比重都有不同程度的降低；其中福建省降幅最大，达到4.54%；上海市降幅最小，为0.05%。天津市、河北省、江苏省、浙江省、福建省和广东省海洋第二产业发展迅速，比重上升；其中江苏省增幅最大，达14.60%，浙江省和河北省增幅也都超过了10%。辽宁省、上海市、福建省、山东省和海南省海洋第三产业比重上升；其中上海市增幅最大，达12.09%；海南省在国际旅游岛规划部署的作用下，滨海旅游业迅速发展，海洋第三产业比重增幅达到6.38%。

由于各沿海地区海洋资源禀赋和产业发展基础具有刚性，短时间内不会发生较大变化，导致各地区的优势海洋产业变化不大，所以沿海地区主要海洋产业结构基本保持稳定。

三、海洋产业结构高度化分析

产业结构高度化是指遵循产业结构演变规律，通过技术创新，使产业结构整体素质和效率向更高层次不断演进的动态过程。产业结构高度化强调技术集约化程度的提高，要求主导产业和支柱产业尽快成长和更替，打破原有的产业结构低水平的均衡，实现少数高科技、高效率产业的超前发展，然后带动相关产业及整个国民经济的发展。产业结构高度化的测度方法主要有标准结构法、结构相似系数法、距离判别法和新兴产业比重法。

（一）产业结构高度化测度方法

1. 标准结构法

"标准结构"是大多数国家产业结构高度化演进的综合描述，一般是通过统计分析的方法，对样本国家产业结构高度化表现出的特征进行统计归纳，并在此基础上总结出能刻画某一高度化阶段的若干指标，作为产业结构演进的"标准"和"代表"。产业结构高度化可以多指标、多角度衡量，常用的标准结构主要有赛尔奎因、钱纳里的工业化结构标准（见表3－13）、库兹涅茨的产值结构标准（见表3－14），钱纳里、艾金通和西姆斯的劳动力结构标准（见表3－15）和钱纳里、艾金通和西姆斯的比较劳动生产率结构标准（见表3－16）。

表3-13 赛尔奎因、钱纳里的工业化结构标准(1989年)

产业类别		人均国民生产总值的基准水平(1980年,美元)				
		300	500	1000	2000	4000
		农业社会	工业化初期	工业化中期	工业化后期	现代社会
产值构成 /%	第一产业	39.4	31.7	22.8	15.4	9.7
	第二产业	28.2	33.4	39.2	43.4	45.6
	第三产业	32.4	34.9	37.8	41.2	44.7
就业构成 /%	第一产业	74.9	65.1	51.7	38.1	24.2
	第二产业	9.2	13.2	19.2	25.6	32.6
	第三产业	15.9	21.7	29.1	36.3	43.2

表3-14 库兹涅茨的产值结构标准(1975年)

行业名称	人均国民生产总值的基准水平(1958年,美元)				
	70	150	300	500	1000
农业	48.4	36.8	26.4	18.76	11.7
工业和建筑业	20.6	26.3	33.0	40.9	48.4
制造业	9.3	13.6	18.2	23.4	29.6
建筑业	4.1	4.2	5.0	6.1	6.6
商业服务业	31.0	36.9	40.6	40.4	39.9

表3-15 钱纳里、艾金通和西姆斯劳动力结构标准(1970年)

产业类别	人均国民生产总值的基准水平(1964年,美元)							
	100	200	300	400	600	1000	2000	3000
第一产业	46.3	36.0	30.4	26.7	21.8	18.6	16.3	9.8
第二产业	13.5	19.6	23.1	25.5	29.0	31.4	33.2	38.9
第三产业	40.1	44.4	46.5	47.8	49.2	50.0	49.5	48.7

表3-16 钱纳里、艾金通和西姆斯的比较劳动生产率结构标准(1970年)

产业类别	人均国民生产总值的基准水平(1964年,美元)							
	100	200	300	400	600	1000	2000	3000
第一产业	0.68	0.61	0.61	0.61	0.63	0.65	0.69	1.18
第二产业	1.41	1.18	1.13	1.09	1.05	1.02	1.00	0.97
第三产业	1.80	1.80	1.57	1.45	1.31	1.23	1.15	0.94

2. 结构相似系数法

产业结构相似系数也称为产业同构系数。在产业结构分析中，往往利用结构相似系数法来分析区域发展程度、经济成熟度和地区间产业结构的相似性。该方法是以某一参照国（区域）的产业结构为标准，将本国（区域）的产业结构与之进行比较，以判断本国（区域）产业结构高度化程度的一种方法。

设 A 为研究区域，B 为参照区域，令 x_{Ai}、x_{Bi} 分别为 i 产业在 A、B 中的比重，其中 x 可以是国内生产总值，也可以是就业人数、投资等，则结构相似系数 R_{AB} 的计算公式为

$$R_{AB} = \frac{\sum_{i=1}^{n} x_{Ai} x_{Bi}}{\sqrt{\sum_{i=1}^{n} x_{Ai}^2 \sum_{i=1}^{n} x_{Bi}^2}} \tag{3-20}$$

结构偏离度系数 δ_{AB} 是结构相似系数的余指标，即：

$$\delta_{AB} = 1 - R_{AB} \tag{3-21}$$

R_{AB} 和 δ_{AB} 的取值范围在 $0 \sim 1$ 之间，R_{AB} 越接近于 1，即 δ_{AB} 越接近于 0，说明研究区域与参照区域的产业结构越相似（$R_{AB} = 1$ 表示结构完全相同）；R_{AB} 越接近于 0，即 δ_{AB} 越接近于 1，说明两个区域的产业结构偏离越大（$R_{AB} = 0$ 表示结构完全不同）。

R_{AB} 和 δ_{AB} 还可以用于反映不同时期国家或地区的产业结构差异状况，也可以分析不同时期不同区域、国家的产业结构。从动态来看，若 R_{AB} 趋于上升，则产业结构趋于相同；若 R_{AB} 趋于下降，则产业结构趋异。

3. 距离判别法

距离判别法是构造一个关系式，据此计算被判别经济系统和参照经济系统间产业结构的离差程度，以考察经济系统的产业结构高度。距离判别法包括欧氏距离法、海明距离法和兰氏距离法。

欧氏距离 d_{AB} 的计算公式为

$$d_{AB} = \sqrt{\sum_{i=1}^{n} (x_{Ai} - x_{Bi})^2} \tag{3-22}$$

海明距离 d_{AB} 的计算公式为

$$d_{AB} = \sum_{i=1}^{n} |x_{Ai} - x_{Bi}| \tag{3-23}$$

兰氏距离 d_{AB} 的计算公式为

$$d_{AB} = \sum_{i=1}^{n} \frac{|x_{Ai} - x_{Bi}|}{x_{Ai} + x_{Bi}} \tag{3-24}$$

式中：x_{Ai}，x_{Bi}的含义与结构相似系数法一致。

另外，欧氏距离的修正式d'_{AB}为

$$d'_{AB} = 1 - c \sqrt{\sum_{i=1}^{n} (x_{Ai} - x_{Bi})^2} \qquad (3-25)$$

海明距离的修正式d'_{AB}为

$$d'_{AB} = 1 - c \sum_{i=1}^{n} |x_{Ai} - x_{Bi}| \qquad (3-26)$$

兰氏距离的修正式d'_{AB}为

$$d'_{AB} = 1 - c \sum_{i=1}^{n} \frac{|x_{Ai} - x_{Bi}|}{x_{Ai} + x_{Bi}} \qquad (3-27)$$

式中：c是一个适当的大于零的数，它可使得d'_{AB}落入$[0,1]$区间内，因此c的选择对d'_{AB}数值的大小作用很大。经过修正，将正向指标变为逆向指标，使得距离判断法和相似系数法的判断方向一致，便于结果的比较。

d_{AB}和d'_{AB}的取值范围在$0 \sim 1$之间，d'_{AB}越接近于1，即d_{AB}越接近于0，说明研究区域与参照区域的距离越接近，产业结构越相似（$d'_{AB}=1$表示完全相同）；d'_{AB}越接近于0，即d_{AB}越接近于1，说明两个区域的距离越远，产业结构偏离越大（$d'_{AB}=0$表示完全不同）。

d_{AB}和d'_{AB}还可以用于反映不同时期国家或地区的距离差异状况，也可以分析不同时期不同区域、国家的距离接近程度。从动态来看，若d'_{AB}趋于上升，即d_{AB}趋于下降，则研究区域与参照区域的产业结构越相近；若d'_{AB}趋于下降，即d_{AB}趋于上升，则研究区域与参照区域的产业结构越相异。

4. 新兴产业比重法

新兴产业比重法通常用来衡量经济体内部产业结构的高级化程度。产业结构高级化过程也是传统产业比重不断降低、新兴产业比重不断上升的过程。通过计算和比较不同时期新兴产业的产值、销售收入等在全部产业中的比重，可以衡量产业结构高级化的过程；发展中国家或地区可以以发达国家或地区为参照对象，寻找自身产业结构高级化的相对水平和差距。计算公式为

$$新兴产业增加值比重 = \frac{新兴产业增加值}{国内生产总值} \times 100\% \qquad (3-28)$$

（二）海洋产业结构高度化实证分析

1. 基于结构相似系数法的实证分析

使用2012年主要海洋产业增加值占海洋生产总值比重数据，计算沿海地区间产业结构相似系数，如表3-17所示。

表 3 - 17　沿海地区间产业结构相似系数(2012 年)

	辽宁	河北	天津	山东	江苏	上海	浙江	福建	广东	广西	海南
辽宁											
河北	0.78										
天津	0.45	0.64									
山东	0.96	0.80	0.44								
江苏	0.71	0.85	0.33	0.68							
上海	0.71	0.67	0.58	0.59	0.44						
浙江	0.93	0.81	0.53	0.87	0.68	0.83					
福建	0.95	0.71	0.50	0.91	0.51	0.82	0.95				
广东	0.79	0.86	0.78	0.74	0.57	0.88	0.87	0.84			
广西	0.85	0.68	0.26	0.94	0.61	0.33	0.75	0.78	0.54		
海南	0.92	0.60	0.38	0.93	0.42	0.64	0.82	0.94	0.69	0.85	

　　从计算结果可以看出,我国沿海地区海洋产业同构现象比较严重。其中辽宁与山东、浙江、福建、海南,山东与福建、广西、海南,浙江与福建,福建与海南之间的产业结构相似系数均超过 0.9,处于高度同构状态。辽宁与广西,河北与山东、江苏、浙江,山东与浙江,上海与浙江、福建、广东,浙江与广东、海南,福建与广东,广西与海南之间的产业结构相似系数均超过 0.8 的警戒线。

　　2. 基于欧氏距离法的实证分析

　　使用 2012 年主要海洋产业增加值占海洋生产总值比重数据,计算沿海地区间产业结构修正欧氏距离如表 3 - 18 所示,其中修正欧氏距离的修正参数 $c = 0.5$。

表 3 - 18　沿海地区间修正欧氏距离(2012 年)

	辽宁	河北	天津	山东	江苏	上海	浙江	福建	广东	广西	海南
辽宁											
河北	0.92										
天津	0.86	0.89									
山东	0.96	0.93	0.87								
江苏	0.91	0.93	0.85	0.91							
上海	0.90	0.89	0.87	0.88	0.86						
浙江	0.95	0.93	0.88	0.95	0.91	0.91					
福建	0.96	0.92	0.87	0.96	0.89	0.92	0.97				
广东	0.93	0.94	0.91	0.93	0.90	0.92	0.95	0.95			
广西	0.92	0.89	0.82	0.94	0.88	0.83	0.90	0.90	0.87		
海南	0.93	0.87	0.83	0.92	0.84	0.87	0.90	0.92	0.88	0.91	

从表 3 – 18 可以看出，我国沿海地区海洋产业同构现象相当严重。11 个沿海地区之间的修正欧氏距离均超过了 0.8，特别是辽宁与山东、浙江、福建，山东与浙江、福建，浙江与福建、广东，福建与广东等沿海地区之间的修正欧氏距离均大于或等于 0.95。说明根据欧氏距离来看，这些地区之间的产业同构状况非常严重。

四、海洋产业结构合理化分析

产业结构合理化是指为提高经济效益，要求在一定的经济发展阶段上，根据科学技术水平、消费需求结构、人口基本素质和资源条件，对起初不合理的产业结构进行调整，实现生产要素的合理配置，使各产业得到协调发展。产业结构合理化具有完整性、内外统一性、相对性和动态性的特征，判断产业结构合理化的方法主要有定性评价标准和定量判断方法两个方面，其中定量判断方法又包括比例协调分析法、国际标准比较法、影子价格分析法、市场供求判断法和结构效益分析法五种方法。

产业结构的合理化和高度化有着密切的联系。产业结构的合理化为产业结构的高度化提供了基础，而高度化则推进了产业结构在更高层次上实现合理化。产业结构的合理化首先着眼于经济发展的近期利益，而产业结构高度化则更多地关注结构成长的未来，着眼于经济发展的长远利益。因此，在产业结构优化的全过程中，应把合理化和高度化问题有机结合起来，以产业结构合理化促进产业结构高度化，以产业结构高度化带动产业结构合理化的调整，从而实现产业结构的优化。[1]

(一)产业结构合理化的评价标准

合理的产业结构对于经济的增长和发展具有重大作用。产业结构的形成不仅受到内部自身因素的影响，而且还取决于外部环境条件。决定产业结构内部条件的因素主要包括资金的供给状况、人力资源状况以及科学技术水平等；影响产业结构外部条件的因素主要包括国家经济政策规划、区域间的经济联系、区域间的技术交流、社会消费需求等。产业结构合理化的定性分析(评价标准)包括以下五个方面。

1. 是否充分利用了本地资源要素优势

劳动力、资金、技术和资源等生产要素是产业结构的天然基础和决定因

---

① 殷艳. 天津市海洋产业结构优化战略研究[D]. 大连：辽宁师范大学，2008.

素。① 所谓资源结构就是指生产要素结构，即劳动力、资金、技术和资源之间的比例关系。不同地区之间生产要素的差异性决定了地区间产业结构的不同。丰富的劳动力供给数量和良好的素质是产业发展，尤其是劳动密集型产业和知识密集型产业发展的基本条件；充足的资金供应则是产业发展，尤其是资本密集型产业发展的必要前提；产业结构的技术水平是由本地区的生产技术结构决定的，先进的技术是发展技术密集型产业的有利条件；自然资源的丰裕度也会直接制约相关产业的发展。生产要素在产业间的配置和转移决定着产业结构的现状和演变方向。

2. 是否能够承担地域分工的责任

产业系统能否承担起地域分工的重要任务，集中表现在主导产业部门是否形成，其发展的规模是否适度。大区域系统由若干个小区域子系统组成，如果各个区域子系统都能基于自身特点建立以优势生产要素为专业部门的产业体系，专业化部门的产品可以大量对外输出和交换，则区域子系统之间便可以实现合理的经济分工，从而确保区域子系统乃至整个区域规模报酬递增。若某地区的主导产业是规模适中的专业化部门，且可以与其他地区分工协作，担负起地域分工的重任，对产业结构的优化与协调做出自己独特的贡献，那么该地区的产业结构就是合理的。

3. 产业间的关联协调度如何

合理的产业结构是指各个产业之间联系紧密、发展协调，特别是主导产业与辅助产业、基础产业之间在数量、规模、时序以及空间布局等方面的协调性较高。产业间，特别是主导产业和非主导产业之间的关联关系是否协调是衡量产业结构合理化的关键。产业间关联度的协调性包括两个方面：①主导产业的优势能否辐射和带动相关产业发展；②相关产业是否与主导产业的发展相配合，从而使整个经济系统高效率运转。

4. 是否有较强的转换能力和应变能力

产业结构的演化是一个永无止境的动态过程，合理的产业结构应该具有较强的转换能力和应变能力。这取决于产业结构的弹性状况，如果弹性较大、应变能力强，那么产业结构就能抓住有利时机，有效地将外来因素或外部投入转换为输出，形成强大的扩张、输出能力，从而进入一个更高的水平和阶段；相反，如果产业结构刚性较强，应变能力很差，那么就不能及时转换和升级，只能任凭大好机会错过。

---

① 方甲. 产业结构问题研究[M]. 北京：中国人民大学出版社，1997：80.

5. 是否具有高效的结构性效益

结构性效益是衡量产业结构合理与否的最终标准，也是经济发展的归宿。如果经济效益好，并且这个较好的经济效益是由其产业结构带来的，那么这个产业结构就是合理的；相反，如果经济效益不好，而且这个较差的经济效益是由其产业结构导致的，那么这个产业结构就不合理，需要调整。

(二)产业结构合理化的判断方法

产业结构合理化的定量分析方法主要有以下五种：

1. 比例协调分析法

将各个产业的规模相互比较，如果在标准范围之内就是合理的；否则，就是不合理的。这种判断标准通常采用最常用的产业结构合理化衡量标准，其优点是简单易行，缺点在于丢失了太多的信息，只考虑规模，过于单一和绝对。

2. 国际标准比较法

与产业结构高度化测度方法中的标准结构法类似，国际标准比较法根据发达工业国家的经验，对不同发展时期(通常以人均国内生产总值作为阶段划分标准)设定不同的产业构成比例，然后将研究目标的产业结构与相应的国际结构标准进行对比，依据两者的相似程度来判断产业结构是否合理。代表性的标准如钱纳里标准等。

3. 影子价格分析法[1]

与实际市场价格不同，影子价格是用线性规划方法计算出来的反映资源最优使用效果的价格。如果各种产品的边际产出相等，表明资源得到了合理的配置，各种产品的供需平衡，产业部门达到最佳组合。所以，可以计算各产业部门的影子价格与产业总体的影子价格平均值的偏离程度，来衡量产业结构是否合理。偏离越小，说明产业结构越趋于合理。

4. 市场供求判断法[2]

在市场需求结构和产出结构的关系中，市场需求结构占有主动的地位，它引导着产出结构的变动；而产出结构并不能及时和完全地适应市场需求结构，两者之间会存在一定的偏差。这种偏差通常表现为两种形式，一种为总量偏差，另一种为结构偏差。

假定市场的总需求为 D，对第 i 产业的需求为 $D_i(i=1, 2, \cdots, n)$；令某经济系统的总产出为 S，第 i 产业的产出为 $S_i(i=1, 2, \cdots, n)$。由于 $D = \sum D_i$，

———————————

[1] 白永秀，惠宁. 产业经济学的基本问题研究[M]. 北京：中国经济出版社，2008：45.

[2] 龚仰军. 产业结构研究[M]. 上海：上海财经大学出版社，2002：183.

$S = \sum S_i$，因此，可以构建市场产出结构相对于需求结构的适应系数 g，通过 g 来考察该产业结构系统的合理化程度。计算公式为

$$g = \frac{1}{n} \sum \left[1 - \frac{|S_i - D_i|}{\max(S_i, D_i)} \right] \qquad (3-29)$$

式中：g 的值域为 $[0, 1]$。g 越接近 1，就说明该系统的产出结构越适应市场需求，也表明该产业结构体系越趋于合理。

5. 结构效益分析法

是根据产业结构变动引起国民经济总产出和总利润的变化来衡量产业结构是否合理的方法。如果产业结构变化引起国民经济的总产出相对增长、总利润相对增加，则表明产业结构在朝着合理的方向变动；若产业结构变化引起国民经济的总产出相对下降、总利润相对减少，则说明产业结构在朝着不合理的方向变动。

第二节　海洋产业关联分析

产业关联的实质是经济活动过程中各产业间的技术经济联系。产业只有通过链条式的联动发展，才能为经济提供巨大的发展空间，并且有利于形成协调、稳定、快速的发展模式。海洋产业关联包括两个层面的内容：一是海洋产业之间的关联；二是海洋产业与陆域产业间的关联。其本质是海洋产业间或海陆产业间"量"的联系。产业关联的方式包括劳动力关联、资源关联、技术关联和信息关联，一般采用灰色关联分析方法和投入产出方法来对海洋产业关联进行分析。

一、基于灰色关联模型的海洋产业关联分析

在产业关联的定量分析过程中，当出现数据样本容量较小以及统计口径不一致的情况时，通常使用灰色系统的方法。灰色关联分析的基本思想是根据序列曲线几何形状的相似程度来判断其联系是否紧密，并计算灰色关联度。曲线形状越接近，相应序列之间的关联度就越大，反之就越小。

(一)灰色关联分析原理与方法

设系统特征序列：$X'_0 = (x'_0(1), x'_0(2), \cdots, x'_0(n))$；设 m 个时间序列分别代表 m 个因素，即：$X'_i = (x'_i(1), x'_i(2), \cdots, x'_i(n))$，$(i=1, 2, \cdots, m)$。

称特征序列 X'_0 为母序列，而称 m 个因素序列为子序列。关联度是子序列和母序列关联性大小的度量，其计算方法和步骤如下。

1. 原始数据变换

各因素的量纲一般不一定相同，而且有时数值的数量级相差悬殊。因此，对

原始数据需要消除量纲变换处理，转换为可比较的数据序列，通常采用初始化变换。记初始化后的母序列和子序列分别为

$$X_0 = (x_0(1), x_0(2), \cdots, x_0(n)) \text{ 和}$$
$$X_i = (x_i(1), x_i(2), \cdots, x_i(n)), (i = 1, 2, \cdots, m)$$

其中，对于 $i = 0, 1, 2, \cdots, m$，$x_i(k) = x'_i(k) / x'_i(1)$，$(k = 1, 2, \cdots, n)$。

2. 计算关联系数

$x_0(k)$ 与 $x_i(k)$ 的关联系数为

$$\gamma(x_0(k), x_i(k)) = \frac{\min\limits_i \min\limits_k |x_0(k) - x_i(k)| + \zeta \max\limits_i \max\limits_k |x_0(k) - x_i(k)|}{|x_0(k) - x_i(k)| + \zeta \max\limits_i \max\limits_k |x_0(k) - x_i(k)|}$$

$$(3 - 30)$$

式中：ζ 为分辨系数，ζ 越小，分辨能力越大，通常有 $\zeta \in (0, 1)$，本文分析中取 0.5。

3. 计算关联度

母序列与子序列的关联度以这两个比较序列各个时刻关联系数的平均值计算，即

$$R(X_0, X_i) = \frac{1}{n} \sum_{i=1}^{n} \gamma(x_0(k), x_i(k))$$

$$(3 - 31)$$

4. 排关联序

将 m 个子序列对同一母序列的关联度按着大小顺序排列起来，便组成关联序，它直接反映各个子序列对于母序列的关联密切程度。

(二)海洋产业与海洋经济总体关联关系分析

根据 2001—2012 年海洋经济数据构建原始数据序列(见表 3 - 19)，其中母序列为 X'_0——海洋生产总值；子序列为：X'_1——海洋渔业增加值，X'_2——海洋油气业增加值，X'_3——海洋矿业增加值，X'_4——海洋盐业增加值，X'_5——海洋船舶工业增加值，X'_6——海洋化工业增加值，X'_7——海洋生物医药业增加值，X'_8——海洋工程建筑业增加值，X'_9——海洋电力业增加值，X'_{10}——海水利用业增加值，X'_{11}——海洋交通运输业增加值，X'_{12}——滨海旅游业增加值。各主要海洋产业增加值子序列与海洋生产总值母序列的关联度见表 3 - 20。

除海洋矿业以外，各主要海洋产业与海洋经济的关联度较高，均在 0.8 以上，说明各主要海洋产业与海洋经济发展的一致性较高。为保护海洋资源和环境，沿海各地逐渐加强了对海砂开采的控制和管理，海洋矿业的发展轨迹与海洋经济总体发展情况不尽相同。

单位:亿元

表 3-19 海洋生产总值及各主要海洋产业增加值

年份	2001	2002	2003	2004	2005	2006	2007	2008	2009	2010	2011	2012
X'_0	9 518.4	11 270.5	11 952.3	14 662.0	17 655.6	21 592.4	25 618.7	29 718.0	32 277.6	39 572.7	45 496.0	50 086.8
X'_1	966.0	1 091.2	1 145.0	1 271.2	1 507.6	1 672.0	1 906.0	2 228.6	2 440.8	2 851.6	3 202.9	3 652.2
X'_2	176.8	181.8	257.0	345.1	528.2	668.9	666.9	1 020.5	614.1	1 302.2	1 719.7	1 570.0
X'_3	1.0	1.9	3.1	7.9	8.3	13.4	16.3	35.2	41.6	45.2	53.3	61.4
X'_4	32.6	34.2	28.4	39.0	39.1	37.1	39.9	43.6	43.6	65.5	76.8	73.8
X'_5	109.3	117.4	152.8	204.1	275.5	339.5	524.9	742.6	986.5	1 215.6	1 352.0	1 330.9
X'_6	64.7	77.1	96.3	151.5	153.3	440.4	506.6	416.8	465.3	613.8	695.9	783.9
X'_7	5.7	13.2	16.5	19.0	28.6	34.8	45.4	56.6	52.1	83.8	150.8	171.8
X'_8	109.2	145.4	192.6	231.8	257.2	423.7	499.7	347.8	672.3	874.2	1 086.8	1 075.1
X'_9	1.8	2.2	2.8	3.1	3.5	4.4	5.1	11.3	20.8	38.1	59.2	70.3
X'_{10}	1.1	1.3	1.7	2.4	3.0	5.2	6.2	7.4	7.8	8.9	10.4	11.1
X'_{11}	1 316.4	1 507.4	1 752.5	2 030.7	2 373.3	2 531.4	3 035.6	3 499.3	3 146.6	3 785.8	4 217.5	4 802.3
X'_{12}	1 072.0	1 523.7	1 105.8	1 522.0	2 010.6	2 619.6	3 225.8	3 766.4	4 352.3	5 303.1	6 239.9	6 971.7

数据来源：《中国海洋统计年鉴 2012》《2012 年中国海洋经济统计公报》。

表 3-20 各主要海洋产业增加值与海洋生产总值的关联度

	R_{01}	R_{02}	R_{03}	R_{04}	R_{05}	R_{06}	R_{07}	R_{08}	R_{09}	R_{010}	R_{011}	R_{012}
关联度	0.977 9	0.949 2	0.660 6	0.956 9	0.913 8	0.908 0	0.826 9	0.942 8	0.851 4	0.926 6	0.980 5	0.984 9
排序	3	5	12	4	8	9	11	6	10	7	2	1

注：R_{01} 表示变量 X_0 与 X_1 的关联关系，其余类推。

各主要海洋产业与海洋经济的关联序为：$R_{012} > R_{011} > R_{01} > R_{04} > R_{02} > R_{08} > R_{010} > R_{05} > R_{06} > R_{09} > R_{07} > R_{03}$，即主要海洋产业与海洋经济的关联程度由大到小依次是滨海旅游业、海洋交通运输业、海洋渔业、海洋盐业、海洋油气业、海洋工程建筑业、海水利用业、海洋船舶工业、海洋化工业、海洋电力业、海洋生物医药业、海洋矿业。可见，传统海洋产业如海洋交通运输业、滨海旅游业、海洋盐业、海洋船舶工业等与海洋经济发展的一致性较高；而新兴海洋产业如海水利用业、海洋电力业、海洋生物医药业等与海洋经济发展的一致性较低。支柱产业如滨海旅游业、海洋交通运输业、海洋渔业、海洋油气业与海洋经济发展的一致性较高；而非支柱产业与海洋经济发展的一致性较低。

（三）海洋产业间关联关系分析

分别以 X'_1、X'_2、X'_3、X'_4、X'_5、X'_6、X'_7、X'_8、X'_9、X'_{10}、X'_{11}、X'_{12} 为母序列，计算其与其余 11 个序列的关联度，构建主要海洋产业间关联度矩阵和关联序矩阵，以此来衡量主要海洋产业之间的关联关系和关联性的大小，结果见表 3 - 21、表 3 - 22。需要注意的是，首先主要海洋产业间关联度矩阵为非对称矩阵，即对于 A 产业来说 B 产业的关联密切程度，与对于 B 产业来说 A 产业的关联密切程度是不同的。其次，本模型只考虑了产业之间的当期关系，而未考虑产业上下游关联而产生的滞后关系。例如，海洋船舶工业与海洋交通运输业存在显著的上下游关联，但由于海洋船舶工业的生产周期较长，与海洋交通运输业的发展存在滞后关系，两者之间的当期关联关系较弱，反映在关联度上的数值也较小。由表 3 - 21、表 3 - 22 可以看出：

（1）海洋产业发展的协调性总体较高，所有产业间的关联度均大于 0.66。

（2）与其他海洋产业关联关系较强的产业有海洋油气业、海洋工程建筑业、滨海旅游业、海洋交通运输业、海洋渔业、海洋船舶工业；这些产业对于其他海洋产业的关联度较高，横向平均关联度分别为 0.910 0，0.909 1，0.907 7，0.903 7，0.901 8，0.898 3，纵向平均关联度分别为 0.905 1，0.905 5，0.898 2，0.889 6，0.887 3，0.900 1；相应的平均关联序也比较靠前，分别为 4.1，3.9，4.8，5.4，6.1，4.5。与其他海洋产业关联关系较弱的产业有海洋盐业、海洋电力业、海洋生物医药业、海洋矿业；这些产业对于其他产业的关联度较低，横向平均关联度分别为 0.891 2、0.818 1、0.792 0、0.714 4，纵向平均关联度分别为 0.873 4、0.850 7、0.848 9、0.687 5；相应的平均关联序也比较靠后，分别为 7.5、8.1、7.9、11。

（3）每个产业与其他产业的关联关系不一而足。其中，海洋渔业、海洋油气业、海洋船舶工业、海洋工程建筑业、海洋交通运输业和滨海旅游业相互之间的

表 3 – 21 主要海洋产业间关联度矩阵

产业名称	海洋渔业	海洋油气业	海洋矿业	海洋盐业	海洋船舶工业	海洋化工业	海洋生物医药业	海洋工程建筑业	海洋电力业	海水利用业	海洋交通运输业	滨海旅游业	横向平均关联度
海洋渔业	1.000 0	0.932 4	0.659 3	0.978 2	0.900 0	0.894 0	0.818 3	0.926 3	0.841 7	0.911 2	0.994 4	0.965 8	0.901 8
海洋油气业	0.926 7	1.000 0	0.663 6	0.908 0	0.947 7	0.945 6	0.849 3	0.972 0	0.854 7	0.969 5	0.929 7	0.952 9	0.910 0
海洋矿业	0.663 6	0.683 1	1.000 0	0.657 4	0.691 0	0.700 1	0.737 2	0.685 6	0.725 8	0.691 4	0.665 6	0.671 7	0.714 4
海洋盐业	0.978 7	0.916 9	0.657 4	1.000 0	0.887 0	0.880 9	0.809 6	0.910 9	0.831 7	0.896 9	0.975 9	0.948 3	0.891 2
海洋船舶工业	0.886 5	0.944 6	0.660 4	0.869 5	1.000 0	0.959 7	0.874 4	0.949 8	0.873 2	0.958 7	0.889 9	0.912 5	0.898 3
海洋化工业	0.879 5	0.942 4	0.671 1	0.862 1	0.959 8	1.000 0	0.879 2	0.951 8	0.846 8	0.968 5	0.882 6	0.906 3	0.895 8
海洋生物医药业	0.736 1	0.789 7	0.643 0	0.720 2	0.830 8	0.838 6	1.000 0	0.797 8	0.829 2	0.819 5	0.740 3	0.759 1	0.792 0
海洋工程建筑业	0.918 8	0.971 5	0.663 2	0.899 9	0.951 8	0.953 7	0.853 2	1.000 0	0.851 7	0.975 9	0.922 3	0.947 3	0.909 1
海洋电力业	0.797 8	0.821 9	0.642 6	0.781 0	0.849 3	0.817 1	0.845 1	0.818 7	1.000 0	0.823 6	0.803 3	0.817 4	0.818 1
海水利用业	0.901 9	0.968 8	0.668 4	0.884 0	0.960 3	0.969 9	0.868 5	0.975 8	0.855 0	1.000 0	0.905 0	0.930 2	0.907 3
海洋交通运输业	0.994 4	0.935 3	0.661 7	0.975 3	0.903 1	0.896 3	0.821 3	0.929 5	0.845 4	0.914 2	1.000 0	0.967 4	0.903 7
滨海旅游业	0.964 2	0.954 8	0.659 4	0.944 7	0.920 2	0.914 6	0.830 6	0.950 2	0.853 1	0.934 3	0.965 8	1.000 0	0.907 7
纵向平均关联度	0.887 3	0.905 1	0.687 5	0.873 4	0.900 1	0.897 6	0.848 9	0.905 7	0.850 7	0.905 3	0.889 6	0.898 2	

表3-22　主要海洋产业间关联序矩阵

产业名称	海洋渔业	海洋油气业	海洋矿业	海洋盐业	海洋船舶工业	海洋化工业	海洋生物医药业	海洋工程建筑业	海洋电力业	海水利用业	海洋交通运输业	滨海旅游业
海洋渔业	—	4	11	2	7	8	10	5	9	6	1	3
海洋油气业	7	—	11	8	4	5	10	1	9	2	6	3
海洋矿业	10	7	—	11	5	3	1	6	2	4	9	8
海洋盐业	1	4	11	—	7	8	10	5	9	6	2	3
海洋船舶工业	7	4	11	10	—	1	8	3	9	2	6	5
海洋化工业	7	4	11	9	2	—	8	3	10	1	6	5
海洋生物医药业	9	6	11	10	2	1	—	5	3	4	8	7
海洋工程建筑业	7	2	11	8	4	3	9	—	10	1	6	5
海洋电力业	9	4	11	10	1	7	2	5	—	3	8	6
海水利用业	7	3	11	8	4	2	9	1	10	—	6	5
海洋交通运输业	1	4	11	2	7	8	10	5	9	6	—	3
滨海旅游业	2	3	11	5	7	8	10	4	9	6	1	—
平均位次	6.1	4.1	11.0	7.5	4.5	4.9	7.9	3.9	8.1	3.7	5.4	4.8

关联度均较高。海洋矿业与其他所有产业的关联关系均较弱。海洋化工业包含海洋盐化工、海洋石油化工、海洋生物化工和海水化工，但数据结果显示，海洋化工业仅与海洋油气业和海水利用业的关联关系较强，而未显示出与海洋盐业和海洋生物医药业的显著关联关系。海洋船舶工业与海洋交通运输业的当期关联关系不显著。海洋电力业由于生产场所的排他性，与利用海洋空间资源的滨海旅游业、海洋交通运输业、海洋渔业、海洋盐业和海洋矿业等关联关系均较弱。海水利用业规模较小，但数据显示其与其他产业的关联关系均较强。

具体来看：

(1)海洋渔业与海洋交通运输业、滨海旅游业、海洋油气业和海洋工程建筑业的关联度较高，主要是由于海洋渔业生产与海上运输、休闲渔业、燃油动力供

给、渔港工程建设等活动相关;

(2)海洋油气业与海洋工程建筑业和海洋船舶工业的关联度较高,主要是由于海洋油气生产与油气平台建设和海上油气平台制造密切相关;

(3)海洋矿业与所有产业的关联度都较低,主要由于国家加强对海砂开采的控制和管理,产量和产值增长比较平稳,增长率不及其他产业显著;

(4)海洋盐业与其他产业的关联度较低,其中与海洋化工业的关联度也比较低,反映出海洋盐业与海洋化工业中的海盐化工关系较弱;

(5)海洋船舶工业与海洋工程建筑业、海洋油气业、滨海旅游业、海洋交通运输业和海洋渔业的关联度较高,主要是由于海洋船舶生产服务于海洋油气生产、海上交通运输和海洋捕捞,同时受海上工程建筑和滨海旅游等产业发展的拉动;

(6)海洋化工业与海水利用业、海洋油气业的关联度较高,而与海洋生物医药业和海洋盐业的关联度较低,反映出海水化工与海水利用业的关联关系较强,海洋石油化工与海洋油气业的关联关系较强,而海洋生物化工与海洋生物医药业的关联关系不显著,海盐化工与海洋盐业的关联关系亦不显著;

(7)海洋生物医药业与海洋化工业的关联度较高,反映出海洋生物医药业与海洋化工业中的海洋生物化工关系较强;

(8)海洋工程建筑业与海洋油气业、海洋船舶工业、滨海旅游业、海洋交通运输业和海洋渔业的关联度较高,这主要是由于海洋工程建筑服务于海上油气平台建设、旅游设施建设、交通港口建设和渔港建设等,同时需要海洋船舶工业提供建造用固定及浮动装置的制造;

(9)海洋电力业与海洋工程建筑业的关联度较高,而与滨海旅游业、海洋交通运输业、海洋渔业、海洋盐业和海洋矿业的关联度较低,主要是由于海洋电力生产前期需要大量的电力工程施工与发电机组设备安装活动,而由于生产场所的排他性而与滨海旅游、海洋交通运输、海洋渔业、海洋盐业和海洋矿业等产业关联关系较弱;

(10)海水利用业与海洋化工业关联度较高,反映海水利用业与海水化工关系密切;

(11)海洋交通运输业与海洋渔业、滨海旅游业、海洋油气业和海洋工程建筑业的关联度较高,而与海洋船舶工业的当期关联度较低,主要由于海洋交通运输服务于海洋渔业、滨海旅游、海洋油气生产等,需要大量的海港码头、港池、航道和导航设施的施工活动而与海洋工程建筑业关系密切;但由于船舶工业的订单式生产方式,海洋交通运输业与海洋船舶产业发展存在滞后关系,当期关联关系不显著;

（12）滨海旅游业与海洋交通运输业、海洋渔业、海洋油气业、海洋工程建筑业的关联度较高，主要由于滨海旅游需要旅客运输提供服务，需要油气生产提供燃油动力，需要大量的娱乐设施和景观工程建筑等，同时由于新兴的休闲渔业而与海洋渔业关联关系较强。

二、基于投入产出模型的海洋产业波及效应分析

经济活动是由众多经济部门组成的有机整体，产业间相互依存，相互制约，部门间的生产和分配有着非常复杂的经济和技术联系。每个部门都有双重身份：一方面，作为生产部门把产品提供给其他部门作为消费资料、积累和出口物资等；另一方面，该部门的生产过程也要消耗别的部门或本部门的产品和进口物资。投入产出表是全面而系统地反映经济系统各部门、各产品之间的经济技术联系和经济关系的一种表格，它可以用来揭示各部门间经济技术的相互依存、相互制约的量化关系，从产品产出和产品分配两个角度来反映各部门之间的产品流动。投入产出分析就是依据投入产出表对产业间关联效应进行的分析。本部分运用投入产出模型分析海洋产业与非海洋产业的关联关系和关联程度，探讨海洋产业对于陆域产业的波及效应。

（一）基于投入产出方法的产业关联指标

产业间技术联系的不同决定了关联程度有高有低，有前向或后向关联度高的，也有前后关联度都高的，通常后向关联度高的产业可以通过自身发展的同时带动相关产业同向发展，而前向关联度高的产业则可以通过自身的发展而为相关产业提供发展条件。利用投入产出表可以构造出产业关联指标。

1. 前向关联指数

前向关联指数反映某产业作为上游产业需要把自身的产品提供给下游产业，从而对下游产业的供给产生推动作用。计算公式为

$$L_{F(i)} = \frac{\sum_{j=1}^{n} x_{ij}}{x_i}, (i = 1, 2, \cdots, n) \qquad (3-32)$$

式中：$L_{F(i)}$ 表示海洋 i 产业的前向关联指数；x_i 为海洋 i 产业的全部产出；x_{ij} 为海洋 i 产业对 j 产业提供的中间投入。

2. 后向关联指数

后向关联指数反映某产业作为下游产业需要消耗上游产业的产品，从而对上游产业的需求产生拉动作用。计算公式为

$$L_{B(j)} = \frac{\sum_{i=1}^{n} x_{ij}}{x_j}, (j = 1, 2, \cdots, n) \qquad (3-33)$$

式中：$L_{B(j)}$ 表示海洋 j 产业的后向关联指数；x_j 为海洋 j 产业的全部产出；x_{ij} 为海洋 j 产业消耗 i 产业的中间产品。

基于直接消耗系数矩阵计算的前向关联指数和后向关联指数，称为前向直接关联指数和后向直接关联指数。前向直接关联指数反映各个产业每生产一单位产值对某产业产品的直接需求量（即某产业对各个产业的直接供给量）；后向直接关联指数反映某产业每生产一单位产值直接消耗的各个产业的产品总量。基于列昂惕夫逆矩阵计算的前向关联指数和后向关联指数，称为前向总关联指数和后向总关联指数。前向总关联指数反映各个产业每生产一单位最终需求对某产业产品的完全需要量（即某产业对各个产业的完全供给量）；后向总关联指数反映某产业每生产一单位最终需求对各个产业产品的完全需要量。本文主要基于前向直接关联指数和后向直接关联指数进行分析。

根据前后向关联指数的高低，可以判断产业部门在产业链中的位置。通常，前向关联指数高的产业主要生产继续投入生产环节中的中间产品，前向关联指数低的产业主要生产退出或暂时退出生产环节而用于最终消费、资本积累或出口的最终产品；而后向关联指数高的产业生产加工度高的制造品，后向关联指数低的产业生产加工度低的初级品。因此，前后向关联指数都高的产业为中间制造品产业，通常位于产业链的中间；前向关联指数低而后向关联指数高的产业为最终制造品产业，通常靠近产业链的末端；前向关联指数高而后向关联指数低的产业为中间初级产品产业，通常靠近产业链的始端，前后向关联指数都低的产业为最终初级品产业。

3. 感应度系数

感应度系数是反映当国民经济各部门均增加一个单位最终使用时，某一部门由此而受到的需求感应程度，也就是需要该部门为其他部门的生产而提供的产出量，是根据产业前向关联机制建立的。令 A_{ij} 为列昂惕夫逆矩阵 $(I-A)^{-1}$ 中的第 i 行第 j 列的系数，则第 i 产业部门受其他产业部门影响的感应度系数 S_i 的计算公式为

$$S_i = \frac{\sum_{j=1}^{n} A_{ij}}{\frac{1}{n}\sum_{i=1}^{n}\sum_{j=1}^{n} A_{ij}}, (i = 1, 2, \cdots, n) \tag{3-34}$$

式中：$\sum_{j=1}^{n} A_{ij}$ 为列昂惕夫逆矩阵的第 i 行之和；$\frac{1}{n}\sum_{i=1}^{n}\sum_{j=1}^{n} A_{ij}$ 为列昂惕夫逆矩阵的行和的平均值。

感应度系数 S_i 越大，表示第 i 部门前向关联性较强，需求部门较多，受其他

部门的感应程度较高。即当 $S_i > 1$ 时，表示第 i 部门的生产受到的感应程度高于社会平均感应度水平（即各部门所受到的感应程度的平均值）；当 $S_i = 1$ 时，表示第 i 部门的生产所受到的感应程度与社会平均感应度水平相当；当 $S_i < 1$ 时，表示第 i 部门的生产所受到的感应程度低于社会平均感应度水平。

4. 影响力系数

影响力系数是反映某一经济部门增加一个单位最终使用时，对国民经济各部门所产生的生产需求波及程度，是根据产业后向关联机制建立的。第 j 产业部门对其他产业部门的影响力系数 T_j 的计算公式为

$$T_j = \frac{\sum_{i=1}^{n} A_{ij}}{\frac{1}{n} \sum_{i=1}^{n} \sum_{j=1}^{n} A_{ij}}, \quad (j = 1, 2, \cdots, n) \tag{3-35}$$

式中：$\sum_{i=1}^{n} A_{ij}$ 为列昂惕夫逆矩阵的第 j 列之和；$\frac{1}{n} \sum_{i=1}^{n} \sum_{j=1}^{n} A_{ij}$ 为列昂惕夫逆矩阵的列和的平均值。

影响力系数 T_j 越大，表示第 j 部门后向关联性较强，投入部门较多，对其他部门的拉动作用越大。即当 $T_j > 1$ 时，表示第 j 部门的生产对其他部门所产生的波及影响程度超过社会平均影响水平（即各部门所产生波及影响的平均值）；当 $T_j = 1$ 时，表示第 j 部门的生产对其他部门所产生的波及影响程度与社会平均影响水平相当；当 $T_j < 1$ 时，表示第 j 部门的生产对其他部门所产生的波及影响程度低于社会平均影响水平。

一般在工业化过程中，重工业都表现为感应度系数较高，而轻工业大都表现为影响力系数较高。有些产业的影响力系数和感应度系数都大于 1，表明这些产业在经济发展中一般处于战略地位，是对经济增长速度最敏感的产业。

5. 产业波及效果系数

根据影响力系数和感应度系数，可以计算出该产业的波及效果系数，其计算公式为

$$J = \frac{S + T}{2} \tag{3-36}$$

产业波及效果系数 J 实际上就是产业的感应度系数和影响力系数的算术平均值，J 越大，表明该产业与其他产业的关联性越强，其发展越能带动整个经济的发展。

6. 生产诱发系数

生产诱发系数是用于测算各产业部门每增加一单位的最终需求项目（如消费、

投资、出口等)对生产的诱导作用程度。某产业的生产诱发系数是指该产业的各种最终需求项目的生产诱发额除以相应的最终需求项目的合计所得的商。令 Z_{iL} 为第 i 产业部门对最终需求 L 项目的生产诱发额，$\sum_{i=1}^{n} Y_{iL}$ 为各产业对最终需求 L 项目的总和，则第 i 产业部门对最终需求 L 项目的生产诱发系数 W_{iL} 的计算公式如下：

$$W_{iL} = \frac{Z_{iL}}{\sum_{j=1}^{n} Y_{jL}}, \quad (i = 1,2,\cdots,n; L = 1,2,\cdots,m) \tag{3-37}$$

式中：$Z_{iL} = \sum_{j=1}^{n} A_{ij} \cdot Y_{jL}$，$(i = 1,2,\cdots,n; L = 1,2,\cdots,m)$；$A_{ij}$ 为列昂惕夫逆矩阵 $(I-A)^{-1}$ 中的第 i 行第 j 列的系数；Y_{jL} 为基本流量表中第 j 产业对 L 项目的最终需求；m 为最终需求项目 L 的个数，通常为 3，即消费、投资、出口。第 i 产业部门对最终需求项目 L 的生产诱发额 Z_{iL}，实际上就是列昂惕夫逆矩阵中第 i 行的数值与最终需求 L 列的数值的乘积。据此，可将各产业部门分为消费拉动型产业、投资拉动型产业和出口拉动型产业等。

7. 生产最终依赖度

最终依赖度是指某产业的生产对各最终需求项目(消费、投资、出口等)的依赖程度。这里既包括该产业生产对某最终需求项目的直接依赖，也包括间接依赖。将该产业各最终需求项目的生产诱发额除以该产业各最终需求项目的生产诱发额之和所得的商，便是该产业对各最终需求项目的依赖度，即依赖系数。令 Z_{iL} 为 i 产业部门最终需求项目 L 的生产诱发额，则第 i 产业部门生产对最终需求项目 L 的依赖度 Q_{iL} 的计算公式如下：

$$Q_{iL} = \frac{Z_{iL}}{\sum_{L=1}^{m} Z_{iL}}, \quad (i = 1,2,\cdots,n; L = 1,2,\cdots,m) \tag{3-38}$$

通过计算每一个产业的生产对各最终需求项目的依赖度，可将各产业部门分为消费依赖型产业、投资依赖型产业和出口依赖型产业等。

8. 综合就业系数

某产业的综合就业系数是指该产业为进行一个单位的生产，在本产业部门和其他产业部门直接和间接需要的就业人数。显然，不同产业的综合就业系数是不一样的。其计算公式为

$$\text{综合就业系数} = \text{就业系数} \times \text{逆阵中的相应系数} \tag{3-39}$$

式中：就业系数为某产业每单位产值所需的就业人数。

9. 综合资本系数

某产业的综合资本系数是指该产业为进行一个单位的生产，在本产业部门和其他产业部门直接和间接需要的资本。其计算公式为

$$综合资本系数 = 资本系数 × 逆阵中的相应系数 \qquad (3-40)$$

式中：资本系数为某产业每个单位产值所需的资本。

从各产业的资本系数看，一般来说电力、运输、邮电通讯、煤气供应等公共性产业和基础性产业的投资的资本系数都较大；在制造业中资本系数较高的产业多半是水泥、钢铁、化工、造纸等"装置型产业"。与综合就业系数的情况类似，一般在各个产业综合资本系数同资本系数的比较中可发现，其差距也是缩小的。

(二)海洋产业波及效应分析

由于目前没有专门为海洋部门编制的投入产出表，本节根据国民经济最新的2007年135部门投入产出表，利用与主要海洋产业对应的国民经济行业部门的投入产出系数，来衡量主要海洋产业对国民经济行业部门的波及效应，结果见表3-23。

1. 海洋产业与国民经济行业的直接关联效应分析

属于中间制造品产业的有：海洋矿业涉及的有色金属矿采选业，海洋盐业涉及的非金属矿及其他矿采选业，海洋生物医药业涉及的医药制造业，海洋交通运输业涉及的水上运输业和滨海旅游业涉及的住宿业。这些产业的前向关联指数和后向关联指数都较高，表明这些产业位于产业链的中间，对于下游产业的供给推动作用和上游产业的需求拉动作用都较强。

属于最终制造品产业的有：海洋渔业涉及的水产品加工业，海洋船舶工业涉及的船舶及浮动装置制造业，海洋工程建筑业涉及的建筑业和滨海旅游业涉及的旅游业。这些产业的前向关联指数较低而后向关联指数较高，表明这些产业靠近产业链的末端，对于下游产业的供给推动作用较弱，而对于上游产业的需求拉动作用较强。

属于中间初级品产业的有：海洋渔业涉及的渔业，海洋油气业涉及的石油和天然气开采业，海洋化工业涉及的基础化学原材料制造业和海洋电力业涉及的电力、热力的生产和供应业。这些产业的前向关联指数较高而后向关联指数较低，表明这些产业靠近产业链的始端，对于下游产业的供给推动作用较强，而对于上游产业的需求拉动作用较弱。

表 3-23　主要海洋产业波及效应指标

主要海洋产业	对应国民经济部门	前向直接关联指数	后向直接关联指数	感应度系数	影响力系数	产业波及效果系数	生产诱发系数/‰			生产最终依赖系数		
							最终消费支出	资本形成总额	出口	最终消费支出	资本形成总额	出口
海洋渔业	渔业	0.704 112	0.387 450	0.760 9	0.674 2	0.717 5	0.015 5	0.001 7	0.011 9	0.604 6	0.056 3	0.339 0
	水产品加工业	0.263 104	0.789 149	0.523 2	0.928 0	0.725 6	0.006 0	0.000 3	0.081 0	0.092 3	0.003 6	0.904 1
海洋油气业	石油和天然气开采业	1.661 171	0.402 551	4.041 7	0.746 0	2.393 9	0	0.021 1	0.039 6	0	0.382 2	0.617 8
海洋矿业	有色金属矿采选业	0.521 604	0.620 676	1.319 3	0.954 0	1.136 6	0	0.000 8	0.002 3	0	0.272 7	0.727 3
海洋盐业	非金属矿及其他矿采选业	0.850 430	0.607 789	1.079 7	0.939 0	1.009 3	0	0.000 3	0.009 5	0	0.039 7	0.960 3
海洋化工业	基础化学原料制造业	2.159 405	0.790 692	3.275 9	1.123 9	2.199 9	0.002 3	0.017 9	0.289 7	0.010 3	0.066 2	0.923 6
海洋生物医药业	医药制造业	0.674 490	0.709 807	0.745 6	0.987 5	0.866 6	0.017 9	0.001 6	0.078 7	0.234 1	0.017 8	0.748 1
海洋电力业	电力、热力的生产和供应业	3.784 225	0.720 198	6.767 1	1.040 4	3.903 8	1.417 1	0	0.030 4	0.984 7	0	0.015 3
海水利用业	水的生产和供应业	0.203 441	0.535 078	0.503 9	0.835 3	0.669 6	0.003 5	0	0	1.000 0	0	0
海洋船舶工业	船舶及浮动装置制造业	0.216 696	0.721 623	0.481 1	1.131 2	0.806 2	0	0.005 8	0.010 8	0	0.383 0	0.617 0
海洋工程建筑业	建筑业	0.341 459	0.768 606	0.523 0	1.129 8	0.826 4	0.009 6	0.622 5	0.004 5	0.017 9	0.976 1	0.006 0
海洋交通运输业	水上运输业	0.702 588	0.553 063	1.083 5	0.861 9	0.972 7	0.027 2	0.000 8	0.167 8	0.177 0	0.032 0	0.791 1
滨海旅游业	住宿业	0.673 201	0.577 214	0.760 9	0.863 4	0.812 2	0.002 1	0.005 8	0.013 3	0.176 7	0	0.823 3
	旅游业	0.1775 68	0.683 425	0.415 9	0.911 5	0.663 7	0.002 9	0	0.000 6	0.875 4	0	0.124 6

属于最终初级品产业的有：海水利用业涉及的水的生产和供应业。产业的前向关联指数和后向关联指数都较低，表明产业对于下游产业的供给推动作用和上游产业的需求拉动作用都较弱。

2. 海洋产业感应度系数和影响力系数分析

感应度系数大于1的产业有：海洋油气业涉及的石油和天然气开采业，海洋矿业涉及的有色金属矿采选业，海洋盐业涉及的非金属矿及其他矿采选业，海洋化工业涉及的基础化学原材料制造业，海洋电力业涉及的电力、热力的生产和供应业和海洋交通运输业涉及的水上运输业。说明这些产业当国民经济各部门均增加一个单位最终使用时，某一部门由此而受到的需求感应程度高于社会平均感应度水平。

影响力系数大于1的产业有：海洋化工业涉及的基础化学原材料制造业，海洋电力业涉及的电力、热力的生产和供应业，海洋船舶工业涉及的船舶及浮动装置制造业和海洋工程建筑业涉及的建筑业。说明当这些产业增加一个单位最终使用时，对国民经济各部门所产生的生产需求波及程度高于社会平均影响力水平。

其中，感应度系数与影响力系数都大于1的产业有：海洋化工业涉及的基础化学原材料制造业和海洋电力业涉及的电力、热力的生产和供应业。表明这些产业在经济发展中处于战略地位，是对经济增长速度最敏感的产业。

从产业波及效果系数也可以看出，对国民经济行业波及效应显著的产业有：海洋油气业涉及的石油和天然气开采业，海洋矿业涉及的有色金属矿采选业，海洋盐业涉及的非金属矿及其他矿采选业，海洋化工业涉及的基础化学原材料制造业，海洋电力业涉及的电力、热力的生产和供应业，这些产业的波及效果系数均大于1。

3. 海洋产业生产诱发系数和最终依赖度分析

消费拉动型产业有：海洋渔业涉及的渔业，海洋电力业涉及的电力、热力的生产和供应业，海水利用业涉及的水的生产和供应业和滨海旅游业涉及的旅游业。表明对于这些产业而言，最终消费对生产的诱导作用较大。同时，这些产业的消费依赖度系数也较高，说明这些产业也属于消费依赖型产业。

投资拉动型产业有：海洋工程建筑业涉及的建筑业。表明对于该产业而言，投资对生产的诱导作用较大。同时，这些产业的生产最终依赖度也较高，说明这些产业对最终消费的依赖程度也较高。同时，这些产业的投资依赖度系数也较高，说明这些产业也属于投资依赖型产业。

出口拉动型产业有：海洋渔业涉及的水产品加工业，海洋油气业涉及的石油和天然气开采业，海洋矿业涉及的有色金属矿采选业，海洋盐业涉及的非金属矿及其他矿采选业，海洋化工业涉及的基础化学原材料制造业，海洋生物医药业涉及的医药制造业，海洋船舶工业涉及的船舶及浮动装置制造业，海洋交通运输业涉及的水上运输业和滨海旅游业涉及的住宿业。表明对于这些产业而言，出口对生产的诱导作用较大。同时，这些产业的出口依赖度系数也较高，说明这些产业也属于出口依赖型产业。

三、海洋产业关联与波及效应分析结论

海洋产业门类众多，本文从定量分析的视角，从海洋产业内部和海洋产业与陆域产业间两个角度，试图窥探海洋产业关联关系的端倪，得到的主要结论如下：

（1）海洋产业发展的协调性总体较高。具体来看，传统海洋产业如海洋交通运输业、滨海旅游业、海洋盐业、海洋船舶工业等与海洋经济发展的一致性较高；而新兴海洋产业如海水利用业、海洋电力业、海洋生物医药业等与海洋经济发展的一致性较低。支柱产业如滨海旅游业、海洋交通运输业、海洋渔业、海洋油气业与海洋经济发展的一致性较高；而其他非支柱产业与海洋经济发展的一致性较低。

（2）部分海洋产业与其他海洋产业关系密切，辐射带动作用较强。海洋油气业、海洋工程建筑业、滨海旅游业、海洋交通运输业、海洋渔业、海洋船舶工业与其他海洋产业关联关系较强，同时这些产业相互之间的关联关系也较强；而海洋盐业、海洋电力业、海洋生物医药业、海洋矿业与其他海洋产业关联关系较弱。

（3）海洋产业对国民经济行业的总体波及效应较大。其中，海洋油气业、海洋矿业、海洋盐业、海洋化工业、海洋电力的波及效应较大。

（4）位于产业链不同位置的海洋产业对国民经济行业的波及效果不同。海洋捕捞、海水养殖、海洋油气业、海洋化工业、海洋电力业靠近产业链的始端，对下游产业的供给推动作用较强；海洋矿业、海洋盐业、海洋生物医药业、海洋交通运输业、滨海住宿位于产业链的中间，对下游产业的供给推动作用和上游产业的需求拉动作用都较强；海洋水产品加工、海洋船舶工业、海洋工程建筑业、滨海休闲旅游靠近产业链的末端，对上游产业的需求拉动作用较强。

（5）不同海洋产业在国民经济中发挥的作用不同。当国民经济各部门均增加一个单位最终使用时，海洋油气业、海洋矿业、海洋盐业、海洋化工业、海洋电力、海洋交通运输业由此而受到的需求感应程度较高，对国民经济其他部门发展所起的支持、推动作用较大；当海洋化工业、海洋电力业、海洋船舶工业、海洋工程建筑业增加一个单位最终使用时，对国民经济各部门所产生的生产需求波及程度较高，对国民经济其他部门的需求拉动作用较大；其中，海洋化工业和海洋

电力业的感应度系数和影响力系数都较高，在国民经济发展中处于战略地位，是对经济增长速度最敏感的产业。

（6）海洋经济的外向性程度很高。出口拉动型和出口依赖型的产业较多，包括：海洋渔业、海洋油气业、海洋矿业、海洋盐业、海洋化工业、海洋生物医药业、海洋船舶工业、海洋交通运输业和滨海旅游业等，出口对这些产业生产的诱导作用较大，同时这些产业的生产也主要依赖出口；消费拉动型和消费依赖型的产业有海洋渔业、海洋电力业、海水利用业和滨海旅游业，最终消费对这些产业生产的诱导作用较大，同时生产也主要依赖消费；投资拉动型产业主要是海洋工程建筑业，投资对该产业生产的诱导作用较大，同时其生产也主要依赖消费。

（7）个别产业在海洋经济内部的作用较弱，而在国民经济中的地位则较高。海洋电力业和海洋化工业与其他海洋产业的关联度均较低，且由于生产空间的排他性，海洋电力业与滨海旅游、海洋交通运输、海洋渔业、海洋盐业和海洋矿业等的关联关系均较弱。而海洋化工业涉及的基础化学原材料制造业和海洋电力业涉及的电力、热力的生产和供应业在国民经济发展中处于战略性、基础性的地位，是对经济增长速度最敏感的产业。这主要是由于海洋电力业和海洋化工业规模较小，产业发展不成熟，目前对所涉及国民经济行业的贡献还比较小，尚未能发挥整个行业的基础性、战略性作用。

第三节　海洋主导产业的选择

主导产业是指在整体经济中占有重要比重、产业关联强、增长速度快、对其他产业发展有较强带动作用、在产业系统中处于主要支配地位的产业。主导产业可以是某一特定的产业，但它更多地表现为由若干个紧密联系或相关的具体产业所组成的一个产业群。在经济发展的每一阶段都有与之相对应的主导产业。因此，主导产业随着经济发展阶段的不同而不同，它的选择具有序列更替性。

一、主导产业选择的定性方法

主导产业是由多方面因素共同决定的，包括产业的内部因素和资源、技术、政策、环境等外部条件。一般情况下，主导产业的选择依据下面几项基准。

1. 赫希曼基准

赫希曼认为对资本相对不足和国内市场相对狭小的发展中国家来说，应当首先发展那些产业关联度高、特别是后向关联度较高的产业，以此带动其他产业的发展。赫希曼根据发展中国家的经验指出，在产业关联链中必然存在一个与其前向产业和后向产业关联系数最高的产业，其发展对前、后向产业的发展有较大的促进作用。因此，将这个产业作为主导产业选择的优先对象。

2. 罗斯托基准

罗斯托把经济增长分为六个阶段，每个阶段都存在着起主导作用的产业部门。主导部门不仅本身具有高增长率，而且能够带动其他部门的经济增长。与六个经济成长阶段相对应，罗斯托列出了五种"主导部门综合体系"：①传统社会阶段科学技术水平和生产力水平低下，主导产业部门为农业部门；②起飞预备阶段近代科学技术开始在工农业中发挥作用，主导产业体系主要是食品、饮料、烟草、砖瓦等产业部门；③起飞阶段相当于产业革命时期，替代进口货物的消费品制造业高度发展，主导产业体系是非耐用消费品生产综合体系，如纺织业；④成熟阶段现代科学技术已经有效地应用于生产，重型工业和制造业迅速崛起，主导产业体系是重型工业和制造业综合体系，如钢铁、煤炭、电力、通用机械、肥料等；⑤高额群众消费阶段工业高度发达，主导产业体系移至耐用消费品和服务部门，主要是汽车工业综合体系；⑥追求生活质量阶段的主导产业体系是生活质量部门综合体系，主要指服务业、建筑业等。具体内容详见第四章第二节。

3. 筱原基准

1）收入弹性基准

又称需求收入弹性基准。需求收入弹性高的产业，潜在市场容量较大，能够不断地扩大它的市场占有率。随着人均国民收入的增加，收入弹性较高的产品在产业结构中占据更大的份额，而这种产业往往代表着产业结构变动的方向和趋势。因此，可以将该类产业选为主导产业。

2）生产率上升率基准

技术进步快的产业，往往生产率上升率快，这就意味着投入减少、成本降低、收益增加的速度加快，该产业部门创造的国民收入的相对比重就会随之增加，并能在发展中带动其他相关产业的发展。因此，可以将该类产业选为主导产业。

这两个指标分别从产品的需求角度和社会生产的供给角度给出了主导产业的选取原则，二者缺一不可。从供给方面看，若仅有较高的生产率上升率，而缺乏较好的销售基础，那么，生产率上升率终将会受到抑制；反过来，从需求方面看，若一个产业仅具有较高的收入弹性，但由于受技术条件的制约，生产很难随着需求增长而扩大，该产业也不会成为未来的主导产业。①

---

① 王东京. 筱原的基准[J]. 安徽决策咨询，2000，7：34-35.

4. 过密环境基准和丰富劳动内容基准

过密环境基准是指在选择主导产业时，必须以环境污染少、能源消耗低、生态不失衡等为选择基准。该基准要求选择能提高能源利用效率、保护环境、防止和改善公害，并具有扩充社会资本能力的产业作为主导产业。它的着眼点是经济的长期发展和社会利益之间的协调关系，也就是经济社会的可持续发展。

丰富劳动内容基准要求在选择主导产业时首先考虑发展能为劳动者提供舒适、安全和稳定的劳动场所的产业。该标准的提出反映经济发展的最终目的是为了提高社会成员的满足程度，但仅在经济发展水平较高的条件下才可能真正做到。

5. 相对比较优势度基准

又称动态比较优势度基准，是指选择主导产业时，应尽可能选择更能发挥本国（区域）比较优势的产业，而且随着比较优势的变化进行调整。一般来讲，比较优势是各产业增加值比重、比较资本产出、比较劳动生产率、比较经济效率和综合经济效率等相对比的结果。只有当结果达到或超过某一标准时，该产业才可能成为主导产业。

6. 综合判定基准

理论上只有当某一产业大致符合上述基准时，才有可能成为主导产业。但实践中，很难找到同时符合每项基准的产业，因此一般在满足其中几个甚至一个基准的条件下，就可以将其作为主导产业的选择对象。同时，还要考虑包括产业状况、经济状态、技术、资金、资源等经济和非经济因素的影响约束。因此，通常使用综合判定基准，全面考量主导产业的评判标准。主导产业的选择可以从它对区域发展目标的贡献和自身的竞争能力两方面考虑，判定标准体系如图 3－2 所示。

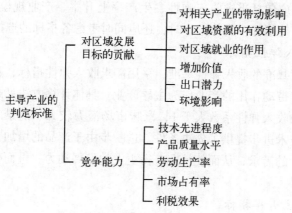

图 3－2　主导产业选择判定标准体系

主导产业对区域发展目标的贡献从六个方面进行评判：①对相关产业的带动影响，指一个产业在产业体系中可通过前瞻效应、回顾效应和旁侧效应与相关产业发生联系，从而带动相关产业的数量增加和质量提高的作用；②对区域资源的有效利用，指该产业利用区域内资源的数量和对资源进行深加工、提高利用效益的程度；③对区域就业的作用，指该产业能为区域创造的就业机会的多少；④增加价值，指该产业的经济活动的效果，增加价值等于该产业的总产值减去购买全部中间产品的消耗；⑤出口潜力，指对该产业生产出口产品进入国际市场的前景、当前的供求状况及发展趋势进行预测，同时结合销售渠道、市场覆盖面、潜在竞争对手等因素进行判断；⑥环境影响，指该产业对环境质量的影响程度的大小及治理该产业造成的环境问题的成本高低。

主导产业的竞争能力从五个方面进行评判：①技术先进程度，指该产业装备技术的先进程度，包括工艺、装备在内的产品制造技术水平；②产品质量水平，指该产业产品质量与性能的优劣程度；③劳动生产率，指在单位劳动时间内所生产的产品数量或单位产品所耗费的劳动量；④市场占有率，主要从流通领域考察，该产业产品在某一特定市场总销售量中的比重；⑤利税效果，指根据销售产品的利润、税收与成本价格的比率进行判断。

二、主导产业选择的定量方法

对于主导产业的选择，仅有一般性的定性基准是不够的，还应该根据主导产业的特点和功能开展定量分析。一般方法是：首先建立选择主导产业的指标体系，然后根据各指标计算结果，采用加权平均法或其他方法汇总成一个综合指标；最后将综合指标位居前列的产业作为主导产业的备选产业。

(一)主导产业选择的指标体系

指标体系中应包括需求收入弹性、生产率上升率、产业规模、产业关联度、动态比较优势度等指标。具体操作时，还应同时考虑各指标的选择顺序。

1. 需求收入弹性指标

对应于筱原基准的收入弹性基准，采用需求收入弹性指标，从需求角度考察有发展潜力、有带动作用的产业作为主导产业。具体计算方法见式(3-7)。

如果需求的收入弹性系数大于1，意味市场潜力较大、前景广阔，这为大批量生产和加快技术进步提供了先决条件。进一步由于产品的增加能够带来更多的收入、创造更大的需求，从而使社会获得更大的发展动力，进而带动整个经济的发展。

2. 生产率上升率指标

对应于筱原基准的生产率上升率基准，采用生产率上升率指标，从供给角度考察技术进步迅速、成长性高的产业作为主导产业。具体计算方法见式(3-15)。

这里的生产率是指全要素生产率,用来反映技术进步的程度。全要素生产率上升率高的产业其技术进步的速度较快,单位产品生产费用较低,可吸引更多的资源流入,使得该产业的技术和资源更具优势,发展更快,从而带动相关产业的发展。

3. 产业规模指标

产业规模包括四层含义:①产业的绝对规模;②产业的相对规模(即占全部产业的比重);③较高层次区域中相同产业的相对规模(即占较高层次区域相同产业的比重);④产业产品的输出规模。只有上述四层含义的产业规模都较大的产业才能成为主导产业。产业规模的大小可采用"产业专门化率"指标来衡量,其计算公式为

$$B = \frac{g_1/g_2}{Q_1/Q_2} \qquad (3-41)$$

式中:B 代表研究区域产业专门化率;g_1 和 g_2 分别代表研究区域某产业及其较高层次区域同产业的净产值;Q_1 和 Q_2 分别代表研究区域及其较高层次区域全部产业净产值。$B > 1$,说明该产业是研究区域的专门化部门,B 值越大,说明该产业在研究区域中的专门化程度越高,即集中程度越高,该产业的产品相对规模越大。$B < 1$,说明该产业不是研究区域的专门化部门。

4. 产业关联度指标

主导产业作为经济系统的主体和核心,具有驱动功能。主导产业通过与非主导产业的关联组织带动其发展。测度产业关联度的指标主要有感应度系数、影响力系数和波及效果系数,具体计算方法见式(3-34)至式(3-36)。

5. 动态比较优势度指标

主导产业的形成与发展必须以所依赖国家(区域)的比较优势为基础,比较优势的选择标准主要有五个。

1)增加值比重

$$WI_i = \frac{G_i}{G} \times 100\% \qquad (3-42)$$

式中:WI_i 表示 i 产业的增加值比重;G_i 表示 i 产业的增加值;G 表示 GDP。

一般而言,若 $WI_i < 15\%$,该产业只能是潜在的主导产业;只有 $WI_i > 15\%$ 的产业才有可能成为主导产业;当 $WI_i > 20\%$ 时,该产业很容易成为主导产业;当 $WI_i > 30\%$ 时,如果不加以限制,该产业会自动成为主导产业。

2）比较劳动生产率

具体计算方法见式（3－14）。一般而言，当比较劳动生产率 $h_i < 2$ 时，该产业只能作为潜在的主导产业；只有当 $h_i > 2$ 时，该产业才有可能成为主导产业；当 $h_i > 3$ 时，该产业很容易成为主导产业；当 $h_i > 5$ 时，如果不加以限制，该产业会自动成为主导产业。

3）比较资本产出率

$$VI_i = \frac{V_i}{V} = \frac{G_i/K_i}{G/K} \qquad (3-43)$$

式中：VI_i 表示 i 产业的比较资本产出率；V_i 表示 i 产业的资本产出率；V 表示各产业的平均资本产出率；G_i 表示产业的劳动生产率；G 表示平均劳动生产率；K_i 表示 i 产业的资本量；K 表示所有产业的资本总量。

一般而言，当 $VI_i < 2$ 时，该产业只能作为潜在的主导产业；只有当 $VI_i > 2$ 时，该产业才有可能成为主导产业；当 $VI_i > 3$ 时，该产业很容易成为主导产业；当 $VI_i > 5$ 时，如果不加以限制，该产业会自动成为主导产业。

4）比较经济效率

$$IE_i = \frac{E_i}{E} = \frac{R_i \times V_i}{R \times V} \qquad (3-44)$$

式中：IE_i 表示 i 产业的比较经济效率；E_i 表示 i 产业的经济效率；E 表示产业总的经济效率；R 表示劳动生产率；V 表示资本产出率；R_i 表示 i 产业的劳动生产率；V_i 表示 i 产业的资本产出率。在选择主导产业时，使用比较经济效率指标效果会更好。一般而言，$IE_i > 2$，且指标值越大越有可能成为主导产业。

5）综合经济效率

$$E_i = R_i \times V_i = \frac{G_i}{L_i} \times \frac{G_i}{K_i} \qquad (3-45)$$

式中：E_i 表示 i 产业综合经济效率；R_i 表示 i 产业的劳动生产率；V_i 表示 i 产业的资本产出率；G_i 表示 i 产业的劳动生产率；L_i 表示 i 产业的劳动力从业人数；K_i 表示 i 产业的资本量。综合经济效率指标越大，越可能成为主导产业。

（二）主导产业选择的方法

主导产业的选择是一个多目标、多准则的决策问题，因此常常采用多目标综合评价法对主导产业进行选择。应用于主导产业选择的综合评价方法有很多，其中比较有代表性的方法包括层次分析法、灰色聚类定权法、主成分分析、因子分析法、模糊评价法和熵值法等。

层次分析法、灰色聚类定权法、模糊评价法属于主观赋权法。其中，层次分析的递阶层次结构、定量与定性相结合的分析思路很好地符合了主导产业决策问题的特征；灰色聚类定权法考虑到评价对象的灰色特征，符合主导产业指标体系的特点；模糊评价法以模糊数学为基础，不仅可以对评价对象进行评价和排序，还可以按隶属度评定对象所属的等级。但是主观赋权法过分依赖决策者的主观认识和偏好，在一定程度上削弱了决策结果的客观性，令人无法信服。

主成分分析、因子分析和熵值法属于客观赋权法。其中主成分分析和因子分析属于多元统计分析方法，从事物内部结构或指标间的相关关系出发，利用降维思想，用较少的新变量代替较多的原变量。但是，其相关性原理可能导致某些重要信息因为与其他信息的相关性较弱而被遗漏。熵值法根据各指标所含信息有序度的差异性，即信息的效用价值来确定该指标的权重。但是缺乏各指标间的横向比较，对样本数据的容量要求较高，在应用上常常受到数据的限制。相对而言，客观赋权法通过计算的方式赋权，排除了主观因素的影响，提供了客观的衡量标准，可信度较高。

三、海洋主导产业选择的实证分析

(一)建立评价指标体系

海洋主导产业选择指标体系涉及经济增长、产业关联、科技创新、就业拉动、资源环境、产业结构等多方面，指标数量庞大，且部分指标无法量化。本节将指标体系分为客观评价指标和主观识别指标两部分，分别对海洋产业发展状况和发展潜力进行评价。

1. 海洋产业发展现状评价指标

根据产业生命周期理论，海洋主导产业处于幼稚期到成熟期之间的成长期，海洋主导产业必须具备一定的产业发展基础，根据海洋主导产业的界定条件，构建海洋主导产业发展现状评价指标体系。根据数据的可获得性，将上述定性指标与定量指标进行筛选，构建了如下海洋主导产业发展现状的评价指标体系。

(1)简单指标。简单指标是指可直接从相关统计资料中获得，或借助公式简单计算而成的指标。包括产业规模基准(产业相对规模)、需求基准(需求收入弹性)、就业基准(就业弹性)、资源消耗基准(单位产值的能源消耗)4个指标。

(2)复合指标。复合指标是指借助经济模型或统计方法，经过复杂计算的指标。包括效率基准(科技进步贡献率)、产业关联基准(偏相关系数)、海陆协调发展基准(海陆产业关联度)3个指标。

2. 海洋产业发展潜力评价指标

海洋主导产业评价不仅仅考虑某一时点上的产业发展状况，更应该注重以现在为起点向未来延续的时间段上的产业潜力评价。海洋主导产业必须具有强劲的发展潜力，但不能完全用某一或某些指标简单描述。根据主导产业特性，选择促进海洋经济产业结构优化的能力、吸收先进科技创新潜力、海洋资源可持续使用状况3个指标为主观评价指标。

综上所述，将海洋主导产业选择基准具体化、量化后形成的评价指标体系见表3－24。

表3－24　海洋主导产业选择评价指标体系

评价方面	评价基准	评价指标	指标说明
发展现状	产业规模基准	产业相对规模	衡量备选海洋产业占全部产业的比重
	需求基准	需求收入弹性	衡量对备选海洋产业产品需求随国民收入变动的经济关系
	就业基准	就业弹性	衡量备选海洋产业对就业的带动力
	资源消耗基准	单位产值能源消耗	衡量备选海洋产业的资源消耗状况
	效率基准	科技进步贡献率	衡量生产因素中的科技进步因素对海洋产业发展的贡献份额
	产业关联基准	偏相关系数	衡量备选海洋产业与其他海洋产业之间的关联程度
	海陆协调发展基准	海陆产业关联度	衡量备选海洋产业和陆域产业发展的协调程度
发展潜力	产业结构先进性	产业结构优化能力	衡量备选海洋产业结构进一步优化能力
	科技创新基准	吸收先进科技创新潜力	衡量备选海洋产业吸收科技创新的潜力
	生产要素可持续	海洋资源可持续使用状况	衡量备选海洋产业生产要素可持续使用的状况

(二)计算各行业的综合得分

1. 数据搜集和指标赋值

使用 2001—2009 年主要海洋产业增加值进行评价。原始数据来源于《中国海洋统计年鉴》《中国能源统计年鉴》和《中国固定资产投资年鉴》。由于缺乏海洋产业投资和海洋产业能源消费量数据，此处按照《海洋及相关产业分类》(GB/T 20794—2006)附件中海洋及相关产业与国民经济行业的对照关系，将海洋产业按小类归入国民经济行业，分别以国民经济行业小类城镇投资的年增长率和单位增加值能源消费量代替海洋产业投资增长率和单位产值能源消费量。

为避免指标在某一时期出现的异常值对评价结果产生较大偏差，在评价指标赋值时，选取各年指标计算结果的均值作为海洋主导产业评价指标值。各备选海洋主导产业指标赋值结果如表 3 – 25 所示。

表 3 – 25　备选海洋产业发展现状评价指标值

备选海洋产业	产业相对规模	需求收入弹性	就业弹性	单位产值能源消耗	科技进步贡献率	偏相关系数	海陆产业关联度
海洋渔业	0.211 4	0.771 4	0.330 9	0.022 0	0.331 6	0.966	0.947 5
海洋油气业	0.060 3	0.153 2	0.524 3	0.106 0	– 1.164 6	0.135	0.825 6
海洋矿业	0.001 4	8.056 1	0.194 2	0.106 0	0.211 9	0.625	0.481 8
海洋盐业	0.005 4	– 0.065 5	0.447 3	0.106 0	1.242 8	0.099	0.865 9
海洋化工业	0.029 9	2.392 4	0.175 4	0.189 6	0.668 0	0.766	0.792 3
海洋生物医药业	0.003 6	0.933 8	0.057 4	0.189 6	0.793 4	0.592	0.598 6
海水利用与海洋电力业	0.001 1	3.873 4	0.166 6	0.234 3	0.926 8	0.652	0.799 7
海洋船舶工业	0.042 8	2.603 0	0.103 6	0.189 6	0.373 4	0.859	0.763 4
海洋工程建筑业	0.039 1	2.784 7	0.100 1	0.025 9	0.951 2	0.214	0.837 9
海洋交通运输业	0.313 0	0.172 8	0.242 8	0.152 3	0.357 9	0.037	0.957 3
滨海旅游业	0.292 0	1.349 0	0.179 5	0.021 3	0.367 3	0.936	0.911 8

2. 海洋产业发展现状评价得分

应用层次分析和 SPSS 软件，对海洋产业发展现状指标体系进行层次分析和主成分分析，确定指标的主观和客观赋权权重。然后将主、客观赋权结果，带入组合赋权方法，设定主、客观权重的偏好程度都为 0.5，得到海洋产业发展现状评价指标组合权重(表 3 – 26)。

表 3 – 26　海洋产业发展现状评价指标的主观、客观和组合权重

指标	主观权重	客观权重	组合权重
产业相对规模	0.310 3	0.151 3	0.230 8
需求收入弹性	0.062 4	0.177 8	0.120 1
就业弹性	0.234 0	0	0.117 0
单位产值能源消耗	0.044 7	0.173 0	0.108 9
科技进步贡献率	0.056 0	0.200 4	0.128 2
偏相关系数	0.209 2	0.218 0	0.213 6
海陆产业关联度	0.289 5	0.079 5	0.184 5

　　将不同量纲的评价指标进行标准化处理，得到具有可加性的无量纲指标矩阵。然后，结合海洋产业发展基础评价指标组合权重（表 3 – 26），计算备选海洋产业的评价得分（表 3 – 27）。得分结果显示，发展基础较好的海洋产业有：滨海旅游业、海洋渔业和海洋交通运输业。

表 3 – 27　海洋产业发展现状评价得分

排序	备选海洋产业	得分
1	滨海旅游业	0.721 9
2	海洋渔业	0.710 9
3	海洋交通运输业	0.613 3
4	海水利用与海洋电力业	0.570 6
5	海洋化工业	0.559 0
6	海洋船舶工业	0.548 1
7	海洋盐业	0.435 7
8	海洋矿业	0.406 4
9	海洋工程建筑业	0.374 9
10	海洋生物医药业	0.379 9
11	海洋油气业	0.363 3

3. 海洋产业发展潜力评价得分

　　选择层次分析法进行海洋产业发展潜力评价，通过构建以主导产业选择为目标层，海洋产业发展潜力主观评价指标为准则层，备选海洋产业为方案层的多层次分析结构，得到评价结果如表 3 – 28 所示。结果显示潜力较强的海洋产业有：海水利用与海洋电力业、海洋生物医药业、海洋工程建筑业、海洋交通运输业和滨海旅游业。

表 3 – 28　海洋产业发展潜力评价得分

排序	备选海洋产业	得分
1	海水利用与海洋电力业	0.210 3
2	海洋生物医药业	0.162 5
3	海洋工程建筑业	0.125 2
4	海洋交通运输业	0.088 0
5	滨海旅游业	0.074 3
6	海洋化工业	0.074 3
7	海洋渔业	0.071 9
8	海洋船舶工业	0.067 2
9	海洋油气业	0.053 7
10	海洋矿业	0.040 2
11	海洋盐业	0.032 4

(三)海洋主导产业综合选择

根据综合评价结果,产业发展基础得分在 0.6 以上且潜力得分大于 0.07 的产业有滨海旅游业、海洋渔业和海洋交通运输业。这些产业在现阶段已具备一定的产业发展基础,处于快速成长期,并在未来的发展中拥有对海洋经济产业结构优化升级和可持续发展的强大带动力,符合海洋主导产业选择标准,适合作为海洋经济发展的主导产业。

此外,海水利用与海洋电力业、海洋生物医药业作为新兴海洋产业,虽然发展基础有所欠缺,但是其发展潜力巨大,逐渐表现出迅猛的增长态势,在我国海洋经济发展中的地位将日益提高。

第四节　海洋产业布局分析

产业布局是指各产业部门在空间地域上的分布和组合状态。产业布局是生产力在地域空间上的配置,通过生产力在空间内的最优配置,在可持续发展的前提下,最大限度地发挥空间功能价值和整体效益是进行产业合理布局的最终目的,也是判断产业布局是否合理的根本标准。产业布局是国家基于国民经济整体发展所做出的关于产业发展的长期经济发展战略部署,在整个国民经济发展战略体系中占有重要地位,是政府对各地区产业开发的对象、规模和时序等做出的安排,同时也是各地区基于自身的资源禀赋状况和社会经济条件对各种利益,包括区域间利益、部门间利益和长短期利益进行博弈的结果。

一、产业布局相关理论

1. 区位理论

(1)古典区位理论。包括杜能的农业区位论和韦伯的工业区位论。杜能的农业区位论指在农业布局上，什么地方适合种什么作物并不完全由自然条件决定，农业经营方式也不是任何地方越集中越好。在确定农业活动最佳配置点时，要把运输因素考虑进去。韦伯的工业区位论指工业布局主要受运费、劳动力费用和聚集力三个因素的影响，其中运费对工业布局起决定作用，工业部门生产成本的地区差别主要是由运费造成的。

(2)近代区位理论。包括费特的贸易区位理论，即运输费用和生产费用决定企业竞争力的强弱，这种费用的高低与产业区域大小成反比。以克氏理论为理论分析框架的廖什(A. Losvh)市场区位理论认为：产业布局必须充分考虑市场因素，尽量把企业安排在利润最大的区位，这就要考虑到市场划分与市场网络结构的合理安排。

(3)现代区位理论。主要包括成本－市场学派和行为学派，成本－市场学派以成本与市场的相依关系作为理论核心，以最大利润原则为确定区位的基本条件。行为学派确立以人为主体的发展目标，主张现代企业管理的发展、交通工具的现代化、人的地位和作用是区位分析的重要因素，运输成本则降为次要因素。另外，现代区位理论还包括社会学派、历史学派和计量学派等。①

2. 增长极理论

在一国经济增长过程中，由于某些主导部门或者具有创新力的企业或行业在某些特定区域或者城市聚集，形成一种资本和技术高度集中，增长迅速并且对邻近地区经济发展具有强大辐射作用的区域，被称为增长极。根据这一理论，后起国在进行产业布局时，首先可通过政府计划和重点吸引投资的形式，有选择地在特定地区或城市形成增长极，使其充分实现规模经济并确立在国家经济发展中的优势和中心地位。然后凭借市场机制的引导，使得增长极的经济辐射作用得到充分发挥，并从其邻近地区开始，逐步带动增长极以外地区经济的共同发展。具体内容详见第四章第四节。

3. 点轴理论

随着经济的发展、工业点的增多，点与点之间经济联系的加强，必然会建设

---

① 付桂生，翁贞林. 试论产业布局理论的形成及其发展[J]. 江西教育学院学报，2005，26(1)：5－7.

各种形式的交通通信线路使之相联系，这一线路即为轴。这些轴线首先是为点服务而产生的，但它一经形成，对人口和产业就具有极大的吸引力，吸引企业和人口向轴线两侧聚集，并产生新的点。点轴理论就是指根据区域经济由点及轴发展的空间运行规律，合理选择增长极和各种交通轴线，并使产业有效地向增长极及轴线两侧集中布局，从而由点带轴，以轴带面，最终促进整个区域经济发展。具体内容详见第四章第四节。

4. 地理二元经济理论

在经济发展过程中，发达地区由于要素报酬率较高，投资风险较低，因此，吸引大量劳动力、资金、技术等生产要素和重要物质资源等，由不发达地区流向发达地区，从而在一定时期内使发达地区与不发达地区的差距越来越大，形成二元经济结构。另一方面，产业集中的规模经济效益不是无限的，超过一定限度之后，往往会出现规模报酬递减现象。这样，发达地区会通过资金、技术乃至人力资源向其他地区逐步扩散，以寻求新的发展空间。与此同时，发达地区经济增长速度的减慢，会相应增加不发达地区经济增长的机会，特别是不发达地区产品和资源的市场需求会相应增加。具体内容详见第四章第四节。

二、产业布局评估的指标与方法

产业布局的评估是建立在一定的评估指标基础上，通过对一系列产业评估指标的测算，得到各产业的组合指数，从而根据不同产业指数的排序来合理构建产业布局。产业布局评估指标与方法主要包括区位熵、集中系数、地理联系系数、集中指数和成本－利益分析方法等。①

1. 区位熵

在进行产业布局时，首先应根据各地区的比较优势，确定能够发挥区域优势、具有地区分工作用、能够为区外服务的专门化产业。一般情况下，如果一个地区在它具有比较优势的产业方面形成了专业化部门而且具有较高的专业化水平，则说明这个地区的产业布局发挥了当地的比较优势。

区位熵是区域产业比重与全国该产业比重之比，它是从产业比重的角度反映产业专业化程度的指标。区位熵 LQ_{ij} 的计算公式为

$$LQ_{ij} = \frac{e_{ij}/e_{nj}}{E_{in}/E_{nn}} \qquad (3-46)$$

式中：e_{ij} 表示第 j 经济区 i 产业经济水平（如产值、就业等）；e_{nj} 为第 j 经济区所有产业的总体经济水平；E_{in} 为全国 i 产业的经济水平；E_{nn} 为全国总体经济水平。

---

① 中国人民大学区域经济研究所. 产业布局学原理[M]. 北京：中国人民大学出版社，2002：40.

如果 $LQ_{ij} > 1$，说明 i 产业是 j 经济区的专业化产业。LQ_{ij} 值越大，则该产业的专门化程度越高，如果 LQ_{ij} 值在 2 以上，说明该产业具有较强的区域外向性。

区位熵是个相对指标，不能完全反映各产业的地位，进行区位熵分析时必须妥善处理好产业部门划分问题与经济水平衡量指标问题等。

【示例】

2012 年沿海地区主要海洋产业区位熵见表 3-29。可以发现：

山东省、福建省、河北省、广西壮族自治区的海洋产业布局趋优，较好地发挥了本地区的区域优势，拥有区位熵大于 1 产业的总数大于或等于 5 个。其中河北的海洋盐业、海洋化工业，山东的海洋盐业、海洋生物医药业、海洋电力业，福建的海洋矿业、海水利用业，广西的海洋渔业、海洋工程建筑业区位熵大于 2，说明这些产业具有较强的区域外向性，是能够为区域外服务的专业化部门。

辽宁省、江苏省、广东省和海南省海洋产业布局良好，拥有区位熵大于 1 产业的总数为 3~4 个。其中，辽宁省的海洋船舶工业，江苏省的海洋船舶工业、海洋交通运输业，广东省的海洋化工业，海南省的海洋渔业、海洋矿业区位熵大于 2，说明这些产业区域外向性较高，专业化程度也较高。

天津市、上海市海洋产业布局一般，拥有区位熵大于 1 产业的总数在 2 个及以下。其中天津市的海洋油气业，上海市的滨海旅游业区位熵大于 2，说明这两个产业分别在这两个地区具有比较优势，专业化程度很高。

浙江省海洋产业布局较差，没有区位熵大于 1 的产业。说明与全国平均水平相比，所有产业都不具有比较优势，专业化程度较低。

表 3-29 2012 年沿海地区主要海洋产业区位熵

产业名称	辽宁	河北	天津	山东	江苏	上海	浙江	福建	广东	广西	海南
海洋渔业	1.70	0.54	0.02	1.95	0.56	0.01	0.10	1.62	0.44	2.46	2.70
海洋油气业	0.03	1.37	6.01	0.38	0	0.03	0	0	1.80	0	0
海洋矿业	0	0	0	1.47	0	0	0.04	6.76	0.12	0.43	2.50
海洋盐业	0.21	2.35	1.09	4.05	0.19	0	0.01	0.20	0	0.10	0.21
海洋船舶工业	2.04	0.28	0.09	0.40	3.60	0.95	0.15	0.53	0.56	0.12	0.04
海洋化工业	0.43	2.24	0.79	0.49	0.06	0.28	0.05	0.18	3.49	1.30	0.04
海洋生物医药业	0.10	0	0	2.78	1.44	0.03	0.21	1.37	0.04	0.15	0.39
海洋工程建筑业	0.62	0.91	0.92	0.96	0.72	0	0.28	1.48	0.74	2.62	0.10
海洋电力业	1.57	0.30	0.20	2.56	1.36	0.22	0.02	0.78	0.57	0.01	1.12
海水利用业	1.04	1.45	0.81	0.43	0.70	0	0.08	4.09	0.85	1.87	0
海洋交通运输业	0.91	1.72	0.61	1.07	2.16	0.83	0.09	0.62	0.83	1.07	0.52
滨海旅游业	0.88	0.70	0.90	0.68	0.32	2.15	0.10	1.21	1.12	0.34	1.11

2. 集中系数

集中系数是区域产业的人均产值(或产量)与全国相应产业的人均产值(或产量)之比,它是从人均产值的角度反映产业专业化程度的指标。集中系数 CC_{ij} 的计算公式为

$$CC_{ij} = \frac{e_{ij}/P_j}{E_{in}/P_n} \qquad (3-47)$$

式中: e_{ij} 表示第 j 经济区 i 产业经济水平(如产值、就业等); P_j 为第 j 经济区的人口; E_{in} 为全国 i 产业的经济水平; P_n 为全国总人口。

【示例】

使用 2012 年主要海洋产业产值和沿海地区人口,计算沿海地区主要海洋产业的集中系数见表 3-30。表中数据显示:

天津市、山东省、江苏省、福建省的海洋产业布局趋优,区域优势发挥充分,拥有集中系数大于 1 产业的总数达到 7 个。其中天津市的海洋油气业、海洋盐业、海洋化工业、海洋工程建筑业、海水利用业、海洋交通运输业和滨海旅游业,山东省的海洋渔业、海洋盐业、海洋生物医药业、海洋电力业,江苏省的海洋船舶工业、海洋生物医药业、海洋电力业、海洋交通运输业,福建省的海洋渔业、海洋矿业、海水利用业,集中系数大于 2,有些集中系数甚至达到 9 以上,说明从人均指标上来看,这些产业具有较强的区域外向性,能够为区域外提供服务输出。

表 3-30 沿海地区主要海洋产业集中系数

产业名称	辽宁	河北	天津	山东	江苏	上海	浙江	福建	广东	广西	海南
海洋渔业	2.15	0.16	0.10	2.07	1.39	0.01	1.09	2.31	0.41	0.55	2.98
海洋油气业	0.04	0.38	24.76	0.34	0	0.03	0	0	1.73	0	0
海洋矿业	0	0	0	1.80	0	0	0.41	9.19	0.11	0.11	3.00
海洋盐业	0.26	0.74	3.86	4.52	0.46	0	0.05	0.26	0	0.02	0.33
海洋船舶工业	2.24	0.08	0.34	0.42	9.15	0.72	1.45	0.72	0.50	0.03	0.05
海洋化工业	0.46	0.64	2.93	0.53	0.14	0.23	0.46	0.23	3.39	0.26	0.05
海洋生物医药业	0.14	0	0	3.12	3.16	0.02	2.28	1.72	0.03	0.04	0.48
海洋工程建筑业	0.94	0.25	3.10	1.66	1.22	0	2.60	1.62	0.60	0.53	0.10
海洋电力业	1.88	0.11	0.68	2.65	3.40	0.19	0.26	1.20	0.54	0	1.72
海水利用业	1.00	0.45	3.37	0.46	1.68	0	0.82	6.09	0.04	0.42	0
海洋交通运输业	1.01	0.52	2.34	1.19	4.92	0.69	0.90	0.90	0.80	0.23	0.64
滨海旅游业	0.96	0.20	3.45	0.70	0.72	1.82	1.06	1.69	1.08	0.07	1.35

辽宁省、浙江省、广东省、海南省的海洋产业布局良好，在一定程度上发挥了本地区的优势，拥有集中系数大于1产业的总数在3~5个之间。其中辽宁省的海洋渔业、海洋船舶工业，浙江省的海洋生物医药业、海洋工程建筑业，广东省的海洋化工业，海南省的海洋盐业集中系数大于2，说明从人均指标上来看，这些产业在本地区的专业化程度较高。

上海市海洋产业布局一般，仅有滨海旅游业的集中系数大于1，说明从人均产值指标上来看，上海的滨海旅游仍然具有比较优势。

河北省、广西壮族自治区海洋产业布局较差，没有集中系数大于1的产业，说明从人均产值指标上来看，两地区没有充分发挥各自的比较优势，各产业专业化程度都较低。

3. 地理联系系数

地理联系系数反映两个产业在地理分布上的联系情况。地理联系系数 GA 的计算公式为

$$GA = 100 - \frac{1}{2} \sum_{i=1}^{n} \mid S_i - H_i \mid \qquad (3-48)$$

式中：S_i 为 i 地区某一产业占全国的百分比；H_i 为 i 地区另一产业占全国的百分比。地理联系系数 GA 的取值范围为 $0 < GA < 100$，如果两个产业在地理上的分布比较一致，联系比较密切，则该系数值就较大。

【示例】

2012年主要海洋产业间的地理联系系数见表3-31。取地理联系系数的阈值为60，则海洋渔业与海洋生物医药业、海洋工程建筑业、海洋电力业的地区分布比较一致，地理联系系数均大于60；海洋船舶工业与海洋交通运输业的地区分布相近；海洋生物医药业与海洋渔业、海洋电力业的地区分布比较一致；海洋工程建筑业与海洋渔业、海水利用业、海洋交通运输业、滨海旅游业地区分布相似；海洋电力业与海洋渔业、海洋生物医药业、海洋交通运输业地理分布类似；海水利用业与海洋工程建筑业、海洋交通运输业、滨海旅游业地理分布相似性较高；海洋交通运输业与海洋船舶工业、海洋工程建筑业、海洋电力业、海水利用业、滨海旅游业地区分布一致性较高；滨海旅游业与海洋工程建筑业、海水利用业和海洋交通运输分布也比较一致。

需要注意的是，地理联系系数只是客观地反映了产业在空间分布上的一致性，但并不意味着产业间存在必然的关联关系，例如，海洋交通运输业与海水利用业在地区分布上一致性较高，但两产业间没有显著的关联关系。这与海洋资源分布状况和区域的产业布局政策等因素有关。

表 3 – 31   主要海洋产业间地理联系系数

产业名称	海洋渔业	海洋油气业	海洋矿业	海洋盐业	海洋船舶工业	海洋化工业	海洋生物医药业	海洋工程建筑业	海洋电力业	海水利用业	海洋交通运输业	滨海旅游业
海洋渔业	100	17.2	53.0	44.6	51.1	31.6	65.9	65.9	75.3	58.3	59.5	56.5
海洋油气业	17.2	100	8.9	22.9	19.0	50.8	8.3	32.1	20.4	34.6	32.7	37.8
海洋矿业	53.0	8.9	100	29.8	18.1	17.0	44.8	37.7	40.4	51.8	32.6	31.9
海洋盐业	44.6	22.9	29.8	100	15.5	29.8	56.4	36.1	56.2	27.3	38.5	30.2
船舶工业	51.1	19.0	18.1	15.5	100	32.3	42.2	50.4	54.8	47.3	69.2	54.3
海洋化工业	31.6	50.8	17.0	29.8	32.3	100	17.6	45.2	32.4	48.0	50.7	52.0
生物医药业	65.9	8.3	44.8	56.4	42.2	17.6	100	59.1	71.6	36.8	49.8	39.0
工程建筑业	65.9	32.1	37.7	36.1	50.4	45.2	59.1	100	52.1	68.6	67.6	66.2
海洋电力业	75.3	20.4	40.4	56.2	54.8	32.4	71.6	52.1	100	45.8	64.4	49.8
海水利用业	58.3	34.6	51.8	27.3	47.3	48.0	36.8	68.6	45.8	100	63.4	62.9
交通运输业	59.5	32.7	32.6	38.5	69.2	50.7	49.8	67.6	64.4	63.4	100	70.1
滨海旅游业	56.5	37.8	31.9	30.2	54.3	52.0	39.0	66.2	49.8	62.9	70.1	100

4. 集中指数

集中指数说明某种经济活动在空间上的集中程度。集中指数 I_c 的计算公式为

$$I_c = 100 - \frac{H_i}{P_n} \times 100 \qquad (3-49)$$

式中：P_n 为全国总人口；H_i 为某经济活动半径所在地域的人口数。集中指数 I_c 的取值范围为 $50 < I_c < 100$。I_c 越大，说明经济活动越集中。

5. 成本 – 利益分析方法

成本 – 利益分析方法是论证生产项目空间布局的基本方法。其原理是：从全社会的角度出发，以货币作为统一的计量标准，分析所要研究的生产项目的长期成本和利益，并对两者进行对比，以评价各种布局方案的优劣程度。成本 – 利益分析包括三个方面的内容：明确项目的成本与利益应包括哪些方面；定量计算成本与利益并进行比较；根据一定的标准评价各方案。成本 – 利益分析方法的计算公式为

$$C = CD + CI = \sum_{i=1}^{m} CD_i + \sum_{j=1}^{p} CI_j \qquad (3-50)$$

$$B = BD + BI = \sum_{i=1}^{m} BD_i + \sum_{j=1}^{p} BI_j \qquad (3-51)$$

式中：C 为假设成本；CD 为直接成本；CI 为间接成本；B 为利益；BD 为直接利益；BI 为间接利益。直接成本与利益有 m 项，间接成本与利益有 p 项。

货币是有时间价值的，因此，将后续的成本与利益的未来价值转换为现值。令发生在第 i 年的成本为 C_i，利益为 B_i，贴现率为 r。则总现值成本 C_r 与总现值利益 B_r 的计算公式为

$$C_r = C_0 + \frac{C_1}{1+r} + \frac{C_2}{(1+r)^2} + \cdots + \frac{C_n}{(1+r)^n} = \sum_{i=0}^{n} \frac{C_i}{(1+r)^i}$$

$$(3-52)$$

$$B_r = B_0 + \frac{B_1}{1+r} + \frac{B_2}{(1+r)^2} + \cdots + \frac{B_n}{(1+r)^n} = \sum_{i=0}^{n} \frac{B_i}{(1+r)^i}$$

$$(3-53)$$

对比成本与利益。若 $B_r > C_r$，则采纳，否则不采纳。

三、海洋产业布局的演化过程

产业在地域空间内的布局不是一成不变的，具体表现为产业的集聚与扩散两种行为过程，产业集聚与产业扩散是两个截然相反的范畴。作为陆地产业向海洋的延伸，海洋产业与陆地产业在布局上存在一些共性，主要表现在：①都遵循产业集聚与扩散规律；②都存在产业地域分工现象。不同之处在于，海洋产业的集聚与扩散只能在与陆地产业的相互作用中完成。这是因为，海洋产业内部关联性较弱，海洋产业自身不能构成一个相对独立的产业系统，从而丧失了自我演化的内在机制。实际上，多数海洋产业均是以陆地作为集聚与扩散中心，在与陆地产业的相互作用中实现布局形态的演化。在产业集聚与扩散规律作用下，海洋产业布局形态的演化大致经历了均匀分布、点状分布、"点－轴"分布三个阶段。

1. 均匀分布阶段

现代以前，海洋产业一直限于"渔盐之利，舟楫之便"三种产业形式。由于技术水平不高，这一时期的海洋产业布局受自然资源和自然环境制约强烈，加之产品不能满足市场需求，海洋产业布局的主要任务是扩大产业生产能力。因此，这一时期海洋产业基本处于自由发展状态，在布局上主要表现为以区域自然环境和资源为导向，以技术扩散为纽带所展开的产业活动空间沿海岸线不断扩展，总体上呈均匀分布特征。虽然这一时期在局部地区也存在一些以小城镇为代表的集聚经济形式，但多是基于军事目的或作为沿海渔民与陆地农民产品交换的场所，兼有海陆色彩。

2. 点状分布阶段

其基本特征是沿海小城镇的快速发展。沿海小城镇是海洋生产要素和产业高度集聚形成的空间实体，是海洋产业集聚性的集中体现。随着海洋经济的不断发展，海洋产业形式不断增多，海洋产业的集聚性不断增强，相关海洋生产要素和产业不断向特定区域空间集聚，从而形成了一批海洋产业特色鲜明的沿海小城镇。这些小城镇便是海洋产业布局中的点，它们在一定程度上起着组织区域海洋经济发展的作用。根据产业特征差异，沿海小城镇的发展又可以分为两个阶段：一是数量扩张阶段。这同时也是城镇规模不断扩大，形式、功能不断多样化的阶段。二是功能分化阶段，即沿海城镇体系逐渐形成阶段。城镇体系是一定地域范围内具有紧密联系的不同规模、种类、职能城市所构成的城市群系统。沿海城镇体系的形成是海陆产业融合和沿海城镇内部竞争的结果。基于海陆产业的内部关联和交互作用，部分产业竞争力较强的沿海小城镇在发展过程中会不断吸纳陆地产业向海陆产业混合型小城镇转变，并逐步发展成为区域性的海洋经济中心城市。而另一些小城镇则沦为这些经济中心城市的依托腹地，中心与腹地之间的联系不断增强，分工也逐渐明确。沿海城镇体系是区域城镇体系的重要组成部分，在区域城镇空间结构的演化中发挥着重要作用。海洋经济中心城市是海陆产业相互作用的结点，通常它们同时也是陆地区域经济中心，在集聚和扩散作用下它们不仅向陆域释放和吸收能量，同时也向海域传导，由于它们具备海洋科技进步快、海洋产业高级化并对周围地区具有较强的辐射、带动功能等特征，从而成为一定区域海洋经济的增长极。在产业发展上，增长极是产业发展的组织中心；在空间上，增长极是支配经济活动空间分布与组合的重心。海洋经济增长极一经形成，就会成为区域海洋经济乃至整个区域经济增长的极核，在吸引周边地区资源促进自身发展的同时，通过支配效应、扩散效应带动周围地区经济增长。

3. "点—轴"分布阶段

与陆地产业相同，海洋产业的过度集聚也会产生集聚不经济，因而也会引起海洋经济中心产业的扩散。随着沿海城镇体系的发育，不同海洋经济中心之间、海洋经济中心与陆地区域中心之间、海洋经济中心与其依托腹地之间的经济联系都会不断增强，物质、人口、信息、资金流动日益频繁，这促进了连接它们的各种线形基础设施线路的形成，而这些线路一旦形成，便会成为承接海洋产业集聚和海洋经济中心产业扩散的重要载体，不断吸引人口和产业向沿线集聚，从而促使海洋产业布局形态逐步由点状分布向"点－轴"分布转变。从吸引的产业类型看，这些线路不仅对陆地产业具有吸引力，而且对海洋产业也具有强烈的吸引力。因此，它们既是区域陆地产业布局的发展"轴"，也是区域海洋产业布局的发展"轴"。各种线状的基础设施线路并不是承接海洋经济中心产业扩散的唯一载体，中心城市郊区、次级中心城市及卫星城镇也是海洋经济中心产业扩散的重要去向。伴随着海洋经济中心城市部分产业的外迁，一些辐射范围更广、集约度和附加值更高的海洋产业项目会逐渐取代这些产业成为海洋经济中心城市的主导产业，使海洋经济中心城市的产业结构得到升级，而从中心迁出的产业在中心城市郊区、次级中心城市、卫星城镇及基础设施线路附近的集聚则会促进中心外围地区的发展。因此，从空间角度看，"点－轴"形态形成和发展的过程是区域海洋经济空间结构调整和优化的过程；而从产业结构和区域发展角度看，这一过程也是次级中心城市和卫星城镇发展、海洋经济中心城市产业升级的过程。

综上分析可以看出，均匀分布到点状分布，再到点－轴分布是海洋产业布局演化的一般过程，在这一过程中，产业集聚与扩散规律始终发挥着主导作用。海洋产业布局的演化过程也是海洋产业分工不断深化的过程。随着海洋产业布局形态逐渐由均匀分布向点—轴分布转变，沿海地区间的海洋产业联系日益紧密，海洋产业的开放度和有序度不断提高，海洋产业系统的自我组织和自我调节能力也不断增强。点—轴分布并不是海洋产业布局演化过程的终止，而是一种新型产业演化形式的开端，这种形式以各节点间产业利益的再分配、产业区位的再选择和产业空间结构的再调整为主要内容，其实质仍然是海洋产业分工的进一步深化。与此同时，各节点间相对地位的变化及区域海洋经济格局的重构将成为普遍现象。

第五节　海洋产业集聚分析

产业集聚是产业布局的重要内容，是社会经济活动发展的结果，也是地区政府寻求区域综合竞争优势的重要途径。争取最大限度地发挥资源优势，并且提高产业要素配置效率，推进产业集聚发展是区域发展的必然过程。产业集聚的核心是通过生产要素向最适宜从事经济活动的区块集中，以空间布局的合理集聚来推动经济的发展进程。①

一、产业集聚相关理论

产业集群理论虽然在马歇尔和韦伯时期就已经产生，但长期游离于主流经济学之外。波特和克鲁格曼的产业集群理论，标志着产业集群理论的形成，引起了西方经济学、产业经济学和区域经济学界的广泛关注。

---

① 解力平，徐银泓. 推进海洋经济区域集聚发展. 浙江经济，2007，(9)：46－47.

1. 波特竞争钻石理论

一个国家(地区)产业的竞争力主要取决于四个方面的因素：即生产要素条件，需求条件，相关支撑产业，厂商结构、战略与竞争。国家竞争优势的四个方面相互联系，互相制约，构成一个"钻石"结构。国家竞争优势的关键在于产业的竞争，而产业的发展往往在国内几个区域内形成有竞争力的产业集群。形成集群的区域通常从三个方面影响竞争：①提高区域企业的生产率；②指明创新方向和提高创新速率；③促进新企业的建立，从而扩大和加强集群本身。波特还指出，产业集群一旦形成，就会触发自我强化过程，而新的产业集群最好是从既有的集群中萌芽。详见第四章第二节。

2. 克鲁格曼产业集聚理论

克鲁格曼认为经济活动的聚集与规模经济有紧密联系，能够导致收益递增。企业和产业一般倾向于在特定区位空间集中，不同群体和个体的相关活动又倾向于集结在不同的地方，空间差异在某种程度上与专业化有关。这种同时存在的空间产业集聚和区域专业化，是区域经济分析中报酬递增原则的基础。当企业和劳动力集聚在一起以获得更高的要素回报时，本地化的规模报酬递增为产业集群的形成提供了理论基础。本地化的报酬递增和空间距离带来的交易成本下降，被用来解释现实中观察到的各种等级化的空间产业格局的发展。

二、产业集聚效应①②

1. 规模经济效应

规模经济效应包括内部规模经济和外部规模经济。内部规模经济的"产业集聚"具有高度的专业分工和高度的产业集中。专业分工程度很高的企业集中在一个地区，便于组织管理。由于存在群体效应，多个企业的管理成本和经营成本都要大大低于单个企业的管理经营成本。外部规模经济一方面指产业集聚区内可以采用团购的方式，节约管理和经营成本，有利于获得规模经济；另一方面指规模经济会反过来刺激专业性配套设施和相关服务的发展。聚集区内的企业在筹集资金、吸引人才、购买原材料、零部件或半成品等方面都具有优势，可以更充分地开发和利用各种生产要素，包括一些副产品。同时优势互补，使用共同技术、共享信息、管理经验等共同发展。

2. 公共资源协同效应

区域性公共基础设施(如邮电通信设施、医疗保健、文化娱乐设施等)、政

① 张涛. 我国海洋产业布局演进的动力机制研究[D]. 山东：中国海洋大学，2011.
② 戚晓曜. 中国现代产业体系的构建研究[M]. 北京：中国经济出版社，2011.

府公共供给品（如政府的产业政策、质量检测等）以及公共服务供给（如金融、广告、会计等中介性服务产品）是企业生存和发展的基础。由于上述资源的使用具有显著的外部经济效益，分散的单个企业单独使用可能需要承担巨额的投入资金，或者使用成本太高而无法承受，而产业集聚则能克服单个企业在公共资源使用上的不经济现象，实现公共资源使用的有效性，并取得良好的协同效应。

3. 知识溢出效应

显性知识的扩散主要通过大众媒介，隐性知识的扩散必须通过面对面的交流，因此，显性知识的传播成本与距离成正比，而隐性知识的传播成本是距离的衰减函数，所以知识溢出在空间范围上是受限的。大量的专业信息在产业聚集区内进行交流，各种专业技术在产业聚集区内各相邻企业间通过人员流动、人际关系、组织联系等方式高效、迅速地流动，降低了空间交易成本，让聚集区内各个企业受益于这种知识溢出，同时加速了技术创新，形成良性循环。因此，可以使企业生产效率得到提高，新技术知识的利用率和更新速度也得到提高。

4. 人才聚集效应

产业聚集区内聚集了大量的专业性人才，具有巨大的人才优势，集聚区也就成为知识生产机构的人才密集地。另外，如高等院校等组织间有着各种各样的密切联系，提供了各种专门人才交流互动的平台，即使不是专门研发人员，仍然可以通过参加项目来融入企业的技术创新活动。而且，在产业聚集区内存在着大量企业、科研机构、高等学校等机构，在产业聚集区内专业性人才可以相互流动；同时，大量的企业为这些人才提供了很多就业机会，使得这些人才更愿意在此工作，这就为聚集区内人才供给提供了足够的保障。

5. 学习追赶效应和创新效应

在产业聚集区内，各方面的竞争优势差异很小，成员之间的竞争程度远远大于分散的个体，因此，通过技术创新来获得竞争优势是每个企业的必然选择，但由于知识溢出效应，这种创新技术很容易被区内其他企业获得，因此持续不断的创新是每个企业的绝对性压力。这是一种具有效率性和灵活性的企业组织形式，提高了创新的效率。

6. 延伸产业的相关支持

相关延伸产业可以为产业提供专门化服务，与区外企业相比能够降低经营成本，使得企业具有更大的竞争优势。相关延伸企业在此聚集形成了相关延伸企业聚集，这既有利于产业的发展，也利于整个聚集区的持续健康发展。上下游产业链主要包括专业的销售与技术服务业、物流业、金融业、信息咨询等中介服务业。这些产业提供了一个完整的服务体系，吸引了产业在此集聚。

三、产业集聚分析的指标和方法

集聚效应的测量是产业集群经济效应量化分析的内容，测度产业集聚效应的指标和方法主要包括：不变替代弹性（CES）生产函数法、行业集中度法、赫芬达尔 – 赫希曼指数法、哈莱 – 克依指数法、空间基尼系数法、产业地理集中指数法、熵指数法和地点系数法等。

1. CES 生产函数法

集聚效应的有效途径是规模经济所反映的要素投入与产出之间的关系。不变替代弹性（CES）生产函数法的特点是不需要资本数据，未假设不变规模收益，当假设利润最大化时，资本密集性间接被工资率控制。德瑞米斯（Dhrymes）于 1965 年根据不变替代弹性生产函数推导出规模系数 h，其计算公式为

$$h = \frac{1 + \gamma}{1 - \beta} \qquad (3 - 54)$$

规模系数 h 用来衡量集聚效应的大小，可以通过 CES 形式的函数 $W = AQ^{\beta}L^{\gamma}$ 求解。其中 W 为工资；Q 为产量；L 为劳动力；β 是产出的工资弹性；γ 是劳动力的收入弹性。当 $h \geqslant 1$ 时，表明整体经济或行业具有集聚效应，h 值越高，表明产业集聚效应越大；当 $h < 1$ 时，表明整体经济或行业没有集聚效应。

2. 行业集中度法

行业集中度是衡量某一市场竞争程度的重要指标。行业集中度是指某一产业规模最大的 n 位企业的有关指标（如生产额、销售额、职工人数、资产总额等）占整个市场或行业的份额，其计算公式为

$$CR_n = \frac{\sum_{i=1}^{n} X_i}{\sum_{i=1}^{N} X_i} \qquad (3 - 55)$$

式中：X_i 代表 X 产业中第 i 位企业的生产额、销售额或职工人数等，N 代表 X 产业的全部企业数；CR_n 代表 X 产业中规模最大的前 n 位企业的市场集中度。该方法的优点在于能够形象地反映产业市场集中水平，测定产业内主要企业在市场上的垄断与竞争程度，计算时只需将前几位企业市场占有率累加即可。局限性体现在：①行业集中度同时受到企业总数和企业市场分布两个因素影响，而指标仅考虑前几家企业的信息，未能综合全面考虑这两个因素的变化；②行业集中度指标因选取主要企业数目不同而反映的集中水平不同，使得该指标的数值存在不确定性，从而影响了横向对比。

【示例】

以 2012 年 11 个沿海地区的主要海洋产业增加值，计算各海洋产业的行业集中度 CR_2 和 CR_4，结果如表 3-32 所示。

表 3-32　2012 年主要海洋产业行业集中度

产业名称	CR_2	CR_4	地区排序
海洋渔业	0.51	0.75	山东、福建、辽宁、浙江
海洋油气业	0.87	0.99	天津、广东、山东、河北
海洋矿业	0.89	0.97	福建、山东、海南、浙江
海洋盐业	0.84	0.95	山东、天津、河北、辽宁(福建)
海洋船舶工业	0.52	0.76	江苏、辽宁、浙江、上海
海洋化工业	0.68	0.84	广东、山东、河北、天津
海洋生物医药业	0.71	0.97	山东、浙江、江苏、福建
海洋工程建筑业	0.44	0.71	浙江、山东、福建、广东
海洋电力业	0.60	0.83	山东、辽宁、江苏、广东
海水利用业	0.52	0.69	福建、广东、辽宁、山东(浙江)
海洋交通运输业	0.40	0.63	江苏、山东、广东、上海
滨海旅游业	0.42	0.66	上海、广东、山东、福建

注：2012 年海洋盐业的地区分布中，辽宁和福建的市场份额并列第四；海水利用业的地区分布中，山东和浙江的市场份额并列第四；但计算行业集中度时，只取了位居前四的地区比重的累计值。

从表中可以看出，产业集聚效果最好的产业是海洋矿业、海洋油气业、海洋盐业和海洋生物医药业，行业集中度 CR_2 达到 0.7 以上；产业集聚效果较好的产业有海洋化工业、海洋电力业、海洋船舶工业、海洋渔业和海洋工程建筑业，行业集中度 CR_4 达到 0.7 以上；海水利用业、海洋交通运输业和滨海旅游业产业布局比较分散。

3. 赫芬达尔 - 赫希曼指数(H 指数)法

H 指数最初应用于行业组织理论，主要针对微观企业，通过计算市场集中度来对某一行业的垄断情况进行考察。此后学者们对此进行了拓展，使用该指数衡量行业的地理集中情况，行业 i 的赫芬达尔 - 赫希曼指数 H_i 的计算公式为

$$H_i = \sum_{j=1}^{N} \left(\frac{X_j}{X} \right)^2, (i = 1,2,3,\cdots,n) \tag{3-56}$$

式中：N 为地区个数；X_j 为地区 j 行业 i 的经济活动水平，X 为全国范围内该行业的经济活动水平。设企业平均规模大小为 $\bar{X} = \dfrac{1}{N} \sum_{j=1}^{N} X_j$，则标准差 $\sigma = \sqrt{\dfrac{1}{N} \sum_{j=1}^{N} (X_j - \bar{X})^2}$，企业的规模变异系数为 $c = \dfrac{\sigma}{X}$，称为企业规模大小变化系

数，存在 $c^2 = \dfrac{1}{N}\sum\limits_{j=1}^{N}\dfrac{X_j^{\,2}}{\bar{X}^2} - 1$，故 H 指数又可修正为 $H_i = \dfrac{c^2+1}{N}$。

H 指数的取值范围在 $[0, 1]$ 之间，H 指数越大，产业集聚度越高。如果某行业的经济活动全部集中于某一个地区，则 H 指数取最大值 1；如果某行业经济活动的空间分布非常均匀，则该指数会较小，随着地区个数 N 的增大，H 指数趋向于 0。通常情况下，$H_i < 0.10$ 表示 i 产业为竞争型产业；$0.10 \leqslant H_i < 0.18$ 表示 i 产业为低寡占型产业；$H_i \geqslant 0.18$ 表示 i 产业为高寡占型产业。

H 指数弥补了行业集中度指标的不足，考虑了企业的总数和规模两个因素的影响，因而能准确反映产业或企业市场集中程度。无论产业内发生任何销量传递，H 指数都可以反映出来；但是 H 指数也会夸大大企业对集中水平的作用，而低估小企业的作用。[①]

【示例】

以 2001—2012 年各沿海地区主要海洋产业增加值计算 H 指数，结果如表 3 – 33 所示。

表 3 – 33　2001—2012 年主要海洋产业 H 指数

产业名称	2001	2002	2003	2004	2005	2006	2007	2008	2009	2010	2011	2012
海洋渔业	0.16	0.16	0.15	0.15	0.16	0.16	0.17	0.17	0.18	0.19	0.19	0.19
海洋油气业	0.41	0.41	0.40	0.42	0.38	0.36	0.37	0.38	0.39	0.44	0.44	0.42
海洋矿业	0.51	0.48	0.26	0.38	0.51	0.42	0.42	0.33	0.35	0.40	0.44	0.46
海洋盐业	0.29	0.35	0.28	0.33	0.31	0.33	0.37	0.38	0.33	0.48	0.58	0.57
海洋船舶工业	0.26	0.27	0.20	0.20	0.19	0.19	0.20	0.20	0.20	0.21	0.19	0.19
海洋化工业	0.15	0.14	0.15	0.20	0.16	0.39	0.21	0.41	0.49	0.42	0.40	0.38
海洋生物医药业	0.29	0.29	0.24	0.19	0.28	0.30	0.32	0.40	0.31	0.34	0.33	0.33
海洋工程建筑业	0.41	0.35	0.29	0.29	0.31	0.23	0.22	0.17	0.16	0.21	0.17	0.16
海洋电力业	0.23	0.22	0.23	0.23	0.23	0.22	0.22	0.22	0.22	0.22	0.25	0.27
海水利用业	0.21	0.20	0.19	0.16	0.15	0.17	0.19	0.19	0.19	0.19	0.19	0.20
海洋交通运输业	0.14	0.13	0.13	0.13	0.13	0.14	0.14	0.14	0.13	0.13	0.13	0.13
滨海旅游业	0.18	0.18	0.18	0.18	0.17	0.17	0.15	0.16	0.15	0.16	0.15	0.14

从表中可以看出，我国主要海洋产业的行业集中度都很高。按照通用标准，2012 年，除海洋工程建筑业、海洋交通运输业和滨海旅游业属于低寡占型产业外，其他产业的 H 指数均大于 0.18，属于高寡占型产业。

从发展趋势上来看，我国海洋经济总体呈现集聚的趋势，海洋渔业、海洋盐

---

① 陈瑾玫. 宏观经济统计分析的理论与实践[M]. 北京：经济科学出版社，2005：197.

业、海洋化工业、海洋生物医药业、海洋电力业行业集中度趋高；海洋油气业布局先分散、后集聚；海洋矿业集聚趋势呈现波动变化；海水利用业、海洋交通运输业行业集聚效应不明显；只有海洋船舶工业、海洋工程建筑业、滨海旅游业产业布局略呈分散趋势。

4. 哈莱 - 克依指数（HK 指数）法

哈莱和克依在 H 指数的基础上运用复杂的数学方法提出测度产业集聚水平更为一般的指数簇，其定义可用公式表示为

$$R = \sum_{j=1}^{N} S_j^{\alpha}, \ (\alpha > 0)$$

计算公式为

$$HK = R^{\frac{1}{1-\alpha}} = \left(\sum_{j=1}^{N} S_j^{\alpha} \right)^{\frac{1}{1-\alpha}}, \ (\alpha > 0, \alpha \neq 1) \tag{3-57}$$

式中：HK 值所代表的意义与一般情况相反。即 HK 值越大，表明聚集水平越低；HK 值越小，表明聚集水平越高。

哈莱 - 克依指数是结合产业经济学中的集中曲线提出的，横轴是产业内企业累计数（按从大到小排列），纵轴是企业市场份额累计值，曲线向上凸起程度表明产业内企业大小分布的不均衡程度，曲线与 100% 水平线的交点表明产业内企业的多少。

H 指数只不过是 R 在 $\alpha = 2$ 时 HK 指数的一个特例，R 值的"企业当量数"为 $R^{\frac{1}{1-\alpha}}$。

5. 空间基尼系数①法

空间基尼系数是衡量产业空间分布均衡性的指标。两类对应变量值的累计百分比构成一个边长为 1 的正方形，一类百分比是 i 区域 j 产业占该区域生产总值的一个份额，另一类百分比是 j 产业占国内生产总值的份额。相应的两个累计百分比之间的关系构成产业空间洛伦兹曲线。正方形对角线表示 j 产业在各区域之间均衡分配，即 j 产业在该区域的份额与该产业在全国的份额完全一致。令：

$$I_S = \frac{q_{ij}}{\sum_{j=1}^{n} q_{ij}}, \quad P_S = \frac{\sum_{i=1}^{n} q_{ij}}{\sum_{i} \sum_{j} q_{ij}} \tag{3-58}$$

式中：q_{ij} 表示 i 区域 j 产业的产值（或就业人数）；$\sum_{j=1}^{n} q_{ij}$ 是 i 区域的生产总值（或区域总就业人数）；$\sum_{i=1}^{n} q_{ij}$ 是 j 产业在全国范围内的增加值（或 j 产业的全国就业人

---

① 侯俊军，汤超. 产业集聚与技术标准化——基于高技术产业空间基尼系数的实证检验[J]. 标准科学，2012，6：13.

数);$\sum_i \sum_j q_{ij}$ 是国内生产总值(或全国总就业人数)。空间基尼系数是根据 P_S 为横轴,I_S 为纵轴建立的洛伦兹曲线计算的,记洛伦兹曲线与正方形对角线围成的面积为 S_A,下三角形的余下部分面积为 S_B,则空间基尼系数 G 的计算公式为

$$G = \frac{S_A}{S_A + S_B}, \ (0 \leqslant G \leqslant 1) \tag{3-59}$$

但是由于洛伦兹曲线难以拟合,S_A 的计算非常繁琐,实际运用中,最为广泛的公式为

$$G = \sum (x_i - s_i)^2 \tag{3-60}$$

式中:x_i 为 i 区域生产总值(或就业人数)占国内生产总值(或全国总就业人数)的比重;s_i 为该区域某个产业的增加值(或就业人数)占全国该产业增加值(或总就业人数)的比重。

空间基尼系数在 0～1 之间变化,空间基尼系数越大,产业集聚度越高。空间基尼系数越接近于 0,说明产业 i 的空间分布与整个经济的空间分布越一致,产业相当平均地分布在各地区;反之,越接近于 1,说明产业 i 的空间分布与整个经济的分布越不一致,产业可能集中分布在一个或几个地区,而在大部分地区分布很少,从而说明产业的集聚程度很高。

【示例】

以 2001—2012 年各沿海地区主要海洋产业增加值和海洋生产总值计算空间基尼系数如表 3-34 所示。

表 3-34 2001—2012 年主要海洋产业空间基尼系数

产业名称	2001	2002	2003	2004	2005	2006	2007	2008	2009	2010	2011	2012
海洋渔业	0.07	0.06	0.06	0.06	0.06	0.05	0.05	0.06	0.07	0.07	0.08	0.08
海洋油气业	0.24	0.25	0.25	0.25	0.24	0.22	0.24	0.24	0.26	0.32	0.32	0.31
海洋矿业	0.54	0.52	0.21	0.35	0.46	0.38	0.39	0.22	0.23	0.29	0.33	0.35
海洋盐业	0.23	0.27	0.19	0.23	0.21	0.23	0.26	0.26	0.21	0.33	0.41	0.40
海洋船舶工业	0.17	0.18	0.11	0.10	0.10	0.12	0.07	0.08	0.09	0.11	0.12	0.10
海洋化工业	0.11	0.10	0.09	0.14	0.08	0.17	0.15	0.21	0.22	0.22	0.21	0.19
海洋生物医药业	0.25	0.26	0.11	0.17	0.18	0.21	0.21	0.21	0.26	0.19	0.21	0.19
海洋工程建筑业	0.31	0.25	0.20	0.19	0.19	0.14	0.13	0.07	0.07	0.08	0.06	0.05
海洋电力业	0.09	0.08	0.09	0.07	0.07	0.05	0.05	0.09	0.08	0.08	0.11	0.12
海水利用业	0.09	0.09	0.07	0.07	0.07	0.09	0.09	0.09	0.10	0.10	0.12	0.10
海洋交通运输业	0.01	0.01	0.01	0.01	0.01	0.01	0.01	0.01	0.01	0.01	0.01	0.01
滨海旅游业	0.01	0.02	0.02	0.02	0.02	0.02	0.02	0.02	0.02	0.03	0.02	0.02

从表中可以看出，海洋产业在沿海地区总体分布比较均衡，2001—2012 年绝大部分产业的空间基尼系数都在 0.5 以下。分产业来看，海洋盐业、海洋矿业、海洋油气业产业分布比较集中，2012 年空间基尼系数都在 0.3 以上；海洋化工业、海洋生物医药业、海洋电力业、海水利用业、海洋船舶工业产业集聚程度一般，空间基尼系数在 0.1 ~ 0.3 之间；海洋渔业、海洋工程建筑业、海洋交通运输业和滨海旅游业产业分布比较均衡，2012 年空间基尼系数都在 0.1 以下。

从发展趋势来看，海洋产业集聚度总体变化不大。其中海洋矿业集聚度呈波动变化，海洋盐业、海洋化工业、海洋油气业集聚程度有所提高，海洋工程建筑业、海洋船舶工业呈扩散趋势。

6. 产业地理集中指数($E-G$ 指数)法

艾利森(Ellison)和格莱赛(Glaeser)于 1997 年考虑了企业规模及区域差异带来的影响，提出了新的集聚指数来测定产业的地理集中程度。假设某一经济体(国家或地区)的某一产业内有 N 个企业，且将该经济体划分为 M 个地理区，这 N 个企业分布于 M 个区域之中，则产业地理集中指数计算公式为

$$\gamma = \frac{G - (1 - \sum_i x_i^2)H}{(1 - \sum_i x_i^2)(1 - H)} = \frac{\sum_{i=1}^{M}(x_i - s_i)^2 - (1 - \sum_{i=1}^{M} x_i^2)\sum_{j=1}^{N} z_j^2}{(1 - \sum_{i=1}^{M} x_i^2)(1 - \sum_{j=1}^{N} z_j^2)}$$

$$(3-61)$$

式中：x_i 表示 i 区域全部产值(或就业人数)占经济体产值(或就业总数)的比重；s_i 表示 i 区域某产业产值(或就业人数)占该产业全部产值(或就业人数)的比重；$\sum_{j=1}^{N} z_j^2$ 是赫芬达尔 - 赫希曼指数(H 指数)，表示该产业中以产值(或就业人数)为标准计算的企业规模分布；$G = \sum_{i=1}^{N}(x_i - s_i)^2$ 是空间基尼系数。$\gamma < 0.02$，表示该产业不存在区域集聚现象；$0.02 \leqslant \gamma \leqslant 0.05$ 表示该产业区域分布相对较为均匀；$\gamma > 0.05$ 表示该产业区域分布的集聚程度较高。

7. 熵指数法

熵指数是借用物理学中度量系统有序程度的熵而提出来的。其计算公式为

$$E = \sum_{j=1}^{N} \left[\ln\left(\frac{1}{s_j}\right)\right] \cdot s_j \qquad (3-62)$$

式中：s_j 表示 j 区域某产业产值(或就业人数)占该产业全部产值(或就业人数)的比重。熵指数实质上是对每个企业的市场份额 s_j 赋予一个 $\ln\left(\frac{1}{s_j}\right)$ 的权重，与 H 指数相反，对大企业给予的权重较小，对小企业给予的权重较大。熵指数越大，

产业集聚水平越低。

在市场垄断情况下，$E=0$；但在众多同等大小企业竞争情况下，E 不是等于 1，而是等于 $\ln n$。鉴于熵指数的这种缺陷，马费尔斯(Marfels)在此基础上做了改进，采用 E 的反对数的倒数(即 e^{-E})来度量产业集聚水平，称之为规范熵。计算公式为

$$e^{-E} = \prod_{j=1}^{N} s_j^{s_j} \qquad (3-63)$$

产业集聚水平提高时，e^{-E} 增大，如果相互竞争的企业规模均相等，则 e^{-E} 等于 $1/N$。当 $N \to \infty$，即市场完全竞争时，e^{-E} 等于 0；在市场完全垄断的情况下，e^{-E} 等于 1。

【示例】

以 2001—2012 年各沿海地区主要海洋产业增加值计算规范熵指数如表 3-35 所示。从表中可以看出，沿海地区海洋产业布局总体比较均衡，2001—2012 年各海洋产业规范熵指数都在 0.5 以下。

表 3-35　2001—2012 年主要海洋产业规范熵指数

产业名称	2001	2002	2003	2004	2005	2006	2007	2008	2009	2010	2011	2012
海洋渔业	0.13	0.13	0.13	0.13	0.13	0.13	0.14	0.14	0.14	0.15	0.15	0.15
海洋油气业	0.37	0.37	0.36	0.37	0.32	0.31	0.31	0.33	0.33	0.37	0.36	0.35
海洋矿业	0.41	0.43	0.25	0.29	0.35	0.33	0.32	0.28	0.29	0.32	0.35	0.36
海洋盐业	0.21	0.24	0.19	0.22	0.22	0.22	0.24	0.27	0.23	0.32	0.39	0.38
海洋船舶工业	0.19	0.20	0.16	0.16	0.16	0.14	0.14	0.14	0.15	0.16	0.16	0.16
海洋化工业	0.13	0.12	0.13	0.15	0.14	0.22	0.22	0.22	0.23	0.25	0.24	0.23
海洋生物医药业	0.25	0.24	0.20	0.19	0.22	0.23	0.24	0.25	0.31	0.26	0.26	0.26
海洋工程建筑业	0.30	0.25	0.20	0.20	0.21	0.18	0.19	0.19	0.17	0.17	0.14	0.13
海洋电力业	0.20	0.20	0.20	0.20	0.20	0.20	0.17	0.19	0.16	0.16	0.16	0.18
海水利用业	0.18	0.17	0.17	0.14	0.14	0.15	0.15	0.14	0.15	0.13	0.15	0.15
海洋交通运输业	0.12	0.12	0.11	0.11	0.11	0.12	0.12	0.12	0.11	0.11	0.11	0.11
滨海旅游业	0.14	0.14	0.12	0.13	0.14	0.13	0.13	0.13	0.13	0.13	0.12	0.12

分产业来看，海洋盐业、海洋矿业、海洋油气业产业集聚水平较高，2012 年规范熵指数在 0.3 以上；海洋生物医药业、海洋化工业产业集聚水平居中，规范熵指数在 0.2 ~ 0.3 之间；海洋电力业、海洋船舶工业、海水利用业、海洋渔业、海洋工程建筑业、滨海旅游业和海洋交通运输业产业集聚水平较低，2012 年规范熵指数都在 0.1 ~ 0.2 之间。

从发展趋势来看，海洋产业集聚水平总体平稳。其中海洋盐业、海洋化工业、海洋生物医药业集聚水平呈上升趋势，海洋矿业、海洋工程建筑业集聚水平呈下降趋势。

8. 地点系数法

地点系数是根据产业集群的出口导向、专业化、规模化和增长性特征来测量产业集聚效应的。使用 LQ_i 系数或称雇员集中度系数，来反映集群区域内产业的出口导向。假定如果区域内某产业的雇员数高于全国同一产业的平均水平，就可以生产出大于当地消费需求的产品，因此可以把多余的产品出口。其计算公式为

$$LQ_i = \frac{e_i / \sum_{i=1}^{n} e_i}{E_i / \sum_{i=1}^{n} E_i} \qquad (3-64)$$

式中：e_i 表示某区域产业 i 的雇员数；E_i 表示整个国家产业 i 的雇员数；LQ_i 表示整个区域雇员中 i 产业所占份额与整个国家雇员中 i 产业所占份额之比。LQ_i 系数大于 1 表示 i 产业以出口为导向。同时，可以根据系数的大小，确定 i 产业是否是重要出口商品生产行业和财富创造者。

第四章　区域海洋经济分析评估

区域海洋经济是在一定区域内海洋经济发展的内部因素与外部条件相互作用而产生的生产综合体。区域海洋经济分析是应用区域经济学理论和方法，对各海洋经济区的海洋经济发展环境、发展水平、发展阶段、产业结构、产业布局、发展模式以及区域间经济发展协调性等开展的分析，以研究各类区域海洋经济运行的特点和发展变化规律以及区域间的相互作用、相互依赖关系，更好地发挥区域优势，实现区域间和区域内资源的优化配置。

第一节　区域海洋经济分析的一般问题

区域是按一定标准划分的空间范围。区域或经济区域的概念，一般来说可区分为三个层面：①指一国内的经济区域；②指超越国家或地区界限由几个国家或地区构成的世界经济区域；③指几个国家的部分地区共同构成的经济区域。在大多数情况下，经济区域这一概念表明的是一国范围内划分的不同经济区。① 本书中的海洋经济区域亦采用这一概念。

一、海洋经济区域的划分

对经济区域的划分，国内外尚无一个公认的绝对标准，因此出现了许多区域分类与划分方法。但不论哪种方式划分的区域，一般而言都有以下两条共性，一是区域内某种事物的空间连续性，二是区域内某组事物的同类性或联系性。目前，经济学界普遍遵循的方法是法国经济学家布德维尔(J. R. Boudeville)提出的区域划分方法，该方法将经济区域分为三类：①均质区域，指一定空间范围有某些同类性，如收入水平的一致性；②极化区域，又称节点区域，指一定空间范围被某种形式的流量联系在一起，如区域中拥有对周围有吸引力的中心，它与周围形成某种信息、物质、能量的交换；③计划区域，指一定空间范围被置于统一计

---

① 陈秀山，张可云. 区域经济理论[M]. 北京：商务印书馆，2005.

划权威或行政权威之下，如行政区域。这三种分类，从不同方面揭示或强调了区域的连续性和同类性。[①]

海洋经济区是按海洋经济活动的空间分布规律划分的空间范围。根据不同的地理位置和区域功能定位，海洋经济区的空间范围可大可小，如海岸带经济区、海岛经济区、港口经济区，这些大小不等的经济区都分担着区域分工系统中的某项特定的功能。不同层次、不同大小的各类海洋经济区之间既有联系，又相互影响，共同构成了区域海洋经济系统。根据沿海地区的自然条件、经济条件、文化教育和科技水平等社会因素，并考虑到行政区划的完整性，我国的海洋经济区可以有以下几种划分方法。

（一）按毗邻陆域经济区划分的海洋经济区

《全国海洋经济发展"十二五"规划》中，将我国沿海地区划分为北部海洋经济圈、东部海洋经济圈和南部海洋经济圈，这三大海洋经济圈分别与我国东部沿海地区陆域的环渤海经济区、长三角经济区、珠三角经济区和北部湾经济区相对应。

1. 北部海洋经济圈

北部海洋经济圈与环渤海经济区相对应，由辽东半岛、渤海湾和山东半岛沿岸及海域组成。该区域海洋经济发展基础雄厚，海洋科研教育优势突出，是拉动北方地区经济发展的重要引擎，是我国参与东北亚区域竞争与合作的前沿阵地，是具有全球影响力的先进制造业基地、现代服务业基地、全国科技创新与技术研发基地。

2. 东部海洋经济圈

东部海洋经济圈与长三角经济区相对应，由江苏、长江口、浙江、福建沿岸及海域组成。该区域港口航运体系完善，海洋经济外向型程度高，是我国参与全球竞争和合作的前沿阵地、亚太地区重要的国际门户、全球重要的现代服务业和先进制造业中心。

3. 南部海洋经济圈

南部海洋经济圈与珠三角和北部湾经济区相对应，由珠江口及其两翼、北部湾、海南岛沿岸及海域组成。该区域海域辽阔，资源丰富，战略地位突出，是我国参与经济全球化的主体区域和对外开放的重要窗口，是具有全球影响力的先进制造业基地和现代服务业基地，也是我国开发南海资源、维护海洋权益的重要基地。

---

① 张金锁，康凯. 区域经济学（第二版）[M]. 天津：天津大学出版社，2004.

（二）按海洋地理特征划分的海洋经济区

1. 海岸带经济区

根据海洋经济活动的特点和区位资源优势，将我国沿海地带（沿海县级行政区）及其相邻的海域划为海岸带经济区。海岸带经济区是海洋产业活动最活跃的区域，同时也是临港（海）产业的聚集区，在海洋和海岸带经济中具有举足轻重的作用。

2. 近海海洋经济区

根据海湾、半岛、滩涂、河口、海峡和岛屿等海洋自然地理特征，将我国沿海自北向南划分为辽东半岛海洋经济区、渤海湾海洋经济区、山东半岛海洋经济区、苏北浅滩海洋经济区、长江口海洋经济区、海峡西岸海洋经济区、珠江口海洋经济区、北部湾海洋经济区和海南岛海洋经济区9个区域。这9个海洋经济区分别对应辽宁、河北和天津、山东、江苏、上海和浙江、福建、广东、广西、海南11个沿海地区及其管辖海域，其中渤海湾海洋经济区和长江口海洋经济区分别由两个省级行政区构成。实际上，近海海洋经济区是海岸带经济区的下一层级，或者说是海岸带经济区的子区域。

3. 海岛经济区

根据海岛自然地理、区位、资源、生态系统的典型特征，将具有生产和经济活动的海岛划为海岛经济区。海岛经济区是海洋经济区的一类特殊区域，产业类型较少且陆域产业活动和海洋产业活动共存于同一区域。海岛经济区的某些产业活动如海洋渔业、港口运输、旅游、仓储等，具有得天独厚的发展条件。

（三）按沿海行政区划划分的海洋经济区

根据沿海行政区划，结合各省（自治区、直辖市）沿海经济发展规划，可将我国沿海自北向南划分为辽宁沿海经济带、河北沿海地区、天津滨海新区、山东半岛蓝色经济区、江苏沿海地区、上海沿海经济区、浙江海洋经济发展示范区、福建海峡西岸经济区、广东海洋经济综合开发实验区、广西北部湾经济区和海南国际旅游岛11个海洋经济区。这些经济区的发展规划已相继获得国务院批准实施，上升为国家战略。其中山东、浙江、广东、福建和天津5个省市为国家批准的全国海洋经济发展试点地区。

二、区域海洋经济的研究对象和主要内容

（一）区域海洋经济的研究对象

理论上讲，区域经济所研究的区域既不是一个纯自然地理区域，也不是行

政区域，而是具有某种经济特征和经济发展任务的经济地理区域。区域的范围大小因研究的目的和任务而异，可以是跨越国家的国际区域，如欧洲经济同盟、亚太经济合作区等；也可以是一个国家；还可以是一国之内跨越几个行政区的经济区域，如我国的环渤海经济区、长三角经济区、珠三角经济区等；甚至可以是一个流域区，如黄河流域经济区、长江流域经济区等。但无论如何划分，任何区域都是更大区域系统的组成部分，并分担着区域分工系统中的某项特定的功能。同时，每个区域都可以由多层次的子区域组成。

因此，根据不同的研究目的和研究任务，前文讲述的不同类型的海洋经济区都可以作为区域海洋经济的研究对象。

（二）区域海洋经济的主要研究内容

由于世界经济形势的变化，区域经济学的研究内容一直处于不断发展过程中，对区域经济的研究范畴也一直没有统一的界定。因此，区域海洋经济的研究内容没有统一的规定和标准，结合实际需求和现有工作基础，区域海洋经济研究的主要内容应包括区域海洋经济特征分析、区域产业结构分析、区域海洋经济发展分析和区域海洋经济协调发展分析等。

第二节　区域海洋经济特征分析

区域海洋经济特征分析是对区域海洋经济发展阶段、区域海洋经济发展水平和区域海洋经济发展优势等开展的分析。

一、区域海洋经济发展阶段分析

任何一个区域的经济发展都是一个动态的发展过程。在一个区域经济发展的全过程中，客观上存在着不同的演变阶段，处于不同演变阶段的区域经济发展，不仅其经济发展特征不同，而且各自的经济运行机制亦存在较大的差异。因此，正确认识一个区域所处的经济发展阶段，对科学制定区域经济发展战略无疑是非常重要的。经济发展具有明显的阶段性，必须以不逾越重大阶段为前提，区域经济的发展也不例外。

（一）区域经济发展阶段理论

1. 胡佛－费希尔的区域经济增长阶段理论

美国区域经济学家胡佛与费希尔提出，任何区域的经济增长都存在"标准阶

段次序"，经历大体相同的过程。具体有以下几个阶段①：

（1）自给自足阶段。在这个阶段，经济活动以农业为主，区域之间缺少经济交流，区域经济呈现出较大的封闭性，各种经济活动在空间上呈散布状态。

（2）乡村工业崛起阶段。随着农业和贸易的发展，乡村工业开始兴起并在区域经济增长中起着积极的作用。由于乡村工业是以农业产品、农业剩余劳动力和农村市场为基础发展起来的，故主要集中分布在农业发展水平相对比较高的地方。

（3）农业生产结构转换阶段。在这个阶段，农业生产方式开始发生变化，逐步由粗放型向集约型和专业化方向转化，区域之间的贸易和经济往来也不断扩大。

（4）工业化阶段。以矿业和制造业为先导，区域工业兴起并逐渐成为推动区域经济增长的主导力量。一般情况下，最先发展起来的是以农副产品为原料的食品加工、木材加工和纺织等行业，随后是以工业原料为主的冶炼、石油加工、机械制造、化学工业。

（5）服务业输出阶段。在这个阶段，服务业快速发展，服务的输出逐渐成了推动区域经济增长的重要动力。这时，拉动区域经济继续增长的因素主要是资本、技术以及专业性服务的输出。

2. 罗斯托的经济增长阶段理论

罗斯托经济增长阶段论成果之大成，是依据现代经济理论，从经济发展的角度，用历史的、动态的方法研究了各个国家，尤其是发展中国家经济发展的过程、阶段和问题，提出了经济发展的六阶段论，亦称"起飞论"。罗斯托阶段论以主导产业的制造结构和人类追求目标为标准将区域经济发展过程划分为六个阶段。②

（1）传统社会阶段。相当于前资本主义阶段，其特点是：①生产力水平低下，只能把农业当作主导产业；②科学技术发展极其缓慢，且未与生产相结合；③家族和氏族关系在社会组织中起很大作用；④政治权力一般被各地区拥有或控制土地的人所掌握，在社会制度上尚不具备现代化产业必需的各种条件；⑤社会的信念体系同长期宿命论结合在一起。

（2）为起飞创造前提阶段。该阶段是区域依靠内部和外部力量为经济持续发展做准备的过渡时期。其特点是：①生产力水平提高，剩余产品增多，储蓄欲望提高；②资本市场出现，投资率提高到超过人口增长的水平；③重视提高农业生

① 崔功豪，魏清泉，刘科伟. 区域分析与区域规划[M]. 北京：高等教育出版社，2006：163-164.
② 武德友，潘玉君. 区域经济学导论[M]. 北京：中国社会科学出版社，2004：181-185.

产率，农业是主导产业，同时家庭手工业、商业、服务业也逐渐发展起来；④近代科学知识开始在工业生产和农业革命中发挥作用；⑤自给自足的区域隔离打破，面向全国、全世界逐步形成统一市场；⑥政治上，成立了中央和地方政府，建立和完善法律制度和社会基础，资源得以充分利用。

（3）起飞阶段。该阶段经济成长的阻力最后被克服，传统的经济停滞状态已被突破。其主要特点是：①生产力迅猛发展，区域经济进入急速的持续增长时期；②资本向生产领域转移，生产性投资率由占国民收入的5%或5%以下增加到10%以上；③建立并迅速发展一个或几个主导产业部门，通过主导产业部门的扩散效应带动区域经济起飞；④创造了一种适合于经济成长的制度体系，促进投资增长和经济发展。起飞阶段一般只经历20~30年，但却导致社会经济的深刻变化。

（4）成熟阶段。这是起飞后的一个新阶段，是"把（当时的）现代技术有效地应用于它的大部分资源的时期"。其特点是：①现代技术广泛应用于生产领域，生产力大幅度提高；②工业向多样化发展，新的主导产业逐渐代替起飞阶段的旧主导产业，从而通过扩散效应导致起飞过程的不断重复；③生产性投资进一步增多，比重达10%~20%；④劳动力进一步从农业向工业转移的过程中伴随着城市化的进程；⑤钢铁、机械、石油、化学等重化工业的发展是经济成熟的标志。

（5）群众性高消费时代。由于国民收入水平的显著提高，产生了超过衣食住行必要生活用品以上的消费需求。当这种高消费倾向的消费者大量增加，引起了对耐用消费品的巨大需求，迎来了群众性高消费时代。该阶段特点是：①劳动力的技术素质进一步提高；②以小汽车为代表的耐用消费品工业成为主导产业，群众对耐用消费品的需求拉动经济发展；③经济的国际化进一步加强，对外贸易作用显著加强。罗斯托认为美国是世界上第一个进入该阶段的国家。

（6）追求生活质量阶段。当经济发展的注意力从供给转到需求，从生产转到消费时，人们对生活的愿望成了经济发展的基础。随着人们对生活舒适、精神需求、优美环境的追求、耐用消费品在市场上日渐饱和，其耐用消费品工业发展逐渐走向低谷，兴起了服务业，社会经济发展进入了追求生活质量的阶段。其特点是：①以服务业作为主导产业；②人类社会不再以物质产品数量的多少来衡量社会的成就，而是以劳务所形成的反映"生活质量"的高低程度作为衡量社会发展的标志；③劳动力从第二产业向第三产业转移。

3. 中国区域经济发展阶段理论

我国学者陈栋生等人在长期研究的基础上，于 1993 年提出了我国区域经济增长阶段理论。认为区域经济增长是一个渐进的过程，可分为待开发（不发育）、成长、成熟、衰退四个阶段。

（1）待开发（不发育）阶段。待开发阶段是区域经济增长的初始阶段。其特征是社会生产力水平低下，属于自给自足的自然经济；第一产业在产业结构中所占比重极高，商品经济不发育，市场规模狭小；资金累积能力很低，自我发展能力弱，经济增长速度缓慢。

（2）成长阶段。成长阶段以区域经济增长跨过工业化起点为标志。其主要特征是经济高速增长，经济总量规模迅速扩大；产业结构发生根本性的变化，第二产业逐渐成为主导产业；商品经济逐步发育，区域专业化分工迅速发展；人口和经济活动不断向城市地区集中，于是形成了带动经济增长的增长极。

（3）成熟（发达）阶段。成熟阶段表现为经济高速增长的势头减弱并逐渐趋于稳定；工业化达到了较高的水平，第三产业较为发达，基础设施齐备，交通和通信基本形成网络；生产部门结构的综合性日益突出，区内资金积累能力强。

（4）衰退阶段。部分区域在经历了成熟阶段后，有可能进入衰退阶段。其主要特征是经济增长缓慢，失去原有的增长势头；处于衰退状态的传统产业在产业结构中所占比重大，导致经济增长的结构性衰退；此后，经济增长滞缓，区域逐渐走向衰落。值得注意的是，当一个区域经济出现衰退的征兆时，如果能够及时采取有效的结构调整，就可以防止出现进一步的衰退，使经济增长维持稳定，甚至有可能促进经济进入新的增长时期。

区域经济发展阶段的划分，不仅可以从时间角度全面认识区域经济发展现状，客观认清区域经济发展演变过程中所具有的特征。同时，通过经济发展阶段的判定，可以进一步理解区域经济发展的不平衡性，进而制定适合各区域的经济发展战略，选择适合各区域的有效开发模式。

（二）区域海洋经济布局特征

区域产业布局与区域经济发展水平密切相关，在区域经济发展的不同阶段，区域产业空间配置的要求和格局也不相同。区域经济发展水平的跃迁主要是通过产业结构的转化而实现的。因此，我们应该遵循产业结构演化理论（参见第三章）和区域经济发展阶段理论，并根据区域经济发展水平和区域产业结构的发展演变规律来划分其发展阶段，并以此为主线来分析区域产业布局的历史轨迹。根据区域海洋经济发展和区域海洋产业结构的转化规律，我们可以把区域海洋产业布局演进过程划分为以下四个发展阶段。

1. 传统社会的区域海洋产业布局

在传统社会中，区域海洋产业结构以海洋捕捞业为主，绝大多数从事海洋产业的人口集中在捕捞渔业，间杂着一些较为原始的海盐业和海洋交通运输业，整体海洋生产力发育水平很低。这是区域海洋经济的早期发育阶段。

传统社会的海洋产业布局实质上是海洋捕捞业布局，主要是分散在渔业资源较为丰富的传统渔场。在传统社会里，没有现代化的城市，以海洋贸易为主的沿海中小城镇(市)是区域海洋经济活动的中心，并在一定程度上起着组织区域海产品生产和流通的作用。在这一阶段，海洋资源对生产来说是充足的，海洋环境也没有受到明显破坏。

2. 工业化初期的区域海洋产业布局

在工业革命初期，随着生产力水平的提高、原料市场和产品市场的扩大，海外贸易开始进入快速发展阶段，沿海港口成为工业布局的重要选择区位，临港工业和海洋交通运输业成为这一时期海洋产业布局的重点。随着临港工业的发展，在临港工业比较集中的沿海港口出现了现代化的港口城市。由于规模经济效益，港口城市的出现进一步促进了与临港工业相配套的产业部门的集中，港口城市规模不断扩大，成为区域海洋经济甚至是整个国民经济的主体。但由于现代化的大工业还很少，交通运输业也不够发达，所以，港口城市呈现出沿海岸带分散的状态，城市间经济联系松散，沿海城市体系尚未形成。

3. 工业化中后期的区域海洋产业布局

处于工业化中期的产业结构是以轻工业为主体转向重化工业的快速增长为特征的，现代意义上的海洋经济也是从这一阶段开始的。

从全球范围看，重化工业带有明显的临港特点，重化工业区布局一般临近沿海、靠近深水码头，港口与工业区融为一体共同发展。这符合重化工业大进大出的要求，可以最大限度地节约运输成本，增强产品竞争力。20世纪60—70年代兴起的以重化工业为代表的临港工业区(带)是发达国家重要的工业布局特征之一。在北美，化工业2/3集中在墨西哥湾的休斯敦地区；在欧洲，从鹿特丹到安特卫普的狭长地带，形成产值几千亿美元的临港工业聚集区；在日本的"三湾一海"(东京湾、伊势湾、大阪湾和内海)形成了巨大的临港型工业带。改革开放以来，中国沿海地区经济的迅速繁荣，与临港工业的布局与发展也是密不可分的。在30多年的改革开放过程中，沿海城市利用港口优势发展临港工业，获得了比内地更大的发展空间，形成了"珠三角""长三角"和"环渤海"地区三大海洋经济增长极。其中临港工业对各个经济增长极的形成与发展发挥了重要的作用。

工业化社会后期海洋产业结构的特征是：在海洋第一、第二产业协调发展的同时，海洋第三产业开始由平稳增长转入持续的高速增长，最终成为海洋经济的主导产业。进入21世纪，中国海洋产业结构开始呈现出上述特征，海洋第三产业快速增长，2012年中国海洋经济三次产业结构比例为5.3：45.9：48.8，海洋第三产业成为海洋经济中比例最大的产业。

4. 后工业化社会的区域海洋产业布局

在后工业化社会，海洋第三产业将进一步分化，职能密集型和知识密集型的海洋第三产业开始从海洋服务业中分离出来，并占主导地位。目前，很多沿海发达国家已经进入后工业化社会。这些国家的海洋产业基本上实现了现代化，现代化的海洋渔业完全被融于海洋第二、第三产业中，如以工厂化养殖为主的现代化渔业、以休闲渔业为标志的现代海洋渔业服务业等。

海洋第二产业尤其是海洋高新技术产业发展迅速。20世纪90年代以来，世界海洋GDP快速增长，主要增长领域在海洋石油和天然气、海洋水产、海底电缆、海洋安全业、海洋生物技术、水下交通工具、海洋信息技术、海洋娱乐休闲业、海洋服务和海洋新能源等领域。海洋经济发达国家普遍重视开发海洋高新技术，从事海洋环境探测、海洋资源调查开发、海洋油气开发等。

进入后工业化社会，沿海发达国家依靠在海洋高科技中的领先地位实施其海洋产业发展战略，抢占海洋空间和资源，并将深海列为海洋第二产业的主要布局区域。另外，海洋生态保护产业已成为后工业化社会海洋经济的重要组成部分。

二、区域海洋经济发展水平分析

区域海洋经济发展水平，是指一个区域内海洋经济发展的规模、速度和所达到的水准。区域海洋经济发展的水平，可以从其发展规模（存量）和速度（增量）两个方面来进行测度。

（一）区域海洋经济发展水平衡量指标

测度区域海洋经济发展水平规模的指标包括绝对规模指标和相对规模指标，两者往往存在很大的差异。绝对规模指标反映了一个区域的整体经济实力，是表现区域海洋经济发展水平的最基本的统计指标，其表现形式是绝对数，绝对规模的核心指标是区域海洋生产总值（GOP）；相对规模指标则反映了一个区域的个体平均水平，其表现形式是相对数，相对规模的核心指标是区域人均GOP。测度海洋经济发展速度的核心指标是区域GOP年增长率。为避免单一指标的局限性，通常设计综合指标，用一组或多组指标复合成的一个指数，来量度区域经济发展水平。衡量区域海洋经济发展水平的评估指标见表4-1。

表4-1 区域海洋经济发展水平评估指标

指标类别	指标项
绝对 规模 指标	海洋生产总值(GOP) 海水养殖面积 海洋油气产量 海洋修造船完工量 海洋货物周转量 港口货物吞吐量 海洋固定资产总投资 涉海就业人数 海洋科研从业人员 ……
相对 规模 指标	区域人均GOP 海洋产业增加值占区域GOP的比重 海水养殖与捕捞产量之比 海洋货物周转增长率 海洋产业结构高级化指数 海洋产业结构变化值指数 ……
增长 速度	区域GOP年增长率 区域海洋产业增加值年增长率 区域海洋第三产业增加值年增长率 ……

(二)区域海洋经济发展水平比较分析

区域海洋经济系统中的自然、社会和经济的各要素都不是绝对的优势或绝对的劣势，只是相对于其他区域来说具有优势或是处于劣势。区域海洋经济研究中所说的人均占有量多或少、发达与不发达、优势与劣势、增长速度快或慢等，都是在比较的前提下得出的结论。包括测度区域经济差距的静态指标与动态指标、绝对差距指标与相对差距指标、纵向指标与横向指标、定性指标与定量指标等。

此外，还有反映各地区经济偏离平均水平的综合指标。常用的比较分析方法有以下三种。

1. 锡尔系数分析法

锡尔(Theil)系数最早于1967年由锡尔(Theil)和亨利(Henri)提出，其特殊意义在于该指标能将总体的区域差异分解成不同尺度的内部差异和外部差异，从而确定哪个空间尺度的区域差异在总体区域差异中起主导作用。锡尔系数越大表明各地区间的差异水平越大，反之亦然。该系数包括两个锡尔分解指标（T 和 L），两者的不同在于锡尔 T 指标以 GDP 比重加权，锡尔 L 指标以人口比重加权。

锡尔 T 系数的公式为

$$T = \sum_i \gamma_i \log \frac{\gamma_i}{G_i} \tag{4-1}$$

锡尔 L 系数的公式为

$$L = \sum_i \gamma_i \log \frac{\gamma_i}{P_i} \tag{4-2}$$

式中：γ_i 为第 i 个地区要素占全部地区要素的比重；G_i 为第 i 个地区的 GDP 占全部地区 GDP 的比重；P_i 为第 i 个地区人口数占全部地区人口总数的比重。

2. 数据包络分析(DEA)法

数据包络分析是以相对效率为基础，根据多种投入和多种产出对同类型决策单元(DMU)进行相对有效性和多目标决策分析的一种方法。DEA 是一种比较常用的非参数前沿效率分析方法，通常用于处理多输入尤其是多输出决策单元的相对有效性评价问题。DEA 模型主要有两类：一类是不变规模报酬的 DEA 模型(CRS 模型或 CCR 模型)，主要用于测算含规模效率的综合技术效率(STE)；另一类是可变规模报酬的 DEA 模型(VRS 模型或 BCC 模型)，可以排除规模效率的影响，来测算纯技术效率(TE)。

区域经济的分析评估受到众多因素的影响，这些因素可以看成是区域系统的多种输入；同时，区域分析评估的问题往往是多目标性的，比如要兼顾经济、社会、环境等多方面的平衡要求，这些目标可以看成是区域系统的多种输出。因此，数据包络分析方法对区域经济评估问题的研究尤为适用。这里，我们以 CRS 模型为例，简要介绍一下该方法。

设有 n 个 DUM，每个 DUM 都有 m 种投入和 s 种产出，分别用输入 x_j 和输出 y_j 表示，令 $X_j = (x_{1j}, \cdots, x_{mj})^{\mathrm{T}}$，$Y_j = (y_{1j}, \cdots, y_{sj})^{\mathrm{T}}$，$j = 1, 2, \cdots, n$。则可用 (X_j, Y_j) 表示第 j 个决策单元 DMU_j。对应于权系数 $v = (v_1, \cdots, v_m)^{\mathrm{T}}$，$u = (u_1, \cdots, u_s)^{\mathrm{T}}$，每个单元都有相应的效率评价指数：

$$h_j = \frac{u^{\mathsf{T}} Y_j}{v^{\mathsf{T}} X_j}, \, j = 1, 2 \cdots, n \tag{4-3}$$

我们总可以适当地选择非负权系数 v 和 u，使其满足 $h_j \leqslant 1$, $j = 1$, 2, $\cdots$, n。于是可以构成如下最优化模型：

$$(\overline{P}) \begin{cases} \max h_0 = \dfrac{u^{\mathsf{T}} Y_0}{v^{\mathsf{T}} X_0} = V_P \\[2mm] s.\,t.\, h_j = \dfrac{u^{\mathsf{T}} Y_j}{v^{\mathsf{T}} X_j} \leqslant 1, \, j = 1, 2, \cdots, n \\[2mm] v \geqslant 0, u \geqslant 0 \end{cases} \tag{4-4}$$

利用 Charnes-Cooper 变换，将模型转化为

$$(D) \begin{cases} \min V_D = \theta \\[2mm] s.\,t.\, \displaystyle\sum_{i=1}^{n} X_i \lambda_i + s^- = \theta X_0 \\[2mm] \displaystyle\sum_{i=1}^{n} Y_i \lambda_i - s^+ = Y_0 \\[2mm] \lambda_i \geqslant 0; \, j = 1, 2, \cdots, n; \, s^+ \geqslant 0, s^- \geqslant 0 \end{cases} \tag{4-5}$$

设 D 的最优解为 λ^*, s^{*-}, s^{*+}, θ^*，则有：

若 $\theta^* = 1$，则第 j_0 个 *DUM* 为弱 DEA 有效；

若 $\theta^* = 1$，且 $s^{*-} = 0$, $s^{*+} = 0$，则第 j_0 个 *DUM* 为 DEA 有效。

3. 空间计量方法

空间计量方法打破了传统的空间事物均质性的假定，主要研究在截面数据和面板数据的回归分析中如何处理空间自相关和空间结构的问题。空间计量经济学理论认为，一个地区空间单元上的某种经济现象或某一属性值与邻近地区空间单元上同一现象或属性值是相关的，几乎所有的空间数据都具有空间依赖性或空间自相关的特征。

使用空间计量方法分析经济问题的主要步骤是：①陈述经济理论或假说，构建空间计量经济模型，收集空间经济数据。这里的数据指截面数据或面板数据。②估计空间计量经济模型的参数。模型估计一般不适用最小二乘法，目前应用较多的是极大似然估计。③检验模型的准确性，进行模型设定。估计模型后，需要对模型进行假设检验，首先进行统计性质检验，根据检验结果确定模型形式，然后进行经济意义检验。

1) 空间计量模型的设定

空间计量模型的通用形式为

$$\begin{cases} y = \rho W_1 y + X\beta + \xi \\ \xi = \lambda W_2 \xi + \varepsilon \\ \varepsilon \sim N(0, \sigma^2 I_n) \end{cases} \tag{4-6}$$

式中：y 是一个 $n \times 1$ 维向量；$\beta(k \times 1)$ 是与外生变量 $X(n \times k)$ 对应的参数向量；W_1 和 W_2 是 $n \times n$ 维空间权重矩阵，分别与因变量的空间自回归过程和干扰项的空间自回归过程对应，通常 W_1 和 W_2 表示一种空间邻近关系或距离函数。

式(4-6)的空间自回归模型一般形式可以派生出几种不同的特殊模型：

（1）当 $\rho = \lambda = 0$ 时，模型为 $y = X\beta + \varepsilon$，$\varepsilon \sim N(0, \sigma^2 I_n)$，这是经典线性回归模型，它意味着模型中无空间特性的影响；

（2）当 $\rho \neq 0$，$\beta = \lambda = 0$ 时，模型为 $y = \rho W_1 y + \varepsilon$，$\varepsilon \sim N(0, \sigma^2 I_n)$，这是一阶空间自回归模型（FAR），该模型与时间序列中的一阶自回归模型类似，模型没有解释变量，反映变量在空间上的相关特征，即所研究区域的被解释变量受相邻区域被解释变量影响的状况；

（3）当 $\rho \neq 0$，$\beta \neq 0$，$\lambda = 0$ 时，模型为 $y = \rho W_1 y + X\beta + \varepsilon$，$\varepsilon \sim N(0, \sigma^2 I_n)$，这是空间自回归模型（SAR），所研究区域的被解释变量不仅受本区域的解释变量的影响，而且受相邻区域的被解释变量影响；

（4）当 $\rho = 0$，$\beta \neq 0$，$\lambda \neq 0$ 时，模型为 $y = X\beta + \lambda W_2 \xi + \varepsilon$，$\varepsilon \sim N(0, \sigma^2 I_n)$，这是空间误差模型（SEM），所研究区域的被解释变量不仅受本区的解释变量的影响，而且受相邻区域的被解释变量和解释变量的影响；

（5）当 $\rho \neq 0$，$\beta \neq 0$，$\lambda \neq 0$ 时，这是广义空间模型（SAC）。[①]

2）空间线性回归模型的估计

空间线性回归模型的估计比时间序列的要复杂得多。空间回归模型的自变量具有内生性，这使得 OLS 估计是有偏的和不一致的，即 OLS 估计可能会失效。目前，常用的估计方法是极大似然估计。设待估参数为 $\theta = (\beta', \rho, \lambda, \sigma^2)'$，可以构造似然函数：

$$L(\theta) = -\frac{n}{2}\log\pi - \frac{n}{2}\log\sigma^2 + \log|B| + \log|A| - \frac{1}{2\sigma^2}v'v \tag{4-7}$$

式中：$A = I - \rho W_1$，$B = I - \lambda W_2$，$v = B(Ay - X\beta)$。要求的参数 ρ、λ 应该使得 $|I - \rho W_1| > 0$，$|I - \lambda W_2| > 0$。[②]

---

① 沈体雁，冯等田，等. 空间计量经济学[M]. 北京：北京大学出版社. 2010：1-77.

② 李序颖，陈宏民. 居民收入与城市经济水平的空间自回归模型[J]. 系统工程理论方法应用，2005(5)：395-399.

3)空间线性模型的检验

判断地区间的空间关系存在与否，一般通过包括 Moran's I 检验、最大似然 LM - Error 检验及最大似然 LM - Lag 检验等一系列空间效应检验。第一，选择 SAR 或 SEM 模型的判别准则是：如果在 Moran's I 检验显著的情况下，LM - Lag 检验比 LM - Error 检验更加显著，并且稳健估计 R - LMLAG 显著但 R - LMERR 不显著则选择 SAR；反之则选用 SEM。第二，在诊断模型总体显著性方面，除了使用拟合优度 R^2 检验之外还可以使用自然对数似然函数值进行判断，函数值越大，则拟合效果越好。[①]

三、区域海洋经济发展优势分析

区域经济发展优势是指某个区域在其发展过程中，所具有的特殊有利条件，由于这些条件的存在，使该区域更富有竞争能力，具有更高的资源利用效率，区域总体效率保持在较高水平。区域发展优势作为一个空间概念，具有明显的地域性。[②]

(一)区域发展优势的相关理论

1. 绝对优势理论

亚当·斯密提出了绝对优势理论。[③] 他认为，每个国家都有生产某种商品的绝对有利条件。如果各国都生产具有绝对优势条件的商品，通过国际贸易交换劣势条件商品，就能提高各国的生产率和国民财富，获取比较利益。因此，他主张国际分工的原则是，就某种商品而言，如果别的国家生产的成本比本国低，那么该国就不要生产这种商品；输出本国绝对成本低的商品换来货币，然后购买别国生产的廉价商品，就会更经济、合理。[④] 绝对优势理论揭示了国际分工和贸易的动因、目的和意义，但它无法解释没有任何绝对优势条件的国家如何参与国际分工和贸易。

2. 比较优势理论

在亚当·斯密的绝对优势理论的基础上，大卫·李嘉图提出了比较优势理论。[⑤] 该理论的核心思想是，在比较优势的情况下，当一国在两种商品的生产上都处于劣势，而另外一国在两种商品的生产上都处于优势时，虽然一国的两种

---

① 杨开忠，冯等田，沈体雁. 空间计量经济学研究的最新进展[J]. 区域经济与城市经济，2009 (2)：7-12.

② 杨吾扬，梁进社. 地域分工与区位优势[J]. 地理学报，1987，3：11-20.

③ 亚当·斯密. 国民财富的性质和原因研究[M]. 北京：商务印书馆，1979.

④ 李小建. 经济地理学[M]. 北京：高等教育出版社，1999.

⑤ 大卫·李嘉图. 政治经济学及赋税原理[M]. 北京：商务印书馆，1976.

商品的生产商都处于劣势，但两者的比例程度肯定有所不同，相比之下总有一种商品的劣势要小一些，即具有相对优势。如果一国利用这种相对优势进行专业化生产，然后将其产品进行国际交换，贸易双方都能从贸易中获益。① 因此，每个国家不一定要生产所有的商品，而是要生产那些比较优势较大或不利较小的商品，即两两相比较，劣中取优，然后通过国际贸易，在资本和劳动力不变的情况下，使生产总量增加，这种分工对两国都有利。比较优势理论解释了没有任何绝对优势条件的国家如何参与国家分工和贸易，它是对绝对优势理论的延伸和拓展。

3. 竞争优势理论

是由美国经济学家迈克尔·波特提出的一套分析国家竞争力的方法。他认为，国家的产业是否具有竞争优势，可以从生产要素、需求条件、相关产业和支持产业的表现以及企业的战略、结构和竞争对手四项环境因素来分析。②

（1）生产要素。生产要素是任何一个产业最上游的竞争条件，在企业的竞争中扮演重要的角色。波特认为，在大多数的产业竞争中，生产要素通常是创造得来而非自然天成，并且会随各个国家及其产业性质而有极大的差异。因此，无论在任何时期，天然的生产要素都没有被创造出来、升级和专业化的人为产业条件重要。更为有趣的是，不虞匮乏的生产要素可能会反向抑制竞争优势，而不能提供正向的激励。因为当企业面对不良的生产环境时，会激励出应变的战略和创新，进而持续竞争成功。

（2）需求条件。国内市场对产业的影响主要表现在三个方面：国内市场的性质；国内市场的大小与成长速度；从国内市场需求转换为国际市场需求的能力。在产业竞争优势上，国内市场的影响力主要通过客户需求形态和特征来施展，产业竞争力优势应该与它的国内市场有关，因为市场会影响规模经济的大小。然而，国内市场对某个产业环节的需求量，不必然等于这个国家的竞争优势。而企业的国内市场规模就算不大，照样可以进军国际市场，撑出规模经济来。本国市场最先对某项产品或服务产生需求，会使本国企业比外国竞争对手更早行动，发展该项产业，进而产生满足其他国家客户需求的能力。国内市场最大的贡献在于，它提供企业发展、持续投资与创新的动力，并在日趋复杂的产业环节中建立企业的竞争力。

（3）相关产业和支持产业的表现。一个企业的潜在优势是因为它的相关产业具有竞争优势。因为相关产业的表现与能力，自然会带动上、下游的创新和

① 张敦富. 区域经济学原理[M]. 北京：中国轻工业出版社，1999.
② 迈克尔·波特. 国家竞争优势[M]. 北京：华夏出版社，2002：66-120.

国际化。当上游具备国际竞争优势时，对下游产业造成的影响是多方面的。首先是下游产业因此在来源上具备及早反应、快速、有效率、甚至降低成本等优点。有竞争力的本国产业通常也会带动相关产业的竞争力，因为它们之间的产业价值相近，可以合作、分享信息。此外，产业的提升效应会使企业拥有更多新机会，也让有新点子、新观念的人获得机会投入这个产业。若一个产业在国际竞争成功，将提升其互补产品或劳务的需求。

（4）企业的战略、结构和竞争对手。企业的目标、战略和组织结构往往随产业和国情的差异而不同。国家竞争优势也是指各种差异条件的最佳组合。国家环境会影响企业的管理和竞争形势。每家企业的管理模式虽有不同，但是和其他国家比较之后，依然会显现出其民族文化特色。而企业必须善用本身的条件、管理模式和组织形态，更应掌握国家环境特色。不同的发展目标，影响到企业和劳资双方的工作意愿。同时，发展目标也受股东结构、持有人进取心、债务人态度、内部管理模式以及资深主管的进步动机等因素影响。

在区域海洋经济发展中，比较优势理论和竞争优势理论都具有很好的指导意义。一方面，海洋经济是一种资源依赖性很高的经济活动，资源禀赋的差异决定海洋产业的分布和空间布局，比如港口、渔业资源，因此在区域海洋经济发展时要考虑海洋资源的静态分布状况。另一方面，海洋产业的发展需要充分考虑上述四个关键要素以及政府行为和机遇的相互作用。

（二）区域发展优势的识别要素

1. 自然资源

自然资源是区域经济发展优势的物质基础。其原因有三：①自然资源是区域生产力的重要组成部分，人类社会的生产活动离不开自然资源。②自然资源是区域生产发展的必要条件，没有必要的自然资源，绝不可能出现某种生产活动。但是，一个地区存在某种资源，并不一定就能发展某种生产活动，因为某种生产活动的发展不仅受资源条件制约，而且还受经济基础、技术条件以及市场供需条件等制约。所以，自然资源是区域生产发展的必要条件，而非充分必要条件。③随着科学技术的进步和生产力水平的提高，人们一方面对作为直接劳动资料和劳动对象的自然资源开发深度与广度不断扩展，另一方面对自然资源不断加工而形成的间接劳动资料和劳动对象也迅速扩展。这似乎使人感觉到当今人们对自然资源的依赖程度大大减弱，自然资源对区域生产发展的基础作用大为降低。实际不然，因为对自然资源开发利用广度和深度的扩展，只说明人类可利用的自然资源种类增多，或找到了某种自然资源的可替代物，或对某种资源的利用率提高，暂时摆脱了某种自然资源在数量上或性能上的限制，但并未摆脱对自然资源的依赖；而对自然资源不断加工所形成的间接劳动资料和劳动对象的迅速扩展，也是以作为直接劳动资料和劳动对象的自然资源为基础的。所以，人类社会的物质生产是脱离不了自然资源的。①

2. 区位条件

区位条件是区域经济发展优势的必要前提。区域内自然资源的丰裕程度并不能完全决定区域经济发展水平的高低，在区域经济的发展中，还存在着区位影响因素，地理与区位因素反映了区域经济发展的空间约束，是影响区域经济发展的重要因素。地区之间的地理差异非常明显，制约了各区域对经济发展模式的选择，而区位因素对区域经济发展的影响主要体现在周边区域间的极化与扩散方面。区域经济发展中的区位因素在联系较为紧密、合作程度较高的区域合作地区作用较为明显。各地区的核心区域，经济发展的区位因素影响效应十分突出。

3. 人口素质

人口素质是区域经济发展优势的重要基石，包括人口的身体素质、文化科学素质和思想素质，三者共同构成人口素质的主要内容。身体素质是人口质量的基础和条件，思想素质和文化科学素质是人口质量的核心和重要标志。区域可能提供的劳动力数量固然是制约区域经济发展的一个重要因素，但更重要的是劳动力的质量。因为劳动有简单劳动和复杂劳动、高效劳动和低效劳动之分，不同质量的劳动者在单位时间内创造的价值相差极大。目前，多数社会经济发达的区域人口数量较少，人口素质较高；而社会经济不发达的区域人口数量较多，人口素质较低。随着科学技术的不断提高，人口素质对区域经济的发展将发挥更重要的作用。

4. 科学技术

科学技术是区域经济发展的重要动力。自然条件和自然资源提供了区域发展的可能性，而科学技术将这种可能性转变为现实。科学技术不仅可以改变自然资源的经济意义，减少区域发展对非地产资源的依赖，更推动了区域经济结构多样化变化。新产品的层出不穷，催生了新的需求，导致需求结构和消费结构日益丰富多彩。而且，原有的产品功能和效用不断拉伸、裂变，新的产业部门不断出现。科技的进步一方面解放了更多的劳动力，另一方面也创造了更多

---

① 崔功豪，魏清泉，刘科伟. 区域分析与区域规划[M]. 北京：高等教育出版社，2006：21－22.

的劳动力需求。就业结构的改变、消费结构的升级，不断提高第三产业地位，并最终导致区域产业结构发生改变。

5. 区域经济政策

经济政策是区域经济发展优势的保障。区域政策是区域战略的支撑，因而，在确定区域政策前，一般需要明确区域发展战略。当选择支持困难区域时，主要目标一般为贫困人口减少量和基本服务水平提高程度；而当选择支持潜力最大区域时，通常用资源开发利用程度和发展水平作为主要目标；当选择充分就业时，主要目标应该是就业率（或失业率）与新创造工作机会数量；当选择支持结构优化时，主要目标为最终经济结构状态、新产业所占比重、新技术企业创办率等；当选择全面发展时，各地区的投资规模、整体经济增长率和区域内部差距缩小会成为主要目标；而当选择发展增长中心时，企业集中度、中心同其腹地的联系等应该是主要目标。总之，区域政策目标有多种，且不同时期的政策目标可能会有所不同。①

除上述要素以外，区域的政治社会环境、自然环境条件、基础设施条件以及区域经济发展实力等，也是影响区域经济发展的基本因素。

（三）区域发展优势的确定方法②

1. 列举法

为了综合评价地区的生产发展条件、确定区域优势，可以采用列举法，将各部门生产发展要求满足的条件与地区可能提供的条件进行逐条比较，然后加以综合分析，作出评价。制表的方法如下。

（1）粗选优势部门。根据区域生产发展的有利条件，粗略估计有哪些部门可能发展成为区域优势部门。

（2）进行列表筛选。首先列出这些部门在布局上要求满足的区域因素，并区分为指向性因素（用⊗表示）、重要因素（用×表示）和一般因素（用○表示），见表4-2；然后再将这些产业部门在布局上要求满足的条件与区域可能提供的条件作比较，区域条件按优、良、差给分，见表4-3。

（3）综合分析评价。综合分析各方面的条件，运用评分等方法，确定区域优先发展的产业。

---

① 崔功豪，魏清泉，刘科伟. 区域分析与区域规划［M］. 北京：高等教育出版社，2006：96.
② 张金锁，康凯. 区域经济学（第二版）［M］. 天津：天津大学出版社，2004：7.

表 4 – 2   海洋产业布局对区域因素的要求

产业名称	资源	劳动力	科技	资金	燃料	运输条件	市场位置	产业用地	通信	供水	税收
海洋渔业	×	○	⊗	×	×	×	○	×	○	○	⊗
海洋油气业	×	×	×	×	×	×	○	×		○	
海洋盐业	×	○	○	⊗	○	×	×	×	○	○	○
海洋矿业	…	…									
海洋船舶工业											
海洋化工业											
海洋生物医药业											
海洋工程建筑业											
海洋电力业											
海水利用业											
海洋交通运输业											
海洋旅游业											

表 4 – 3   海洋产业布局要求与区域条件比较

区域条件	海洋渔业		海洋油气业		海洋盐业		……		海洋交通运输业		海洋旅游业	
	布局要求	区域条件	布局要求	区域条件	布局要求	区域条件	布局要求	区域条件	布局要求	区域条件	布局要求	区域条件
资源	×	优	×	优	…	…						
劳动力	○	良	×	良								
科技	⊗	差	×	差								
资金	×	良	×	优								
燃料	×	良	○	良								
运输条件	×	优	×	优								
市场位置	○	良	×	差								
产业用地	×	优	×	优								
通信	○	差	×	差								
供水	○	差	○	差								
税收	⊗	良	×	优								

2. 区域主导产业发展阶段识别法

区域经济的兴衰主要取决于其产业结构的优劣，而产业结构的优劣主要取决于地区经济部门，特别是主导产业部门在产业生命循环中所处的发展阶段。如果一个地区的主导产业部门由处于开发创新阶段的兴旺部门组成，这标志着该地区仍然可以保持住发展势头，区域经济发展是健康的。如果一个地区的主导产业部门主要是由处于成熟阶段和衰退阶段的部门组成，则区域经济必然会出现经济增长缓慢、失业率上升、人均收入水平下降等征兆，或已陷入严重的经济危机之中，区域经济发展存在着严重的症状。可借用霍福尔产品/市场发展矩阵加以分析(图4-1)。

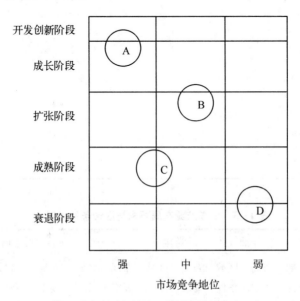

图4-1 霍福尔产品/市场发展矩阵

Ⓐ—A地区的主导产业；Ⓑ—B地区的主导产业；

Ⓒ—C地区的主导产业；Ⓓ—D地区的主导产业。

如图4-1所示，A地区的主导产业由处于开发创新阶段和成长阶段的部门组成，且在市场竞争中居于强势地位，表明A地区未来发展势头强劲；B地区的主导产业由处于成长和扩张阶段的部门组成，在市场竞争中地位居中，表明B地区发展潜力较大；C地区主导产业由处于成熟阶段的部门组成，在市场竞争中的地位居中偏强，表明C地区未来发展优势减弱；D地区主导产业由处于成熟和衰退的部门组成且在市场竞争中居于弱势，表明D区域已无发展优势，需要调整区域发展战略。

3. 区域产业结构优势识别法

对区域产业结构的发展现状可采用偏离-份额分析法来识别，常用的比较变量是职工人数、国内生产总值的增长量或增长速度。

偏离 – 份额分析法是将一个特定区域在某一时期经济变量（如收入、产出或就业等）的变动分为三个分量，即份额分量、结构偏离分量和竞争力偏离分量，以此说明该区域经济发展和衰退的原因，评价区域经济结构优劣和自身竞争力的强弱，找出区域具有相对竞争优势的产业部门，进而确定区域未来经济发展的合理方向和产业结构调整的原则。

假设区域 i 在经历了时间 $[0, t]$ 之后，经济总量和结构均已发生变化。设初始期（基年）区域 i 经济总规模为 $b_{i,0}$（可用总产值或就业人数表示），末期（截至年 t）经济总规模为 $b_{i,t}$；同时，依照一定的规则，把区域经济划分为 n 个产业部门，分别以 $b_{ij,0}$，$b_{ij,t}$，$j = (1, 2, \cdots, n)$ 表示区域 i 第 j 个产业部门在初始期与末期的规模。并以 B_0 和 B_t 表示区域所在大区或全国在相应时期初期与末期经济总规模，以 $B_{j,0}$ 与 $B_{j,t}$ 表示区域所在大区或全国初期与末期第 j 个产业部门的规模。则

区域 i 第 j 个产业部门在 $[0, t]$ 时间段的变化率：

$$r_{ij} = \frac{b_{ij,t} - b_{ij,0}}{b_{ij,0}}$$

所在大区或全国 j 产业部门在 $[0, t]$ 内的变化率：

$$R_j = \frac{B_{j,t} - B_{j,0}}{B_{j,0}}$$

以所在大区或全国各产业部门所占的份额按下式将区域各产业部门规模标准化得到：

$$b_{ij}' = \frac{b_{i,0} \times B_{j,0}}{B_0}$$

这样，在 $[0, t]$ 时段内区域 i 第 j 个产业部门的增长量 G_{ij} 可以分解为 N_{ij}、P_{ij}、D_{ij} 三个分量，表达为

$$G_{ij} = b_{ij,t} - b_{ij,0} = N_{ij} + P_{ij} + D_{ij}$$
$$N_{ij} = b_{ij}' \times R_j$$
$$P_{ij} = (b_{ij,0} - b_{ij}')R_j$$
$$D_{ij} = b_{ij,0} \times (r_{ij} - R_j)$$

N_{ij} 称为全国增长份额，它是指 j 部门的全国（或所在大区）总量比例分配，区域 i 的部门规模发生的变化，也就是区域标准化的产业部门如按全国或所在大区的平均增长率发展所发生的变化量。

P_{ij} 称为产业结构转移份额（或产业结构效应），它是指区域部门比重与全国（或所在大区）相应部门比重的差异引起的区域 i 第 j 部门增长相对于全国或大区标准所产生的偏差，它排除了区域增长速度与全国或所在区域的平均速度差

异，假定两者等同，而单独分析部门结构对增长的影响和贡献。所以，此值越大，说明部门结构对经济总量增长的贡献越大。

D_{ij} 称为区域竞争力份额（或区域份额效果），是指区域 i 第 j 个部门增长速度与全国或所在大区相应部门增长速度的差别引起的偏差，反映区域 j 部门相对竞争能力，此值越大，则说明区域 j 部门竞争力对经济增长的作用越大。

（1）若结构偏离分量为正值（$P>0$），说明该区域的产业结构优于全国水平，如果为负，则说明该区域的产业结构落后于全国水平。

（2）若竞争力偏离分量为正值（$D>0$），说明该区域产业竞争力大于全国的竞争力，反之，则不如全国的竞争力。

（3）上述两个分量可反映出区域经济增长的外部因素和内部因素、主观因素和客观因素的作用情况以及区域经济发展中存在的问题。

（四）区域海洋经济发展优势实证分析

区域海洋经济发展优势是指海洋经济区在海洋资源、地理位置、科技实力、人才队伍、基础设施等方面所体现出的核心竞争力，这些优势条件将在区域海洋经济建设中占据主导地位，并发挥对其他行业的促进作用。在具体形态上，这些发展优势的类型可分为绝对优势与相对优势、现实优势与潜在优势、区位优势与非区位优势以及空间优势与时间优势。本部分以全国 11 个省、市、区主要海洋产业的总体运行情况为参照，采用偏离－份额分析方法对我国各省、市、区主要海洋产业结构进行分析，进而识别各自的优势产业。以 2001 年为基期，以 2012 年为末期计算 12 个主要海洋产业的结构分量和竞争力分量，构造我国沿海地区主要海洋产业偏离－份额分析表（表 4 - 4）。

表 4 - 4　沿海地区主要海洋产业偏离－份额

省份	份额	海洋渔业	海洋油气业	海洋矿业	海洋盐业	海洋船舶工业	海洋化工业	海洋生物医药业	海洋工程建筑业	海洋电力业	海水利用业	海洋交通运输业	滨海旅游业
	G	428.6	3.0	0.0	-0.9	188.3	17.1	1.4	37.5	9.2	0.8	330.5	466.6
辽	N	213.7	110.8	4.8	3.3	97.2	57.2	13.2	76.8	5.4	0.8	277.3	469.3
宁	P	92.2	-97.4	-4.8	-0.5	440.4	78.4	-13.2	103.6	9.8	1.0	-151.8	-116.0
	D	122.7	-10.4	0.0	-3.7	-349.3	-118.5	1.4	-142.9	-6.0	-1.0	205.0	113.3
	G	52.8	83.0	0.0	1.4	14.2	61.1	0.0	37.7	0.8	0.4	226.7	168.2
河	N	103.7	53.8	2.3	1.6	47.2	27.8	6.4	37.3	2.6	0.4	134.6	227.8
北	P	-37.5	-53.8	-2.3	5.1	-42.7	47.8	-6.4	-37.3	-2.6	1.4	109.6	-116.6
	D	-13.4	83.0	0.0	-5.3	9.7	-14.4	0.0	37.7	0.8	-1.4	-17.5	57.0

（续表）

省份	份额	海洋渔业	海洋油气业	海洋矿业	海洋盐业	海洋船舶工业	海洋化工业	海洋生物医药业	海洋工程建筑业	海洋电力业	海水利用业	海洋交通运输业	滨海旅游业
天津	G	4.2	820.2	0.0	3.9	9.1	43.1	0.0	93.6	1.3	0.7	146.6	491.2
	N	224.9	116.6	5.1	3.4	102.3	60.2	13.9	80.9	5.7	0.8	291.9	494.0
	P	-214.6	420.0	-5.1	1.2	-78.8	106.5	-13.9	-80.9	-5.7	0.1	47.9	66.8
	D	-6.1	283.6	0.0	-0.8	-14.4	-123.6	0.0	93.6	1.3	-0.2	-193.1	-69.6
山东	G	1 067.6	91.6	16.5	38.7	88.1	59.2	87.1	122.6	32.3	0.7	791.5	779.0
	N	408.0	211.6	9.2	6.3	185.5	109.2	25.2	146.7	10.4	1.5	529.4	896.0
	P	250.8	-71.3	-9.2	13.8	-81.6	7.5	-22.3	430.0	8.6	0.3	-147.0	-428.7
	D	408.8	-48.7	16.5	18.6	-15.8	-57.5	84.2	-454.1	13.3	-1.1	409.1	311.8
江苏	G	146.8	0.0	0.0	-2.5	446.0	-0.3	21.8	72.8	9.0	0.6	783.4	185.6
	N	188.0	97.5	4.2	2.9	85.5	50.3	11.6	67.6	4.8	0.7	244.0	412.9
	P	-60.9	-97.5	-4.2	1.9	-40.8	1.9	32.1	-67.6	-4.8	0.2	256.8	-297.3
	D	19.7	0.0	0.0	-7.3	401.3	-52.5	-21.9	72.8	9.0	-0.3	282.7	70.0
上海	G	1.5	5.5	0.0	0.0	112.6	22.4	0.5	0.2	1.6	0.0	144.4	1326.6
	N	424.7	220.3	9.6	6.5	193.3	113.7	26.3	152.7	10.8	1.6	551.3	932.9
	P	-416.7	-220.3	-9.6	-6.5	71.7	-97.0	-26.3	-152.7	-7.0	-1.6	208.5	689.0
	D	-6.6	5.5	0.0	0.0	-152.3	5.7	0.5	0.2	-2.2	0.0	-615.3	-295.1
浙江	G	236.8	0.0	2.3	-0.3	180.5	30.4	32.7	289.2	1.5	0.9	341.5	583.0
	N	195.2	101.3	4.4	3.0	88.8	52.3	12.1	70.2	5.0	0.7	253.4	428.8
	P	127.6	-101.3	-4.4	-2.1	29.7	-8.9	52.0	-67.5	-1.2	-0.7	-105.9	70.4
	D	-86.0	0.0	2.3	-1.2	62.0	-13.0	-31.4	286.5	-2.3	0.9	194.0	83.8
福建	G	369.8	0.0	37.8	0.8	61.4	7.0	19.9	134.5	4.8	4.2	189.6	686.3
	N	255.6	132.5	5.7	3.9	116.2	68.4	15.8	91.9	6.5	1.0	331.6	561.3
	P	226.1	-132.5	6.3	-3.3	-82.2	-6.2	30.8	9.8	1.1	-1.0	-110.8	-78.6
	D	-111.8	0.0	25.7	0.2	27.9	-55.2	-26.7	32.8	-2.8	4.2	-31.2	203.6
广东	G	106.3	390.0	1.1	-0.2	117.7	462.0	0.9	130.8	6.3	1.2	435.6	1 045.3
	N	554.4	287.5	12.5	8.5	252.1	148.4	34.3	199.3	14.1	2.1	719.4	1 217.5
	P	-87.5	414.6	-6.4	-8.1	-164.9	-121.7	-25.5	-155.1	4.9	1.6	-77.5	321.8
	D	-360.6	-312.1	-4.9	-0.6	30.5	435.3	-7.8	86.6	-12.7	-2.4	-206.3	-494.0
广西	G	123.1	0.0	0.5	0.0	2.7	16.6	0.5	44.9	0.0	0.4	60.4	38.8
	N	62.1	32.2	1.4	1.0	28.2	16.6	3.8	22.3	1.6	0.2	80.5	136.3
	P	53.9	-32.2	-1.4	-0.8	-27.1	6.7	-3.8	37.8	-1.6	0.2	8.7	-111.0
	D	7.1	0.0	0.5	-0.1	1.6	-6.7	0.5	-15.2	0.0	0.4	-28.8	13.5
海南	G	148.5	0.0	2.3	0.1	0.8	0.7	1.3	2.1	1.5	0.0	35.8	128.9
	N	56.2	29.2	1.3	0.9	25.6	15.0	3.5	20.2	1.4	0.2	72.9	123.5
	P	66.7	-29.2	41.0	-0.6	-23.3	-15.0	-3.5	-20.2	-1.4	-0.2	-38.8	0.4
	D	25.6	0.0	-40.0	-0.2	-1.4	0.7	1.3	2.1	1.5	0.0	1.6	5.1

由表4-4结果可知，各沿海省、市、区优势产业的具体情况如下。

辽宁省滨海旅游业、海洋渔业、海洋交通运输业增长量相对较大，其中海洋渔业的结构转移份额和竞争力份额均为正，表示海洋渔业既具有良好的结构优势又具有良好的竞争力，而滨海旅游业和海洋交通运输业结构转移份额为负，竞争力份额为正，具有良好的竞争力优势但不具有结构优势。

河北省海洋交通运输业、滨海旅游业增长量相对较大，其中海洋交通运输业的结构转移份额为正，表明其只具有良好的结构优势，而滨海旅游业的竞争力份额为正，说明其只具有一定的竞争力优势。

天津市油气业和滨海旅游业增长量相对较大，其中海洋油气业结构转移份额及竞争力份额均为正，表示其具有明显的结构优势和良好的竞争力优势，而滨海旅游业结构转移份额为正，竞争力份额为负，表明其只具有一定的结构优势。

山东省海洋渔业、海洋交通运输业、滨海旅游业增长量相对较大，其中海洋渔业的增长量明显高于其他产业，且具有明显的结构优势和良好的竞争力优势，而海洋交通运输业和滨海旅游业只具有明显的竞争力优势，不具有结构优势。

江苏省海洋交通运输业、海洋船舶工业增长量相对较大，其中海洋交通运输业具有良好的结构优势和竞争力优势，而海洋船舶工业只具有明显的竞争力优势，不具有结构优势。

上海市滨海旅游业增长量明显高于其他产业，但是只具有明显的结构优势，不具有竞争力优势，海洋船舶工业、海洋交通运输业增长量也相对较大，但远低于滨海旅游业，同样只具有结构优势，不具有竞争力优势。

浙江省滨海旅游业、海洋交通运输业、海洋工程建筑业、海洋渔业的增长量均相对较大，其中滨海旅游业既具有结构优势又具有竞争力优势，而海洋交通运输业和海洋工程建筑业只具有良好的竞争力优势，海洋渔业只具有良好的结构优势。

福建省滨海旅游业和海洋渔业增长量相对较大，其中滨海旅游业只具有良好的竞争力优势，海洋渔业只具有良好的结构优势。

广东省滨海旅游业、海洋化工业、海洋交通运输业、海洋油气业的增长量均相对较大，其中滨海旅游业增长量明显高于其他产业，且滨海旅游业与海洋油气业只具有明显的结构优势，不具有竞争力优势，而海洋化工业只具有明显的竞争力优势，海洋交通运输业不具有结构优势和竞争力优势，其增长主要来自全国增长份额。

广西壮族自治区各海洋产业增长量均较低，其中相对较高的是海洋渔业，既具有结构优势又具有竞争力优势。

海南省各海洋产业增长量也较低，其中相对较高的是海洋渔业和滨海旅游业，均既具有结构优势又具有竞争力优势，海洋渔业的优势相对明显。

第三节　区域海洋产业结构分析

区域海洋产业结构分析是区域海洋经济研究的重要内容之一。在某特定区域内，之所以拥有某种类型的产业结构，是由该特定区域的优势和全国经济空间布局的总体要求所决定的。鉴于不同区域资源禀赋、经济发展水平等的不同，对区域海洋产业结构进行分析时必须采用科学合理的分析方法，做到规范分析与实证分析相结合、静态分析与动态分析相结合、定性分析与定量分析相结合，以保证分析的全面性、准确性和可操作性。本书第三章有关产业分析的内容，包括产业结构分析指标和方法等，同样适用于区域海洋产业结构分析。本节重点讲述区域产业结构的优化和配置。

一、区域产业结构的优化

区域产业结构优化是指通过产业的调整，使各产业实现协调发展，并满足区域经济不断增长的需要的过程。区域产业结构优化不仅包括产业结构的合理化和高度化，还包括产业发展国际化、产业素质与竞争力的提高。因此，区域产业结构优化是一个相对的概念，它不是指产业结构水平的绝对高低，而是在区域经济效益最优的目标下，根据区域的地理环境、资源条件、经济发展阶段、科学技术水平、人口规模、国际经济关系等特点，通过产业结构优化，使之达到与上述条件相适应的各产业协调发展的状态。

合理与协调的区域产业结构是区域经济增长的重要保证。一方面，当区域产业结构出现不合理或不协调时，非常有必要进行区域产业结构调整，优化区域产业结构；另一方面，为了促进区域经济的持续快速发展，也非常有必要促进区域产业结构的合理化和高度化。所以，区域产业结构优化将会促进经济的快速发展，而经济的快速发展也会进一步促进区域产业结构优化。区域产业结构高度化就是区域产业结构升级，即区域产业结构的演进，是区域产业结构从较低水平向较高水平发展的动态过程，随着经济增长而不断变动，其演变构成了区域经济发展和国民经济发展的重要内容。

（一）区域产业结构优化的标准

区域经济的长期增长与区域产业结构变化高度相关，并且是影响区域经济增长质量和效益的关键因素之一。区域产业结构的优劣是一个区域经济发展质量和水平的重要标志，区域产业结构的演变决定着区域工业化和现代化的进程。区域产业结构是国民经济总体产业结构的子系统，其发展状况深刻地影响着国民经济的发展。国民经济的发展不仅受到各个区域产业结构的影响，还受到各个区域产业结构之间相互关系的影响。要实现国民经济的高效增长和发展，必须协调好各区域产业结构之间的关系。因此，优化区域产业结构是区域经济乃至整个国民经济实现持续、快速、健康发展的必备条件。

优化的区域产业结构应符合以下几条标准：

(1) 充分有效地利用区域内的人力、物力、财力和自然资源；

(2) 适合于区际分工和国际分工；

(3) 区域经济各部门协调发展，经济运行顺畅，社会扩大再生产顺利发展；

(4) 区域经济持续稳定增长，适应市场需求的变化；

(5) 农业、轻工业、重工业协调发展，城乡经济协调发展；

(6) 劳动、资源、资本、技术和知识密集型产业协调发展；

(7) 实现人口、资源和环境的可持续发展。

(二)区域产业结构优化的内容

1. 选准并且优先重点发展主导产业

主导产业一经确定，就要在投入和政策上保证它得到优先重点发展，使之超前启动，有效承担起全国地域分工的任务，并增强其带动经济发展的辐射力。各地区应根据发挥优势、扬长避短的原则，在全国范围内构筑自己的主导产业和辅助产业。这可能有三种情况：①主导产业和辅助产业均在本区域配置；②主导产业在区内设置，与主导产业相关联的前向联系产业和后向联系产业建在区外；③主导产业在区外建立，本区域为区外主导产业设置相应的辅助产业，发挥"配角"作用。这样，不仅主导产业需要在各区域间比较选择、合理分工，而且辅助产业中的前向联系产业和后向联系产业也可以在各区域间实行分工配置、恰当布局。这种以有利于国民经济总体效益提高为目标的区域产业结构配置，可能不利于某些地区自身经济效益的获得，在这种情况下，中央政府应当实行区域补偿政策，也就是说，为了防止地方政府发展那些从本地区看效益较高，但从全国看效益较低的产业部门，国家在国民收入再分配时，中央政府应弥补其在全国区际分工中所受的损失，这样，从经济利益上削弱乃至清除各地区追求建立封闭式"大而全""小而全"的产业结构体系的动机。①

2. 协调好主导产业与非主导产业的关系

关联产业在发展上应与主导产业尽可能相互配置，在建设时间上要尽可能同主导产业相衔接，在建设规模上要尽可能与主导产业相适应，区域关联产业的类

---

① 陈栋生. 区域经济学[M]. 郑州：河南人民出版社，1993：355.

型应随主导产业的不同而不同。支柱产业在发展方向上，主要是提高其产业素质，提高生产设备的技术档次，为稳定和扩展区域经济总量做出贡献。基础性产业中的消费趋向性产业及在空间上不能转移的产业，应积极创造条件，争取在区内达到平衡，其他基础性产业，有条件的就积极发展，不具备条件或自己生产经营效益太低的，可以通过区际交换、区际协作，求得相对平衡。在产业关系处理上要防止两种倾向，即：各个产业全面推进，平衡发展，部门自成体系，自给自足；或者把主导产业的生产链条都甩在区外使主导产业与区域经济相分离。

概括起来，区域产业结构的合理化，就是要优先重点发展主导产业；配套发展关联产业，特别是前向关联产业，尽可能延长产品链条；提高支柱产业素质，保持、巩固其已有的支柱作用；积极发展需要就地平衡的基础性产业，特别是其中的"瓶颈产业"，克服其对区域经济的制约作用；扶持潜在主导产业。

(三)区域产业结构优化的评估方法

区域产业结构的优化，可采用投入产出模型和线性规划方法来实现。区域产业结构的优化实际上是以满足在目标年实现经济最优增长为基准而进行的，区域目标函数确立后，就可运用数量方法进行建模分析。其基本步骤是：

(1)筛选相关因子，因子随优化目标的不同而不同；

(2)建立优化模型，根据优化目标和约束条件，建立区域发展优化模型；

(3)计算及结果分析，不同目标函数和约束条件建立的优化模型，可以得出不同的优化结果，需要结合实际，根据实现各种方案目标所需的区域资源与条件来确定最优方案。

二、区域产业结构的配置

区域产业结构配置是指为使区域经济效益和社会效益最大化，各种产业遵循着一定规律和比例的动态空间组合。配置区域产业结构的实质是构筑以区域主导产业为核心的产业结构模式。

(一)区域产业结构配置的标准

区域产业结构的配置主要遵循以下三个方面的标准：

(1)要提高区域经济的增长力度，使区域产业结构按照区域优势的准则不断进行选择和交换，使区域内各产业都具有不同程度的优势。

(2)要提高区域产业间的和谐度，使区域产业联系有序化、产业比例合理化。前者是指主导产业与非主导产业之间应有极强的正向带动联系和反向配合关系，最具优势的产业对其他产业应有紧密而充分的优势传递关系；后者是指流通部门、基础设施和公用事业应在规模、质量上保持一定程度的相互适应，保障各产业的生产能力得到稳步发展。

（3）要提高区域产业结构的弹性度，使区域产业结构既有吸收区域内外资源与要素或者减缓经济波动与外界干扰的素质，又有促进主导产业稳步发展的潜能。

（二）区域关联产业的配置①

关联产业的配置就是根据主导产业来合理规划，促进其相关产业的发展，从而使主导产业与关联产业之间形成紧密的相互联系和相互促进的发展关系。进行关联产业配置时，需要处理好以下几个问题：

（1）以主导产业为核心，依据前向关联、后向关联和侧向关联以及区域的具体情况，选择和发展与主导产业配套的各个关联产业，为主导产业发展提供保障。

（2）以主导产业发展为起点，尽量延长产业链条。这样，既有利于区域资源的综合利用，提高资源的利用效率，又可以在主导产业与关联产业之间形成合理的分工和协作关系，提高协作能力。

（3）根据所确定的主导产业发展规模，积极利用市场机制和科学的规划、计划和管理等手段，引导关联产业以适度的规模发展。主导产业的发展往往是大规模的生产，对规模经济有较高的要求；相应地，关联产业也需要达到相应的规模，才能与主导产业在数量关系方面求得协调。

（4）根据主导产业的空间布局状况，合理布局关联产业。保证主导产业与关联产业在空间上通过合理布局而获得良好的集聚经济效益，同时，又避免因过度集中、布局无序而造成的集聚不经济，防止因布局不合理而致使主导产业与关联产业之间陷入相互限制的局面。

（5）按照自愿和互惠互利的原则，促成关联产业与主导产业之间建立起较紧密的企业组织联系，形成大、中、小不同层次和不同功能的企业的合理组合，避免关联产业之间重复建设和过度竞争。同时，促成主导产业与关联产业之间形成较为稳定的经济技术联系，从而保障区域产业的顺利发展。

在一个区域内，并不是一定要发展所有与主导产业有关的关联产业，而是要发展有条件或基础的关联产业，不然，就会重蹈"大而全""小而全"的覆辙，使区域经济增长因发展了许多没有条件发展的关联产业而背上包袱。因此，对本区域没有条件发展的关联产业，应该寻求区际合作的方式来解决配套问题。

（三）区域基础产业的配置

基础产业是指主导产业和关联产业之外的区域所有其他产业。基础产业与主

---

① 武德友，潘玉君. 区域经济学导论[M]. 北京：中国社会科学出版社，2004.

导产业在生产上的联系较弱，主要是为支持主导产业与关联产业的发展而建立起来的，是区域经济发展的基础。基础产业按照服务对象和自身性质划分有生产性基础产业、生活性基础产业和社会性基础产业三类，其中生产性基础产业是指为主导产业和关联产业发展提供公共服务的产业总体，如交通运输、能源供给、邮电通信等；生活性基础产业是指为产业职工及其家属提供公共服务的产业总体，如住宅、生活服务、公用事业等；社会性基础产业是指为整个社会发展提供服务的产业总体，如教育、卫生、治安、环保等。

基础产业是区域经济发展必须具备的部门，是主导产业和关联产业发展的重要保障。在进行基础产业的配置时应根据主导产业及关联产业发展的需要，合理引导和组织基础产业的发展，为主导产业和关联产业创造良好的外部环境和提供必不可少的支撑。同时，基础产业还要为其他产业、为社会发展和人民生活服务，以满足社会发展和生活的多方面需要。①

此外，还应重视潜在主导产业及支柱产业的发展。潜在主导产业代表了产业未来的发展希望。在构建区域产业结构时，必须考虑如何根据世界技术进步的大趋势、全国经济发展的总体走向以及本区域的具体经济发展状况与条件，选择有巨大发展前景的新兴产业作为潜在主导产业，并且在技术引进、资金供给和人才培养等方面给予扶植，创造条件促使其逐步发育和壮大。对于支柱产业，由于它对区域经济增长有着重要的贡献，是其他产业发展的重要支撑，因此，要给予必要的支持和保护。同时，要积极采用新的技术改造支柱产业，使它能够保持长久的生命力，防止过早地出现衰退而限制了区域经济增长。

三、区域海洋产业结构实证分析

区域海洋主导产业既具有区域主导产业的内涵，又体现海洋产业的特征。区域海洋产业结构优化与配置的本质是正确选择海洋主导产业，引导和培育其健康快速发展；以此为核心，带动其他相关产业的蓬勃发展，共同推进区域海洋产业结构的合理化演进，实现海洋经济的可持续发展。因此，区域海洋主导产业的分析、区域关联产业的分析以及两者合理化配置模式的分析对于区域海洋产业结构的优化升级和区域海洋经济的可持续发展具有至关重要的作用。

（一）区域海洋主导产业的分析

区域海洋主导产业具有产业结构先进性、技术创新性、发展成长性、区域优势性以及海洋经济的特殊性。区域海洋主导产业的选择是一个主观与客观相结合、定性与定量相结合的多层次的选择过程，包括判断、评价、选择三个步骤。

---

① 聂华林，王水莲．区域系统分析[M]．北京：中国社会科学出版社，2009：154．

其中，关于区域海洋主导产业的评价，主要包括层次分析法、灰色聚类定权法、主成分分析法、因子分析法、模糊评价法、熵值法等。区域海洋主导产业的选择，不仅要遵守区域海洋主导产业评价基准，还要充分考虑区域海洋产业发展的社会因素、政策因素及约束条件。

根据第三章中我国海洋主导产业的分析，我国海洋主导产业以海洋渔业、滨海旅游业、海洋交通运输业为主；以海洋生物医药业、海水利用与海洋电力业作为新兴海洋产业为潜在海洋主导产业。另外，一些学者也给出了部分沿海地区的海洋主导产业选择结果，如山东省以海洋化工业、海洋生物医药业、海洋船舶工业以及海洋工程建筑业作为海洋主导产业；海洋油气业、滨海旅游业、海水利用与海洋电力业及海洋交通运输业作为山东省潜在海洋主导产业。① 浙江省的海洋交通运输业、滨海旅游业、海洋船舶工业、海洋渔业发展状况良好，领先于其他海洋产业，而且对产值、就业等方面都有非常明显的拉动作用，具备成为主导产业的条件。② 在封闭经济下，宁波海洋主导产业选择海洋油气开采业及加工业、海洋生物医药业、海洋船舶修造业以及海洋金融保险业。在开放经济下，宁波市的海洋主导产业为海洋油气开采及加工业、海洋生物医药业、海洋金融保险业。③

（二）区域海洋关联产业的分析

区域海洋主导产业与其关联产业并不是彼此孤立的。二者共同存在于区域产业大系统之中，共同构成区域海洋产业发展的两个重要支柱。两者之间在时间上是共同存在的，有着较强的共存关系。但是，在空间和生产要素使用上，两者之间表现最为明显的又是一种竞争关系。当这种竞争关系处理不当时，就会升级为互损关系，这将严重影响区域海洋主导产业与其关联产业的各自利益。因此，不仅要识别出区域主导海洋产业，还要能够挖掘与其关联产业的相互联系，从而促进两者的协调发展。

在第三章中，采用灰色系统方法给出了我国主要海洋产业的关联分析结果，主要海洋产业与海洋经济的关联程度由大到小依次是滨海旅游业、海洋交通运输业、海洋渔业、海洋盐业、海洋油气业、海洋工程建筑业、海水利用业、海洋船舶工业、海洋化工业、海洋电力业、海洋生物医药业、海洋矿业。其中与海洋渔业主相关的包括海洋油气业和海洋工程建筑业；与滨海旅游业主相关的包括海洋油气业、海洋工程建筑业、海水利用业；与海洋交通运输业主相关的包括海洋油

① 郭晶. 区域海洋主导产业的选择[D]. 青岛：中国海洋大学，2011：57.
② 邹帆. 浙江省海洋主导产业选择研究[D]. 杭州：浙江财经学院，2013：53.
③ 郑赛赛. 开放视角下宁波市海洋主导产业的选择及对策研究[D]. 宁波：宁波大学，2012：83.

气业和海洋工程建筑业。采用投入产出方法，我们可以得到海洋主导产业在国民经济这个大系统中与其他产业的相互关系结果。海洋渔业中的水产品加工业的前向关联系数较低而后向关联系数较高，表明这些产业靠近产业链的末端，对于下游产业的供给推动作用较弱，而对于上游产业的需求拉动作用较强。海洋交通运输业涉及的水上运输业和滨海旅游业涉及的住宿业，这些产业的前向关联系数和后向关联系数都较高，表明这些产业位于产业链的中间，对于下游产业的供给推动作用和上游产业的需求拉动作用都较强。

(三)区域海洋主导与相关产业的配置模式分析

基于第三章的分析结论，我们给出如下的区域海洋产业结构系统，包括区域海洋主导产业、关联产业和基础性产业三类(图4-2)，构成以区域海洋主导产业为核心的区域三环同心圆产业结构模式(图4-3)。① 下面利用第三章对我国海洋主导产业的计算结果，分析我国海洋经济发展过程中的三环同心圆产业结构模式。

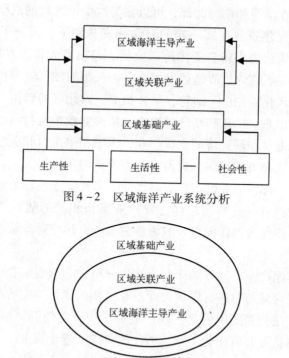

图4-2　区域海洋产业系统分析

图4-3　区域三环同心圆产业结构模式

---

① 吴传清，等. 基于主成分法的区域主导产业选择评价[J]. 商业时代，2009，13：118-120.

第一环：海洋渔业、滨海旅游业、海洋交通运输业。作为我国传统产业的渔业在近几年的产业结构演变中的比例逐渐降低，但仍是我国海洋产业乃至整个海洋经济的主体，这是与海洋的自然资源属性密不可分的，在今后的海洋产业结构优化中仍将是一个重点产业。滨海旅游业在我国海洋产业中发展迅速，各沿海地区不断加大发展力度，已成为海洋产业的重要组成部分和沿海地区新的经济增长点，其发展已纳入各地区的海洋经济发展战略之中。作为传统第三海洋产业的交通运输业具有广延性、国际性和连续性的特点。目前，其产业配置思路基本形成了以国内外市场为需求，以能源、外贸运输为重点，以港口主枢纽、海运主通道为支架，与国民经济和现代海洋开发逐步相适应的海上交通运输体系。

第二环：海洋油气业、海洋工程建筑业、海洋船舶工业、海水利用业以及海洋渔业的前向关联产业、海洋交通运输业和滨海旅游业的前向与后向关联产业。我国海洋油气业是前景广阔、增长最快的产业，已成为新兴支柱产业，目前分布主要集中在渤海和南海北部，可以作为这两个区域的战略性海洋产业进行发展。海洋工程建筑业在新一轮的海洋开发热潮下，得到了极大推动和发展，如大连星海湾跨海大桥、厦漳跨海大桥、象山港大桥、青岛胶州湾大桥、胶州湾海底隧道等。作为世界造船大国之一，我国船舶工业发展迅速，正在向科技含量高的现代化船舶——油轮、集装箱船、液化气船转型，目前主要分布在上海、辽宁、山东、广东和江苏等地区。从产业政策支持角度来看，海水利用业是沿海地区发展循环经济的支撑产业，国家相继出台相关政策，鼓励发展海水利用业。国家政策的导向，为海水利用业指明了发展方向，保证了海水利用业的长期发展。海洋渔业的前向关联产业、海洋交通运输业和滨海旅游业的前向与后向关联产业，这些与海洋主导产业紧密相关的陆域产业的合理化发展，必然能进一步促进海洋渔业、滨海旅游业、海洋交通运输业的结构优化和协调发展。

第三环：其他产业。区域海洋产业结构分析，必然要结合区域经济发展的实际情况，根据区域特色进行区域海洋产业结构的优化与配置。因此，在区域三环同心圆产业结构模式中的第三环产业分析中，要依据区域特征进行分析。例如，山东的海盐业和海洋化工业、浙江的海洋工程建筑业、江苏的海洋生物医药业等，该类海洋产业结构发展并不具有普遍性，而是带有明显的地域禀赋特征，要结合区域实际情况和海洋产业发展阶段进行合理化配置。

第四节 区域海洋经济发展模式分析

区域经济发展是指通过技术创新、产业结构升级以及社会进步实现区域经济发展质量的提高。区域经济发展包括三方面的含义：①人均收入水平的提高；②以技术进步为基础的产业结构升级；③城市化水平的提高。① 这三个方面同时也是衡量区域经济是否实现发展的判断标准，缺一不可。

一、区域经济发展的相关理论

1. 区域经济均衡增长理论

均衡增长是指在整个工业或国民经济的各部门中，按同一比率或不同比率同时、全面地进行大规模投资，从而使各部门间实现相互配合和支持的全面发展。根据所强调侧重点的不同，区域经济均衡增长理论包括极端的区域经济均衡增长理论、温和的区域经济均衡增长理论和完善的区域经济均衡增长理论。② 均衡增长理论强调大规模投资对实现全面、均衡增长的重要性，但在发展中国家，由于存在资金短缺和人才不足等问题，加之市场经济体制的不完善，因此不可能筹集大量资金并按一定比例分配到各部门，实现大推进的均衡增长战略显然会遇到很多阻碍，均衡增长理论必然会被非均衡增长理论所代替。

2. 区域经济非均衡增长理论

1）缪尔达尔的"地理上的二元经济结构"理论

1957年，瑞典经济学家、诺贝尔奖获得者缪尔达尔提出了"地理上的二元经济结构"理论，指出不发达国家的经济发展中存在着经济发达地区和不发达地区并存的"二元经济结构"。区域间"二元经济结构"的出现是由于存在着一种"循环积累因果关系"，在区域经济发展的过程中，区域间发展差异的出现会进一步使发展快的地区发展得更快，发展慢的地区相对发展得更慢，地区间经济发展水平的差异会进一步拉大。循环积累因果关系之所以出现，是因为存在着"回波效应"和"扩散效应"。"回波效应"是指落后地区的劳动、资本、技术、资源等要素受发达地区较高收益率的吸引而向发达地区集聚的现象；"扩散效应"是指经济中心的经济扩张对边缘地区经济发展的有利影响。

1970年，卡尔多在继承缪尔达尔思想的基础上，进一步提出了相对效率工

① 熊义杰. 区域经济学[M]. 北京：对外经济贸易大学出版社，2011：41-43.
② 邓宏兵. 区域经济学[M]. 北京：科学出版社，2008：91-93.

资的概念，并建立了一个与缪尔达尔模型相似的区域经济增长模型。他认为，相对效率工资（货币工资与生产率指标之比）决定区域在全国市场所占的比重，相对效率工资越低，区域产出增长率越高。由于国内区域的货币工资水平及其增长率是相同的，而繁荣区域因聚集经济存在生产规模报酬递增，其产出增长率的上升导致了较高的生产力增长率；高生产率降低了相对效率工资；反过来，相对效率工资下降又导致区域产出增长率进一步提高，如此循环积累。

2）赫希曼的"核心区与边缘区"理论

1958年，美国著名经济学家赫希曼提出了区域非均衡增长的"核心区与边缘区"理论。该理论认为经济发展不会同时出现在所有地方，而一旦出现在某处，在巨大的集聚经济效应作用下，要素将向该地区集聚，使该地区的经济增长加速，最终形成具有较高收入水平的核心区。与核心区相对应，周边的落后地区称为边缘区。在核心区与边缘区之间同时存在着两种不同方向的作用，即"极化效应"和"涓滴效应"。"极化效应"是指核心区在与边缘区的关系中处于支配地位，将各种要素和资源吸引到核心区，引起边缘区的衰退。"涓滴效应"是指核心区在其经济增长过程中将不断购买边缘区的原料、燃料，向边缘区输出剩余资本和技术，带动边缘区轻工业的经济发展。

3）弗里德曼的"中心–外围模型"

美国经济学家约翰·弗里德曼用实例论证了区域经济增长从不均衡到均衡的变化过程，提出了"中心–外围模型"。"中心"是指决定经济体系发展路径的局部空间，"外围"是指在经济发展体系中处于依附地位的局部空间。中心和外围共同构成了一个体系，它是以权威性和依附性关系为标志的。弗里德曼将区域经济增长的特征与经济发展的阶段联系起来，把区域经济发展划分为四个阶段：前工业化阶段、中心–外围阶段Ⅰ（工业化初级阶段）、中心–外围阶段Ⅱ（工业化成熟阶段）和空间经济一体化阶段（后工业化阶段）。

根据弗里德曼理论，城市体系形成区域经济发展的主要形式是：通过中心的创新聚集或扩散资源要素，引导和支配外围区，区域发展要经历差距先扩大、后缩小，最终走向区域经济一体化的完整过程。这与赫希曼的"核心区与边缘区"理论的基本观点是一致的。

3. 区域经济发展增长极理论

1）佩鲁的区域增长极理论

由法国经济学家佩鲁于20世纪50年代提出，其基本观点是：增长并非出现在所有地方，它以不同的强度出现在一些增长点或增长极上，然后通过不同的渠道向外扩散，并对整个经济产生不同的最终影响。经济发展的主要动力是技术进步和创新，而创新总是倾向于集中在一些特殊的企业，这类特殊的企业就属于领头产业。领头产业，一般来讲其增长速度高于其他产业，也高于工业产值和国民生产总值的增长速度，同时也是主要的创新源。这种产业是最富有活力的，称之为活动单元。这种产业在增加其产出（或购买性服务）时，能够带动其他产业的产出（或投入）的增长，也就是说，这种产业对其他产业具有很强的连锁效应和推动效应，称之为"推进型产业"。后来又称之为增长诱导单元。这种活动单元或增长诱导单元就是增长极，受增长极影响的其他产业是被推进型产业。推进型产业与被推进型产业通过经济联系建立起非竞争性的联合体，通过向后、向前连锁带动区域的发展，最终实现区域发展的均衡。

2）布代维尔的区域增长极理论

佩鲁的增长极理论所关心的是增长极的结构空间，尤其是产业间的关联效应，而忽视了增长的地理空间方面，成为其理论的最大缺陷。法国另一位著名经济学家布代维尔将地理空间引入增长极，以此弥补佩鲁增长极理论的缺陷。其基本观点是：经济空间是经济变量在地理空间之中或之上的运用，增长极将作为拥有推进型企业的复合体的城镇出现。增长极是指在城市区位配置不断扩大的工业综合体，并在其影响范围内引导经济活动的进一步发展。该理论认为，首先通过产业群的简单延伸能在空间上聚集；其次，通过联系这些群体到城市区位上；最后，集中外溢效应并不是对整个经济整体，而是对周围腹地。最为密切关联的产业在地理上聚集，导致直接的政策应用，即经济活动的空间聚集比分散更有效并有益于经济增长。这种地理空间上的极点常与区域中的城镇联系起来。

区域增长极理论对发展中国家产生了很大的影响和吸引力，不少国家依据这一理论来制定区域发展规划、安排投资布局和工业分布、建立经济特区等。

4. 区域经济发展变化的长期规律——倒"U"学说

1965 年，美国经济学家 J. C. 威廉姆逊在其著名的论文《区域不平衡与国家发展过程》中，以人均收入水平的加权变异系数作为地区经济发展水平差异的主要评价指标，通过 24 个国家的横断面数据和 10 多个国家的短期时间序列数据进行分析，得出了区域经济发展变化的长期规律——倒"U"形曲线。

不同发展阶段的区域差异程度（图 4 - 4）表明：在经济欠发达的时点上（A点），区域经济不平衡程度较低；在经济开始起飞的初级阶段（A—B），区域差异逐渐扩大；当经济发展进入成熟阶段（B—C），随着全国统一市场的形成，发达地区投资收益递减，资本等生产要素向欠发达地区回流，区域差异趋于缩小。

威廉姆逊的倒"U"形曲线在某种意义上证明了赫希曼和弗里德曼的观点。它不仅调和了区域均衡发展与不均衡发展这两种对立观点，也说明了扩散效应和回波效应的强弱关系以及涓滴效应和极化效应的影响力大小。它既指出了区域发展趋同的光明前景，同时又揭示了趋同的道路不是线性的，而是要经历一个倒"U"

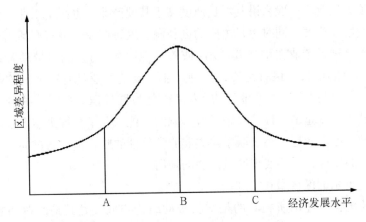

图 4-4　不同发展阶段的区域差异程度

形的曲折过程，这种认识符合唯物辩证法关于事物发展变化的规律。但该模型过分强调了市场机制在缩小区域差距中的作用，而忽视了在这个过程中，倒"U"形顶部拐点的出现很可能需要政府干预。

5. 区域经济发展梯度理论

经济梯度是指区域间经济发展水平的差异。梯度理论的基本观点是：在一国（地区）范围内，经济技术的发展是不平衡的，客观上已形成一种经济梯度，有梯度就有空间推移。生产力的空间推移，要从梯度的实际情况出发，首先让有条件的高梯度地区引进、掌握先进生产技术，然后逐步向处于二级梯度、三级梯度的地区推移。随着经济的发展，推移速度加快，也就可以逐步缩小地区间的差距，实现经济分布的相对均衡。

反梯度推移理论认为，按现有的生产力发展水平进行的梯度推移顺序，不一定就是引进先进技术和经济开发的顺序，这一顺序要由经济发展的需要与可能来决定。只要经济发展需要，又具备必要的条件，就可以引进先进技术进行经济开发，而不管这一地区处于哪个发展梯度。落后的低梯度地区可根据自己的实际情况，直接引进世界最新技术。发展自己的高新技术，实行超越发展，然后向二级梯度、一级梯度地区进行反梯度推移。即落后地区可以充分运用其后发优势，通过引进先进技术，实现生产力的跳跃式发展。

6. 点轴开发论

陆大道于 1985 年根据区位论和空间结构理论的基本原理，提出了点轴开发论。[1] 该理论的主要观点是经济中心总是首先集中在少数条件好的区位，即点轴

---

① 陆大道．我国区域开发的宏观战略[J]．地理学报，1987(2)：3-11.

开发模式的点，随着经济的发展，点与点之间由于生产要素交换需要交通线路以及动力供应线、水源供应线等，相互连接起来，这就是轴线。这种轴线一经形成也会吸引人口、产业向轴线两侧集聚，并产生新的增长点，点轴贯通，形成点轴系统。

点轴系统中的"点"即中心城镇，是各级区域的集聚点，也是带动各级区域发展的中心城镇。"轴"是在一定的方向上连接若干不同级别中心城镇而形成的相对密集的产业带或人口带，可称为发展轴线。发展轴线一般是指重要的线状基础设施，如交通干线、能源输送线等经过的沿线地带，是一个线状地带，包括海岸发展轴、铁路干线沿岸发展轴、大河河岸发展轴和复合型发展轴。

点轴开发理论认为，社会经济客体大都产生和集聚于一些具有特殊优势的点即增长极的极点上，而点与点之间不是孤立的，由它们之间的线状的基础设施即极点间的轴线联系在一起形成在空间的聚集，并通过渐进的扩散效应最终形成点－轴－面的空间推移，促进各地的经济获得充分的相对均衡的发展。这一模式认为我国区域经济发展，应在全国范围内，选择具有开发潜力和远景的重要交通干线，如铁路、陆路和水路等作为经济的"发展轴"，再在各条发展轴上，确定重点发展的中心城市及城市发展群作为"增长点"，通过加快"增长点"的经济发展，带动"发展轴"向周边延伸，进而带动全国经济的发展。

二、区域经济发展模式的选择

区域经济的发展模式，大都是依据区域经济非均衡发展理论提出的。区域是个复杂的系统，任何一种发展模式都不能解决区域发展的所有问题。世界各国或其各级地方政府都在探寻各自区域的有效开发模式。目前理论上较为成熟，实践证明比较有效的区域经济发展模式有：梯度推移发展模式、增长极发展模式、点轴发展模式和网络发展模式等。①

1. 梯度推移发展模式

梯度推移发展模式适用于区域经济发展已形成经济发达区和经济落后区的地区。

一个区域的经济兴衰取决于它的产业结构，进而取决于其主导部门的先进程度。与产品生命周期相对应，可以把经济部门分为三类，即产品处于创新到成长阶段的是兴旺部门；产品处于成长到成熟阶段的是停滞部门；产品处于成熟到衰退阶段的是衰退部门。如果一个区域的主导部门是兴旺部门，则被认为是高梯度区域；反之，如果一个区域的主导部门是衰退部门则属于低梯度区域。推动经济

① 武德友，潘玉君. 区域经济学导论[M]. 北京：中国社会科学出版社，2004：160－161.

发展的创新活动主要发生在高梯度区域，然后依据产品周期循环的顺序由高梯度区域向低梯度区域转移。梯度推移主要是通过城市系统来进行的。这是因为创新往往集中在城市，城市从环境条件和经济能力来看比其他地方更容易接受创新成果。具体推移方式有两种，一种是创新由发源地向邻近的城市推移；另一种方式是从发源地向距离较远的二级城市推移，再向第三级城市推移，最后推移到所有区域。①

2. 增长极发展模式

增长极发展模式通常适用于经济发展水平较低的地区。

一些经济比较落后的地区或边远地区，一般地域辽阔，自然资源丰富，但生产力水平低下，物质技术基础薄弱，开发程度较低；自然地理条件较差，交通不便，信息不灵，产业结构单一，第一产业占极高的比重，工业特别是制造业很不发达；商品经济发育差，市场规模狭小，经济增长缓慢，长期停滞在自给自足甚至不能自给自足的自然经济中；自身投资积累能力低下，缺乏自我发展能力；城市化水平较低，中心城市数量小或规模不大，分布分散，多为地方性小城镇，缺乏能带动全区发展的中心城市；城市功能主要是作为行政中心，然后才是加工中心。在建设资金十分有限，而基础设施建设又需要巨额社会资本投入的情况下，要促进这类地区的经济开发，关键点是在区域中选择适当地点作为产业生长点，即选择区位条件较好、发展潜力较大的城镇，集中布局波及效应强的主导产业和创新企业，进行重点开发，使之构成区域的增长极。通过增长极的迅速增长及其产生的较大的地区乘数效应，从而促进和带动广大周围地区的发展。

3. 点轴发展模式

点轴发展模式是增长极发展模式的延伸，主要适用于区域经济已经发展到一定水平，区域布局框架正在形成和完善的地区，即发展中地区或中等发达地区。

一些地区在经过第一阶段的增长极开发后，区内一般具有较雄厚的物质技术基础，交通便利，工农业生产较发达，人口、工业及中小城镇往往围绕某个中心城市或水陆交通干线，形成经济发展水平较高的经济区域。随着工业化的推进，农业剩余劳动力开始大量地向非农产业特别是工业转移，工业在区域经济中的地位日趋重要，并逐渐取代农业而占据主导地位，促使人口、制造业等经济活动迅速向一些城市地区集中，形成启动经济发展的增长极。因此，要促进这类地区经济的进一步发展，关键是选择好重点开发轴线，采取轴线延伸、逐步积累的渐进式开发形式，即沿着重点开发轴线，配置一些新的增长极，或对轴线地带的原有增长中心、城市中心进行重点开发，使其逐步形成产业密集地带。

---

① 李小建. 经济地理学[M]. 北京：高等教育出版社，1999：221-222.

4. 网络发展模式

网络发展模式是点轴开发与布局的延伸和继续，一般适用于经济发达、工业化和城市化水平较高的地区。

在经历较长时期的增长极开发和点轴开发阶段形成的发达地区，一般经济技术发达，工业化和城市化水平较高，物质技术基础雄厚，资金自我积累能力较强；人口和产业密集，劳动力素质较高，各种生产和服务部门齐全，协作配套条件优越；基础设施完善，交通通信已形成网络化。处于这一阶段的地区，通常是国家经济重心区的所在，其经济发展状况与国民经济发展的关联度相当高。在发达、繁荣的同时，也有许多矛盾伴随着岁月的积累，形成潜在的衰退因素。因此，这类地区的经济发展同时面临着整治和开发两大任务。它一方面要对原有大城市集聚区进行整治，调整产业结构，扩散转移部分传统产业，重点开发高新技术，发展新兴产业；另一方面又要全面开发新区，以达到经济的空间均衡。新区的开发，一般也是采取点轴开发的形式，而不是分散投资、全面铺开。这种新旧点轴的不断渐进扩散和经纬交织，将逐渐在空间上形成一个经济网络体系。

三、区域经济发展趋同分析

(一)区域经济趋同的含义

在区域经济分析中，"趋同"是指地区间或国家间的贫富差距随着时间的推移存在着缩小的趋势。相应的，"趋异"是指不同的国家和地区存在着贫者愈贫、富者愈富的现象。通常把趋同现象区分为人均收入水平上的趋同(表示为 σ 趋同)和经济增长率上的趋同(表示为 β 趋同)。β 趋同又分为绝对 β 趋同和条件 β 趋同。此外，还有所谓的"俱乐部趋同"。

σ 趋同是指不同经济体(国家或地区)间的人均收入水平离差随着时间的推移而趋于下降。或者说，σ 趋同是将所要研究的区域作为样本区域，然后选取若干年样本区域的人均收入或产值数据，逐年计算区域间实际人均收入或产值的离差与标准差。当标准差趋于下降时，表明区域间人均收入的绝对差会随着时间推移而下降，这就是 σ 趋同。相反，当标准差趋于上升时，则表明存在趋异。在标准差不存在明显的趋势时，趋同与趋异并存。

绝对 β 趋同是指初始人均产出水平较低的国家或地区人均产出增长率，比初始人均产出水平较高的国家或地区以更快的速度增长，即经济增长率与经济发展的初始水平之间存在着负相关，并且随着时间的推移，所有的国家或地区都将收敛于相同的人均收入水平。不过，绝对 β 趋同内含一个严格的假定条件，即这些最终趋同的经济体(国家或地区)具有完全相同的结构特征，包括储蓄率、人口增长率、资本折旧率和生产函数等。

条件 β 趋同是指不具有相同的经济结构特征的各个经济体之间，并没有一种自动而普遍的绝对收敛现象，即当各区域的结构差异大时，经济会向一个个不同的稳态点收敛。[①]

"俱乐部趋同"是指初期经济发展水平接近的经济集团内部不同的经济系统之间，在具有相似结构特征的前提下存在趋同，即较穷和较富的区域内部各自存在条件趋同，但是两个区域之间却不存在趋同。也就是说经济发展水平相近的区域内部的增长速度和发展水平的差异存在缩小的趋势，但是区域之间的增长差异却无法缩小。[②]

(二)区域经济趋同(趋异)的影响因素

影响区域经济趋同(趋异)的因素包括内部因素和外部因素。[③]

1. 区域经济趋同(趋异)的内部因素

(1)经济基础。经济基础是影响各个区域之间经济差异的基本因素之一。任何一个区域经济发展水平的变化都与这个区域的经济基础密切相关，不管是从发展速度，还是从经济规模总量上看。相对欠发达地区由于在经济总量上落后比较大，所以就必须在发展速度上赶超发达的地区。但是在经济发展较好的地区，集聚了大量的资本和技术、人才等有利于经济发展的要素，而落后地区却往往在资金上紧张，在技术上欠缺。在这样的格局下，想在一定时段内缩小区域之间的差距，使人均收入在各个地区之间平衡发展是非常困难的。当一个区域集聚了一定的资源和其他进步要素后，便会通过规模报酬递增等方式使经济活动在这个区域得到进一步的集聚。初始状态决定了一个区域所处的地位。由此，现实区域经济的发展很大程度上受区域的历史基础的优劣影响。

(2)科技水平。科学技术是生产力，但是只有把科学技术应用在生产中并转化为生产技术，此时科学技术才能真正成为生产力。在社会生产力发展的过程中，劳动者素质不断提高，劳动资料不断改进，自然资源不断开发，新型材料不断被发明和利用，并且生产力的各要素都受到合理的组织和管理等，都使得科学技术得到不断进步。尤其是在知识经济阶段，放大生产力各要素功能的乘数作用就更被明显地显现出来。因此可以说，科学技术是第一生产力，是知识经济发展的重要推动力量。技术进步在现代经济发展中对经济发展的作用日益突出，其作用主要有两个方面，一方面是投入角度，技术可以通过改变其他经济增长要素的

---

① 孙国峰. 中级区域经济学[M]. 北京：人民出版社，2006：20 - 21.
② 邓宏兵. 区域经济学[M]. 北京：科学出版社，2008：97 - 98.
③ 贾宁. 海洋经济区域差异性检验及影响因素分析[D]. 青岛：中国海洋大学，2011.

形态与质量来实现自身价值，不可以将其从其他要素中分离出来。另一方面是产出角度，一般情况下技术进步对经济增长贡献是用产出的增长减去其他要素投入增长来表现的。[①]

（3）人力资本。内生增长模型代表罗默（Romer）认为，作为经济增长的内生变量的技术可以引致三种积极效应，分别是外部效应、生产的递增效应和新知识收益递增效应。其中，无形的资本是最关键的因素，并且知识的边际生产率是递增的。卢卡斯认为，在动态的条件下，如果一个国家初始水平的人力和物质资本高的话，那么其经济增长的水平也将永远高于那些初始水平的人力和物质资本都低的国家。人力资本不单单可以提高劳动力的生产效率，同时还可以提高物质资本的生产效率。这些理论诞生之后，一些经济学家相继提出了"长期增长均衡模型""两资本部门增长模型""长期增长模型"等一些"内生性经济增长模型"。从这些增长模型中可以看出，经济学家更加强调人力资本的关键作用，在这一点上是无一例外的。

2. 区域经济趋同（趋异）的外部因素

（1）政策导向。在区域经济发展中政策导向也是影响区域之间经济差异性增长趋势的一个重要因素。一定时期内制定的区域经济发展政策，必然是立足于国家或地区总体的发展方针的，是为了满足国家和地区经济发展的需要，并对区域经济发展中存在的问题而提出的一些政策措施。其本质的目的就是为了促进区域经济健康发展。如果区域经济发展政策效果比较显著，那么可以有针对性地解决区域经济发展中存在的一些问题，并促使区域经济发展得更好更快，也就是表现在区域经济发展拥有较好的投入产出比。

（2）外商投资。外资的流入尤其是外国直接投资的流入，不仅能够带来一些先进的技术，也可以带来先进的管理经验。外商直接投资不仅有数量上的差异，效率的差异对区域之间经济增长差异的影响更加深远，外商直接投资主要是依靠集聚效应对区域经济增长特别是区域收入差异产生重大的影响。一个区域可以利用其本身独特的区位优势和政府政策的影响来吸引更多的外资。外商直接投资大规模进入，会对该地区的技术、资本、劳动力等产生积极的影响，推动该地区经济的向前快速发展，反过来，地区经济良好发展，又能促进技术进一步进步，市场进一步优化，居民生活得到了保障，这样对于改善外部经济环境也是十分有利的，而这样又会进一步刺激外商直接投资的涌入。外商直接投资和地区经济增长就形成了一种相互促进的效应。

---

① 王虎. 技术进步对我国区域经济增长的贡献——基于高技术产业面板数据的实证分析[D]. 西安：西北大学，2008.

（三）区域经济趋同的检验方法

1. β 趋同的检验[①]

鲍莫尔（Baumol）定义了如下的检验方程：

$$g_i = \alpha_i + \beta(y_{i0}) + u_i$$

式中：g_i 为 i 区域人均 GDP 平均增长率；y_{i0} 为 i 区域的初期人均 GDP；α_i 为常数项；u_i 为方程的随机误差项。若经过回归分析后得出的 β 系数小于零，则说明区域间存在 β 趋同。

巴罗（Barro）和萨拉 – 易 – 马丁（Sala-i-Martin）于 1991 年在鲍莫尔（Baumol）研究的基础上，构建了新的检验方程：

$$\frac{1}{T-t}\log\left(\frac{y_{iT}}{y_{it}}\right) = x_i^* + \frac{1-e^{-\beta(T-t)}}{T-t}\log\frac{\overset{\frown}{y_i^*}}{\overset{\frown}{y_{it}}} + u_{it} \qquad (4-8)$$

式中：t 和 T 为期初和期末；$T-t$ 为时间长度；y_{it} 和 y_{iT} 分别为期初和期末的人均收入或产出；x_i^* 为稳态增长率；$\overset{\frown}{y_{it}}$ 为每个有效工人的产出；$\overset{\frown}{y_i^*}$ 为稳态的每个有效工人的产出；u_{it} 为方程的随机误差项；β 为趋同速度。β 值越高，表示向稳态趋同的速度越快。如果假定 x_i^* 和 $\overset{\frown}{y_{it}^*}$ 保持不变，则上式可以写为

$$\frac{1}{T-t}\log\left(\frac{y_{iT}}{y_{it}}\right) = B - \frac{1-e^{-\beta(T-t)}}{T-t}\log y_{it} + u_{it} \qquad (4-9)$$

式中：B 为常数。

该式表明，β 值的大小取决于期初的人均收入或产出水平，与其他参数的变化无关。因此，由上式测算出来的 β 系数，反映的是绝对趋同速率。

如果考虑其他因素，如资源禀赋、产业结构、要素流动等对经济增长率的影响，则可在上式的右边加入一些新的变量，那么 β 系数衡量的实际上就是条件趋同速率。

2. σ 趋同的检验

在区域经济增长中，如果存在 σ 型趋同，则说明区域增长的收敛趋势较强。因此，σ 趋同类型也被称为强收敛类型。σ 趋同一般用区域间的变异系数、基尼系数或泰尔指数衡量。以变异系数为例，其计算公式为

$$CV = \frac{1}{u}\sqrt{\sum_{i=1}^{N} P_i\,(y_i - u)^2} \qquad (4-10)$$

式中：y_i 和 P_i 分别为区域 $i(i=1,\ 2,\ \cdots,\ N)$ 的实际人均 GDP 和人口权重；u 为

---

① 邓宏兵. 区域经济学[M]. 北京：科学出版社，2008：96 – 98.

所有区域人均 GDP 的加权平均值；N 为区域数。如果计算得出的变异系数随时间推移减少，则可称区域经济增长过程中存在 σ 趋同。

3."俱乐部趋同"的检验

"俱乐部趋同"的检验方程如下：

$$Y_{i,t} = \alpha_1 - \alpha_2 \ln(y_{i,0}) + \varepsilon_{i,t} \tag{4-11}$$

式中：$Y_{i,t}$ 为末期第 t 年各区域的人均 GDP 增长率；$y_{i,0}$ 为基期各区域人均 GDP 水平；α_1 为常数项；α_2 为待估参数；$\varepsilon_{i,t}$ 为随机扰动项。如果 α_2 值为正，则可称 n 个区域间存在"俱乐部趋同"。

四、区域海洋经济发展模式实证分析

沿海地区海洋经济发展的基础与发展水平、区域海洋经济政策与战略、海洋资源禀赋与海洋经济的区位条件等方面均存在较大的差别，在区域海洋经济的发展过程中，各个地区依据不同的区域发展条件、海洋经济的战略定位、重点优势产业等，选择实施了不同的发展模式。尽管各地区的区域海洋经济发展模式各不相同，但是按照一定的标准进行分类，还是可以找到其中的共同之处。

(一)区域海洋经济发展特征识别

通过对我国 11 个沿海地区海洋经济的比较分析，发现在区域海洋经济发展过程中表现出以下几个特点。

1. 区位因素对我国区域海洋经济发展的影响突出

区位因素是某一个区域与周围区域诸多社会经济事物关系的总和，对区域经济发展的进程具有重要的影响。按照自然与非自然的标准，区位因素可以分为两大类：一类区位因素与自然条件密切相关，比如临近深水港湾或较大区域的中心等；另一类区位因素是由于人类建设活动所形成的区位优势，如由于交通干线或交通枢纽的建设形成周围城镇群体等。区域海洋经济的发展符合区域经济发展的一般规律，具有区域经济发展的一般特征，因此在区域海洋经济的发展中同样会受到区位因素的影响，区域海洋经济的区位因素应该包含了所有区域间海洋经济相关各类事务的关系，包括：地域、海洋水文、环境、金融与资本、劳动力资源、市场、政府行为以及政策与制度环境、可进入性、交通等。

对区域经济具有重要影响作用的区位因素同样是区域海洋经济发展中的重要组成部分，因此地理与区位因素反映了区域海洋经济发展的空间约束，是影响区域海洋经济发展的重要因素。在我国沿海地区中，地区之间的地理差异非常明显，制约了各地区海洋经济发展模式的选择，而区位因素对区域海洋经济发展的影响主要体现在周边区域间的极化与扩散方面。在联系较为紧密、合作程度较高的区域合作地区，其区位因素作用较为明显，如长三角地区和珠三角地区，而在环渤海地区则不够显著。另外，各地区的核心区域如上海、广东，其区位优势十分明显，区域海洋经济发展的区位因素影响效应十分突出。

2. 产业集聚是我国区域海洋经济发展的主要方式

各沿海地区的区域海洋经济政策中，都选择通过推动海洋产业的集聚实现海洋经济的发展，因此，产业集聚是我国区域海洋经济发展最主要的方式。选择以产业集聚推动海洋经济发展的主要原因：一方面是产业集聚在区域经济发展中所具有的巨大优势，包括产业集聚所带来的规模经济、高度的专业化分工、生产运输交易等成本的降低、产业竞争优势的实现等可以极大地提升区域的竞争力；另一方面则是由目前我国对海洋开发的认识和开发方式所决定的，沿海地区在海洋开发过程中仍然比较看重海洋油气、化工等重化工业以及大型港口码头建设等能带来巨大收益的项目，而这些项目通常比较巨大，需要相应的产业链等支撑体系，在建设过程中很容易形成相关产业的集聚。

以海洋产业集聚为主的发展方式决定了各沿海地区在海洋经济空间发展模式的选择上，点域、点轴、网络型的增长极发展模式具有较大的普遍性，通过增长极的快速发展所产生的扩散效应，有力地带动了区域海洋经济的整体发展。但是，目前我国各沿海地区的海洋产业集聚中主要以临港工业为主，增加了对海洋环境的影响程度和对海洋资源的利用强度，对海洋环境、资源造成的压力较大；各沿海地区产业集聚的形成主要依赖于地区海洋资源禀赋的比较优势和政府投资，在形成过程中很少接受市场的检验，缺乏通过市场竞争优势和以市场需求为导向所形成的海洋产业集聚，造成了各地区间缺少具有特色的海洋产业集聚；以增长极为主的普遍发展模式，在一定程度上也制约了区域内海洋经济的协调发展，造成了区域海洋经济发展的空间结构不尽合理。

3. 海陆联动是我国区域海洋经济发展的重要途径

海陆一体化是发展海洋经济的重要战略。从区域海洋经济发展政策来看，各沿海地区都提出了海陆联动、加快海陆一体化发展的方针策略，其中除浙江和广西以外，其他地区都是强调以大力发展海洋经济、借助海陆联动推动整个区域的经济发展。浙江与广西的海陆一体化则是以陆域经济为依托带动海洋经济的发展，其原因在于浙江省陆域民营企业实力雄厚，相关特色产业具有较强的竞争力，而且浙江的海洋经济发展侧重于对上海和长三角地区的对接；广西是由于受地理位置等因素的影响，海洋经济实力较为薄弱，需要依托陆域经济的带动。

沿海地区海陆联动、一体化发展战略的实施，是在实践中探索如何实现海洋经济发展对区域发展的推动，而实践也证明了区域海洋经济具备了实现区域全面发展的能力，但也表现出目前海陆联动、一体化发展的层次还比较低，各地区海陆联动发展的相关产业过于单一、存在雷同等问题，这也为进一步提高区域海洋经济发展水平提出了要求。

(二)区域海洋经济发展模式划分

根据区域经济发展的关键要素，可以把发展模式划分为：①自然资源导向型发展模式，即把区域内部丰富的自然资源作为区域的主导优势条件，以资源开发带动区域发展；②区位导向型发展模式，即充分发挥区位优势的发展模式，区位优势既有自然区位优势，又有人文区位优势；③科技资源导向发展模式，即强调科技资源的重要性，通过科技创新体系建设拉动区域经济增长；④制度导向型发展模式，即把制度变革作为区域发展的突破口，如通过大力发展民营经济和企业改制来增强经济活力，拉动区域经济增长等。

从我国沿海地区的海洋经济发展来看，各地区都是以自身海洋自然资源优势作为发展海洋经济的切入点，借助丰富的海洋自然资源作为海洋经济发展的主导条件，自然资源导向型发展模式应该是区域海洋经济发展的基本模式。此外，部分沿海地区在发展海洋经济的过程中，积极将海洋经济的发展与自身区位优势、制度创新等相结合，通过发挥区位特点、制度改革等推动海洋经济发展，可以看作是一种自然资源与区位优势、制度优势相结合的综合优势导向型发展模式。因此，可以将我国区域海洋经济的发展模式划分为两大类，即自然资源导向型发展模式和综合优势导向型发展模式。在每一大类下，又可以根据海洋经济发展的空间布局不同细分为不同的种类。

1. 自然资源导向型发展模式

1) 自然资源导向型点域发展模式

在自然资源导向型的发展模式中，点域型发展表现为地域增长极的点域，即强调空间的地域增长极，重点在某一地区发展海洋经济，如中心城市、开发区、经济特区等，在点域型发展模式中增长极既可以表现为单核增长极模式也可以是双核或多核增长极模式。

采用自然资源导向型点域发展模式的地区包括：河北省以滨海旅游和加工业为主导的秦皇岛经济区、以临港重化工为主导的唐山经济区、以滨海化工业为主导的沧州经济区联动为特征的多核增长极发展模式，重点发挥区域内的优势海洋资源——港址资源、油气资源、海盐资源和滩涂资源等；天津市以滨海新区建设为带动海洋经济发展的增长极，实施单核的点域型发展模式，突出海洋优势资源的开发利用。

2) 自然资源导向型点轴发展模式

点轴型发展模式由地域增长极的点与连线各点的轴线(带)构成，表现为点的地域增长极通常为中心城市，连接各增长极之间的轴线可以是自然轴线或人文轴线，自然轴线如江河轴线、海岸轴线，人文轴线如铁路轴线、高速公路轴线、公路轴线、边界轴线等。点轴系统通过扩散功能带动轴线周围地区经济社会的发展。

从我国区域海洋经济发展来看，采用自然资源导向型点轴发展模式的地区包括：辽宁省重点依托沿海中心城市，通过资源整合、要素整合、功能互补，实现沿海六个城市一体化发展，以海岸线为轴，把沿海地区建成区域一体化的外向型经济协作区并划分为三个海洋经济区，即辽东半岛海洋经济区、辽河三角洲海洋经济区和辽西海洋经济区，进而向内陆辐射，带动内陆发展，开发的重点是以优势海洋自然资源为主，包括滩涂资源、港口资源、渔业资源、油气资源、旅游资源等；广西壮族自治区通过北部湾经济区建设实施以北部湾沿岸为轴，推进区域海洋经济的发展，以海洋资源为重点开发对象，推动海洋产业发展。

3）自然资源导向型网络发展模式

网络型发展模式是由节点和互相交叉的轴线共同构成，是多条点轴的复合体，节点是区域内部的各级中心城市，发挥着不同层次的增长极作用，轴线是由自然轴线或人文轴线构成，相对于点域和点轴发展模式，网络型发展模式更能满足区域平衡发展的要求，同时网络型发展模式要求具备一定的条件，如区域面积较大、区域内存在三个以上具有较强扩散效应的增长极和两条以上的发展轴。

采用自然资源导向型网络发展模式的地区包括：山东省通过规划黄河三角洲高效生态经济区，阳光海岸带黄金旅游区，健康养殖带特色渔业区，沿莱州湾、胶州湾、荣成湾综合经济区，青岛、日照、烟台、威海临港经济区等几大海洋特色经济区形成海洋经济发展网络，借助海洋优势资源大力发展海洋渔业、船舶工业、海洋高新技术产业、石油和海洋化工、滨海旅游、海洋运输六大产业；江苏省采取"一带三圈八区"的空间布局策略："一带"是根据沿沪宁线高新技术产业带、沿江基础产业带、沿东陇海线产业带，积极推进"沿海产业带"建设；"三圈"是因地制宜，发挥特色，建设东桥头堡经济圈、滩涂开发和新兴工业经济圈、江海联动经济圈；"八区"是自北向南依托港口建设，重点形成八大临港产业区，主要是对江苏省较为丰富的滩涂和近海等优势海洋资源的开发利用。

2. 综合优势导向型发展模式

根据对我国区域海洋经济发展现状的分析，实施综合优势导向型发展模式的地区主要以海洋自然优势资源开发与区位优势或者制度创新相结合，来推动区域海洋经济发展，并在空间布局中选择不同的增长极驱动模式。

从各沿海地区来看，上海市海洋经济的发展采取的是海洋资源优势、区位优势、制度创新共同带动的发展模式，其主要特点是在突出上海市全国经济核心地位、长三角地区经济社会发展龙头以及国际经济发展中心的基础上，从较为开阔、国际化的视野和较高的立足点上全面发展海洋经济，并注重对区域海洋经济发展的制度创新，主要是对海洋经济市场运行机制的完善，通过建立上海市海洋经济发展联席会议制度，进一步加强政府宏观调控和部门协调与合作。

浙江省海洋经济发展模式主要强调在开发海洋优势资源的基础上，利用区位特点依托上海经济核心地位，积极参与长三角的合作推动海洋经济的发展。在其空间布局上也是通过主动接轨上海，确立沿海港口城市和中心大岛的中心城市地位，并以此布局轴线形成点轴型的发展模式。

福建省海洋经济发展模式则是在开发海洋优势资源的基础上，通过连接长江三角洲和珠江三角洲的经济发展，构建服务西部开发、中部崛起的新的对外开放综合通道和对台平台建设，进一步发挥福建的区位优势，实现区域海洋经济的发展。在空间格局上则是以构建闽东海洋经济集聚区，闽江口海洋经济集聚区，湄洲湾、泉州湾海洋经济集聚区，厦门、漳州海洋经济集聚区的点域型发展模式带动区域内海洋经济的发展。

广东省海洋经济发展模式是在发挥海洋资源优势的基础上，突出广东省在泛珠三角地区经济合作中的核心地位的区域海洋经济发展模式。在区域空间布局上，广东省则采取区域海洋经济协调发展的政策，重点规划了珠三角、粤东和粤西三大海洋经济区。

海南省海洋经济发展模式与其他地区的增长极发展模式有所不同，采取的是结合本省自身区位特点，通过进一步融入东南亚地区经济体系，进一步融入华南经济圈，借助泛珠三角经济圈的建设，分工协作推进区域海洋经济的发展，并在制度上进行了创新，实施以"寓维权于开发"的海洋资源开发方式。在其空间布局上则是通过主要沿海城市的点域型发展，带动海洋经济的整体发展。

第五节　区域海洋经济协调发展分析

区域经济协调发展是指在区域开放条件下，区域之间经济联系日益密切、经济相互依赖日益加深、经济发展上关联互动和正向促进，各区域的经济均持续发展且区域经济差异趋于缩小的过程。区域海洋经济协调发展是海洋经济发展过程中区域联系与合作合理化的标志，是相关区域间经济、社会协调发展的过程。区域海洋经济协调发展不仅包括缩小不同沿海地区海洋经济发展的差距，也包括区域整体共同发展。促进区域海洋经济协调发展，有利于加强区域之间经济联系与合作，最终实现区域经济一体化格局。

一、区域经济协调发展的相关理论

区域经济协调发展理论主要包括劳动地域分工理论、区域经济系统协同理论、空间相互作用理论和交易成本理论等。

1. 劳动地域分工理论

劳动地域分工是以区域差异和社会生产力的发展为必要条件、以商品经济和区域利益要求为充分条件的劳动社会分工在地域上的表现。可见，劳动地域分工的推动力是社会生产力，其形成发展的前提是自然、经济和社会诸条件因素的地域差异，其主体内容是部门和空间结构，以及作为联系纽带的交通运输网络，其表现形式是经济区域和经济区域系统。大规模的社会劳动地域分工往往导致区域专门化的发展，造就一个国家或地区的产业结构、空间结构和经济特征，并由区域化逐步上升为国际化，进而扩展到全球范围，演化成国际分工、国际交换和国际协作。也就是说，区域生产专门化与区域之间的协作和联合并存。只有分工而没有协作和联合，必然形成相互分割的"小而全"或"大而全"的状态，经济主体的优势就极易被自身的弱点所抵消。现代经济发展实践表明，分工与协作的依赖与并存能够对各种资源要素和各个生产环节进行更合理的调度、组合和协调，从而能更充分地发挥区域内各种生产因素的独特作用，并产生一种超越于各单个区域的强大合力，推动区域经济系统的协调发展。

2. 区域经济系统协同理论

区域经济系统的协同原理揭示了区域经济系统在运动中的经济联系和交换关系的变化规律。其基本含义是：在开放的区域经济系统中，区域之间总要发生一定的经济交换，从而使不同区域产生趋于某种协同的经济运动。德国理论物理学家哈肯(H. Harken)提出的著名的"协同学"原理认为，在一个大量子系统组成的开放系统中，由于子系统间相互作用和协作，能形成一定功能的自组织结构，从而能达到新的有序状态。"协同学"原理揭示了这样一个普遍的规律，即任何一种开放系统内部结构的变化，总是以与外部环境的能量和物质交换为条件的。区域经济系统内部结构的变化同外界环境的关系，也具有同样的规律。这是因为，区域经济内部结构的变化，总是要打破其自身的封闭和孤立状态，同区域外发生广泛的经济交换关系。生产力发展的区位推移，商品经济的发展和价值规律的作用，将打破各种各样的地域界限、所有制关系和行政隶属关系，促进资源要素的地域流动，冲破"自给自足"的区域经济格局，扩大商品交换的规模，沟通广阔的市场，使区域之间在彼此的交往和联系中，建立起广泛的经济协作关系，并在协作过程中发挥区域优势，促进区域经济发展。①

3. 空间相互作用理论

空间相互作用是指区域之间所发生的商品、人口与劳动力、资金、技术、信息等的相互传输过程。② 区域之间的相互作用主要通过物质、能量、信息等流动的方式实现。一方面，商品、人员、资金、技术、信息等生产要素的流动，能够促进区域之间的经济联系，拓展区域经济发展空间；另一方面，也会引起区域之间的竞争，有可能使区域的共同利益受损。空间相互作用的三个前提条件是区域之间的互补性、可达性和干扰机会。③

区域之间的互补性。区域之间相互作用的前提是区域之间存在商品、劳动力、科技、信息等生产要素方面的互补性。只有区域相互之间具有这种生产要素的互补性，相互之间才可能通过生产要素的流动发生经济联系。一般来说，区域之间互补性越强，则相互作用越强。

区域之间的可达性。区域之间的互补性为区域之间的相互作用提供可能性，即区域之间可能存在商品、人员、信息的流动，而这一作用的实现还依赖于区域空间的可达性。可达性主要受以下因素的影响：①空间距离和空间运输时间。区域之间的经济联系遵循距离衰减原则。区域之间的空间物理距离越远，运输时间越长，则经济联系越弱，可达性越弱，反之，则可达性越强。②区域之间社会、文化、制度障碍。区域之间社会、文化、制度等差异，会导致区域内行政、市场等分割，限制经济要素的流动，区域之间的可达性较弱。③区域之间交通联系。便捷、快速、高效的交通是区域间商品、物资、人员流动的基础。区域间交通设施越方便、越快捷，则区域之间的可达性越好。

干扰机会。一个区域可能与多个区域之间存在互补性，那么是与其中的哪一个或者是哪几个区域之间作用，主要取决于区域之间互补性的强度，互补性越强则之间发生相互作用的可能性越大。由于这种干扰机会的存在，具有互补性的两个区域之间也不一定发生相互作用。

总体来说，区域之间互补性越强，可达性越好，干扰机会越少，则相互作用越强，反之，则相互作用越弱。相互作用理论解释了区域之间发生相互作用的原因以及发生的条件。依据空间相互作用理论，相邻区域之间由于地域邻近、交通便利、社会与文化相通、经济联系紧密，因此相互之间的作用力强。

4. 交易成本理论

交易成本即交易费用，是现代产权经济学的一个核心概念。运用交易成本理

---

① 武友德，潘玉军. 区域经济学导论[M]. 北京：中国社会科学出版社，2004：280-282.
② 谭成林，等. 区域经济空间组织原理[M]. 武汉：湖北教育出版社，1996.
③ 李小建. 经济地理学[M]. 北京：高等教育出版社，1999：225-227.

论对区域经济合作进行理论分析具有积极的现实意义。该理论是劳动地域分工理论的延伸，以劳动地域分工理论为基础，运用经济学的分析方法，寻求合作中最节约的交易成本，推动国家间的经济合作。

每一个国家资源的相对稀缺性和国家的经济人特性决定了国家间交易和交易成本的存在。在现实生活中，每一个国家拥有对资源的主权，国家拥有的自然资源和人口不同，发展程度不同，某一种资源的稀缺程度也不一样。正因为如此，国家间需要交易，即通过一种资源的权利换取另一种资源的权利，如一些国家的免税引资政策，实际上就是一种资源交换。每一个国家都会追求自己的最大利益，为了追求最大利益，政府需要决定和哪些国家进行交易，以什么条件进行交易。这种选择需要收集信息，进行调研，因此需要花费资源，这种花费就是一种交易成本。

二、区域经济协调发展分析指标和方法

(一)静态分析指标及方法

1. 绝对差异描述指标

1)标准差

标准差是反映样本远离总体平均值程度的一项重要指标，标准差越大，样本就越分散，样本间的平均差异也就越大。其计算公式为

$$S = \sqrt{\frac{\sum_{i=1}^{n} (Y_i - \bar{Y})}{N}} \qquad (4-12)$$

式中：N 为区域个数；Y_i 为第 i 个区域的国内生产总值；$\bar{Y}$ 为所有区域的国内生产总值的平均值。

【示例】

2001—2012 年全国 11 个沿海地区海洋生产总值标准差计算结果见表 4 – 5。

表 4 – 5　2001—2012 年沿海地区海洋生产总值标准差

年份	2001	2002	2003	2004	2005	2006
标准差	621.49	731.47	734.54	899.41	1 113.10	1 465.17
年份	2007	2008	2009	2010	2011	2012
标准差	1 645.31	1 911.67	1 942.17	2 379.72	2 625.91	2 853.44

由标准差分析结果可知，2001—2012 年，区域海洋经济差距呈逐年扩大趋势，沿海地区海洋生产总值标准差逐年增加。

2）极差

极差是人均国内生产总值最高区域与最低区域之差。它是反映区域人均国内生产总值变化的最大绝对幅度，属于绝对指标，其计算公式为

$$R = Y_{max} - Y_{min} \tag{4-13}$$

式中：R 为极差；Y_{max} 和 Y_{min} 分别为经济发展水平最高和最低区域的人均国内生产总值。极差越大，区域绝对差异的极端情况越严重；反之亦然。

【示例】

2001—2012 年全国 11 个沿海地区海洋生产总值极差计算结果见表 4-6。

表 4-6　2001—2012 年沿海地区海洋生产总值极差

年份	2001	2002	2003	2004	2005	2006
极差	1 912.00	2 255.80	2 290.20	2 771.60	3 326.90	4 832.60
年份	2007	2008	2009	2010	2011	2012
极差	5 352.90	5 926.60	6 217.20	7 705.00	8 577.30	9 355.40

由极差分析结果可知，我国区域海洋经济绝对差异的极端情况日益严重，极差呈逐年增长趋势。

3）平均差

平均差是分布数列中各单位标志值与其平均数之间绝对离差的平均数，它反映了数列中相互差异的标志值的差距水平。其计算公式为

$$MD = \sum_{i=1}^{N} |Y_i - \bar{Y}|/N, \ (i = 1, 2, \cdots, N) \tag{4-14}$$

平均差越大，则说明数列中标志值变动程度越大；反之亦然。

【示例】

2001—2012 年全国 11 个沿海地区海洋生产总值平均差计算结果见表 4-7。

表 4-7　2001—2012 年沿海地区海洋生产总值平均差

年份	2001	2002	2003	2004	2005	2006
平均差	506.80	592.67	593.72	730.29	924.26	1 190.75
年份	2007	2008	2009	2010	2011	2012
平均差	1 323.66	1 539.59	1 565.33	1 842.09	2 017.55	2 203.01

由平均差分析结果可知，我国区域海洋经济的平均变动程度亦逐年增大，沿海地区海洋生产总值平均差逐年增大。

2. 相对差异描述指标

对经济区域差距进行动态比较时，除了以绝对差距反映区域间经济发展水平外，还要考虑到各区域由于基数差异的影响，因此，需要计算相对差距来更客观地反映差异程度的变动趋势。

1）变异系数（CV）

变异系数又称离差系数，是指总体某单位变量值变异程度的相对数，即绝对差距与其平均指标之比。反映某一指标在不同空间的不同水平数列的标志变异程度，或反映某一指标在同一空间的不同时间指标数的标志变异程度。计算公式为

$$V_{uw} = \frac{S}{\bar{Y}} = \left[\sum_{i=1}^{N} (Y_i - \bar{Y})^2 / N \right]^{1/2} / \bar{Y} \qquad (4-15)$$

式中：V_{uw} 为变异系数；S 为标准值；$\bar{Y} = \dfrac{\sum\limits_{i=1}^{N} Y_i}{N}$ 为各区域人均 GDP 的均值；Y_i 为 i 区域的人均 GDP，$i = 1, 2, \cdots, N$；N 为区域个数。变异系数越大，区域相对差异越大，区域的不平衡性就越大；反之亦然。

【示例】

2001—2012 年全国 11 个沿海地区海洋生产总值变异系数计算结果见表 4-8。

表 4-8　2001—2012 年沿海地区海洋生产总值变异系数

年份	2001	2002	2003	2004	2005	2006	2007	2008	2009	2010	2011	2012
变异系数	0.72	0.71	0.68	0.67	0.69	0.75	0.71	0.71	0.66	0.66	0.63	0.63

由变异系数的分析结果可知，区域海洋经济总体朝着均衡性的方向发展，变异系数总体呈变小趋势，但在 2005—2008 年略有起伏。

2）锡尔系数

锡尔（Theil）系数包括两个锡尔分解指标（T 和 L），一般研究中大多采用锡尔 T 指标。其计算方法见本章第二节的式（4-1）和（4-2）。

3）基尼系数

基尼系数是最常用于地区差距的指标之一，其计算公式为

$$G = \frac{2}{n} \sum_{i=1}^{n} i x_i - \frac{n+1}{n}, \text{ 其中：} x_i = \frac{y_i}{\sum\limits_{i=1}^{n} y_i}, (x_1 < x_2 < \cdots < x_n) \quad (4-16)$$

式中：x_i 是按区域 i GDP 占整个地区 GDP 的份额由低到高的顺序排列的；y_i 是区域 i 的 GDP；n 是地理区域的个数。如果基尼系数为零，表示收入分配完全平等；基尼系数为 1，表示收入分配绝对不平等。这两种情况只是在理论上的绝对

形式，在实际生活中一般不会出现。因此，基尼系数的实际数值介于 0~1 之间，基尼系数越大表明地区间居民收入分配越不平等。

(二)动态分析指标及方法

区域经济协调发展不仅包括区域之间经济发展水平差距的缩小，还包括一个区域内经济与环境、人口、社会等相关要素的协调发展。协调度是度量要素之间协调状况好坏程度的定量指标。国内外关于协调度的研究方法主要有耦合协调度模型、协调发展度模型、灰色关联模型、熵变方程法和区间值判断法五种。

1. 耦合协调度模型

设正数 $x_1,\cdots,x_m$ 为描述要素 1 特征的 m 个指标；设正数 $y_1,\cdots,y_n$ 为描述要素 2 特征的 n 个指标，则分别称函数 $f(x)=\sum_{i=1}^{m}a_i x'_i$，$g(y)=\sum_{j=1}^{n}b_j y'_j$，其中：

$$x'_i=\begin{cases}(x_i-\beta_i)/(\alpha_i-\beta_i),\ x'_i\ 为正向指标\\(\alpha_i-x_i)/(\alpha_i-\beta_i),\ x'_i\ 为负向指标\end{cases}$$

α_i,β_i 为相应于 x_i 上下限值，y'_j 按类似方法定义。则要素 1 与要素 2 耦合度计算公式为

$$C=\{(f(x)\cdot g(y)/[(f(x)+g(y))^2]\}^{1/2} \tag{4-17}$$

显然，$0\le C\le 1$，$C=1$ 时耦合度最大，$C=0$ 时耦合度最小。

然而耦合度在有些情况下却很难反映出要素之间整体功能的大小，尤其是在进行时空比较的情况下，为了解决这一问题，可在耦合度的基础上定义耦合协调发展系数：

$$D=\sqrt{C\cdot T}$$
$$T=af(x)+bg(y) \tag{4-18}$$

式中：D 为耦合协调发展系数；C 为耦合度；T 为要素 1 与要素 2 的综合评价指数，它反映了要素 1 和要素 2 的整体协同效应或贡献；a，b 为待定系数。

耦合协调度模型有两个致命的缺点：一是上下限值的确定，对于各项指标的上下限值，有的取理想值，有的取规划值，有的取标准值，有的取代表性省份或国家的值，但这些方法都不能使人信服，因此即使采用相同的数据，由于上下限的取值不同，计算结果也会大相径庭，可能是协调发展，也有可能是极不协调；第二个缺点是协调等级的划分极具主观性，有人分为十等，有人分为六等，甚至有人分为三十个等级，这些等级的划分都没有可供检验的方法。

2. 协调发展度模型

协调发展度模型是依据评价区域经济协调发展的标准(区域经济之间联系、

区域经济增长和区域经济之间差异)计算得出的。[①] 主要步骤如下。

(1)用 Moran's I 系数测度区域经济联系状态，其计算公式为

$$I = \frac{n}{\sum\limits_{i=1}^{n}\sum\limits_{j=1}^{n}W_{ij}} \times \frac{\sum\limits_{i=1}^{n}\sum\limits_{j=1}^{n}W_{ij}(x_i - \bar{X})(x_j - \bar{X})}{\sum\limits_{i=1}^{n}(x_i - \bar{X})^2} \qquad (4-19)$$

式中：n 为区域数量；变量 x_i，x_j 分别代表某固定年份 i 区域与 j 区域的人均生产总值；$\bar{X}$ 为对应年份的人均生产总值的均值。W_{ij} 是 i 区域与 j 区域的空间相邻权重矩阵。以 1 表示 i 区域与 j 区域相邻，以 0 表示 i 区域与 j 区域不相邻。Moran's I 的值介于 -1 到 1 之间。若 Moran's $I > 0$，表示 i 区域与 j 区域的经济增长为正相关，区际经济联系紧密；若 Moran's $I < 0$，则表示 i 区域与 j 区域的经济增长为负相关，区际经济联系弱。

(2)用区域经济增长率变异系数测度区域经济增长状态，其计算公式为

$$\beta_t = \sqrt{\frac{1}{n}\sum\limits_{j=1}^{n}(y_j - \bar{Y})^2} \bigg/ \bar{Y} \qquad (4-20)$$

式中：β_t 表示 t 年 n 个区域间地区生产总值增长率的变异系数；y_j 为 j 区域的地区生产总值增长率，$j = 1，2，\cdots，n$；$\bar{Y}$ 为 n 个区域地区生产总值的平均增长率。变异系数越大，区域经济增长的相对差异越大，表明区域之间经济增长的正向促进作用欠佳；反之亦然。

(3)用区域经济增长水平变异系数测度区域经济差异状态，其计算公式为

$$V_{uw} = \sqrt{\frac{1}{n}\sum\limits_{j=1}^{n}(x_j - \bar{X})^2} \bigg/ \bar{X} \qquad (4-21)$$

式中：x_j 为 j 区域的人均地区生产总值，$j = 1，2，\cdots，n$；$\bar{X}$ 为各区域的人均地区生产总值的平均值；n 为区域个数。

(4)用平均赋权法将所测度的区域经济联系、区域经济增长、区域经济差异值合并成一个反映区域经济协调发展水平的综合指标。最后用下式计算区域经济协调发展度：

$$U = \exp\{-(z - z')^2/s\} \qquad (4-22)$$

式中：U 为区域经济协调发展度；z 为某个年份区域经济协调发展的实测值；z' 为区域经济协调发展的期望值；s 为标准差。区域经济协调发展度的取值范围是 $[0，1]$。区域经济协调发展度的值越趋近于 1，说明区域经济协调发展水平越高；反之亦然。

---

① 覃成林，郑云峰，张华. 我国区域经济协调发展的趋势及特征[J]. 经济地理，2013(1)：9-14.

3. 灰色关联模型

将灰色关联系数按样本数 k 求其平均值可以得到一个关联度矩阵 γ_{ij}（详见第三章第二节），对关联度矩阵分别按行或列求其平均值，根据其大小及对应的值域范围可以遴选出经济增长对环境最主要的胁迫因素和环境对经济增长最主要的约束因素。

$$
\begin{cases}
d_i = \dfrac{1}{l}\sum_{j=1}^{l}\gamma_{ij}, \ i = 1,2,\cdots,m; \ j = 1,2,\cdots,l \\[3mm]
d_j = \dfrac{1}{m}\sum_{i=1}^{m}\gamma_{ij}, \ i = 1,2,\cdots,m; \ j = 1,2,\cdots,l
\end{cases}
$$

为了从整体上判别经济增长与环境两个系统耦合强度大小，可以在上式的基础上进一步构造经济增长与环境相互关联的耦合度模型，通过该模型可以定量评判经济增长与环境系统耦合的协调程度。其计算公式为

$$
C = \frac{1}{m \times l}\sum_{i=1}^{m}\sum_{j=1}^{l}\xi_i(j) \qquad (4-23)
$$

式中：$\xi_i(j)$ 是关联系数。在协调分析中，一般把 C 称为经济与环境系统耦合度，它是两个系统或两个因素关联性大小的量度，描述了系统发展过程中，因素间相对变化的情况，也就是变化大小、方向与速度的相对性，如果两者在发展过程中相对变化基本一致，则认为两者关联大，反之，两者关联就小。

灰色关联模型可以计算系统内每个指标和另一个系统每个指标的关联程度，还可以计算对某一系统影响的主要胁迫因素，这是其他方法所不能比拟的。但这种方法的缺点是在划分协调等级时主观性强。究竟多大算关联性强、多小算关联性弱都是人为设定的。

4. 熵变方程法

经济系统是一个典型的耗散结构，它遵循熵变方程：

$$
dS = d_iS + d_eS \qquad (4-24)
$$

式中：dS 表示经济系统的熵变，d_iS 表示经济系统内部过程产生的熵变，称为熵产生，由耗散结构理论可知，d_iS 一定大于 0。d_eS 表示经济系统与外界进行物质能量交换时所发生的熵变，称为系统的熵变，其值可正可负也可以为零。当 $dS > 0$ 时，输入系统的熵流小于系统内部的熵产生，表示经济系统发展的有序度降低，经济发展表现为不断下滑的曲线；当 $dS < 0$ 时，经济系统向更有序的方向发展，表现为一种向上的"成长"状态；当 $dS = 0$ 时，经济系统发展的有序度不变，系统处于一种特殊的"平衡"状态。

熵变方程法最大的优点是简便、明确、易于应用。它避免了灰色关联模型和耦合协调度模型等级划分主观性的缺点，但这种方法也有一个缺点，就是只能判

断相对协调程度，即相对于上年来讲是向协调方向发展还是向不协调方向发展，并且在计算比较因素综合发展指数时在一定程度上受标准化方法的影响。

5. 区间值判断法

区间值法就是以协调发展系统中各子系统的综合指标为基础，通过建立协调发展数学模型，确定协调发展区间，判断协调发展系统是否协调的方法。其主要步骤是：

(1) 确定各子系统的综合指标。

(2) 建立经济与环境二者的协调发展模型：$Y = f(x) + u$，其中，Y 为经济发展水平；x 为环境发展水平；u 为随机扰动项。实证分析中，通常对上式的具体形式进行假定，如线性、非线性等。为说明方便，假设为线性关系，即：$Y = \beta_0 + \beta_1 X + u$。

(3) 估计特定系数 β_0、β_1，确定方程式。根据地区正常发展时期的历史资料，搜集 X、Y 的值，利用最小二乘法，估计 β_0、β_1。特定系数可以反映经济和环境协调发展的定量关系。

(4) 计算 Y 和 X 的估计值。根据回归方程，计算 Y 和 X 的估计值 $\hat{Y}$ 和 $\hat{x}$。

$$\hat{Y} = \hat{\beta}_0 + \hat{\beta}_1 X \qquad \hat{x} = (Y - \hat{\beta}_0)/\hat{\beta}_1$$

(5) 确定协调发展区间。根据 $\hat{Y}$ 和 $\hat{x}$，确定适合协调发展要求的 Y 和 X 的取值界限即协调发展区间，在大样本情况下：

$$Y \in (\hat{Y} - 2S_Y, \hat{Y} + 2S_Y)$$
$$X \in (\hat{x} - 2S_X, \hat{x} + 2S_X)$$

在小样本情况下：

$$Y \in [\hat{Y} - t_{0.025}(n-1)S_Y, \hat{Y} + t_{0.025}(n-1)S_Y]$$
$$X \in [\hat{x} - t_{0.025}(n-1)S_X, \hat{x} + t_{0.025}(n-1)S_X]$$

(6) 判断一定时期的反映经济、环境发展状况的指标是否协调发展。如果反映经济、环境协调发展的指标值落入协调发展区间，则说明经济与环境是协调的，否则说明经济与环境的发展是不协调的。

区间值判断法的实质是根据各系统的综合发展水平进行回归分析，并把回归系数作为反映两个比较要素之间协调发展的定量关系。其可靠性取决于正常发展时期的选择，并且被选中的正常时期必须是协调发展的，由于这两个条件很难满足，因此在实证分析中用得较少。

三、区域海洋经济发展协调性实证分析

根据区域经济协调发展理论，区域海洋经济协调发展应具备四个方面的标

志：①区域之间海洋经济联系日益密切；②区域分工趋向合理；③区域海洋经济发展差距保持在一定的"度"内，且逐步缩小；④区域海洋经济整体高效增长。以此为依据，可以确定区域海洋经济协调发展的评价指标、建立指标体系，并利用统计分析方法开展综合评价。

我们以北部海洋经济圈、东部海洋经济圈和南部海洋经济圈为研究对象，对三大海洋经济圈的海洋经济发展协调性进行实证分析。其中，北部海洋经济圈覆盖沿海的辽宁、河北、天津、山东三省一市，东部海洋经济圈覆盖江苏、上海、浙江、福建三省一市，南部海洋经济圈覆盖广东、广西、海南二省一区。在基础数据的选择上，由于不同年份的评价结果可能会有所不同，理论上应尽可能多地采用逐年数据进行综合比较分析，这样能使评价结果更加客观，也更加符合实际。但受统计资料的限制，在保证计算指标完整性的前提下，实证分析中只能选择 2011 年的统计数据。

（一）建立评价指标体系

1. 确定评价指标

在设置和筛选指标时，必须坚持系统整体性、动态引导性、简明科学性、标准通用性和相对稳定性的原则。通常情况下，一套好的评价指标应具备 7 个条件：

——指标计算所需的数据是可以获得的；

——指标是易于理解的；

——指标是可以测量的；

——指标计算的内容是重要的和有意义的；

——指标描述的事件状态与其获取的时间间隔是短暂的；

——指标所依据的数据可以进行不同区域的比较；

——可以进行国际比较。

根据上述条件，确定从陆域经济环境差异、海洋经济发展差异、海洋经济联系状态、海洋产业结构差异、沿海基础设施差异、海洋科技差异、海洋资源差异、海洋环境差异八个方面选择相应的指标，对区域海洋经济协调发展进行综合评价。

（1）区域内陆域经济环境差异。海陆经济相互联系且互为一体，发展良好的陆域经济可以为海洋经济提供好的发展环境和丰富的经济资源，促进海洋经济的发展。区域内不同地区陆域经济发展水平差异大，其对海洋经济的支持作用和影响效果的差异随之增大，因此会导致海洋经济发展的不协调。选用人均 GDP 的变异系数作为衡量陆域经济发展水平的差异，人均 GDP 的变异系数越大表示陆域经济发展水平差异越大，是负向指标；选用区位熵变异系数来衡量区域内海洋经济比较优势的差异，区位熵变异系数越大表示该区域内不同省市海洋经济的比较优势差异越大，区域海洋经济越不协调，是负向指标。

(2)区域内海洋经济发展差异。区域海洋经济协调发展要求区域各地区间的海洋经济发展差距必须保持在一定的"度"内，换言之，超过这个限度的区域海洋经济发展即为不协调状态。虽然区域海洋经济发展差距变化没有直接涉及社会协调问题，但经济系统与社会系统密不可分，这就从一定程度上说明确保区域海洋经济发展差距在一定的范围也同样有助于社会整体进步。在上述"度"的范围之内，区域海洋经济发展均是协调的，但仍然存在协调发展的差异。在其他条件一定的情况下，区域海洋经济发展差距越小，区域海洋经济协调发展程度越高。这里选用海洋生产总值(GOP)变异系数来衡量区域内海洋经济发展水平的差异，差异越大表示区域海洋经济协调度越低，是负向指标；采用海洋经济密度变异系数来衡量区域海洋经济强度的差异，差异越大表示区域海洋经济协调度越低，是负向指标；选用GOP增长率变异系数来衡量区域海洋经济发展速度的差异，差异越大表示区域海洋经济协调度越低，是负向指标。

(3)区域内海洋经济联系状态。区域经济协调发展的必要和充分条件是区域内各地区之间必须存在经济联系。只有在区域各地区之间存在紧密的经济联系，相互之间才能形成依赖，进而才能形成经济发展上的关联互动。显然，如果区域各地区之间没有经济联系，互不相干，也就不可能内生出协调发展的需求。区域各地区之间的经济联系越紧密，相互依赖的程度就会越深，在经济发展上就越发"一损俱损，一荣俱荣"，因此，就越要求协调。这里选用GOP的Moran's I系数来衡量区域间的经济联系状态，系数越大表示区域内各地区间的经济联系更紧密，是正向指标。

(4)区域内海洋产业结构差异。海洋产业结构在一定程度上能够反映区域海洋经济的分工情况，一般情况下，区域内产业结构差异越大，表示区域内各地区主要海洋产业差异越大，区域海洋经济的分工相对合理，这里选用产业结构相似系数变异系数来衡量海洋产业结构差异，选用产业结构变动度变异系数来衡量海洋产业结构变动程度差异，两者均为正向指标。

(5)区域内沿海基础设施差异。沿海基础设施是海洋经济增长的必要前提，虽然良好的基础设施不一定能引起经济的增长，但是没有基础设施的支持，很难取得区域经济的协调发展。因此，区域海洋经济的协调发展，必须建设好沿海基础设施。区域内沿海基础设施建设的差异越大，其海洋经济的发展基础差异越大，海洋经济的发展越不协调。这里以沿海港口来代表海洋经济基础设施，选用货运量、货物周转量、客运量、旅客周转量的变异系数来衡量基础设施建设的差异，变异系数越大表示基础设施差异越大，海洋经济越不协调，为负向指标。

(6)区域内海洋科技差异。科学技术是经济增长的重要因素，科技进步能够提高其他生产要素的边际生产率，提高生产效率，优化产业结构，进而推动经济的发展。区域间海洋科技的差异会直接引起区域海洋经济增长的差异。这里选取海洋科技活动人员数量变异系数、海洋科技课题数量变异系数及海洋科技经费收入变异系数来衡量海洋科技差异，海洋科技差异越大，区域海洋经济发展越不协调，其相关指标均为负向指标。

(7)区域内海洋资源差异。海洋资源对海洋经济发展具有不可替代的重要支撑作用，没有充足的海洋资源作为保障，海洋经济肯定难以持续健康发展。当海洋资源供给不足时，海洋资源承载力也会下降，从而限制海洋经济的进一步增长。因此，海洋资源的差异是导致海洋产业结构差异、引起海洋经济发展差异的重要因素。这里选用大陆岸线变异系数和海域面积变异系数来衡量海洋资源差异，可利用的海洋资源差异越大，区域海洋经济发展越不协调，两者均为负向指标。

(8)区域内海洋环境差异。良好的海洋环境和较高的环境承载力能够为海洋经济提供更多的发展空间，是海洋经济发展的基础。因此，区域海洋环境的协调性是海洋经济协调发展的重要因素之一。这里选用一类海水海域面积占比变异系数和工业废水排放达标率变异系数作为海洋环境质量差异的衡量指标，海洋环境质量差异越大，区域海洋经济发展越不协调，两者均为负向指标。

2. 建立评价指标体系

根据上述的指标分析结果，建立区域海洋经济协调发展评价指标体系(表4-9)。

表4-9　区域海洋经济协调发展评价指标体系

评价方面	评价指标	指标类型
陆域经济环境差异(A_1)	人均 GDP 的变异系数(B_1)	负向
	区位熵变异系数(B_2)	
海洋经济发展差异(A_2)	GOP 变异系数(B_3)	
	海洋经济密度变异系数(B_4)	
	海洋经济增长率变异系数(B_5)	
海洋经济联系状态(A_3)	GOP 的 Moran's I 系数(B_6)	正向
海洋产业结构差异(A_4)	三次产业结构相似系数变异系数(B_7)	
	三次产业结构变动度变异系数(B_8)	

（续表）

评价方面	评价指标	指标类型
沿海基础设施差异(A_5)	港口货运量变异系数(B_9)	
	港口货物周转量变异系数(B_{10})	
	港口客运量变异系数(B_{11})	
	港口客运周转量变异系数(B_{12})	
海洋科技差异(A_6)	海洋科技活动人员数量变异系数(B_{13})	负向
	海洋科技课题数变异系数(B_{14})	
	海洋科技经费收入变异系数(B_{15})	
海洋资源差异(A_7)	大陆岸线长度变异系数(B_{16})	
	管辖海域面积变异系数(B_{17})	
海洋环境差异(A_8)	一类海水面积占比变异系数(B_{18})	
	工业废水排放达标率变异系数(B_{19})	

3. 相关指标说明

对相关指标的定义或计算方法说明如下：

（1）变异系数。需根据原始统计数据计算，计算方法见式（4-15）。

（2）区位熵。指海洋经济的区位熵，用来衡量区域海洋经济的比较优势，其计算方法见式（3-46）。

（3）海洋经济密度。指单位海岸线的海洋生产总值，即地区海洋生产总值除以相应海岸线长度。

（4）海洋经济增长速度。计算方法见式（2-7）至式（2-9）。

（5）Moran's I 系数。计算方法见式（4-19）。

（6）三次产业结构相似系数。指各地区三次产业结构与全国平均产业结构的相似系数，计算方法见式（3-20）。

（7）三次产业结构变动度。其含义和计算方法见式（3-9）。

（二）评价指标的综合计算

1. 计算指标值

基于上述指标体系，搜集数据，计算出三大海洋经济圈各指标值见表4-10，计算所用数据主要来源于2012年《中国海洋统计年鉴》和《中国统计年鉴》。

表4-10　区域海洋经济协调发展评价指标值

评价指标	北部海洋经济圈	东部海洋经济圈	南部海洋经济圈
B_1	0.339	0.148	0.293
B_2	0.487	0.287	0.448
B_3	0.591	0.122	0.953
B_4	1.196	0.945	0.744
B_5	0.288	0.356	0.173
B_6	-0.297	-0.333	-0.354
B_7	0.029	0.012	0.048
B_8	0.679	0.564	0.756
B_9	0.420	0.387	0.571
B_{10}	0.635	0.667	0.626
B_{11}	1.276	1.150	0.603
B_{12}	1.040	0.875	0.845
B_{13}	0.499	0.330	0.937
B_{14}	0.906	0.481	1.093
B_{15}	0.658	0.349	1.140
B_{16}	0.844	0.803	0.393
B_{17}	0.817	0.472	1.016
B_{18}	0.894	0.533	0.210
B_{19}	0.028	0.008	0.033

2. 确定指标权重

由表4-10可以看出，该体系构成了一个多级递阶结构。由于层次分析法（AHP）具有专家易于介入、形式简单、处理方便和相对客观等优点，是较为常见的主观赋权方法；熵值法根据指标所包含的信息量确定权重，能够深刻反映出指标信息熵值的效用价值。本部分选用层次分析法和熵值法综合确定权重，取两种方法所得权重的平均值作为最终权重（表4-11）。

表4-11　区域海洋经济协调发展评价指标权重

评价指标	熵值法	层次分析法	综合权重
B_1	0.053	0.100	0.077
B_2	0.054	0.049	0.051
B_3	0.049	0.123	0.086
B_4	0.054	0.026	0.040
B_5	0.053	0.026	0.040

评价指标	熵值法	层次分析法	综合权重
B_6	0.054	0.294	0.174
B_7	0.051	0.040	0.045
B_8	0.054	0.020	0.037
B_9	0.054	0.008	0.031
B_{10}	0.054	0.008	0.031
B_{11}	0.053	0.008	0.031
B_{12}	0.054	0.008	0.031
B_{13}	0.052	0.050	0.051
B_{14}	0.053	0.050	0.052
B_{15}	0.052	0.050	0.051
B_{16}	0.053	0.059	0.056
B_{17}	0.053	0.059	0.056
B_{18}	0.051	0.009	0.030
B_{19}	0.051	0.009	0.030

3. 计算综合得分

为了消除各指标的量纲影响，这里利用极差标准化方法分别对正向和负向指标进行了标准化。然后结合表 4-11 的权重值，计算三大海洋经济圈海洋经济协调发展的综合得分，计算结果见表 4-12。

表 4-12　三大海洋经济圈协调发展综合得分

	北部海洋经济圈	东部海洋经济圈	南部海洋经济圈
综合得分	0.429	0.624	0.369

（三）分析评价

由综合计算结果可知，在我国的三大海洋经济圈中，按照海洋经济发展协调度高低排列，分别是东部海洋经济圈、北部海洋经济圈和南部海洋经济圈，东部海洋经济圈海洋经济发展协调度最高。根据表 4-10 的评价指标值可以看出，东部海洋经济圈陆域经济环境、海洋经济发展水平、海洋科技的差异最小，区域内经济联系状态、海洋资源和环境的协调性处于中等水平，但其产业结构及基础设施的差异相对较大，说明区域内各地区之间产业结构雷同现象比较突出，沿海港口建设缺乏统筹，即其区域内产业分工的合理性及港口布局的科学性有待进一步提高。北部海洋经济圈的区域内海洋经济联系最为紧密，区域总体海洋生产总值最高，但其陆域经济环境、海洋客运差异最大，说明区域内海陆经济一体化水平还不高，地区间某些海洋产业如海洋交通运输业存在不平衡发展状况，即陆域经济环境和海洋客运基础设施的协调性有待进一步改善。南部海洋经济圈海洋经济发展、基础设施、海洋环境协调性相对较高，但其区域海洋经济联系最弱、产业分工最不合理、科技差异最大，说明区域内各地区海洋经济发展速度都很快，海洋环境承载力在三大海洋经济圈中最高，但区内各地区间海洋产业结构雷同的现象也最为突出，需要不断加强地区间海洋经济的联系程度和海洋产业分工的合理性，进一步提高海洋科技水平和协调性。

第五章　海岛经济分析

海岛经济是指包括海岛陆域及其周围海域在内的区域经济。海岛特殊的地理位置、典型的生态系统、特有的资源环境以及本身的市场条件，决定了海岛经济一方面兼备海陆经济的特点，另一方面又具有对大陆经济不同程度的依附性。我国是世界上海岛最多的国家之一，面积在 500 平方米以上的海岛有 6 900 多个，海岛经济是我国海洋经济的重要组成部分，在沿海地区经济中发挥着不可替代的作用。随着我国海洋经济和沿海地区社会经济的快速发展，海岛经济也进入了快速发展时期，但受资源、技术、资金和市场等多种因素的制约，海岛经济的发展仍任重道远。

第一节　海岛经济发展历程及特征分析

我国海岛经济发展取得了较大的进步，发展速度也明显加快，但总体水平落后于相邻的大陆沿海地区。海岛产业结构单调，以资源依赖型产业为主；渔业、港口、旅游和海域资源非常丰富，而土地和淡水资源稀缺；基础教育、医疗卫生、社会保障等公共服务体系不健全，水、电、路等基础设施建设严重滞后。与大陆沿海地区相比较，海岛经济发展的特征十分突出。

一、海岛经济发展阶段分析

新中国成立以来，海岛经济发展大体经历了三个阶段。[①]

1. 第一阶段：封闭发展阶段

该阶段自新中国成立以来到 20 世纪 70 年代末。新中国成立之初，海岛与全国相比更加贫穷落后，广大的海岛人民，在经济上摆脱了压迫与剥削，在政治上彻底翻了身，真正成为了海岛的主人。但受到政治、经济和军事等因素的制约，

---

① 王明舜. 我国海岛经济发展的基本模式与选择策略[J]. 中国海洋大学学报，2009，4：43-48.

传统的渔业生产未能得到进一步发展，对海岛的开发与建设主要是以军事利用为主，基本保持封闭或半封闭式发展状态。

2. 第二阶段：开放发展阶段

该阶段自 1978 年改革开放起至 1992 年。改革开放以来，党中央、国务院高度重视我国海岛的开发与建设，中央有关部门通力协作，出谋划策，抓住机遇，规划与组织进一步开发建设海岛。改革开放、搞活经济的政策给海岛开发注入了新的动力和活力，沿海各级政府抓住机遇，加快了海岛开发建设的步伐，充分利用海岛地域、区位和资源等优势，积极开发海岛海洋渔业、海港运输、海岛旅游等产业，推进了海岛经济的发展，赢得了勃发的契机。在此期间，国务院于 1988 年 1 月批准开展了全国海岛资源综合调查和开发试验。

3. 第三阶段：快速发展阶段

该阶段自 1993 年开始至今。我国实行由计划经济向市场经济转变以来，国家和沿海市县对以海岛旅游业为代表的海岛景观资源的开发力度持续加大，以海岛旅游为特色的第三产业快速发展，海岛旅游总收入在 1993—1999 年的年均增长率保持在 30% 以上。这一时期，海岛经济增长趋于稳定，总量规模提高较快，第三产业跃升为主导产业。特别是进入 21 世纪以来，随着区域经济一体化步伐的加快，海岛经济也迎来了前所未有的发展机遇，海岛基础设施不断完善，海岛优势产业不断发展壮大，承接陆域产业转移的能力不断提升，海岛经济的发展进一步加快。

二、海岛经济发展环境分析

在我国海岛经济的发展过程中，法律法规、基础设施等发展条件不断优化；但与此同时，能源供应、生态系统、自然灾害等制约因素的作用也不容忽视。

（一）海岛经济发展的有利条件

促进和保障海岛经济发展的有利条件主要包括以下五个方面。

1. 海岛管理法律和法规制度逐步完善

2010 年 3 月 1 日，《中华人民共和国海岛保护法》正式实施，开启了我国海岛开发、保护与管理工作的新篇章，进一步完善了我国海洋法律体系。2012 年 2 月 29 日，国务院正式批准实施《全国海岛保护规划》，对于引导全社会保护和合理利用海岛资源、促进海岛地区经济社会可持续发展具有重要意义。国家和沿海地方结合海岛工作实际和社会经济发展需要，颁布实施了《领海基点保护范围选划与保护办法》《国家海洋局关于对区域用岛实施规划管理的若干意见》等配套制度，相继出台了省级海岛保护管理配套制度和海岛保护规划等，积极推进海岛政策法规体系建设，海岛管理的法律法规制度正在逐步完善。①

2. 国家和地方政府支持力度稳步提升

党中央、国务院高度重视海岛的保护与发展，对建设海洋强国、实施海洋开发战略、发展海洋产业、保护海洋资源做出了一系列决策部署，为海岛保护、管理以及经济社会发展提供了有力保障。《中华人民共和国国民经济和社会发展第十二个五年规划纲要(2011—2015年)》明确指出：要强化海域和海岛管理，推进海岛保护利用，扶持边远海岛发展，严格规范无居民海岛利用活动。同时，沿海各级政府对海岛经济发展的重视程度也在不断提高，参与海岛经济发展的程度逐步增强，在海岛主导产业培育和产业结构调整中正在发挥着重要作用。一些海岛县纷纷提出了"渔业立县""工业强县""旅游兴县"的发展战略。

3. 地理区位和特色资源优势已经显现

海岛是我国经济社会发展中一个非常特殊的区域，在国家权益、安全、资源、生态等方面具有十分重要的地位。我国海岛广布温带、亚热带和热带海域，生物种类繁多，不同区域海岛的岛体、海岸线、沙滩、植被、淡水和周边海域的各种生物群落及非生物环境共同形成了各具特色、相对独立的海岛生态系统，一些海岛还具有红树林、珊瑚礁等特殊生境。海岛及其周边海域自然资源丰富，有港口、渔业、旅游、油气、生物、海水、海洋能等优势资源和潜在资源。随着海洋开发的不断深入，海岛的区位条件和资源优势在海岛经济中的作用将日益突显。②

4. 海岛开发和对外开放程度不断深化

海岛是我国沿海地区对外开放的门户。随着海岛开发利用程度的不断深化，国家和沿海各级政府推出了一系列加快海岛开发建设和对外开放的优惠政策。海岛地区也纷纷抓住这一有利时机，充分利用地缘优势，因岛制宜，扩大海岛临港工业、贸易、旅游、文化创意、物流、科技、金融、商务、信息等领域的对外开放步伐，为海岛经济的快速发展注入了活力。同时海岛的对外开放，也带动和促进了岛内其他行业特别是第三产业的发展，提升了本地区的综合竞争能力。

5. 产业转移和基础设施建设日趋加快

近年来，由于我国沿海地区大规模密集的开发活动，导致资源利用过度，空

---

① 国家海洋局. 2010—2012年《海岛管理公报》.
② 国家海洋局. 全国海岛保护规划. 2012－04－19.

间资源缺乏，迫切需要开发新的发展空间。作为区域资源优势明显且经济尚不发达的毗邻海岛，就成为其经济拓展的重要空间。一些原先在陆域发展的大型产业部门如造船、石油化工、钢铁等制造业和原油储备项目，已开始加快向海岛地区转移和延伸。与此同时，海岛基础设施建设也明显加快，岛陆和岛岛桥隧连通工程、港口码头、旅游、垃圾污水处理及交通、电力、通信等基础设施建设工程相继启动或建成，使海岛的交通与投资环境得到了极大改善，推动了海岛经济的全面发展。

（二）海岛经济发展的制约因素

制约海岛经济发展的主要因素包括以下五个方面。

1. 经济基础薄弱，社会发展相对落后

我国大部分海岛至今尚未对外开放，已经开发利用的海岛其经济发展也相对落后，可以说是我国"东部地区的西部"。海岛现有的各种物质、技术、人力资源与海岛经济发展的实际需求差距较大，人力和经济结构不完整，劳动分工层次较低，经济基础薄弱，基础设施建设落后。海岛经济大多以资源开发及初级原材料加工为主，表现为以传统自然村落为基础的分散的产业生产方式和块状经济格局，产业结构简单，产业链条短，竞争能力明显不足。与相邻陆地经济相比较，大部分海岛县的地区生产总值不足陆域沿海县的1/3，若不加强扶持力度，这种差距将会越来越大。

2. 开发方式不当，资源利用结构不合理

在我国海岛经济发展过程中，大多数海岛地区只重眼前利益，缺乏科学的长远统筹规划，过度开发与开发程度不足现象并存，海岛资源开发利用结构不尽合理。由于长期的过度捕捞，海岛周边的渔业资源已基本枯竭，传统的优质经济鱼类趋向低质化和低龄化，已基本形不成鱼汛，海岛的传统捕捞业逐渐失去发展空间。同时，一些海岛地区开发利用秩序混乱，炸岛、炸礁、采石、砍伐、挖砂等随意改变海岛自然形状的事件时有发生，甚至使一些岛礁不复存在。另一方面，海岛开发利用程度不足的现象也很普遍，例如，浙江省海岛已开发和正在开发的深水岸线只占总深水岸线的1.4%，对海岛资源开发利用的布局调整还有待进一步深化。

3. 电力淡水紧缺，能源供应明显不足

淡水和电力供应问题是我国海岛经济发展的主要限制因素。目前，我国海岛的电力供应仅能初步满足岛民生活需要，工业用电紧缺。近岸海岛主要通过铺设海底电缆从邻近陆地供电，远岸海岛主要以火力发电为主。尽管海岛新能源如太阳能、风能、海洋能等资源比较丰富，但由于技术、资金条件缺乏，尚未得到有效的开发利用。我国海岛的淡水资源严重缺乏，具有天然淡水的海岛不足10%，海岛淡水主要来源于天然降水，少部分靠地下水。受降雨量的影响，海岛季节性缺水明显，特别是北方海岛的缺水程度更为严重。解决海岛淡水问题一是依靠陆地引水和供水，二是依靠海水淡化，但目前仅适用于近岸海岛和部分大岛，远岸海岛和小岛由于受成本和能源的限制，尚无法从根本上解决问题。

4. 生态系统脆弱，环境损害趋势加剧

我国海岛生态系统具有丰富的生物多样性，由于人类的掠夺式开发以及外来物种入侵等原因，海岛生态系统正面临着比以往任何时期都严重的威胁。大规模海岛围填海工程导致潮间带不断萎缩、大量生物物种消失，滥捕、滥采造成海岛珍稀生物资源量急剧下降，导致海岛生物多样性大大降低，海岛生态系统急剧退化。同时，随着海岛经济活动的不断增加，垃圾和有毒有害废物的任意倾倒、生活污水和工业废水的违规排放、油气和船舶污染物的泄漏事故越来越严重，造成海岛及周边海域环境日益恶化，部分海岛的环境状况已逼近极限。

5. 自然灾害频发，经济损失逐年增加

我国沿海地区风暴潮、巨浪、海岸侵蚀、海水入侵、海平面上升等海洋自然灾害严重，尤其是台风及台风风暴潮灾害频繁，每年造成巨大经济损失且呈上升趋势。2012年海洋灾害造成的直接经济损失达155.3亿元。海岛位于大陆前沿，是台风及风暴潮的必经之地，遭受海洋灾害破坏的程度尤为严重，特别是浙江、广东、福建、广西和海南的海岛，每年受灾的频次和灾害损失都明显高于其他沿海省份。同时，随着海岛经济的快速发展，大规模海岛工程的开发建设使海岛及周边海域的自然地理和环境状况发生了变化，导致海水动力场改变、海岛水土流失加剧、地质灾害频发、生态系统衰退甚至灭绝，直接影响甚至阻碍了海岛经济的发展。

三、海岛经济发展特征分析

海岛经济是开放型经济，它依赖内陆与海外的资源和市场。在目前条件下，绝大多数海岛的经济发展是不能完全独立的，因为海岛的各种资源总是不齐全的，而岛内市场又很有限，所以海岛经济发展对内陆具有程度不同的依附性。在各种因素的交互影响和作用下，我国的海岛经济呈现如下特征。①

1. 总体水平低，局部较发达

由于布局分散，面积小，基础设施落后等原因，海岛经济的总体水平落后于大陆沿海地区。根据第一次全国海岛资源综合调查结果，海岛区域经济发展

---

① 于庆东. 中国海岛经济的特点[J]. 海洋信息，1999，9：5-6.

水平一般为大陆沿海地区的40%～60%。但从局部来看，一些面积较大，离大陆较近，特别是离大陆沿海港口城市较近，经济联系方便的海岛，如辽宁省长海县、山东省长岛县、上海崇明岛、浙江舟山群岛、福建东山岛等经济较为发达，部分海岛如辽宁省长海县经济发展水平甚至高于沿海内陆地区。但绝大多数海岛，特别是一些面积较小，又远离大陆的海岛，经济发展水平仍很低，基本上处于尚未开发状态。

2. 地区差异大，岛间不平衡

海岛经济的地区差异主要表现在两个方面：一是海岛经济在沿海地区间分布差异大；二是同类岛（如县级海岛）之间差异大。岛间不平衡主要表现在三个方面：①海岛经济主要集中在有居民海岛；②在有居民海岛中，海岛经济集中于大岛，特别是离大陆较近的大岛；③在近陆岛和远陆岛中，海岛经济集中于近陆岛。近陆岛因其离大陆较近，或已与大陆相连，通过陆岛一体化开发，已形成规模经济。如山东的黄岛、浙江岙山岛、福建东山岛等。而一些远离大陆的海岛，因其基础设施较差，生活质量低，导致人口内迁，产业萎缩。

3. 产业单调，渔业为主

海岛经济是以海洋资源开发为基础发展起来的资源型经济，在长期的发展过程中，除了少数条件比较优越的大岛外，绝大多数中小型海岛经济是以渔业为主，辅以少量的种植业，只有少数面积较大，自然条件优越、人口在万人以上的海岛才有相应的海岛工业，主要是水产品加工业、渔具制造业、渔船修造业及服务业。改革开放以来，一些资源比较丰富、区位条件优越的海岛，特别是一些县级以上的海岛，产业结构实现了由以渔农为主向以工业为主的结构的转变，部分海岛旅游业得到了较快的发展。但总体来说，第二、第三产业还比较落后，海岛产业结构水平远落后于陆地产业结构水平，大部分海岛经济基本上处于农业型的初级阶段。

4. 独立性差，天然外向

大多数海岛面积较小，资源种类单一，即使面积较大的海岛，岛上的资源也是不完全的。同时，海岛本身市场容量有限。因此，海岛经济的发展，一方面要靠从岛外输入大量的资源、人才及技术；另一方面海岛生产的产品又需要销往岛外，通过岛外市场纳入社会经济大循环中。所以，海岛经济具有天然的外向性，是典型的市场经济。经济发展程度高的海岛，其外向性和对外依赖性高；经济发展程度低的海岛，其外向性和对外界的依赖程度也低。如海南岛经济之所以能在较短的时间内有较大的改观，除了其大岛优势以外，在很大程度上取决于对外开放政策。

第二节　海岛经济发展水平分析

　　海岛经济是壮大海洋经济、拓展发展空间的重要依托。海岛作为我国开发海洋的天然基地，地理位置独特，资源和环境优势明显，在海洋经济发展以及沿海地区经济中的贡献日益明显。进入 21 世纪以来，随着沿海地区经济的快速发展，我国海岛经济也实现了较快的增长，产业结构逐步优化。2012 年，国务院相继批复了浙江舟山群岛、广东横琴岛和福建平潭岛的发展规划，海岛成为经济发展新的增长点和产业结构调整的重要载体，沿海地区正在形成以海岛为依托的"海洋第二经济带"。本节依据 2006 年海岛调查资料，结合海岛县社会经济资料，对海岛经济总量、产业结构、经济贡献和主要海洋产业进行分析。

一、海岛经济总量分析

　　近年来，依托我国沿海地区经济的快速增长，海岛经济取得了前所未有的发展。由于海岛独特的区位优势，一些大型企业加速向海岛集聚，包括首都钢铁厂搬迁到河北曹妃甸，上海造船工业搬迁到崇明岛、长兴岛，上海洋山深水港利用海岛深水岸线发展大型集装箱港等，① 带动海岛经济总量规模逐步扩大。

　　根据 2007 年第一次全国海岛经济调查数据，2001—2006 年，海岛地区生产总值年均增速 12.6%，高出同期国内生产总值 2 个百分点，除 2004 年外，年度海岛经济增速均高于同期国民经济增速，如表 5－1 所示。2006 年全国海岛地区生产总值达 1 932 亿元，占我国 11 个沿海地区生产总值的 1.4%，占国内生产总值的 0.9%。

表 5－1　2001—2006 年海岛经济和国民经济总量可比价增速(%)

年份	海岛地区生产总值增速	国内生产总值增速
2002	16.3	9.1
2003	12.9	10.0
2004	9.1	10.1
2005	11.4	11.3
2006	13.4	12.7
2001—2006	12.6	10.6

注：海岛地区生产总值增速根据第一次全国海岛经济统计调查数据进行计算整理。

---

　　① 张耀光. 中国海岛县的经济增长与综合实力研究[J]. 资源科学，2008(1)：18－24.

　　我国海岛县自北而南有辽宁省长海县，山东省长岛县，上海市崇明县，浙江省舟山市的定海区、普陀区、岱山县、嵊泗县，浙江省的玉环县、洞头县，福建省的平潭县和东山县，广东省的南澳县。12 个海岛县共有大、小岛屿 1 738 个，占全国海岛的 26.7%，其中有居民海岛 176 个，占全国有居民海岛的 42%。海岛县陆域土地面积 3 800 平方千米，约占全国海岛总面积的 5%，海岸线总长 4 411 千米，占全国海岛岸线的 31.5%。这 12 个海岛县，分布在渤海、黄海、东海和南海 4 个海域中，把各自管辖的分散的海岛群组成县级行政整体，在开发海洋、发展海洋经济中起着重要作用。①

　　海岛县经济总量持续增长。2006 年 12 个海岛县地区生产总值合计 784.7 亿元，占海岛经济比重为 40.6%。2011 年 12 个海岛县地区生产总值合计增至 1 739.6 亿元，是 2006 年的 2.2 倍，占沿海地区生产总值 0.6%，占国内生产总值 0.4%。其中，浙江省玉环县地区生产总值最高，达 361.5 亿元；其次为浙江省定海区，地区生产总值为 315.5 亿元；广东省南澳县的地区生产总值最低，仅为 11.3 亿元。2011 年 12 个海岛县人均地区生产总值达 5.8 万元/人，比沿海人均地区生产总值高 3.4 万元，比全国人均国内生产总值高 4.1 万元。人均地区生产总值最高的是山东省长岛县，达 12.9 万元/人；其次为辽宁省长海县，为 8.9 万元/人；广东省南澳县的人均地区生产总值最低，为 1.5 万元/人，见表 5 - 2。

表 5 - 2　2011 年我国海岛县经济发展状况

地区	地区生产总值/亿元	年末总人口/万人	人均地区生产总值/(万元·人⁻¹)
长海县	64.8	7.3	8.9
长岛县	55.5	4.3	12.9
崇明县	224.1	68.8	3.3
定海区	315.5	37.8	8.3
普陀区	246.2	32.2	7.6
岱山县	152.6	19.0	8.0
嵊泗县	56.1	8.0	7.1
玉环县	361.5	42.2	8.6
洞头县	39.3	13.0	3.0
平潭县	111.5	40.7	2.7
东山县	101.2	20.9	4.9
南澳县	11.3	7.4	1.5
合计	1 739.6	301.5	5.8

注：海岛县地区生产总值来源于 2011 年海岛县(区)国民经济与社会发展公报；年末总人口来源于 2012 年《中国海洋统计年鉴》。

---

　　① 张耀光. 中国海岛县经济类型划分的研究[J]. 地理科学，19(1)：55 - 62.

海岛县经济发展速度普遍高于国内生产总值增速。2001—2011 年，海岛县地区生产总值年均增长 12.4%，高出同期国内生产总值增速 1.8 个百分点。年度海岛县经济增速有所起伏，但基本与国民经济增速波动趋势一致，除 2005 年外，海岛县地区生产总值年度增速均高于国内生产总值增速，见表 5 – 3。

表 5 – 3   2001—2011 年海岛县经济与国民经济可比价增速(%)

年份	海岛县地区生产总值增速	国内生产总值增速
2002	10.7	9.1
2003	16.5	10.0
2004	12.1	10.1
2005	10.3	11.3
2006	14.7	12.7
2007	15.1	14.2
2008	9.9	9.6
2009	9.9	9.2
2010	13.8	10.4
2011	11.4	9.3
2001—2011	12.4	10.6

注：海岛县地区生产总值增速数据根据《中国海洋统计年鉴》、海岛县(区)国民经济与社会发展公报数据计算整理；其中定海区 2001 年和 2002 年数据是由舟山减去普陀区、岱山县和嵊泗县之差所得。国内生产总值增速来源于《中国统计年鉴》。

二、海岛产业结构分析

(一)海岛三次产业结构分析

海岛经济发展主要依靠海洋生物资源、滨海旅游资源和港口资源等，是一种"资源依赖型"经济，依靠生产要素低成本发展。[①] 与国民经济类似，海岛经济也可以按照三次产业进行划分。如表 5 – 4 所示，2001—2006 年海岛经济第一产业比重持续下降，第二产业比重持续上升，第三产业比重在波动中小幅上升，海岛经济已经由依赖海洋生物资源向依赖海洋综合资源转变。2006 年海岛经济三次产业比重为 13.8%、44.0% 和 42.2%，第二产业比重略大于第三产业，第一产业比重最小，海岛经济总体已经形成了"二三一"的产业结构形态。其中第一产业比重比 2001 年下降了 6.1 个百分点，第二产业比重增长了 4.7 个百分点，第三产业比重增长了 1.4 个百分点。

---

① 张耀光. 中国海岛县的经济增长与综合实力研究[J]. 资源科学，2008(1)：18 – 24.

表 5 - 4　2001—2006 年海岛经济三次产业比重(%)

年份	第一产业比重	第二产业比重	第三产业比重
2001	19.9	39.3	40.8
2002	18.3	41.4	40.3
2003	17.1	41.5	41.4
2004	16.4	42.2	41.4
2005	15.1	42.8	42.1
2006	13.8	44.0	42.2

注：数据来源于第一次全国海岛经济统计调查。

2006 年，国民经济三产比重为 11.1%、47.9% 和 40.9%。[1] 相较于国民经济，海岛经济对第一产业的依赖度较大，受资源、环境、经济、技术等条件的限制，大多数中小型海岛经济以渔业为主，辅以少量的种植业。[2] 而大部分海岛面积较小，基础设施较差，并且海岛本身市场容量有限，独立性差，天然外向，使得海岛工业、建筑业等的发展也同样受到抑制，第二产业比重低于国民经济。但得益于海洋交通运输和滨海旅游等产业的发展，海岛第三产业比重略高于国民经济。

(二)海岛县三次产业结构分析

从 12 个海岛县的产业结构来看，2001—2011 年，海岛县第一产业比重持续大幅下降，直到 2011 年有所稳定，十年间比重下降了 12.2 个百分点；第二产业比重快速上升，仅在 2009 年，受金融危机影响，比重略有下降，十年间比重上升了 9.9 个百分点；第三产业比重相对稳定，在 38% 上下波动，十年间比重上升了 2.3 个百分点。2011 年，我国 12 个海岛县三次产业结构之比为 14.9:46.7:38.4，亦呈现"二三一"的产业结构特征(表 5 - 5)。

表 5 - 5　2001—2011 年海岛县三次产业比重(%)

年份	第一产业比重	第二产业比重	第三产业比重
2001	27.1	36.8	36.1
2002	24.2	37.7	38.1
2003	21.3	38.8	39.9
2004	20.1	40.3	39.6
2005	19.3	41.1	39.6

---

[1] 数据来源于《中国统计年鉴 2012》.

[2] 于庆东. 中国海岛经济的特点[J]. 海洋信息，1999，9：5 - 6.

（续表）

年份	第一产业比重	第二产业比重	第三产业比重
2006	17.7	43.2	39.1
2007	16.0	44.8	39.2
2008	15.5	46.0	38.5
2009	15.2	45.7	39.1
2010	14.8	46.3	38.9
2011	14.9	46.7	38.4

注：数据来源于《中国海洋统计年鉴》、海岛县(区)国民经济与社会发展公报；其中定海区2001年和2002年数据是由舟山减去普陀区、岱山县和嵊泗县之差所得。

相较于全部海岛经济，海岛县总体的产业结构相对落后。2006年，海岛县的三次产业比重为17.7%、43.2%和39.1%，一产比重高于全部海岛经济，二产、三产比重则低于全部海岛经济。

(三)海岛产业结构演进分析

由于各海岛所处的海域不同，海洋资源种类与丰度、开发强度以及社会经济条件、市场经济发展程度等方面的原因，不同地区海岛产业结构差异较大。[1] 根据2001—2006年海岛经济三次产业构成比例和2001—2011年海岛县三次产业构成比例数据，基于"三轴图"方法，对海岛产业结构的演进路径与模式进行分析。

1. "三轴图"分析法基本原理[2]

(1)在平面上任选一点为原点，在原点引出三条两两相交成120°的射线，分别记为X_1轴、X_2轴和X_3轴，令X_1、X_2、X_3分别表示三次产业，三个轴的尺度均为三次产业的比重($X_1 + X_2 + X_3 = 100$)，把三次产业比重的值分别标注在相对应的轴上，依次得到三个点，连接三点就得到一个该年度的结构三角形。

(2)每个结构三角形均有各自的重心，求出每年的重心，可动态地看出产业结构重心轨迹的变化。为了反映产业结构从量变到质变的过程，将结构三角形两两相交的坐标轴(仿射坐标)所形成的120°夹角平分，形成6个区域(图5-1)。年度结构三角形重心落在哪个区域，则三次产业比重就构成一种产业结构类型。将三次产业根据其大小顺序，经过排列组合可形成6种类型，每种类型所代表的产业结构所处的阶段和区域经济发展水平以及与产业结构三角形重心所在区域的对应关系如表5-6所示。

① 王明舜. 中国海岛经济发展模式及其实现途径研究[D]. 青岛：中国海洋大学，2009.
② 张耀光. 海岛(县)产业结构优化调整研究：大连长海案例[J]. 中国海洋经济评论，2009：131 - 150.

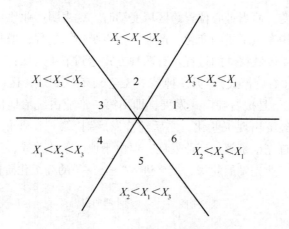

图 5-1　三轴图坐标系区域划分

表 5-6　三次产业结构类型划分

所在区域	三次产业结构类型	产业结构所处阶段	区域经济发展水平
1	$X_3 < X_2 < X_1$	初级阶段	以第一产业为主(渔业在第一产业中占绝大部分)，第二产业虽在发展，但尚未发生质变
2	$X_3 < X_1 < X_2$	低级阶段	第二产业所占比重超过了第一产业，但第三产业还比较落后，处在比重最小的位置
3	$X_1 < X_3 < X_2$	中级阶段	第二产业有了长足的发展，所占比重最大，同时第三产业的比重也超过了第一产业，产业结构有了质的变化
4	$X_1 < X_2 < X_3$	高级阶段	产业结构最合理的阶段。第二、三产业取得长足的发展，第三产业的比重跃居第一位
5	$X_2 < X_1 < X_3$	中级阶段	第三产业比重已经超越了第一产业，但是第二产业比重仍然最小
6	$X_2 < X_3 < X_1$	低级阶段	第一产业的比重还处在优势地位，但是第三产业有了较快发展，所占比重已超过了第二产业

(3)根据三角形重心位置的变化，就可以判定产业结构是否发生了质的变化。当重心位置在同一区域内变化时，产业比重的大小顺序未发生变化，表明产

业结构未发生质变。而当重心位置跨区域变动时，就表明产业比重的大小顺序发生改变，产业结构发生了质的变化。产业结构高级化的过程，即是三角形的重心从第 1 区域向第 4 区域移动的过程。有两种方式达到第 4 区域：一种是由 1 区经 2、3 区到达 4 区（右旋模式）；另一种是 1 区经 6、5 区到达 4 区（左旋模式）（图 5-2）。多数情况下是按右旋模式发展，即由第一产业占统治地位过渡到第二产业占统治地位，经济出现工业化；之后经济发展到"第三产业化"，进入高级化阶段。左旋模式首先也是第一产业发展，但由于地区条件差异，第三产业在一定时期内超过第二产业先发展起来，最终进入"三二一"的高级化阶段。

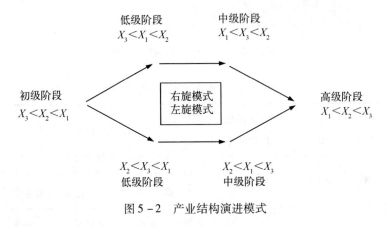

图 5-2　产业结构演进模式

2. 海岛三次产业结构演进分析

根据 2001—2006 年沿海地区海岛经济三次产业构成，对沿海地区海岛经济的产业结构类型进行划分（表 5-7）。

从表 5-7 可以看出：

(1) 从产业结构类型上来看，我国海岛各种产业结构类型都存在。其中江苏省海岛经济基本处于 $X_3 < X_2 < X_1$ 的初级阶段，辽宁省和广东省海岛经济处于 $X_3 < X_1 < X_2$ 的低级阶段，山东省和海南省海岛经济基本处于 $X_2 < X_3 < X_1$ 的低级阶段，上海市和浙江省海岛经济基本处于 $X_1 < X_3 < X_2$ 的中级阶段，广西壮族自治和海南省海岛经济经历过 $X_2 < X_1 < X_3$ 的中级阶段，福建省海岛经济处于 $X_1 < X_2 < X_3$ 的高级阶段。

(2) 从产业结构稳定性来看，我国海岛经济产业结构基本稳定。其中辽宁省、山东省、福建省和广东省在 2001—2006 年海岛产业结构未发生质变，产业结构类型保持不变；江苏省、浙江省和上海市海岛产业结构类型变动过一次；广西壮族自治区和海南省海岛产业结构变动较频繁，在 2001—2006 年间变动过两次。

表 5 - 7   2001—2006 年我国沿海地区海岛产业结构类型

三次产业结构演进过程	$X_3 < X_2 < X_1$	$X_3 < X_1 < X_2$	$X_1 < X_3 < X_2$	$X_1 < X_2 < X_3$	$X_2 < X_1 < X_3$	$X_2 < X_3 < X_1$
	1	2	3	4	5	6
产业结构演进模式	右旋模式 →			← 左旋模式		
2001	江苏	辽宁、广东		福建、上海、浙江		山东、广西、海南
2002	江苏	辽宁、广东	上海、浙江	福建		山东、广西、海南
2003	江苏	辽宁、广东	上海、浙江	福建	广西	山东、海南
2004	江苏	辽宁、广东	上海、浙江	福建	广西	山东、海南
2005	江苏	辽宁、广东	上海、浙江、广西	福建	海南	山东
2006		辽宁、广东、上海、浙江、江苏、广西		福建、海南		山东

注：数据来源于《中国海洋统计年鉴》、海岛县(区)国民经济与社会发展公报；其中定海区 2001 年和 2002 年数据是由舟山减去普陀区、岱山县和嵊泗县之差所得。天津市与河北省的海岛均为无人岛，故没有经济活动数据。

（3）从产业结构演进上来看，海岛产业结构总体呈高级化发展趋势，各个沿海地区的产业结构三角形重心纷纷向区域 4 集中。其中江苏省海岛产业结构在 2006 年通过右旋模式，从 $X_3 < X_2 < X_1$ 的初级阶段发展到 $X_3 < X_1 < X_2$ 的低级阶段；广西壮族自治区海岛产业结构分别在 2003 年和 2005 年通过左旋模式，从 $X_2 < X_3 < X_1$ 的低级阶段，先后发展到 $X_2 < X_1 < X_3$ 的中级阶段和 $X_1 < X_3 < X_2$ 的中级阶段；海南省海岛产业结构分别在 2005 年和 2006 年通过左旋模式，从 $X_2 < X_3 < X_1$ 的低级阶段，先后升级到 $X_2 < X_1 < X_3$ 的中级阶段和 $X_1 < X_2 < X_3$ 的高级阶段，顺利实现了产业结构的高级化。而上海市和浙江省海岛产业结构在 2002 年，由 $X_1 < X_2 < X_3$ 的高级阶段退化到 $X_1 < X_3 < X_2$ 的中级阶段。

（4）地理上临近的区域海岛产业结构类型及演进趋于相似，例如上海市和浙江省、广西壮族自治区和海南省。

值得注意的是，三轴图法反映的规律为一般国民经济产业结构的演进规律，未必适用于每个海岛；且由于各海岛资源条件差异，大部分海岛产业结构单一，各海岛的特色产业和发展规律也不尽相同，只要因地制宜，发展适合本地资源环境条件的产业，实现人与资源社会的和谐发展，就是合理的海岛产业结构。

3. 海岛县三次产业结构演进分析①

根据 2001—2011 年海岛县三次产业构成，对海岛县的产业结构类型进行划分（表 5 - 8）。

表 5 - 8　2001—2011 年我国海岛县产业结构类型

三次产业结构演进过程	$X_3<X_2<X_1$	$X_3<X_1<X_2$	$X_1<X_3<X_2$	$X_1<X_2<X_3$	$X_2<X_1<X_3$	$X_2<X_3<X_1$
	1	2	3	4	5	6
产业结构演进模式		右旋模式	→	←	左旋模式	
2001		崇明县、定海区、玉环县、东山县	普陀区		嵊泗县、洞头县、平潭县、南澳县	长海县、长岛县、岱山县
2002		崇明县、定海区、玉环县	普陀区、洞头县、东山县、南澳县		嵊泗县、平潭县	长海县、长岛县、岱山县
2003		崇明县、嵊泗县、玉环县	岱山县、普陀区、定海区、洞头县、东山县、南澳县		平潭县	长海县、长岛县
2004		崇明县、嵊泗县、玉环县	岱山县、普陀区、定海区、洞头县、东山县、南澳县		平潭县	长海县、长岛县

① 张耀光. 中国海岛县产业结构新演进与发展模式[J]. 海洋经济，2011，(5)：1 - 7.

(续表)

三次产业结构演进过程	$X_3<X_2<X_1$	$X_3<X_1<X_2$	$X_1<X_3<X_2$	$X_1<X_2<X_3$	$X_2<X_1<X_3$	$X_2<X_3<X_1$
	1	2	3	4	5	6
产业结构演进模式	右旋模式 →				← 左旋模式	
2005	东山县		崇明县、嵊泗县、玉环县	岱山县、普陀区、定海区、洞头县	平潭县	长海县、长岛县、南澳县
2006	东山县		崇明县、嵊泗县、玉环县	岱山县、普陀区、定海区、洞头县	平潭县	长海县、长岛县、南澳县
2007	南澳县	东山县	崇明县、嵊泗县、岱山县、玉环县	普陀区、定海区、洞头县	平潭县	长海县、长岛县
2008	长海县	东山县、南澳县	崇明县、嵊泗县、岱山县、普陀区、玉环县	定海区、洞头县	平潭县	长岛县
2009		南澳县	崇明县、嵊泗县、岱山县、普陀区、玉环县、东山县	定海区、洞头县	平潭县	长海县、长岛县
2010			崇明县、岱山县、普陀区、玉环县、东山县、南澳县	嵊泗县、定海区、洞头县	平潭县	长海县、长岛县
2011			崇明县、岱山县、普陀区、玉环县、东山县、南澳县	定海区、洞头县、平潭县	嵊泗县	长海县、长岛县

注：数据来源于《中国海洋统计年鉴》、海岛县（区）国民经济与社会发展公报；其中定海区 2001 年和 2002 年数据是由舟山减去普陀区、岱山县和嵊泗县之差所得。

从表5-8可以看出：

(1)从产业结构类型上来看，我国大部分海岛县产业结构比较先进，三角形的重心大部分集中在3、4、5、6区域。具体来看，长海县、长岛县产业结构基本处于 $X_2 < X_3 < X_1$ 的低级阶段，位于区域6；平潭县产业结构基本处于 $X_2 < X_1 < X_3$ 的中级阶段，位于区域5；崇明县、嵊泗县、玉环县产业结构基本处于 $X_1 < X_3 < X_2$ 的中级阶段，位于区域3；普陀区、定海区和洞头县产业结构基本处于 $X_1 < X_2 < X_3$ 的高级阶段，位于区域4。

(2)从产业结构演进模式上来看，我国海岛县产业结构基本稳定。属于维持演进模式的有长岛县、长海县、崇明县、玉环县、洞头县和平潭县，它们的产业结构类型在十余年间基本保持不变。属于平稳演进模式的海岛县包括嵊泗县、岱山区和定海区。其中岱山区的产业结构是按照左旋方式平稳演进的；嵊泗县、定海区的产业结构主要是按照右旋方式平稳演进的。东山县和南澳县的产业结构变动比较复杂，属于跳跃演进模式。普陀区属于倒退式演进模式。

运用"三轴图"方法，绘制12个海岛县2001—2011年三次产业结构演进的重心轨迹如图5-3所示，进一步分析每个海岛县的产业结构演进过程。

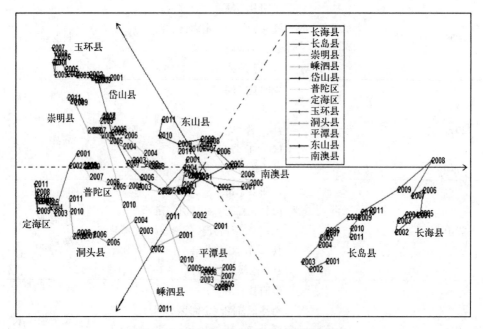

图5-3　各海岛县三次产业结构演进轨迹

从图5-3可以看出：

(1)长岛县、长海县、崇明县、玉环县、洞头县和平潭县的产业结构基本稳定。长岛县和长海县比较倚重一产，长岛县11年间产业重心一直徘徊在第6区域，

维持 $X_2 < X_3 < X_1$ 的产业结构类型；长海县产业重心除 2008 年进入第 1 区域之外，其余年份也都在第 6 区域内。崇明县和玉环县二产比较发达，11 年间一直维持在第 3 区域内，保持 $X_1 < X_3 < X_2$ 的产业结构类型。洞头县和平潭县三产比较发达，洞头县 2001 年位于第 5 区域，2002 年起即通过左旋模式进入第 4 区域，实现了产业结构高级化，之后便一直维持在第 4 区域内。保持 $X_1 < X_2 < X_3$ 的产业结构类型；平潭县 2001—2010 年一直维持在第 5 区域内，保持 $X_2 < X_1 < X_3$ 的产业结构类型，2011 年才通过左旋模式进入第 4 区域，实现了产业结构的高级化。

(2)嵊泗县、岱山区和定海区产业结构演进过程比较平稳。嵊泗县 2001—2002 年位于第 5 区域，保持 $X_2 < X_1 < X_3$ 的产业结构类型；2003 年起第二产业飞速发展，进入第 3 区域，并保持 $X_1 < X_3 < X_2$ 的产业结构类型直至 2009 年；2010 年第三产业迅速发展超过第二产业，通过右旋模式进入第 4 区域；2011 年第一产业发展又超过第二产业，进入了第 5 区域，产业结构处于变动期，尚不稳定。岱山区 2001—2002 年位于第 6 区域，保持 $X_2 < X_3 < X_1$ 的产业结构类型；2003 年第一产业比重迅速下降，落后于第二产业和第三产业，通过左旋模式直接进入第 4 区域，并保持到 2006 年；2007 年第二产业发展速度超过第三产业，进入第 3 区域，直至 2011 年。定海区 2001—2002 年位于第 3 区域，保持 $X_1 < X_3 < X_2$ 的产业结构类型；2003 年通过右旋模式进入第 4 区域，顺利实现产业结构的高级化，并稳定维持在第 4 区域，直至 2011 年。

(3)东山县和南澳县演进过程比较剧烈。东山县 2001 年位于第 3 区域，2002—2004 年维持在第 4 区域，2005—2006 年跃至第 1 区域，2007—2008 年间进入第 2 区域，2009 年返回至第 3 区域直至 2011 年。南澳县的产业结构变动更为剧烈，按照第 5、4、6、1、2、3 的顺序，经历了 6 个区域，2011 年落入第 3 区域。

(4)普陀区呈倒退式发展模式。2001—2007 年普陀区产业结构稳定在第 4 区域，2008 年开始第二产业发展速度超过第三产业，进入第 3 区域直至 2011 年，但第二产业和第三产业比重相仿。

三、海岛经济贡献分析

依据经济贡献理论和指标测算方法(详见第二章)，计算 2002—2006 年海岛经济对沿海地区经济的直接贡献及其发展情况如表 5-9 所示。

尽管海岛面积仅占沿海地区行政区划面积的 0.6%，但是 2006 年海岛经济对沿海地区经济总量的贡献已经达到 1.6%，直接贡献率为 1.6%，对沿海地区经济的拉动为 1.8‰。分地区来看，2006 年，海南省和福建省的海岛经济对沿海地区经济发展的贡献最大，海岛地区生产总值占沿海地区生产总值的比重分别为 12.81% 和 10.97%；海岛经济对沿海地区经济增量的直接贡献率分别为 21.97% 和 8.30%；

表5-9 2002—2006年海岛经济对沿海地区经济直接贡献指标

地区	2002			2003			2004			2005			2006		
	海岛生产总值占沿海地区生产总值的比重/%	海岛经济直接贡献率/%	海岛经济对沿海地区经济的拉动/‰	海岛生产总值占沿海地区生产总值的比重/%	海岛经济直接贡献率/%	海岛经济对沿海地区经济的拉动/‰	海岛生产总值占沿海地区生产总值的比重/%	海岛经济直接贡献率/%	海岛经济对沿海地区经济的拉动/‰	海岛生产总值占沿海地区生产总值的比重/%	海岛经济直接贡献率/%	海岛经济对沿海地区经济的拉动/‰	海岛生产总值占沿海地区生产总值的比重/%	海岛经济直接贡献率/%	海岛经济对沿海地区经济的拉动/‰
辽宁	1.09	0.04	0.03	1.17	2.42	1.68	1.13	-1.60	-0.37	1.10	0.93	1.38	1.29	2.91	3.20
山东	0.23	0.17	0.19	0.23	0.06	0.09	0.23	0.10	0.16	0.22	0.15	0.23	0.21	0.16	0.21
江苏	0.03	0.01	0.02	0.03	0.04	0.05	0.03	0.01	0.02	0.03	0.02	0.03	0.03	0.03	0.04
上海	1.09	1.42	1.26	1.05	0.71	0.95	1.06	1.13	1.39	1.04	1.14	0.89	1.04	1.19	0.94
浙江	3.76	6.11	8.26	3.69	3.07	4.96	3.56	2.49	3.00	3.64	4.51	4.02	3.66	3.90	4.53
福建	10.83	11.91	11.49	11.09	11.74	10.44	11.12	10.46	8.79	11.07	9.13	7.93	10.97	8.30	8.64
广东	0.39	0.51	0.54	0.38	0.27	0.37	0.38	0.47	0.54	0.40	0.56	0.70	0.40	0.43	0.49
广西	0.17	0.14	0.13	0.17	0.13	0.12	0.15	0.03	0.04	0.13	0.07	0.09	0.12	0.06	0.08
海南	11.68	14.01	12.86	12.11	15.52	13.65	12.15	10.98	6.85	12.68	25.13	16.87	12.81	21.97	24.34
合计	1.74	2.17	2.32	1.73	1.41	1.85	1.68	1.11	1.30	1.63	1.25	1.55	1.63	1.56	1.80

注：海岛生产总值数据来源于第一次全国海岛经济统计调查；沿海地区生产总值来源于《新中国60年统计资料汇编》，天津市和河北省的海岛均为无人岛，故没有经济活动数据。

海岛经济对沿海地区经济的拉动为24.34‰和8.64‰。浙江省、辽宁省和上海市紧随其后,江苏省海岛经济对地区经济的贡献最小,海岛地区生产总值占沿海地区生产总值的比重仅为0.03%,相应的直接贡献率和对沿海地区经济的拉动分别为0.03%和0.04‰。

从发展趋势上来看,海岛经济基本与沿海地区经济同步发展,对沿海地区经济的直接贡献趋于平稳。具体来看,2001—2006年间,海南省、福建省和辽宁省海岛经济对地区经济的贡献稳中趋升,但上升幅度不大;山东省、江苏省和广东省的贡献比较稳定,几乎没有变化;浙江省、上海市和广西壮族自治区的海岛经济贡献略呈下降趋势,但下降幅度较小。

四、海岛主要海洋产业分析

海岛作为海洋重要的组成部分,依海而生,靠海而存,海洋产业自然成为海岛经济的主体。从海洋产业构成来看,海洋渔业是海岛海洋经济的支柱产业;海洋盐业、海洋船舶工业、海洋工程建筑业是海岛海洋经济第二产业的重要内容;海洋交通运输业和海岛旅游业构成了海岛海洋经济第三产业。由于海岛的地理区位、资源环境优势的差异,各海岛的海洋产业的发展呈现多元化趋势。

(一)海岛海洋产业总体发展情况

经过几十年的发展,海岛海洋产业已经形成一定的规模,主要海洋产业总量稳步提升。2002—2006年全国海岛主要海洋产业增加值从168.5亿元增加到351.3亿元,五年间翻了一番。见表5-10。

表5-10 2002—2006年海岛主要海洋产业与海岛经济可比价增速

年份	海岛主要海洋产业 增加值/亿元	海岛主要海洋产业 增加值增速/%	海岛地区 生产总值增速/%
2002	168.5	8.4	16.3
2003	197.2	13.9	12.9
2004	249.4	18.0	9.1
2005	285.5	14.0	11.4
2006	351.3	21.7	13.4
2002—2006		15.1	12.6

注:根据第一次全国海岛经济调查统计数据计算整理。

从海岛主要海洋产业发展速度来看,在相关政策的大力扶持下,主要海洋产业发展速度较快,逐渐成为海岛经济新的增长点。2002—2006年主要海洋产业增加值年均增长15.1%,高出同期海岛经济增速2.5个百分点。逐年来看,2002

年海岛主要海洋产业增速为8.4%，低于海岛经济的16.3%；2003年海岛主要海洋产业的增速开始超过海岛经济；2004年差距进一步拉大，达到8.9个百分点；2005年主要海洋产业的增速有所放缓；2006年主要海洋产业的增速达到最大值为21.7%。

(二)海岛各主要海洋产业发展情况分析

2001—2006年海岛主要海洋产业增加值比重如表5-11所示，从中可以看出：

海洋渔业在海岛海洋经济中依然占据优势地位，2001年海洋渔业在海岛主要海洋产业增加值中所占的比重达到74.2%。海岛渔业有着悠久的历史，但一直以来渔业以捕捞为主、捕捞以近海为主的现实状况制约了渔业生产能力的提高。20世纪80年代以来，海洋捕捞范围由近海、浅海向外海、深海不断延伸，捕捞装备升级换代和捕捞技术的加速发展，大大提高了海岛渔业捕捞能力。海水养殖业充分利用海岛丰富的港湾条件和滩涂资源，引进优良品种、建立稳定的供销渠道，养殖规模逐年增大，效益不断提高，养殖在渔业中的比重越来越高，很多海岛已经成为重要的海水养殖基地。[①] 但随着海岛产业结构的调整与优化，海洋工业和服务业发展速度逐步加快，超过海洋渔业，导致海洋渔业在主要海洋产业增加值中的比重逐年降低，2006年达到55.7%，但比重仍然较高。

表5-11 2001—2006年海岛主要海洋产业增加值比重(%)

产业名称	2001	2002	2003	2004	2005	2006
海洋渔业	74.2	71.9	69.2	63.0	58.6	55.7
海洋油气业	0.2	0.1	0.2	0.1	0.1	0.1
海洋矿业	0.0	0.0	0.1	0.3	0.3	0.3
海洋盐业	2.9	1.9	1.5	1.4	1.2	1.1
海洋化工业	0.4	0.4	0.5	0.5	0.8	0.7
海洋生物医药业	0.2	0.1	0.3	0.3	0.5	0.3
海洋电力业	0.1	0.1	0.1	0.2	0.2	0.3
海水利用业	0.0	0.0	0.0	0.2	0.1	0.0
海洋船舶工业	3.5	3.4	3.1	5.3	5.5	7.3
海洋工程建筑业	3.7	4.4	5.1	5.4	7.6	8.2
海洋交通运输业	9.2	11.6	14.1	16.8	18.4	18.7
海岛旅游业	5.6	6.0	5.8	6.6	6.6	7.2

注：数据来源于第一次全国海岛经济统计调查。

---

① 朱坚真，吕金静. 海岛开发模式及其对策研究[J]. 福建江夏学院学报，2012，12：8-13.

海洋第二产业方面,海洋盐业和海洋船舶工业同样是历史悠久的传统产业,在海岛海洋经济中占有重要地位;服务于海岛开发建设,海洋工程建筑业也取得了较快的发展。2001 年海洋盐业在海岛主要海洋产业增加值中所占的比重达到 2.9%,但随着产业结构的调整,海洋盐业生产空间逐渐让位于其他工业和服务业等,海洋盐业在主要海洋产业增加值中的比重逐年降低,2006 年降为 1.1%。受国内外经济环境日益改善的驱动,海岛海洋船舶工业凭借天然优良的地理条件优势,发展逐渐提速,海洋船舶工业在主要海洋产业增加值中的比重从 2001 年的 3.5%,跃升为 2006 年的 7.3%,年际间增长速度略有起伏。作为海岛基础产业的港口建设在海岛海洋经济发展中的作用日益凸显。我国众多海岛中具有建港条件的约有 300 多处,港口资源丰富。全国约有海岛港口近 50 个,但以中小型居多,万吨级泊位较少,只有舟山群岛、厦门岛和海南岛建成了万吨级以上的泊位。[1] 近年来,在海岛开发建设的浪潮中,海岛港口建设、与海岛有关的跨海大桥、交通设施、旅游设施建设等加快发展,带动整个海洋工程建筑业快速发展,海洋工程建筑业在主要海洋产业增加值中的比重从 2001 年的 3.7%,稳步提升为 2006 年的 8.2%。

在大力发展海洋产业的背景下,污染小、投资少、见效快的第三产业得到迅速发展。海洋交通运输业是海岛与陆地联系的纽带和桥梁,随着开发的深入,海岛与岛外的联系日益密切,海洋交通运输业发展速度加快,以服务海岛开发的需要。海洋交通运输业在主要海洋产业增加值中的比重从 2001 年的 9.2%,快速上升为 2006 年的 18.7%。海岛旅游业作为第三产业的主体,其发展也越来越引起关注。各沿海省区充分利用海岛优越的自然景观和沙滩资源,建立海滨浴场等吸引游客参观游玩。如浙江普陀山的千步沙、福建湄洲岛海滨浴场、广东省的金沙滩等。[2] 海岛旅游业在主要海洋产业增加值中的比重从 2001 年的 5.6%,逐步提升为 2006 年的 7.2%。

与此同时,海洋新兴科技产业的不断壮大,为我国海岛经济的发展提供了新的契机,随着风力发电、海水淡化等新兴产业落户海岛,海岛经济产业链条不断向纵深拓展,改变了海岛传统产业结构,为海岛经济模式的转变提供了新的机遇。[3]

(三)海岛主要海洋产业贡献分析

主要海洋产业对沿海地区海岛经济的直接贡献及其发展情况如表 5-12 所示。

① 王明舜. 中国海岛经济发展模式及其实现途径研究[D]. 青岛:中国海洋大学,2009.
②③ 朱坚真,吕金静. 海岛开发模式及其对策研究[J]. 福建江夏学院学报,2012,12:8-13.

表 5 - 12　2004—2006 年海岛主要海洋产业对海岛经济直接贡献指标

地区	2004			2005			2006		
	海岛主要海洋产业增加值占海岛地区生产总值比重/%	海岛主要海洋产业直接贡献率/%	海岛主要海洋产业对海岛经济拉动/%	海岛主要海洋产业增加值占海岛地区生产总值比重/%	海岛主要海洋产业直接贡献率/%	海岛主要海洋产业对海岛经济拉动/%	海岛主要海洋产业增加值占海岛地区生产总值比重/%	海岛主要海洋产业直接贡献率/%	海岛主要海洋产业对海岛经济拉动/%
辽宁	49.51	21.29	-6.74	45.60	15.96	19.56	48.17	32.18	77.78
山东	57.39	43.41	45.91	54.42	41.02	61.30	61.49	88.19	118.76
江苏	50.01	38.77	31.73	49.30	27.62	38.90	47.90	26.72	40.17
上海	8.37	14.27	19.88	10.04	26.89	23.72	10.27	6.27	5.78
浙江	18.87	40.09	35.45	17.93	12.26	14.11	19.32	28.45	36.42
福建	11.46	16.53	13.65	12.17	17.84	13.45	12.18	10.09	8.48
广东	31.55	5.72	8.05	29.14	12.37	21.42	27.76	14.38	17.18
合计	18.14	23.73	20.18	18.03	16.25	16.22	19.08	22.37	25.47

注：海岛主要海洋产业增加值和海岛地区生产总值来源于第一次全国海岛经济统计调查；天津市与河北省的海岛均为无人岛，故没有经济活动数据。广西壮族自治区与海南省主要海洋产业增加值数据异常，在此予以剔除。

从表中数据可以看出，2006年海岛主要海洋产业增加值对海岛经济的贡献已经达到19.1%，直接贡献率为22.4%，对沿海地区经济的拉动为25.5‰。分地区来看，山东省、辽宁省和江苏省主要海洋产业的贡献最大，海岛主要海洋产业增加值占海岛地区生产总值的比重分别为61.5%、48.2%和47.9%。山东省主要海洋产业的直接贡献率最高为88.2%。山东主要海洋产业对海岛经济的拉动最大为11.9%。上海市海岛主要海洋产业对海岛经济的贡献最小，主要海洋产业增加值占海岛地区生产总值的比重仅为10.3%。

从发展趋势上来看，2004—2006年间，辽宁省、山东省和广东省海洋产业对海岛经济的直接贡献呈上升趋势，其中山东省的贡献上升最大，增幅为44.78个百分点。江苏省、上海市、浙江省、福建省海洋产业对海岛经济的贡献呈下降趋势，其中江苏的贡献下降最大，下降幅度达12.05个百分点。

第三节　海岛经济发展模式分析

我国海岛数量众多，面积大小不一，地理分布不同，自然环境和资源各有差异，基础设施等生产条件也各不相同。海岛间的这些差异性决定了海岛经济不能按照同一模式发展，应因岛制宜，根据海岛各自的优势和基础，在符合国家和地区相关规划的基础上，选择突出产业特色并适合自身条件的发展模式。

一、海岛经济发展的特殊性分析[①]

海岛的空间大小决定了海岛经济上升空间不同，现有基础的差异决定了海岛经济发展的深度，基础设施的发达程度决定了海岛产业竞争力的强弱。正是由于海岛区位、资源和发展基础的这种特殊性，使得海岛经济的发展具有特殊性。主要表现在以下三个方面。

1. 海岛生态环境的特殊性

海岛是相对封闭的地区，生态环境极其脆弱。如果其生态环境遭到破坏，很难在短时间内恢复，甚至难以恢复，会给海岛发展带来灾难性后果。如何在海岛狭小的空间里实现更快、更好地发展，在保持原有生态环境的同时，最大限度地发挥海岛的潜能，对于海岛经济体发展而言至关重要。发展海岛经济一开始就存在环境的门槛，海岛经济发展不可避免地污染环境，如何将环境损害降低到最小的程度，是海岛经济发展面临的首要任务。

---

① 张耀光. 中国岛屿经济体在国家经济中的作用和地位[J]. 海洋经济，2013，(1): 43-48.

2. 海岛产业选择的特殊性

海岛生态环境的特殊性，在很大程度上制约了海岛产业选择的多样性。这要求海岛经济从发展初期，就要注意产业的培育和引进的限制性，对于那些对环境具有很大污染的产业类型要坚决禁止，同时对于污染相对较少，可以循环利用的产业，则要以最有效的方式发挥其在海岛经济发展与环境保护中的重要作用，走可持续发展道路。我国海岛经济的突出优势资源为"渔、港、景"，因此，对于多数海岛来讲，可以发展旅游业、港口物流产业、水产与水产加工业等。

3. 海岛投资环境的特殊性

许多海岛在发展初期建立在第二、三产业几乎空白的基础上，要实现海岛经济的跨越式发展，需要改善海岛本身的投资环境，增加包括交通在内的一系列基础设施的投入，拓展海岛发展的地理空间，打造适宜产业发展的基础条件。同时，由于海岛经济发展是在经济基础相对薄弱的前提下进行的，如果通过海岛自身逐步累积达到经济发达有很长的距离，需要对海岛经济发展提供政策上的支撑，通过优惠的政策带动经济发展，并且随着发展水平的不断变化制定相应政策，更好地推进政府服务在发展海岛经济中的重大作用。

二、海岛经济发展模式的划分

随着我国海岛经济的快速发展，对海岛经济发展模式的研究也在不断深化。由于研究的视角和需要不同，学者们概括了各种海岛经济发展模式：陈可文根据开发产业的多少，将海岛发展模式划分为综合开发型和专业开发型方式；根据区域合作方式，划分为陆岛联合、岛岛联合、自由岛和租岛开发方式；[1] 根据资源优势，将海岛发展模式划分为渔业型、港口型、旅游型和无人岛型。[2]朱坚真等根据开发主体的不同，将海岛发展模式划分为政府主导型、企业主导型、民间投资主导型和外资开发型；[3] 根据保护方式的不同，将海岛发展模式划分为生态保护型、生态修复型、战略后备型和适度发展型。王明舜根据不同的经济理论，将海岛经济发展模式划分为可持续发展模式、生态经济发展模式和岛陆一体化发展模式等。[4]

在综合分析上述分类的基础上，本书基于不同的研究视角，将海岛经济发展的主要类别划分为基于主导产业的发展模式、基于空间地域的发展模式、基于生产要素的发展模式、基于开发主体的发展模式、基于主体功能的发展模式和基于

[1][2]　陈可文. 中国海洋经济学[M]. 北京：海洋出版社，2003.
[3]　朱坚真，吕金静. 海岛开发模式及其对策研究[J]. 福建江夏学院学报，2012，2(6)：8-13.
[4]　王明舜. 中国海岛经济发展模式及其实现途径研究[D]. 青岛：中国海洋大学，2009.

对外开放程度的发展模式六类。

（一）基于主导产业的发展模式

充分发挥海岛已有的优势产业，通过产业关联效应，带动其他产业的发展。包括渔业型、港口型、旅游型以及第一产业（农业）主导型、第二产业（工业）带动型、第三产业（服务业）拉动型等。

1. 渔业型

我国海岛鱼类资源丰富，种类繁多，为渔业成为海岛支柱产业提供了天然条件。所有的海岛都适宜发展渔业，特别是对那些面积狭小、资源单一、渔业资源具有一定比较优势的海岛，可以将渔业作为主导产业来发展。渔业型海岛经济必须要转变以往传统落后的渔业生产方式，调整产业结构，积极发展现代渔业，主要包括休闲渔业、生态养殖渔业、海上牧场和远洋渔业四类。

2. 港口型

我国海岛岸线漫长，深水岸线居多，适宜建港的港址有数百处。对一些面积较大、离大陆较近、自然资源丰富、基础设施较好、人口数量达到一定规模的海岛，适宜发展港口建设，对那些位于交通要塞、地理位置优越的海岛，则适宜发展港口中转贸易。港口型海岛经济必须要重视区域和上下游产业的联动发展，培育壮大港口产业链，主要包括数字化港口、绿色港口、现代物流和服务业港口三类。

3. 旅游型

我国多数海岛具有丰富的自然风光资源，成为发展海岛旅游业得天独厚的优势。优良而独特的自然资源条件，成了各种陆生动植物、海洋生物以及许多陆地少有的珍稀物种的天堂；清新的空气，宜人的气候，洁净的沙滩，险峻的高山，奇特的山石，变幻莫测的奇景以及古代先人的遗迹，历史名人的游记，抵御外夷入侵的遗址，宗教庙宇和佛神雕像等，使得海岛成为众多游客的首选之地。发展海岛旅游必须要高度重视自然资源保护，禁止人为破坏和改造。旅游型海岛经济主要包括休闲度假游、科学考察游、探险游和宗教朝圣游四类。

（二）基于空间布局的发展模式

综合考虑海岛经济发展水平、发展需求、地域特色、区位优势以及科技发展水平等因素，科学确定海岛产业发展的空间布局。包括园区型、集约型、一体化发展型以及海岛特色型等。

1. 园区型

以各类园区为载体，引进外资来推动园区的建设，把同类企业、产业链条关联密切的企业（研究机构）在园区聚集起来，吸引产业的空间聚集和产业提升，以园区建设来带动整个经济的发展，从而形成园区型的海岛经济发展模式。包括工业园区、产业园区、科技园区、生态园区等。

2. 集约型

亦称集群化模式或企业带动型发展模式。是指按专业化分工和协作原则，将大量生产同类产品或生产产品某个部件的同类型中小企业聚集在一起，形成产业集群，在集群内运行实现规模经济。一般情况下，该模式是靠一个或几个大型企业带动的，这些企业是在市场竞争中发展壮大的，企业规模很大，集团化程度较高，而且能迅速消化吸收外界先进技术、现代经济运行模式和管理经验，积极参与国内、国际市场竞争，从而带动整个经济的发展。

3. 一体化发展型

包括陆岛联合开发型和岛岛联合开发型。

陆岛联合开发是以沿海城市为龙头，沿海经济发达地区为主体和腹地，采取岛陆联结、岛港联汇、岛城联融，以陆带岛、以岛带海的联动开发，从沿海城市经济结构调整中获得发展机遇，逐步形成以陆域为依托的陆岛经济。该模式适用于近岸岛屿和连岸岛屿的经济发展。

岛岛联合开发型是以已经开发的、基础设施比较完善、经济发展水平比较高的海岛为据点，向其他岛屿进行经济与技术的辐射与扩散，以点带面，带动周围海岛的开发，进而在岛群和群岛内形成相互依存和共同发展的海岛经济区。

还有一种一体化发展的模式就是浙江舟山的"大岛建，小岛迁"发展模式，是指舟山市通过建设海岛中心村，对各县（区）生产生活条件差、发展潜力有限的悬水小岛渔（农）民进行整村搬迁，实施异地跨区域集中建设。实施"大岛建，小岛迁"，有效地推进了海岛城乡一体化。

4. 海岛特色型

是指经过多年发展，形成了被广泛认可的独特的海岛地域文化，并以其地名命名的海岛经济发展模式。如獐子岛模式。獐子岛模式的内涵是股份制下的集约化海岛经济模式，其活力就在于体制优势和海洋资源优势的结合，其模式的具体内容是"公司＋政府＋金融机构＋科研院所＋养殖户"的"五位一体模式"。

（三）基于生产要素的发展模式

1. 资源型

根据海岛的资源特色，有什么资源就发展什么产业，亦即"宜渔则渔，宜港则港，宜游则游"等。充分发挥本岛资源禀赋优势，以优势资源产业带动海岛经济的发展。

2. 科技型

以科技为突破点，发展海洋高新技术产业，积极进行科技创新和改革，充分利用科技成果带动某些产业的发展，进而推动整个海岛经济的发展。

3. 劳务型

在有劳务输出条件、本地资源匮乏的海岛，充分利用政府和民间力量开展技能培训，加大劳务推介力度，向岛外输出劳务，在外积累一定资金和技术后回岛创业，带动海岛经济的发展。

(四)基于开发主体的发展模式

1. 政府主导型

是指在海岛开发过程中，对投入大、回收期长、风险较大且资金收益率难以确定的大规模工程建设项目，由政府作为直接出资人或主导，全程参与项目规划制定、实施、管理和调控等全过程的海岛开发模式。这种模式通常用来实施一些非常重要但又难以通过市场方式运作的大型项目，如跨区域(岛)交通设施等基础设施建设、能源开发类项目等，因此最为适合资源丰富、亟待开发而经济发展又相对落后的海岛。

2. 企业主导型

是指海岛所在地的政府部门采取招拍挂的方式，将海岛资源的开发权与经营权进行市场化拍卖，由企业自主经营的海岛开发模式。这种模式打破了以往政府主导海岛开发的垄断地位，在为地方政府节约了大量海岛开发建设资金的同时，又增加了地方税收收入，而参与的企业则可获得稳定的长期收益，因此对岛内外有实力的企业很有吸引力。企业资本主导型海岛开发模式尤其适用于对海岛旅游资源的开发利用。

3. 民间投资主导型

是指在海岛开发过程中，民间资本出资开办商业活动、投资一些较小项目，或者以集资方式单独承揽海岛开发项目，并根据商业化原则按投资比例进行收益分配的海岛经济发展模式。这种模式的特点是投资少、见效快、风险小，因此可以吸引大量民间闲散资金，已成为海岛经济发展中不可缺少的组成部分。民间资本投资海岛开发，虽然投入量不大，投入面较窄，但却是海岛尤其是中小型岛屿经济发展的主要模式。

(五)基于主体功能的发展模式

根据国家经济社会发展与安全的战略需求、海岛区位条件、资源环境承载能力、现有开发强度、经济发展潜力和生态系统现状，将海岛开发划分为优化开发型、重点开发型、限制开发型和禁止开发型四类。这四类海岛的发展目标不同、主体功能不同、开发方式不同、国家支持的重点也不同。

1. 优化开发型

是指现有开发强度高，海洋资源环境问题突出，产业结构亟须调整和优化的海岛。目前我国尚无该类型的海岛。

2. 重点开发型

是指在沿海经济发展或维护国家安全中具有突出作用、区位和自然条件优越、发展潜力较高、资源环境承载力较强、可以进行高强度集中开发的海岛。目前确定的重点开发的海岛包括舟山、平潭和横琴岛以及对维护国家海洋权益与安全具有重要作用的边远岛礁。

3. 限制开发型

是指以提供海洋水产品为主要功能，或对维系海洋生态系统健康具有重要作用的海岛。该类海岛生态系统敏感脆弱，对海域生态安全具有重要作用，因此必须限制高强度的集中开发活动，但允许开展有利于提高海洋渔业生产能力和生态服务功能的开发活动。

4. 禁止开发型

是指对维护海洋生物多样性，保护典型海洋生态系统具有重大作用的海岛。包括领海基点所在海岛、国防安全用途海岛和海洋自然保护区内的海岛。在该类海岛除法律法规允许的活动外，禁止和限制其他开发活动。

(六)基于对外开放程度的发展模式

1. 外向型

是指以国际市场为导向，与国际市场紧密联系，以出口创汇为主要目标或以利用外资为主要经济增长点的海岛开发模式。

2. 自由贸易岛型

对处于特殊地理位置、在国际(地区)经济中具有特殊地位的海岛，可积极尝试探索自由贸易园区的建设，重点推进贸易便利化，促进口岸贸易、离岸自由贸易和服务贸易的转变，实现"境内关外"，直至成为自由贸易岛。

经济发展模式具有动态性。随着时间的演进，原有的成功发展模式未必在以后各个不同的发展时期都能行得通。所以，对于已经成功的模式要不断探索创新，不断改进。借鉴经济发展模式，应考虑其适用性。每一种模式的形成和演进都有其特定的历史背景，在借鉴时，必须注意其形成过程的特殊性和偶然性，分析其所需要的条件，不能简单地说一种模式优于另一种模式。一个成功的经济发展模式可能不只是一种，而是多种模式的复合体。在选择发展模式时，可从自身所处发展阶段及本地区经济特点出发，选择多种模式。①

---

① 梁兴辉，王丽欣.中国县域经济发展模式研究综述[J].经济纵横，2009，2：123-125.

三、海岛经济发展路径分析

海岛经济发展模式的选择是海岛经济发展的关键。我国海岛地域分布广阔，资源禀赋各不相同；同时，海岛发展历史、秉承文化、风土人情、经济政策、经济基础和社会发展程度等也互有差异。因此，形成了海岛发展模式的差异性。这种差异性决定了海岛经济发展没有统一的模式，每个海岛应该根据自身的条件和发展基础，确定适合自己需求的发展路径。

(一)海岛经济发展路径的选择原则

海岛经济发展路径的选择，应坚持以下原则。

1. 坚持规划先行的原则

海岛经济发展规划是开发利用海岛的重要前提和基础。海岛的经济发展必须坚持规划先行，要从海岛区域定位、基础设施、产业发展、空间布局、生态建设等方面进行科学整体规划，充分发挥规划的引导、约束和管理作用，立足海岛的基础和实际，找准发展定位和产业主攻方向。同时，海岛经济发展规划要做好与国家和区域相关规划的衔接，不能与其冲突。

2. 坚持生态优先的原则

海岛典型而脆弱的生态系统决定了发展海岛经济必须要坚持生态优先。海岛生态系统稳定性差，众多生态特征十分脆弱，极容易遭到损害而造成严重的生态环境问题。而海岛生态灾难一旦发生，往往很难得到恢复。因此，维护海岛生态系统的健康对海岛经济社会发展至关重要，要把海岛生态系统的稳定作为衡量经济发展的一项重要指标，甚至是"一票否决"的指标。

3. 坚持因岛制宜的原则

海岛的经济发展没有统一的模式，无论是区位、资源、基础设施，还是经济条件，每个海岛都有其特殊性。因此，不能不顾自身条件而照搬别人的模式，要因岛制宜，选择符合本岛特点、适应自身发展水平的产业。同时，在经济发展过程中，既要开发海岛优势资源、发挥其主导功能，又要禁止破坏性的开发和利用活动，做到协调发展。

4. 坚持绿色发展的原则

海岛资源的开发利用要坚持绿色发展的理念，要在海岛环境容量和资源承载力的约束下，重点围绕海水养殖、海水利用、海盐和盐化工等领域，构建循环型产业体系。大力推进海岛产业的节能减排，积极开发利用潮汐能、波浪能、海上风能等清洁能源，鼓励资源节约型和环境友好型产业园区建设。要加强海岛污染源的治理和环境风险防控能力，保护海岛环境。

5. 坚持可持续发展原则

发展海岛经济要坚持以人为本,以人与自然和谐为主线,以经济发展为核心,以提高海岛居民生活质量为根本出发点,着力解决经济快速增长与资源大量消耗、海岛与陆域经济社会发展不平衡等主要矛盾,以及海岛人口综合素质不高、人口老龄化加快、社会保障体系不健全、产业结构不尽合理、基础设施建设滞后、环境污染加剧等主要问题,推进海岛经济社会与人口、资源和生态环境的全面协调发展。

(二)海岛经济发展的路径选择①

我国海岛的类型多样,从开发利用价值来看,可以分为具有国防与权益价值的海岛、具有经济资源价值的海岛、具有生态价值的海岛和具有社会文化价值的海岛。由于不同类型海岛的经济发展模式不尽相同,选用的经济发展路径也会各有不同。

1. 具有国防与权益价值的海岛

国防安全价值海岛是指对保障我国国土安全、海上交通、国家利益有重要影响的海岛,包括军事用岛、国防前哨、建有导航灯塔和海洋观测站等设施的海岛。海洋权益价值海岛是指对维护我国海洋权益和海域主权有重要影响的海岛,包括领海基点所在的海岛、与周边国家存在争议的海岛。该类型海岛的发展路径如下。

(1)加强资源保护和可持续利用。拥有海岛主权的国家同时拥有海岛周围海域的资源开发权利,海洋丰富的生物资源和油气资源开发为海洋经济的发展提供了广阔的空间。我们一方面要利用丰富的海洋资源来满足社会经济发展的需要,另一方面也要加强海岛资源与环境的保护。如果不注意保护和管理,海岛一旦遭到破坏或消失,不但对国家的海洋权益造成巨大损失,也会影响后代人的利益。

(2)积极发展旅游业。在具有国防与权益价值的海岛开展以旅游和科研为主要目的的活动,可以有效地加强对这些海岛政治利益、经济利益、安全利益等海洋利益的维护。具有军事利用价值的海岛,一般面积较大、地理位置较好且自然条件比较优越,因此也是发展海岛旅游业的良好地点,但要注意平战结合,以利于战时利用。

2. 具有经济资源价值的海岛

具有经济资源价值的海岛有多种类型,从海岛的主体功能来看,有些是可以加快利用的海岛,有些是可以适当利用的海岛,还有一些是禁止利用的海岛;从

---

① 王明舜. 中国海岛经济发展模式及其实现途径研究[D]. 青岛:中国海洋大学,2009.

资源利用程度来看，有些是尚未利用的海岛，有些是利用不足的海岛，还有一些是过度利用的海岛；从资源空间分布来看，有些是离岸较近的海岛，易于开发，有些是离岸较远的海岛，开发难度较大。所以，这类海岛的经济发展会受到各种因素的综合影响，其发展路径如下。

（1）坚持可持续发展，开发与保护并重。资源是海岛经济发展的基础，坚持可持续发展不仅可以保障海岛经济资源的合理开发与利用，同时也有利于这些资源的保护。对于具有经济植物、经济动物、捕捞、养殖、港口与机场、滩涂、土地、油气、固体矿产、化学资源、地表水及地下水等资源的海岛，可以因岛制宜，加快开发与利用，以促进海岛经济的快速发展。同时，可以开发以风能和太阳能为主的海岛可再生能源，在一些条件好的海岛可以考虑潮汐能、波浪能、潮流能的开发利用。

（2）坚持一体化发展，实现岛陆（岛）联动。绝大多数海岛的开发需要依靠大陆，海岛的经济发展与对大陆、群岛主岛的依托性及其自主性并存。因此，沿海地带经济的发展状况决定了海岛资源开发的潜力。例如，具备丰富资本的江、浙、沪、粤等地的海岛更容易吸引开发资金。这类海岛在发展中应充分利用周边有利的经济环境，采取一体化经济发展模式，利用周边的市场发展水产品养殖与加工，发展海岛旅游；利用周边的硬件环境，加快基础设施建设；利用周边的软件系统，完善服务体系；利用发展机会，参与周边的经济循环，实现产业协作。

（3）发展生态经济，保护生态环境。目前，我国部分海岛的资源开发已开始出现透支情况，对海岛的生态环境造成了巨大威胁。岛上采石活动愈来愈多，炸岛、炸礁、采石填海等现象也普遍存在，严重破坏了海岛生态环境。另外，我国的珊瑚礁生态系统也遭到了严重破坏，海南省周围海域80%的珊瑚礁生态系统已遭到不同程度的破坏，导致了严重的海岸侵蚀。因此，对于此类海岛，资源保护比开发更为重要，应该禁止开发利用经济资源。通过发展生态经济，防止生态环境的进一步恶化，逐步促进海岛生态环境的恢复。

3. 具有生态环境价值的海岛

对于具有生态环境价值的海岛，应该采用生态经济发展模式，对于可以开发利用的生态资源，以发展生态经济的方式实现经济的发展，对于限制利用生态资源的可以建立海岛生态保护区。

（1）发展生态经济。可以发展生态经济的海岛是指：①具有典型生态系统和关键区位价值的海岛，包括具有红树林、珊瑚礁、潟湖等资源的海岛；②具有重要经济价值的海洋生物或对地方性海洋生物有重要影响的海岛，包括具有增殖区、地方性物种、物种分类学意义、水产等资源的海岛。对这类海岛的开发，应以保护生态环境为目的，发展生态经济，但要注意开发的程度不宜过大，要有利于海岛的生态环境建设。该类海岛适宜开展旅游、教学、科研和科普等活动。

（2）建立海岛生态保护区。在一些重要海岛有选择地划定各种类型的珍稀与濒危动物自然保护区、原始自然生物多样性保护区等，进行规划保护，以求保留、保存天然的海洋自然风貌，改善海洋生态过程和生命维持系统，促进资源的恢复、繁衍和发展。例如，舟山五峙山鸟岛自然保护区、三亚珊瑚礁自然保护区、浙江南麂列岛海洋自然保护区等。

4. 具有社会文化价值的海岛

是指具有历史遗迹和地质遗迹、典型的海岛景观等，可供人们旅游观光、运动休闲、考古及科学研究的海岛。包括具有自然历史遗迹的海岛，如各种地貌景观；具有人类历史遗迹的海岛，如遗址、传说，宗教发源地；具有遗留的军事设施；具有美丽自然风光的海岛以及海洋科普素材丰富的海岛等。对该类海岛应以发展海岛旅游业为主。

（1）以保护为主的开发利用。在上述具有社会文化价值的海岛中，原则上都可以供旅游、科普和科研使用，但应当开发与保护并举，以保护为主，在不破坏其价值的基础上进行开发利用。

（2）分类开发利用和管理。具有社会文化价值的海岛一般包括三类：①对科研有重要价值的自然历史遗迹；②对历史研究有重要价值的历史遗迹及特有文化；③一般旅游价值的海岛。对这些海岛的开发应给予不同的政策和管理，包括制定不同的免税或补贴等优惠政策，以鼓励在保护的基础上进行开发利用，从而避免遭破坏后不可再生或不可复原的情况发生。

（3）分类分级建立保护区。为了有效保护具有重要社会文化价值的海岛，进一步加强对该类海岛的可持续利用，国家和沿海各级政府应在统一规划的基础上，建立一批国家和地方各级的、具有不同社会文化价值的海岛自然保护区，完善海洋保护区网络，在做好保护的前提下，合理开发利用这些海岛。

第六章　海洋经济增长分析

　　改革开放以来，我国海洋经济进入了快速发展时期。特别是进入 21 世纪以来，海洋经济保持稳步增长，2001—2012 年间海洋生产总值年均增长速度达到12.8%，高出同期国内生产总值年均增速 2.3 个百分点。那么，是什么原因使海洋经济保持如此高速的增长？是技术进步、资本投入，还是劳动力投入的增加？如果这些因素都起到了一定的作用，那么它们的作用有多大？除此之外，海洋经济的增长质量如何，增长方式转变的效果如何，以及可持续发展的水平等也都是值得关注的问题。本章将着重探讨这些问题。

第一节　经济增长分析的一般问题

　　经济增长问题实质上是讨论经济社会潜在生产能力的长期变化趋势，经济增长分析所要解决的三个问题：①长期中是否存在一种稳定的增长；②实现稳定增长的条件是什么；③这种均衡增长是否具有稳定性。经济增长理论从古典理论发展到今天的内生增长理论，这其中不仅体现了经济学家对经济增长源泉的不同理解，更为重要的是体现了经济学家对经济增长研究方法和研究工具的不断发展。

一、经济增长的相关理论

　　经济增长理论发展史上具有代表意义的理论有马克思的经济增长理论、西方经济学中的古典增长理论、凯恩斯主义经济增长理论、新古典增长理论和新增长理论。①

（一）马克思的经济增长理论

　　马克思的经济增长理论包括如下内容：①经济增长的核心是社会产品实现问题。认为社会再生产顺利进行的条件是社会产品再生产在价值形态和实务形态上同时得到补偿。②社会产品的构成可以分为实物构成和价值构成。从实物形态上

---

　　① 陈瑾玫. 宏观经济统计分析的理论与实践 [M]. 北京：中国经济出版社，2007.

可分为两大部类：第一部类（生产资料）和第二部类（消费资料）。从价值形态上可分为不变资本（C）、可变资本（V）和剩余价值（M）。③外延或内涵扩大再生产理论。外延扩大再生产是指单纯依靠增加生产要素数量，即增加劳动力、原材料、设备及资金来扩大再生产规模；内涵扩大再生产是指依靠提高生产要素利用率及提高劳动生产率、降低原材料消耗和提高设备利用率来扩大再生产规模。④积累是扩大再生产的源泉。⑤扩大再生产的实现条件是第一部类所提供的生产资料大于第二部类简单再生产所需的生产资料。

（二）古典增长理论

古典经济学家研究经济增长问题源于当时特定的历史条件。当时英国的政治、社会和经济环境处于一个大变革时期，工业革命已拉开序幕，经济系统的演进出现了新的变化。经济学家必须对这种新的经济系统，即工业资本主义的运行方式、基本促进因素及其发展结果予以科学的解释。古典经济学家对经济增长的研究主要侧重于分析经济增长的决定因素。他们认为，经济系统中只有部分活动能够产生可供投资的剩余，而经济增长取决于生产剩余中用于投资的份额。与初出现时一样，该论点至今仍是争论的话题。在古典经济学家中，对经济增长问题论述较多的主要有魁奈、亚当·斯密、马尔萨斯、大卫·李嘉图等人。在古典增长理论中真正具有代表性的是亚当·斯密和大卫·李嘉图所提出的增长理论。

（三）凯恩斯主义经济增长理论

英国经济学家哈罗德和美国经济学家多马在20世纪三四十年代关于经济增长的研究是在凯恩斯宏观经济模型的基础上进行的。他们所分析的核心问题是：一国经济要实现充分就业的长期稳定增长所应满足的条件。虽然两位经济学家研究的出发点不尽相同，但在基本内容上是一致的，故一般通称为哈罗德－多马经济增长模型。模型认为，一个国家国民生产总值增长率取决于资本－产出比率和储蓄率。从长期看，通过投资增加有效需求，从而为当期提供充分就业机会，企业生产能力扩大，结果引起下期供给大于需求，出现下期的就业缺口，这样就需要更多的资本形成。因此，不断地增加投资，是保证经济增长的唯一源泉。

（四）新古典增长理论

经济增长理论成为现代经济学中的一个核心问题，始于20世纪50年代末索洛等人建立的新古典增长理论。美国经济学家索洛于1956年在仔细研究哈罗德经济增长理论之后，放宽了资本与劳动不可替代的假设之后创立的。新古典增长理论假设完全竞争均衡、生产函数规模报酬不变、资本边际收益递减、技术是外生的。因此，资本积累、劳动力增加和技术进步的长期作用是经济增长的动力，从长期看技术进步是经济增长的唯一动力。但是，新古典经济增长理论却没有对这种外生技术进步产生的原因做出满意的解释。

(五)新增长理论

在 20 世纪 80 年代中期，以罗默、卢卡斯等人为代表的一批经济学家，在对新古典增长理论重新思考的基础上，提出了一组以"内生技术变化"为核心的论文，探讨了长期增长的可能前景，重新引起了人们对经济增长理论和问题的兴趣。①知识外溢和边干边学的内生增长思路，强调知识和人力资本是"增长的发动机"。通过产生正的外在效应的投入（知识和人力资本）的不断积累，增长就可以持续。②内生技术变化的增长思路，强调发展研究是经济刺激的产物，即有意识地发展研究所取得的知识是经济增长的源泉。由于这一研究与开发产生的知识必定具有某种程度的排他性，因此开发者拥有某种程度的市场力量。③线性技术内生的增长思路，强调生产函数的线性技术（或称凸性技术），产出是资本存量的函数。与新古典模式不同的是，这里的资本是广义概念的资本，它不仅包括物质资本，还包括人力资本，即两者的复合。

二、海洋经济增长分析的内容

海洋经济增长分析是以经济增长理论为指导，运用统计分析和数量经济分析方法对海洋经济增长的综合影响因素、增长质量以及增长方式转变等进行的定性和定量的分析研究。通过开展海洋经济增长分析，正确认识和估计影响因素对海洋经济增长的贡献，评价海洋经济增长与社会、环境和资源的关系，以保持海洋经济、资源和社会的协调发展。同时，研究分析海洋经济增长方式如何从粗放型向集约型转变，提高海洋经济增长的投入产出效率。

海洋经济增长分析不同于海洋经济周期分析，海洋经济周期分析侧重于对海洋经济增长波动性的研究，而海洋经济增长分析则侧重于对海洋经济增长率序列趋势项的分析，目的是了解海洋经济增长的趋势特征，探索长期经济增长的源泉。因此，海洋经济增长分析就是通过建立各种经济模型，考察海洋经济长期增长的动态过程，研究长期经济增长的动力机制。

第二节　海洋经济增长因素分析

海洋经济是国民经济的重要组成部分，同国民经济一样，海洋经济增长也是一个复杂的过程。影响海洋经济增长的因素很多，正确地认识和估计这些因素对经济增长的贡献，对于理解和认识现实中海洋经济增长和制定促进海洋经济增长的政策都是至关重要的。因此，本部分探讨影响海洋经济增长的要素及其在海洋经济增长过程中发挥的作用，从而探究海洋经济增长的原因，寻找海洋经济增长的有效途径。

一、海洋经济增长因素指标分析

理论上讲，影响经济增长的主要因素包括劳动要素、资本要素、技术要素、环境要素和其他要素五项指标。实际分析过程中，大多数学者通常采用前三项指标，即劳动、资本和技术要素，来分析研究其对经济增长的贡献。

(一)劳动要素指标

亚当·斯密认为对国家长期繁荣最具决定性的因素就是人口增长。在经济增长因素分析中，如果严格按照理论的要求，应当有赖于一定时期内要素提供的"服务流量"，它不仅取决于要素投入量，而且还与要素的利用效率、要素的质量等因素有关。就劳动投入指标而言，是指生产过程中实际投入的劳动量，用标准劳动强度的劳动时间来衡量。在市场经济国家，劳动质量、时间、强度一般是与收入水平相联系的，在市场机制下，劳动报酬能够比较合理地反映劳动投入量的变化。

海洋经济增长的劳动要素指标主要包括涉海就业人员数量、涉海就业人员增长率、涉海就业人员结构和素质、劳动报酬、全员劳动生产率等。

(二)资本要素指标

资本存量是指在一定时点上所积存的物质资本，反映在一定时点上人们所实际掌握的物质生产手段。物质资本是指经济系统运行中实际投入的资本数量，从理论上讲，应该使用资本服务流量进行度量，然而由于资本服务流量难以测度，大多数研究经济增长的学者一般在资本服务流量与资本存量成比例的假定之下，用资本存量代替资本流量。一般而言，这种代替是可以接受的，且具有较强的可操作性。

海洋经济增长的资本要素指标主要包括海洋经济的资本存量、海洋固定资产投资、基础设施投入、海洋经济资本的边际生产率等。

(三)技术要素指标

技术进步是经济得以持续增长的内在动力，随着工业进程的不断加快，现实财富的创造主要取决于科学技术在生产上的应用。海洋科学技术的进步，能够大大提高海洋资源的开发利用效率，开发以往难以涉足的领域，如深海油气开采、海洋新能源开发、海洋生物医药制造等。同时，科学技术作为实现可持续发展的重要手段，不断为治理海洋环境污染、减少海洋生态环境破坏提供新方法和新技术，以提高海洋环境质量、改善海洋生态系统功能。因此，技术进步对海洋经济增长的贡献是明显的。

海洋经济增长的技术要素指标主要包括海洋科技人才数量、海洋科技人才结构、海洋科技研发投入、海洋科技成果数量、海洋科技论文数量等。

(四)环境要素指标

环境为人类生产劳动提供物质条件和对象，正是基于环境的承载和对自然资源的开采利用，人类生产活动才得以继续，人类才得以繁衍生息。人类的存在和发展离不开自然环境的支撑，环境中原材料、能源和自然资源的消耗大体上与经济增长成正相关关系。环境同时也是人类社会经济活动废弃物、污染物的排放地和自然净化场所，人类生产活动消耗自然资源，破坏自然生态，污染土壤、水源和空气，致使环境系统不断恶化，承载能力不断减弱，对生产活动的继续甚至对人类的生活和生存形成制约。在这一层面上，经济增长与环境的保护、改善之间呈现负相关关系，而且在一个国家发展的不同阶段和不同发展阶段的国家中呈现不同形态。

海洋经济增长的环境要素指标主要包括海洋资源可利用量、海洋资源消耗量、海洋资源承载力、海洋环境承载力、海洋环境质量以及海洋、海岛自然与人文景观数量等。

(五)其他要素指标

道格拉斯·诺思认为制度为每一个参与社会经济活动的行为人设置了一整套正式的和非正式的行为规则，为每一个追求最大化利益的行为人规定了约束条件。制度创新通过塑造出新的激励或动力机制，激发行为人参与交易活动及进行技术创新的动力，从而推动经济增长。丹尼森更强调管理知识的重要性，这里的管理知识是指广义的管理技术和企业组织方面的知识。在丹尼森看来，管理和组织知识方面的进步更可能降低生产成本，增加国民收入。因此，在要素指标的选取中，不能忽视知识进展对海洋经济发展的贡献。

海洋经济增长的其他要素指标主要包括海洋管理制度、海洋管理知识、海洋技术知识、海洋教育总年限、教育加权成本等。

二、经济增长要素分析方法

(一)生产函数法

1. 生产函数的估计

生产函数是生产过程中投入与其产出之间的一种函数关系。即一定时期内，在技术水平不变的情况下，投入生产要素的某种组合与其可能的最大产出量之间的关系，一般可以写为

$$Y = f(x_1, x_2, \cdots, x_i, \cdots, x_n) \qquad (6-1)$$

式中：Y 表示可能的最大产出量，一般用国内生产总值（GDP）来衡量；x_i 表示第 i 个生产要素的投入量。这里"投入的生产要素"是生产过程中发挥作用、对产出量产生贡献的生产要素；"可能的最大产出量"指这种要素组合应该形成的产出量，而不一定是实际产出量。生产要素对产出量的作用与影响，主要是由一定的技术条件决定的。

从本质上讲，生产函数反映了生产过程中投入要素与产出量之间的技术关系。经济增长理论中对生产函数的选择，一般有以下几种。

1）道格拉斯生产函数

柯布－道格拉斯（C－D）生产函数是由数学家柯布和经济学家道格拉斯于20世纪30年代初共同提出来的。柯布－道格拉斯生产函数被认为是一种很有用的生产函数，因为该函数以极简单的形式描述了经济学家所关心的一些问题，它在经济理论的分析和实证研究中都具有一定意义。柯布－道格拉斯生产函数表达式如下：

$$Y = AK^{\alpha}L^{\beta}, \ (A, \alpha, \beta > 0) \qquad (6-2)$$

式中：A 为技术水平；K 为资本投入量；L 为劳动投入量。

2）不变替代弹性（CES）生产函数

1961 年，艾罗（Arrow）、钱纳里（Chenery）、米哈斯（Mihas）和索洛（Solow）四位学者提出了两要素的不变替代弹性（CES）生产函数。如今，经济学家们构造了几种类似的函数形式，并且也对函数参数的含义进行了探讨，进而把它们运用到不同的经济增长理论模型中来分析不同的问题。其形式为

$$Y = A \cdot (aK^{-\rho} + bL^{-\rho})^{-1/\rho} \qquad (6-3)$$

式中：a、b 分别是关于资本和劳动的常数并依赖于 ρ 的选择。生产函数的替代弹性 $\sigma = 1/(1 + \rho)$ 为常数。

3）超越对数生产函数

1973 年，克里斯滕森（Christensen）、乔根森（Jorgenson）和劳（Lau）提出了一个更具有一般性的变替代弹性生产函数模型，即超越对数生产函数模型。其形式为

$$\ln Y = \beta_0 + \beta_K \ln K + \beta_L \ln L + \beta_{KK} (\ln K)^2 + \beta_{LL} (\ln L)^2 + \beta_{KL} \ln K \cdot \ln L$$

$$(6-4)$$

式中：β_0、β_K、β_L、β_{KK}、β_{LL}、β_{KL} 为待定参数。该生产函数模型的显著特点是它的易估计和包容性。它是一个简单线性模型，可以直接采用单方程线性模型的估计方法进行估计。所谓包容性，是它可以被认为是任何形式的生产函数的近

似。例如，如果 $\beta_{KK} = \beta_{LL} = \beta_{KL} = 0$，则表现为 C – D 生产函数；如果 $\beta_{KK} = \beta_{LL} = -\dfrac{1}{2}\beta_{KL}$，则表现为不变替代弹性(CES)生产函数。所以可以根据该生产函数的估计结果判断要素的替代性质。[①]

2. 增长率方程的构建

根据所设计的生产函数，构建产出 Y 与投入要素 x_1，x_2，…，x_i，…，x_n 之间的经济增长率函数模型。以索洛模型为例，索洛模型又称作新古典经济增长模型、外生经济增长模型，是在新古典经济学框架内的经济增长模型，是索洛于 1956 年首次创立的。索洛提出了索洛余值的计算方法，以测定资本、劳动和技术三项要素在经济增长中的作用。设定总量生产函数为

$$Y = A \cdot F(K,L) \tag{6-5}$$

式中：A 表示技术进步，也称全要素生产率(TFP)。

对时间做全微分，可以得到产出的增长率方程：

$$\frac{\Delta Y}{Y} = \frac{\Delta A}{A} + \frac{\partial Y}{\partial K} \cdot \frac{K}{Y} \cdot \frac{\Delta K}{K} + \frac{\partial Y}{\partial L} \cdot \frac{L}{Y} \cdot \frac{\Delta L}{L} \tag{6-6}$$

通过变换，得到索洛余值计算式：

$$\frac{\Delta A}{A} = \frac{\Delta Y}{Y} - \frac{\partial Y}{\partial K} \cdot \frac{K}{Y} \cdot \frac{\Delta K}{K} - \frac{\partial Y}{\partial L} \cdot \frac{L}{Y} \cdot \frac{\Delta L}{L} \tag{6-7}$$

我们就可以利用宏观统计数据计算 $\Delta A/A$ 的值，即索洛余值，该值反映了除资本和劳动两项因素投入的贡献外，其他因素对于经济增长的贡献程度。

索洛余值的意义在于它扩展了一般生产函数的概念，它将技术进步这一生产要素引入到了生产率的分析之中，进而建立了全要素生产率增长率的模型，从数量上确定了产出增长率、全要素生产率增长率与各要素投入增长率的产出效益之间的联系，同时从增长方程中可以确定各种生产要素投入对经济增长的贡献。丹尼森(Denison)、乔根森(Jorgenson)、国际经济合作与发展组织(OECD)将索洛余值法进行了推广，将资本与劳动进一步划分，并且将索洛剩余中可以测度的因素进一步明确出来。这些方法以计量技术获得的总量生产函数信息为核心，然后从经济增长率中扣除要素投入增长率，最终获得对全要素生产率变化的测算，通常被称为增长"余值"分析法。

3. 投入要素产出弹性的确定

产出弹性是指产量对某一种生产要素变化的反应程度，是在其他生产要素不变时，某一种生产要素增长 1% 所引起的产出变化的百分比。在索洛模型中，如

---

① 杨顺元. 全要素生产率理论及实证研究[D]. 天津：天津大学，2006：30.

用 E_K 表示资本的产出弹性，E_L 表示劳动的产出弹性，则：

$$E_K = \frac{\Delta Y/Y}{\Delta K/K} = \frac{\partial Y}{\partial K} \cdot \frac{K}{Y}, \quad E_L = \frac{\Delta Y/Y}{\Delta L/L} = \frac{\partial Y}{\partial L} \cdot \frac{L}{Y} \tag{6-8}$$

在生产函数中，要素的产出弹性直接反映了不同要素增长对整个经济增长的贡献。估计要素产出弹性有两种方法：①使用计量经济学的回归方法；②收入份额法。两种方法各有优劣，回归方法只需要得到相关总量数据即可进行，简单直接，但其主要缺点是需要假设要素的产出弹性为常数（如 C - D 生产函数），估计需要满足模型的假设。在实际的经济增长中，不同要素的份额会随时间不断变化，特别是对于中国这样经济快速增长的国家。而收入份额法直接根据统计数据得出产出弹性，不需要估计，各种投入要素份额随着经济的变化而变化，但这种方法同样需要假设存在完全竞争市场和不变的规模收益。在国际经济合作与发展组织 2001 年的《生产率测算手册》中将收入份额法作为要素产出弹性的推荐使用方法。

（二）直接建立和估算增长率方程法

不同于上述基于生产函数的参数方法，随着数据包络法（DEA）的出现，经济增长因素分析的研究也进入非参数方法阶段。非参数方法不需要获得总量生产函数的信息，而通过汇总产出和投入指数直接获得对要素生产率变化的测算。非参数方法测算生产率变化对经济增长的贡献方面也取得了很好的效果。

1. 曼奎斯特（Malmquist）生产率指数

1994 年，法尔（Fare）、格罗斯科普夫（Grosskopf）、诺里斯（Norris）等人给出了一种非参数的线性规划算法，建立了用来考察全要素生产率增长的曼奎斯特（Malmquist）生产率指数：

$$
\begin{aligned}
m(x^t, y^t, x^s, y^s) &= \left[\frac{d^s(x^t, y^t)}{d^s(x^s, y^s)} \times \frac{d^t(x^t, y^t)}{d^t(x^s, y^s)} \right]^{1/2} \\
&= \frac{d^t(x^t, y^t)}{d^s(x^s, y^s)} \times \left[\frac{d^s(x^t, y^t)}{d^t(x^t, y^t)} \times \frac{d^s(x^s, y^s)}{d^t(x^s, y^s)} \right]^{1/2}
\end{aligned} \tag{6-9}
$$

式中：$d^s(x^t, y^t)$ 代表以第 s 期的技术表示（即以第 s 期的数据为参考集）的 t 期技术效率水平；$d^s(x^s, y^s)$ 代表以第 s 期的技术表示的当期的技术效率水平；$d^t(x^t, y^t)$ 代表以第 t 期的技术表示（即以第 t 期的数据为参考集）的当期技术效率水平；$d^t(x^s, y^s)$ 代表以第 t 期的技术表示第 s 期的技术效率水平。该表达式可分解为两个部分，分别代表效率变动[即两期之间法雷尔（Farrell）技术效率变动]和技术变动（即两期之间边界的移动）。即：

$$效率变动 = \frac{d^t(x^t, y^t)}{d^s(x^s, y^s)} \tag{6-10}$$

$$技术变动 = \left[\frac{d^s(x^t, y^t)}{d^s(x^s, y^s)} \times \frac{d^t(x^t, y^t)}{d^t(x^s, y^s)} \right]^{1/2} \qquad (6-11)$$

2. 曼奎斯特生产率指数的求解方法

计算曼奎斯特指数，首先需要求出距离函数。而距离函数的求解方法又可以分为参数方法和非参数方法。用参数方法求距离函数时，需要明确边界生产函数时的具体形式和变量，这种方法将会遇到函数模型的选择方面的问题以及对随机变量分布假设选择的问题，这样就使计算复杂化了。而用非参数方法则能很好地规避这些问题，并且在技术描述形式为多投入和多产出时能以实物的形式表示，避开价格体系不合理等非技术因素对距离函数的影响，是一种常用的求解曼奎斯特指数的方法。①

1）随机边界分析的参数法（SFA）

1977 年，艾格纳（Aigner）、洛弗尔（Lovell）、施密特（Schmidt）和缪森（Meeusen）、范·登·布罗克（Van den Broeck）分别提出了随机前沿生产函数，用于估计生产技术效率而创立的一种模型。该模型的一般形式如下：

$$\ln(y_{it}) = f(x_{it}, t, \beta) + v_{it} - u_{it}$$

式中：y_{it} 表示第 i 个生产单位在 t 时期的产出；x_{it} 表示第 i 个生产单位在 t 时期的投入向量，$i = 1, 2, \cdots, n$；$t = 1, 2, \cdots, T$；$f(\cdot)$ 是一个待定函数，它可能是上面提到的 C – D 生产函数，超越对数生产函数等；T 表示时间趋势；反映技术变化；β 为待估向量参数；v_{it} 为随机统计误差，假定其为独立同分布且 $v_{it} \sim N(0, \sigma_v^2)$；$u_{it}$ 是由于技术非效率所引起的误差，u_{it} 独立同分布，与 v_{it} 相互独立，且 $u_{it} \sim N(m_{it}, \sigma_u^2)$，这里 $m_{it} = Z_{it}\delta$，Z_{it} 是有可能影响企业效率的向量，δ 为待估参数向量。②

2）数据包络分析的非参数方法（DEA）

数据包络分析（DEA）是一种最常用的非参数前沿效率分析方法，常用于求解曼奎斯特指数。关于数据包络分析的具体介绍和计算方法参见式（4-3）至式（4-5）。

三、海洋经济增长因素实证分析

采用索洛余值法，分析海洋经济增长因素对海洋经济增长的影响作用。

1. 模型构建

将式（6-8）代入式（6-6）可得：

---

① 杨顺元. 全要素生产率理论及实证研究[D]. 天津：天津大学，2006：46.

② 杜煜坤. 基于随机边界分析法的我国银行经营效率评价研究[D]. 哈尔滨：哈尔滨理工大学，2008.

$$\frac{\Delta Y}{Y} = \frac{\Delta A}{A} + \alpha \frac{\Delta K}{K} + \beta \frac{\Delta L}{L}$$

令 y、k、l 分别为海洋经济增长率、资本增长率和劳动增长率，则上式可转化为：$y = a + \alpha k + \beta l$，于是

$$E_a = \frac{a}{y} = 1 - \alpha \frac{k}{y} - \beta \frac{l}{y} = 1 - E_k - E_l \qquad (6-12)$$

式中：E_a、E_k、E_l 分别为科技、资本及劳动对海洋经济增长的贡献率。

2. 指标选择和数据处理

进行海洋经济增长因素分析时，首先要对产出和投入指标进行统一规定。这里选用海洋生产总值作为产出量的衡量指标，选用涉海就业人员数量作为劳动量的衡量指标，选用海洋资本存量作为资本量的衡量指标，由于目前没有海洋经济资本存量的统计数据，故利用沿海地区全社会固定资产投资来推算。数据范围为2001—2011 年(表 6-1)。

表 6-1　2001—2011 年海洋经济产出、资本数据

年份	海洋生产总值/亿元	沿海地区生产总值	修正资本存量/亿元
2001	9 518. 43	60 778. 71	17 140. 27
2002	11 203. 17	67 734. 23	19 937. 68
2003	11 581. 17	76 672. 89	20 768. 51
2004	13 286. 39	87 525. 05	24 074. 32
2005	15 395. 54	99 319. 07	28 53. 77
2006	18 137. 85	113 406. 96	34 909. 01
2007	19 993. 05	130 038. 62	39 344. 47
2008	21 521. 34	145 122. 89	44 089. 30
2009	23 517. 56	161 377. 33	51 399. 87
2010	27 035. 88	181 909. 12	62 220. 31
2011	28 846. 82	201 650. 45	69 132. 44

海洋生产总值和涉海就业人员数据来源于历年的《中国海洋统计年鉴》，为了消除价格因素的影响，对海洋生产总值数据进行了平减处理，保证其可比性。沿海地区固定资产投资数据来源于历年《中国统计年鉴》，并根据沿海地区全社会固定投资价格指数进行了平减处理。

推算海洋资本存量的方法为：海洋资本存量 = 海洋生产总值/沿海地区生产总值×沿海地区资本存量。其中沿海地区资本存量的估算方法采用永续盘存法，

计算公式为

$$K_t = (1 - \delta)K_{t-1} + I_t \qquad (6-13)$$

式中：K_t 为 t 时期的资本存量；δ 为折旧率；I_t 为 t 时期的投资。

3. 弹性系数的确定

用增长速度方程计算科技贡献率时，弹性系数值的确定是测算工作中的重点与难点。目前较常用的方法有分配份额法、经验确定法和回归分析法。受基础数据所限，这里采用经验确定法来确定弹性系数。

根据对 α、β 的深入研究和测算，国外学者提出了多种测算结果，认为资本的产出弹性大体在 $0.2 \sim 0.4$ 的范围内波动，劳动的产出弹性则在 $0.6 \sim 0.8$ 之间。一些学者结合我国经济发展的实际情况，在较长时间系统分析的基础上，确定出我国的资本弹性系数 α 的经验值在 $0.3 \sim 0.4$ 之间，劳动产出弹性系数 β 的经验值介于 $0.6 \sim 0.7$ 之间。[①] 这里取资本产出弹性系数 $\alpha = 0.3$，在规模报酬不变的假设下，劳动产出弹性系数 $\beta = 1 - \alpha = 0.7$。

4. 模型估计结果和分析

计算得到 2001—2006 年、2007—2011 年和 2001—2011 年产出量、资本量、劳动量的年均增长率（表 6-2）。

表 6-2　2001—2011 年产出、资本、劳动年均增长率(%)

年份	资本	劳动	产出
2001—2006	15.29	7.03	14.90
2007—2011	14.64	2.93	11.67
2001—2011	14.97	4.96	13.27

依据表 6-2 和式（6-12），计算得到 2001—2006 年、2007—2011 年和 2001—2011 年资本、劳动、科技要素对海洋经济的贡献率如表 6-3。

表 6-3　2001—2011 年各要素的贡献率(%)

年份	资本	劳动	科技
2001—2006	30.78	33.03	36.19
2007—2011	37.64	17.57	44.80
2001—2011	33.82	26.16	40.02

---

① 卫梦星. 中国海洋科技进步贡献率研究[D]. 青岛：中国海洋大学，2010：45.

由以上结果可知，科技对我国海洋经济增长的贡献率明显提高，由2001—2006年的36.19%提高到2007—2011年的44.80%。2001—2011年，科技对海洋经济的贡献率平均在40%以上，但与发达国家仍有差距。

2003年，我国第一个涉及海洋区域经济发展的宏观指导性文件《全国海洋经济发展规划纲要》明确提出了实施科技兴海，加大重点领域海洋科技的研究开发，提高海洋科技创新能力，并提出"坚持科技兴海，加强科技进步对海洋经济发展的带动作用"。政策层面的支持开创了海洋科技发展的新局面，海洋科技研发取得巨大成就，科技成为影响我国海洋经济增长的重要因素之一。

2006年，我国出台了《"十一五"海洋科技规划纲要》，指出要提升海洋科技创新能力和科技支撑能力；促进我国海洋经济快速、持续、健康发展，切实转变海洋经济增长方式，使科技成为支撑和引领海洋事业创新发展的重要力量。在这一规划的指导下，沿海省(市)在原有的"科技兴海"工作中更加注重发挥科技的作用，依靠科技发展海洋经济，依靠科技实现海洋经济增长方式转变，依靠科技实现海洋经济结构优化升级，科技对我国海洋经济增长的贡献不断提高。

第三节　海洋经济增长质量分析

我国海洋经济进入一个新的发展时期，如何在保持海洋经济稳步增长的同时，提高经济增长的质量，已成为一个重要问题。国家正在实施的沿海开发战略，为海洋经济发展带来了难得的机遇和挑战。在这种宏观背景下，如何利用海洋资源优势，充分发挥海洋经济增长潜能，提高海洋经济增长质量，对海洋经济的健康和可持续发展具有重大意义。

一、海洋经济增长质量的内涵和特征

(一)海洋经济增长质量的内涵

我们从以下两个视角对海洋经济增长质量的内涵进行界定。

1. 投入产出视角下的海洋经济增长质量

从经济投入和产出的结果考察，海洋经济增长质量内涵应该从经济系统的投入产出效率方面去界定。从产出的角度看，海洋经济增长质量反映等量投入带来的产出变化。等量投入带来的产出增加，则海洋经济增长质量提高；反之，增长质量降低。如果由于要素质量或要素资源配置质量的变化导致产出变动，海洋经济增长质量就体现为全要素生产率变化。如果仅用单要素投入的产出来衡量，海洋经济增长质量就是指劳动生产率或资本生产率的变化。

从投入的角度看，海洋经济增长质量反映单位产出的各种资源消耗的变化。对于劳动力、物质资本和能源等资源的投入，海洋经济增长质量可以界定为单位产出的劳动力消耗变化、资金消耗变化和能耗变化。单位产出的各种资源的消耗越低，则经济增长质量越高；反之，其增长质量越低。可见，无论是从投入还是从产出角度界定，海洋经济增长质量内涵是统一的。

2. 可持续发展视角下的海洋经济增长质量

如果将投入全部计作成本，则海洋经济增长质量可以界定为成本产出率的变化。这里的成本不应该仅指经济系统内的总消耗，还应包括环境的成本。环境和生存质量改善，意味着经济增长的总成本下降，经济增长质量自然会高；反之，增长质量则低。将环境质量和生存质量作为经济增长质量内涵的一种界定，源于均衡和可持续发展理论。现实中一些地区在大力促进海洋经济增长的同时，也付出了资源过度消耗和生态环境恶化的巨大代价，如海洋资源损害、海域功能丧失、海洋生态环境破坏、生物多样性锐减等。①

(二)海洋经济高质量增长的特征

1. 增长方式属于集约型

海洋经济增长方式就是生产要素投入与生产要素效率两方面因素的组合方式，通常可区分为"粗放型增长"与"集约型增长"两种类型。粗放型增长是指依靠生产要素的大量投入和扩张实现的经济增长，其实质是以数量的增长速度为核心；集约型增长是依靠提高生产要素的质量和利用效率实现的经济增长，实质是以经济效益的提高为核心。高质量的海洋经济增长应该主要是通过集约型增长方式来实现的，经济增长方式从粗放型向集约型的转变意味着经济增长质量的提高，经济增长方式由集约型向粗放型的退化则意味着经济增长质量的降低。

2. 增长过程是稳定、协调和持续的

稳定性是指海洋经济运行过程的平稳性，它构成了海洋经济健康发展的基础，没有经济增长的相对稳定，经济发展的良好秩序必然会遭到破坏；协调性是就海洋经济运行过程中宏观与微观之间、三次产业之间、地区之间的比例关系而言的，它是海洋经济发展的关键，协调的经济关系不仅标志着经济运行状况处于良好状态，而且也是未来经济持续稳定增长的前提；持续性是指海洋经济系统在一段时期内沿着某一个良好的上行通道运行，它是经济增长状态良好的一种客观表现。

---

① 钟华. 中国海洋经济增长质量评价[D]. 青岛：中国海洋大学，2008.

3. 增长结果带来经济与社会效益的显著提高

海洋经济增长的根本目就是要不断地提高经济系统的最终产出水平，并通过产出量的增加促进人民生活水平的持续改善和整个社会的文明进步。这一目标的实现有赖于资源配置的优化、经济结构与生产力布局的改善、生产率水平的提高以及科学技术的进步等，而这些方面的内容恰好也正是提高海洋经济增长质量的基本条件。

4. 经济增长潜能不断得以增强

海洋经济增长的潜能包括两方面的内容：一方面是指现有的各种社会与经济资源是否得到有效的利用，现有的生产能力是否已充分发挥了作用；另一方面是指在当前的海洋经济增长中是否形成了新的生产能力，是否使原有的生产能力得以提高，是否为经济系统在未来的健康发展创造了各种必要的物质与技术条件以及良好的外部环境。增长潜能的增强同科学技术进步以及知识创新有着密不可分的关系。[1]

5. 海洋经济增长符合可持续发展要求

海洋生态环境系统比陆地更为脆弱，海洋水体一旦发生污染等灾害，便会迅速蔓延且影响面积大，控制治理的难度也比较大。而且，海洋经济活动更多地受海洋自然规律、自然状况的制约，从而影响海洋经济的发展。因此，对海洋资源的可持续开发利用尤为重要，海洋经济增长必须走可持续发展的道路。

二、海洋经济增长质量的要素分析

衡量海洋经济增长质量的指标主要包括海洋经济增长速度及稳定性、海洋经济结构、海洋经济产出效率、海洋经济增长的协调性、海洋环境保护、海洋经济增长潜力、海洋科技进步和海洋经济的社会效益八大要素。

(一)海洋经济增长速度及稳定性

美国经济学家西蒙·库兹涅茨认为：持续增长是指不为短期波动掩盖的一种量的增长。可见，经济增长的持续性是一个长期概念，即从一个较长的时期来看，经济总量是否具有明显的上升趋势。经济增长的持续性是与稳定性相联系又相区别的，它们的关系在于，持续增长强调经济增长的连续状态，稳定增长则强调增长过程的平衡状态；稳定增长已经包含了持续增长，而持续增长则不一定表现为稳定增长。实际上，保持经济增长的稳定性并不否认经济增长的自然波动，经济增长围绕着潜在增长能力（即发挥了各种经济资源效率所能达到的最大限度

---

① 梁亚民. 经济增长质量评价指标体系研究 [J]. 西北师大学报(社会科学版). 2002，39(2)：115－118.

的增长率)上下波动是一条客观规律。但如果经济增长率过度偏离潜在增长率，则意味着经济增长存在着较大波动。经济增长的过度波动，会造成经济资源的巨大浪费，影响经济增长的长期绩效。所以，只有把经济增长的波动规范在一定的区间内，让稳定性贯穿于经济增长的全过程，才能保证经济增长的质量。

海洋经济增长是否具有持续性，可从一个较长时期内的经济总量，即海洋生产总值是否具有明显的上升趋势来判断。

1. 海洋经济增长率

海洋经济增长率即海洋生产总值的增长率，是反映海洋经济增长稳定性的最优指标。海洋经济实际增长率越接近于潜在增长率，海洋经济增长的稳定性就越好。从长期看，每年的海洋经济增长率接近于其潜在的经济增长率，不仅说明海洋经济增长质量较好，而且有利于物价的稳定。

2. 海洋经济增长的波动率

海洋经济增长的波动率是指海洋经济增长率的变动率，反映了海洋经济增长的稳定性。其计算公式为

$$增长的波动率 = \frac{第\,t\,年的增长率}{第\,t-1\,年的增长率} \qquad (6-14)$$

(二)海洋经济结构

海洋经济结构可以反映海洋经济是否协调合理，也是评估经济增长质量的重要内容，包括产业结构、贸易结构、劳动力在各产业中分布结构等。在不同的经济增长阶段，海洋经济结构是不同的。只有根据海洋经济所处的水平，适当确定产业结构和生产力布局，才能促使经济增长质量的提高，并最终推进海洋经济的高速增长。

海洋经济增长与经济结构变动存在相互依存关系：一方面，海洋经济增长方式和速度的不同，会影响经济结构的调整优化方向及进度；另一方面，海洋经济结构的调整优化方向与进度也会影响经济增长的方式和速度以及经济增长的持续性、高效性。因此，海洋经济结构的合理、升级、优化，是经济效益提高的基础，也是经济增长质量提高的重要标志。

1. 海洋三次产业比重

海洋三次产业比重是指海洋三次产业增加值分别占海洋生产总值的比例，是衡量海洋经济运行结构是否合理的重要评价指标。海洋第二、三产业所占比重逐渐提高，说明海洋产业结构趋于高级化。

2. 海洋第三产业就业人员比重

海洋第三产业就业人员比重是指海洋第三产业就业人员占全部涉海就业人员的比例，是反映劳动结构的指标。

除此之外，还有主要海洋产业增加值比重、各沿海地区、经济区海洋生产总值比重等也是衡量海洋经济结构的重要指标。

(三)海洋经济产出效率

产出效率是指单位要素投入所获得的产出多少，是经济质量优劣的集中表现。海洋经济增长质量的高低，集中体现在经济增长效益水平上。经济效益问题在各种生产方式下和不同范围中都普遍存在，单位投入获得的产出越多，经济增长质量越高。海洋经济增长中的投入要素分别为劳动和资本，相应的反映要素产出率的指标一般是劳动生产率、资本产出率和全要素生产率三个方面。

1. 劳动生产率

劳动生产率是指劳动者生产和经营的效率，是影响经济增长质量的首要因素。劳动生产率反映了每个劳动者平均创造的价值。它表明社会生产力发展水平，是反映海洋经济实力的基本指标之一。劳动生产率的高低标志着每个劳动者平均为社会创造财富的多少，是衡量劳动力要素质量(素质差异)的重要指标。海洋劳动生产率指标越高，则表明海洋经济增长质量越高。

2. 资本产出率

资本产出率反映了单位资本要素创造的产出价值。资本产出率越高，说明单位资本投入的产出越高。资本产出率的变化是衡量本要素质量是否改善的重要指标。资本产出率越高，则资本要素质量越高，说明海洋经济增长质量获得了改善。其计算公式为

$$资本产出率 = \frac{海洋生产总值}{海洋固定资产投资(存量)} \qquad (6-15)$$

3. 全要素生产率

指全部投入要素的产出率。反映了技术进步、结构变动、要素质量改善、制度因素、管理水平等非物质投入要素对产出的作用。在产出的增长中，一部分来自于实际投入要素的增加，是经济增长的数量部分；另一部分来源于全要素生产率的变化，是经济增长的质量部分。因此，全要素生产率是评价经济增长质量的最基本、最重要的指标。全要素生产率在内涵上体现了经济增长的质量，一切影响全要素生产率的因素都会影响经济增长的质量。[①] 全要素生产率越高，表明海洋经济增长质量越高。

(四)海洋经济增长的协调性

一般使用区域海洋经济增长均衡率指标来反映海洋经济增长的协调性。区域

---

① 刘海英. 中国经济增长质量研究[D]. 长春：吉林大学. 2005：35-37.

海洋经济增长均衡率越接近1,说明区域海洋经济间发展越协调;离1越远,说明海洋经济增长越不均衡、不协调,区域海洋经济增长的差距越大。其计算公式为

$$区域海洋经济增长均衡率 = \frac{区域人均\ GDP\ 最大值}{区域人均\ GDP\ 最小值} \qquad (6-16)$$

或

$$区域海洋经济增长均衡率\ IA = \frac{\mu_i / \sigma_i}{\mu_r / \sigma_r} \qquad (6-17)$$

式中:μ_i 为某地区某年的人均 GDP;σ_i 为与 μ_i 的统计标准差;μ_r 为选取的参考系人均 GDP;σ_r 为与 μ_r 的统计标准差。IA 越高,区域之间的差距越小,区域间"均衡度"就越高;反之,IA 越低,区域间发展差距越大,"均衡度"越低。

(五)海洋环境保护

从海洋经济增长的可持续性考察,基于环境和生存质量改善的经济增长才是有质量的。环境资源的过度损耗将危及经济的可持续增长,环境质量的下降会影响人类的健康和福利。而且,有质量的海洋经济增长应该不断促进环境质量的改善,降低环境质量成本。随着人类社会的发展,可持续发展的观念已深入人心,合理开发、高效使用自然资源以及环境的无害利用是海洋经济增长质量提高的标志之一。

1. 海洋环境质量成本

海洋环境质量成本可以用单位产出的海洋环境污染、生态破坏及自然资源损失来加以衡量。反映了海洋经济增长过程中维护生态环境质量的重要性。其计算公式为

$$海洋环境成本 = (海洋环境污染损失 + 海洋生态破坏损失 +$$
$$海洋自然资源破坏损失)/海洋生产总值 \qquad (6-18)$$

2. 海水环境质量超标率

海水环境质量超标率是评估某海域海水环境质量水平的指标。采用未达到清洁海域水质标准的面积占某地区所辖海域面积的比重进行衡量,反映某地区海域环境污染与保护状况。其计算公式为

$$海水环境质量超标率 = \frac{未达到清洁海域水质标准的面积}{某海域总面积} \qquad (6-19)$$

3. 污染物达标排放率

污染物达标排放率是评估污染物排放对某海域影响程度的指标。采用排海污染物达标排放率指标进行衡量。其计算公式为

$$污染物达标排放率 = \frac{达到环境质量标准的污染物排海量}{污染物排海总量} \qquad (6-20)$$

(六)海洋经济增长潜力

经济增长潜力是指当前的经济增长中是否形成了新的生产能力,能否使原有的生产能力得以提高,是否为经济系统在未来的健康发展创造了各种必要的物质与技术条件以及良好的外部环境。经济增长潜力反映了当前经济增长的内在质量,为了保持经济持续的增长,必须进行一定的科技和人力资本的投入。因此,可以用海洋科技投入占海洋生产总值的比重来分析海洋经济增长潜力。其计算公式为

$$科技投入占海洋生产总值比重 = \frac{科技经费投入}{海洋生产总值} \qquad (6-21)$$

(七)海洋科技进步

科技进步与海洋经济增长之间既相互促进又相互制约:一方面,海洋经济发展是科技进步的前提和条件;另一方面,科技进步又是海洋经济发展的强大动力,会推动海洋经济在数量上和质量上不断向前发展。从根本上来说,科技进步是推动海洋经济结构调整、提高海洋经济效益、加快海洋经济发展的重要动力和手段,是影响海洋经济增长质量的决定性因素,也是衡量海洋经济增长质量的重要标志。

技术创新是转变海洋经济增长方式的突破口,也是获得高质量增长的唯一方式。海洋经济的增长,既有数量的增加,又有系统质量的改善。这种质量的改善,主要表现在产品附加值的提高和资源耗费的降低。这样便可以用同等的资源创造更多的财富。长期以来,我国海洋经济增长主要依靠资金与人力的追加投入实现的。而在发达国家,则主要依靠技术创新。

1. 万名涉海就业人员拥有的科技人员数

每万名涉海就业人员中,拥有海洋科技人员数量的多少,能在一定程度上反映海洋科技创新的能力。

2. 海洋科技课题数

海洋科技课题数能够反映海洋科技活动的直接产出成果,它既能在一定程度上反映海洋科技创新的水平,又与海洋科技投入的效果及海洋科技人员的能力、水平、综合素质相联系,具有一定的综合性。

(八)海洋经济的社会效益

联合国出版的《1995年人类发展报告》中指出:"如果增长没有被转化到人民生活中,它的意义何在?"因此,评价海洋经济增长的质量,不能忽视海洋经济增长所带来的社会影响,海洋经济增长质量的提高,应带来相应的社会效益。这种社会效益可体现在海洋经济对国民经济的贡献方面。

1. 海洋生产总值占 GDP 比重

海洋生产总值占 GDP 的比重直接反映了海洋经济对国民经济的贡献度。海洋生产总值占国内生产总值的比重越高，说明海洋经济对国民经济的贡献越大。

2. 涉海就业增长率

涉海就业增长率也是反映海洋经济增长带来的社会效益的一个重要指标。我国是世界上劳动力资源最丰富的国家，没有增加就业机会的经济增长是毫无意义的。

三、海洋经济增长质量的评估方法

常用的经济增长质量的评估方法主要有主成分分析法、灰色关联分析法、数据包络分析法（DEA）、层次分析法、人工神经网络法、小波网络法和其他综合评价法等。其中主成分分析法、灰色关联分析法和数据包络分析法在前面的章节已做过介绍，本节重点介绍其他三种评价方法。

（一）层次分析法

层次分析法（AHP）是对存在不确定情况及多种评价准则问题进行决策的一种方法，这种方法基于对问题的全面考虑，将定性与定量分析相结合，将决策的经验予以量化，是比较实用的决策方法之一。AHP 方法解决问题时，首先对问题所涉及的因素进行分类，找出相互关系，构造递推层次结构。而后将全部因素按照其之间的从属、并列关系分为目标类、准则类、方案类，如：最终目标—评价准则—待选方案。然后，设计专家打分表，得到专家对于不同因素的两两比较结果，经过数据处理原则求出各个评价准则对最终目标的重要程度（权重）。而后在已得到的权重基础上，再分析各个待选方案对各个评价准则的重要程度（权重），最后，计算出各个待选方案对最终目标的重要程度（权重），分析解决问题。

（二）人工神经网络法

人工神经网络（ANN）是发展极为迅速的一门边缘学科，是一种诸如知识表达、推理学习、联想记忆乃至复杂社会现象的统一模型。近年来，人工神经网络的研究和应用受到了国内外的极大重视。神经网络的种类很多，而反向误差传播算法（BP 神经网络）是迄今为止模型最成熟，应用也最为广泛的神经网络模型。

ANN 用于综合评价的基本原理是：将描述待评价系统的基础指标的属性值作为 ANN 的输入向量，将代表综合评价目标的结果作为 ANN 的输出，然后用足够多样本向量训练这个网络，使不同的输入向量得到不同的输出值，这样 ANN 所具有的那组权系数值便是网络经过自适应学习所得到的正确内部表示。训练好的 ANN 便可作为一种定性与定量相结合的有效工具，对系统进行综合评价。

神经网络技术以其并行分布、自组织、自适应、自学习和容错性等优良性能，可以较好地适应增长质量评估这类多因素、不确定性和非线性问题。①BP神经网络主要根据所提供的数据，通过学习和训练找出输入与输出之间的内在联系，从而求取问题的解，而不是完全依据对问题的经验知识和规则，因而具有自适应功能。这对于弱化权重确定中的人为因素是非常有益的。②由于研究问题各方面的关系非常复杂，呈现出非线性关系，人工神经网络为处理这类非线性问题提供了强有力的工具。

BP神经网络存在以下不足：①网络的层数和隐含神经元数的选取在很大程度上影响着整个网络的学习能力和学习效率。②在学习训练过程中，容易陷入局部最优，影响评价结果的准确性。③训练神经网络需要很多的数据，在数据缺乏的情况下不适合应用神经网络对海洋经济增长质量进行测评。

（三）小波网络法

小波网络是小波理论与神经网络相结合的产物，它是小波分解与前馈神经网络的结合。对于复杂对象系统的多属性综合评价，在统一指标类型的基础上，利用评价指标的无量纲数据，通过小波网络的学习，得到专家知识，建立由评价指标属性值到输出综合评价值的非线性映射关系。在对其他类似问题进行评价时，只需输入待评价变量的指标数据向量，即可经网络计算得到其综合评价值，从而达到自动运行、快速评价及决策支持的目的。

小波分析是一种时域－频域分析法，它在时域和频域上同时具有良好的局部化性质，并且能根据信号频率高低自动调节采样的疏密，它容易捕捉和分析微弱信号以及信号、图像的任意细小部分。其优点是：能对不同的频率成分采用逐渐精细的采样步长，从而可以聚集到信号的任意细节，尤其是对奇异信号很敏感，能很好地处理微弱或突变的信号，其目标是将一个信号的信息转化成小波系数，从而能够方便地加以处理、储存、传递、分析或被用于重建原始信号。

四、海洋经济增长质量实证分析

（一）基于 DEA 模型的沿海地区海洋经济增长质量评估

利用数据包络分析方法（DEA）建立投入产出模型，对 11 个沿海地区海洋经济增长质量进行评估。

1. 确定投入产出指标

在投入方面，由第一节分析可知，海洋经济的主要投入要素有劳动要素、资本要素、科技要素及环境（资源）要素。因此，这里从资本要素、劳动要素、科技要素、环境要素四方面选取投入指标。

在产出方面，本部分选取海洋生产总值作为产出指标（表6-4）。

表6-4　海洋经济增长质量投入产出指标

指标类型	指标名称	指标解释
投入指标	资本存量(x_{1j})	衡量资本要素
	涉海就业人员(x_{2j})	衡量劳动要素
	科技经费收入(x_{3j})	衡量科技要素
	未达到清洁标准的海域面积比重(x_{4j})	衡量环境要素
产出指标	海洋生产总值(y_{1j})	衡量海洋经济产出总量

2. 建立 DEA 模型

为全面评价海洋经济增长质量，首先，建立 CCR 模型求得各沿海省市的海洋经济综合效率，评价各沿海省市的海洋经济增长质量，该综合效率既包含纯技术效率也包含规模效率；然后建立 BCC 模型求得各沿海省市的海洋经济纯技术效率，进一步分析各沿海省市的技术效率和规模效率。

3. 模型求解

查阅 2012 年《中国海洋统计年鉴》及 2011 年海洋环境质量统计公报可得涉海就业人员、科技经费收入、未达标海域占比的原始数据；各省市资本存量的数据依照第二节中的计算方法估算得到，沿海各省市海洋资本存量的数据通过其海洋生产总值及各地区生产总值修正得到（表6-5）。

表6-5　海洋经济增长质量投入产出评价指标值

	y_{1j}	x_{1j}	x_{2j}	x_{3j}	x_{4j}
天　津	3 519.30	6 274.13	172.74	159.33	1.00
河　北	1 451.40	2 947.66	94.16	13.16	0.21
辽　宁	3 345.50	7 659.17	318.21	105.15	0.90
山　东	8 029.00	10 922.03	519.36	254.60	0.10
上　海	5 618.50	8 816.11	207.00	267.48	0.75
江　苏	4 253.10	6 738.45	189.79	172.64	0.84
浙　江	4 536.80	7 707.93	416.27	111.49	0.95
福　建	4 284.00	7 727.51	421.62	52.71	0.51
广　东	9 191.10	10 858.62	820.36	174.47	0.24
广　西	613.80	1 197.67	111.86	8.32	0.16
海　南	653.50	1 142.54	130.85	5.24	0.10

运用 DEAP 2.1 求解 CCR 模型和 BCC 模型得到综合效率、纯技术效率及规模效率，结果如表 6-6，CCR 模型和 BCC 模型的松弛变量值如表 6-6。

表 6-6　BCC 模型及 CCR 模型求解结果

		天津	河北	辽宁	山东	上海	江苏	浙江	福建	广东	广西	海南
CCR	S_{1j}^+	0	0	0	0	0	0	0	0	0	0	0
	S_{1j}^-	0	0	358.476	0	0	0	222.526	0	0	0	0
	S_{2j}^-	0	0	0	0	0	0	0	0	0	0	0
	S_{3j}^-	0	0	0	0	0	0	0	0	0	0	0
	S_{4j}^-	0	0	0.46	0	0	0	0.604	0	0	0	0
	技术效率	0.917	1	0.721	1	1	1	0.847	1	1	1	1
BCC	S_{1j}^+	0	0	0	0	0	0	0	0	0	0	0
	S_{1j}^-	0	0	0	0	0	0	0	0	0	0	0
	S_{2j}^-	0	0	0	0	0	0	0	0	0	0	0
	S_{3j}^-	0	0	0	0	0	0	0	0	0	0	0
	S_{4j}^-	0.249	0	0.414	0	0	0	0.576	0.015	0	0.062	0
	综合效率	0.897	1	0.701	1	1	1	0.836	0.961	1	0.831	1
	规模效率	0.978 (irs)	1 (－)	0.972 (drs)	1 (－)	1 (－)	1 (－)	0.987 (drs)	0.961 (drs)	1 (－)	0.831 (irs)	1 (－)

注：规模效率＝综合效率/纯技术效率；"－"代表规模报酬不变；drs 代表规模报酬递减；irs 代表规模报酬递增。

由以上模型结果可知，河北、山东、上海、江苏、广东、海南的综合效率达到 1、规模报酬不变，其投入要素的产出效率相对较高，即其海洋经济增长质量相对较高，各要素的配置已经达到最优，各投入产出要素中不存在投入冗余和产出不足的情况。其中，山东、广东、上海、江苏属于高投入—高产出，这些省市应密切监测各投入产出要素配置状况，实时掌握影响海洋经济发展的外部影响因素，如政策变化、自然灾害影响等，把握海洋经济发展的机遇，保持海洋经济增长质量。河北、海南属于低投入—低产出，这两个省市资源配置效率已经实现了最优配置。但是由表 6-5 各指标值可以看出，其投入要素都相对较低，只是在现有投入要素水平的情况下，实现了最大的经济产出，但其海洋经济的产出仍然很低，这两个省市应在注意保持海洋经济增长质量的同时，注重抓住发展机遇，提高海洋经济投入要素水平或者引进新的投入要素，实现更高水平的海洋经济增长质量。

福建的综合效率在0.9以上，相对较高，规模报酬递减。其海洋经济投入要素配置趋于合理，但仍待进一步优化。其中，福建省技术效率已经达到1，主要应当通过改变投入要素规模来提高海洋经济增长质量。

天津、浙江、广西综合效率在0.8以上，处于中等水平。浙江属于高投入—中产出，规模报酬递减，其技术效率为0.847，规模效率为0.987，浙江省技术效率相对较低，应当着重提高技术水平；天津、广西规模报酬递增，天津属于高投入—中产出，规模效率、技术效率相近，均在0.9以上，相对较高，应当抓住机遇加大海洋经济投入要素规模，同时努力提高技术效率、减少环境污染，而广西属于低投入—低产出，其技术效率已经达到1，但其海洋经济产出量相对较少，其综合效率低的主要原因是规模效率较低，应当注重海洋经济投入要素规模的增加，借此提高其海洋经济增长质量。

辽宁的综合效率为0.701，相对较低，即海洋经济增长质量相对较低。辽宁属于高投入—中产出，其技术效率较低为0.721，规模效率为0.972，规模报酬递减，辽宁的规模效率相对较高，但其技术效率最低，应注重通过提高技术转化率等方式提高海洋经济增长质量。

(二)海洋经济增长质量综合评估

1. 确定指标体系及指标值

依据前文对海洋经济增长质量要素分析及衡量指标体系解释，在考虑数据可得性基础上，建立海洋经济增长质量综合评价指标体系，通过查阅《中国海洋统计年鉴》及海洋环境质量公报可得各指标值，运用极值标准化方法对数据进行无量纲化处理，得到数据如表6-7。

表6-7 海洋经济增长质量综合评价标准化数据

评价方面	评价指标	2003	2004	2005	2006	2007	2008	2009	2010	2011
增长速度及稳定性	海洋生产总值增长率	0	0.92	0.88	1.00	0.77	0.41	0.36	0.76	0.41
	海洋经济增长波动率	0.75	0	1.00	0.98	0.95	0.90	0.99	0.81	0.90
经济结构	海洋第二产业增加值比重	0	0.17	0.24	0.83	0.69	0.45	0.52	1.00	0.97
	海洋第三产业增加值比重	0.94	1.00	0.94		0.39	0.61	0.44	0.06	0.06
产出效率	海洋劳动生产率	0	0.11	0.17	0.29	0.38	0.52	0.59	0.82	1.00

（续表）

评价方面	评价指标	2003	2004	2005	2006	2007	2008	2009	2010	2011
经济增长协调性	区域海洋经济增长均衡率	0.93	1.00	0.68	0	0.15	0.63	0.56	0.96	0.95
环境保护	未达标海域面积比重	0.89	0.22	0.95	0.71	0.80	1.00	0.76	0	0.83
科技进步	海洋科技课题数	0	0.11	0.33	0.67	0.90	1.00	0.55	0.56	0.62
	万名涉海就业人员拥有技术人员数	0	0.31	0.63	1.00	0.71	0.56	0.57	0.90	0.69
社会效益	GOP 占 GDP 的比重	0.69	0.29	1.00	0.60	0.60	0.06	0	0.10	0.06
	涉海就业增长率	0	0.92	0.88	1.00	0.77	0.41	0.36	0.76	0.41

2. 确定指标权重

采用熵值法确定各指标权重如表 6－8。

表 6－8　海洋经济增长质量指标权重

评价指标	指标权重
海洋生产总值增长率	0.092
海洋经济增长波动率	0.072
海洋第二产业增加值比重	0.094
海洋第三产业增加值比重	0.094
海洋劳动生产率	0.092
区域海洋经济增长均衡率	0.094
未达标海域面积比重	0.094
海洋科技课题数	0.092
万名从业人员拥有技术人员数	0.094
GOP 占 GDP 的比重	0.094
涉海就业增长率	0.089

3. 计算综合得分

依据表 6－7 和表 6－8，计算得到 2003—2011 年海洋经济增长质量综合评估得分如表 6－9。

表6-9　海洋经济增长质量综合评估得分

年份	2003	2004	2005	2006	2007	2008	2009	2010	2011
综合得分	0.385	0.392	0.613	0.563	0.589	0.578	0.562	0.630	0.679

由海洋经济增长质量综合评估得分可知，我国海洋经济增长质量总体呈现上升趋势。2005年在国家政策支持下，海洋经济保持稳定快速增长，产业结构进一步优化、区域协调性相对较高，海洋经济在国民经济中占据重要地位，海洋经济增长质量显著提高，在2006年、2007年出现小幅波动后，在金融危机影响下，2008—2009年海洋经济增长质量有所下降，随着金融危机影响减弱、经济逐渐复苏，2010年、2011年海洋经济增长质量逐渐提高，达到历史最高水平。

第四节　海洋经济增长方式转变分析

进入21世纪以来，我国海洋经济持续保持快速增长的态势，但长期以来，海洋经济增长方式仍未能发生根本转变，一直沿袭着粗放型的增长方式，投入大、能耗高、资源消耗大，这种低资源综合利用水平的生产方式，不仅浪费了大量的海洋自然资源，而且对海洋环境造成了严重污染，制约着我国海洋经济的持续增长。因此，客观认识和评价海洋经济增长方式转变的进程和水平，对于进一步促进海洋经济增长方式的转变具有重要意义。

一、经济增长方式的一般问题

（一）经济增长方式的内涵

经济增长方式是一个国家（或地区）经济增长的实现模式，是指推动经济增长的各种生产要素投入及其组合的方式。其实质是依赖什么要素，借助什么手段，通过什么途径，怎样实现经济增长。经济增长方式转变是指从高投入、高消耗、高排放、低效率的粗放型经济增长方式，转变为低投入、低消耗、低排放、高效率的资源节约型经济增长方式，把提高自主创新能力和节约资源、保护环境作为重要内容。

经济增长方式是经济增长过程中生产要素的分配和使用方式。[1] 其本质是生产要素的利用方式，包括生产要素组合使用的方式方法以及如何改进生产要素的

---

[1] 夏兴园. 我国资源配置方式的理性选择[J]. 经济研究，1997，1：66-71.

组合和使用方式方法来增加产出数量，提高产品的产出质量，改善产出构成。因此，转变经济增长方式包括以下内容：①提高产业生产要素的质量，特别是努力提高其劳动者的素质和资本的质量；②优化产业生产要素的组合，一般来说是推动科学技术进步；③改进产业生产要素的配置，包括在相关部门间、行业间、地区间和企业间如何合理配置生产要素；④发挥产业生产要素的潜能。

（二）经济增长方式的分类

对经济增长方式的分类，有多种不同的认识，归纳起来，主要有以下三种。

1. 粗放（外延）型和集约（内涵）型

从扩大再生产的角度，把经济增长方式分为粗放型和集约型或外延型和内涵型。粗放（外延）型是指扩大再生产主要靠生产要素投入的增加；集约（内涵）型是指扩大再生产主要靠技术进步和生产效率的提高。粗放（外延）型向集约（内涵）型转变是经济发展到较高水平时的必然要求。

2. 速度（数量）型和效益（质量）型

根据经济增长过程的特点，把经济增长方式分为速度型和效益型或数量型和质量型。速度（数量）型增长方式片面追求数量、产值的增加和速度的提高，表现为质量低、效益差和结构失衡等；而效益（质量）型增长方式注重经济增长质量和效益的提高以及产业结构的协调等，包括经济效率的提高、结构优化以及运行状态良好等多方面的内容。

3. 产值型和结构型

从结构变动的角度，把经济增长方式分为产值型和结构型。产值型是指经济增长只注意产值的增加和速度的提高，而经济结构变化不大或不合理，甚至结构失衡；结构型是指经济增长的同时伴随着经济结构的优化。因为产值和速度都是经济增长的数量特征，经济结构则是经济增长质量的一个方面。这种分法突出了产业结构变动对经济增长的作用。

此外，对经济增长方式还有一些提法，如高效型与低效型、内向型与外向型、投入驱动型与效率驱动型等。但无论哪种提法，其目标都是统一的，都是以提高经济增长质量与效益为核心。从这个意义上讲，经济增长方式的转变，就是从经济增长的粗放型向集约型转变。

（三）经济增长方式转变的内容

经济增长方式转变不仅包括经济效益的提高，而且包括经济增长能否持续、稳定、健康地进行，经济增长是否伴随产业结构的优化、升级、实现生产的规模化，经济增长能否使人民的生活质量有显著提高以及生活环境能否改善等。其基本特征包括从主要依靠增加资金投入，转变为主要依靠提高生产要素使用效率，提高全要素生产率对经济增长的贡献率；从主要依靠增加能源、原材料和劳动力的消耗，转变为主要依靠技术进步，增强经营管理，提高劳动者素质，降低物耗，提高资源利用率，避免资源的过度开发和对环境的破坏，实现可持续发展；从主要依靠经济规模的扩张，追求增长速度，转变为主要依靠经济结构的优化升级，提高产品的技术含量和附加值，并保证经济稳定健康发展；从主要依靠铺新摊子、上新项目、扩大建设规模，转变为立足现有基础，重视现有企业的改造、充实和提高。①

(四)经济增长方式转变的机制②

经济增长方式转变的特征十分显著：第一，转变是相对的；第二，转变是动态的；第三，转变是分层次的。因此，经济增长方式转变机制更应该深化对其转变的前提、阶段、目标、重点、困难、条件、途径等的探讨：①强调转变前提。大多数学者认为，经济体制改革是经济增长方式转变的前提，经济增长方式的转变只有在体制转变的基础上才能实现。②明确转变阶段。要实现经济增长方式的转变，不但要明确一国经济发展所处的阶段，而且应当明确转变过程中的各个分阶段及其战略目标；经济发展阶段的不同，决定着经济增长方式转变的内在逻辑及其目标定位。③创造转变条件。经济增长方式转变需要的条件主要有：生产力发展水平、经济结构、体制保证、管理水平、国家政策等。

因此，可从以下两个角度来认识经济增长方式的转变机制：①规律性。经济增长方式转变的必要性在于经济发展的内在规律，经济增长采取什么方式取决于一系列的社会经济条件，经济增长方式的转变是一个客观的历史辩证过程。②系统性。经济增长方式的转变是一个系统工程，它不仅表现为转变内涵的辩证性、转变过程的阶段性、转变目标的层次性、转变条件的复杂性，而且还表现为这些丰富内容之间的相互制约关系。

二、海洋经济增长方式转变的测度

对经济增长方式转变的量化是开展经济转变过程及其结果分析的前提，同国民经济一样，海洋经济增长方式转变的量化途径有两种：一是利用单指标计算来衡量；二是建立指标体系进行综合评估。

(一)单指标测度

单指标测度的重点是主要生产要素的配置、组合和使用情况，同时要以科学

---

① 王逢宝. 影响当前我国经济增长方式根本性转变的原因及对策研究[D]. 青岛：青岛大学. 2007.
② 赵磊，袁文平. 经济增长方式转变机制论[M]. 成都：西南财经大学出版社，2000：16.

的方法对各单项指标进行合理的综合分析，以客观反映受测总体经济增长方式转变的实际程度。

1. 衡量海洋经济粗放型/集约型的指标

采用粗放度和集约度可以对海洋经济增长方式进行动态的判断。粗放度是生产要素的投入弹性系数指标，它是生产要素投入增长率与经济增长率之比，代表全部经济增长中依靠增加投入取得的增长所占的比例。比例越大，增长方式越粗放；越小，越集约。其计算公式为

$$粗放度 = 投入弹性系数 = \frac{海洋产业投入增长率}{海洋经济增长率} \quad (6-22)$$

$$集约度 = 100\% - 粗放度 \quad (6-23)$$

粗放度如果等于或大于1，表示海洋经济增长全部依靠投入供给解决，属完全粗放型增长；粗放度如果小于1且大于零，表示海洋经济增长靠投入供给和节约投入一起解决，属粗放集约结合型增长；粗放度如果等于或小于零，意味着海洋经济增长全部依靠节约解决，属完全集约型增长。

2. 衡量海洋经济增长方式转变的指标

集约化水平既能反映历年经济增长方式转变已经达到了什么程度，也能够反映今后经济增长方式转变要达到什么水平，还能够回答集约化到了什么水平才算是根本性转变等问题。海洋经济增长方式要得到根本转变，并不看现在是什么增长方式，而要看现在的集约化水平达到什么程度。

衡量集约化水平的指标有两个，一是投入系数，二是投入经济效率。这两个指标都反映投入总量和产出总量之间的关系。投入系数是单位增加值或海洋生产总值所需要的投入量；投入经济效率是指单位数量投入所提供的增加值或海洋生产总值数量；两者互为倒数关系。投入经济效率高，投入系数低，说明经济增长的集约化水平高；反之，集约化水平就低。这里只列出投入系数的算法。

投入系数是总投入与总产出之比，代表单位数量产出所需要的投入数量。它有单项投入系数和综合投入系数两种。

1)单项投入系数

单项投入系数是单项投入总量与产出总量之比，代表单位数量产出需要多少单项投入。其计算公式为

$$单项投入系数(增加值单耗, GOP单耗) = \frac{单项实物投入总量}{价值产出总量(增加值总量, GOP总量)} \quad (6-24)$$

2)综合投入系数

综合投入系数是各单项投入的总和与总产出之比，代表单位数量产出需要多少综合投入量。其计算公式为

$$综合投入总量 = 总成本费用 \quad\quad (6-25)$$

即：$\quad$ 综合投入总量 = 完全成本费用 = 总消耗费用

$$= 工资福利费用 + 能源原材料费用 + 运输存储费用$$

$$+ 资源费用 + 财务费用 + 其他费用 \quad (6-26)$$

$$\genfrac{}{}{0pt}{}{综合投入系数(增加值成本、}{GOP 成本、总产值成本)} = \frac{综合投入总量}{价值产出总量(增加值总量、GOP、总产值)}$$

$$(6-27)$$

3. 衡量海洋经济增长方式转变方向和速度的指标

海洋经济增长方式转变的目标是要求海洋产业生产要素投入得到优化配置，使生产要素投入经济效率提高，或者说生产要素投入系数降低。因此，海洋产业投入经济效率提高的速度或投入系数降低的速度，也就代表了海洋经济增长方式转变的速度。增效率指标就是指投入经济效率提高的速度，包括单项增效率和综合增效率两种。

1)单项增效率

单项增效率是指每个单项投入经济效率提高的速度，是考核单项投入集约化水平提高率的指标。其计算公式为

$$单项增效率 = \frac{考核年单项投入经济效率}{基年单项投入经济效率} - 1 \times 100\% \quad (6-28)$$

2)综合增效率

综合增效率是指各单项增效率汇总而成的增效率，是考核综合投入集约化水平提高率的指标。其计算公式为

$$综合增效率 = \sum i 种投入的权数 \times i 种单项投入增效率 \quad (6-29)$$

4. 衡量海洋经济增长方式效果的指标

增效量是衡量经济增长方式转变效果的重要指标，是指经济增长集约化水平提高效果的绝对量。其计算公式为

$$增效量 = (本年投入经济效率 - 上年投入经济效率) \times 本年投入总量$$

$$= 上年投入经济效率 \times 增效率 \times 100\% \times 本年投入总量 \quad (6-30)$$

(二)指标体系综合测度

建立科学的衡量指标体系是测度经济增长方式转变的有效途径，从经济增长方式的内涵出发，指标体系应包括两个大的方面：一方面反映经济运行过程，这是经济增长方式转变量化的主体；另一方面反映经济运行结果，用来评价增长方式转变的效应。

在量化经济增长方式转变的过程中，根据数据取得的难易程度，指标可分为三类：

(1)可直接从现有统计渠道得到的基础指标，如投资指标、消耗系数指标等；

(2)可计算得到的指标，如生产率指标、生产要素贡献率指标等；

(3)无法从常规统计数据来源中取得的指标，其量化比较困难，如大部分反映管理水平的指标。见表6-10。①

表6-10　衡量经济增长方式转变的指标体系

指标类		指标名称
经济运行过程指标	投资指标	固定资产投资率及其基本建设投资率、更新改造投资增长率、基本建设投资于更新改造投资的比率
	生产率指标	劳动生产率及其增长率、综合要素生产率及其增长率、生产要素(劳动力、资本、技术进步)贡献率
	投入产出指标	直接消耗系数、能源消耗强度
	企业管理指标	企业家创新意识、企业信息化水平、制造技术先进程度、产品革新、产品技术价格比
经济运行结果指标	经济效益指标	工业企业经济效益综合指数
	产业结构指标	三次产业结构、高技术产业比重

1998年，国家正式实行一套新的工业经济效益考核指标体系，新指标体系由7项指标组成，工业经济效益综合指数以7个单项工业经济效益指标报告期的实际数值分别除以该指标的全国标准值并乘以各自权数，加总后除以总权数求得表6-11。

表6-11　工业经济效益考核指标标准值及权数

	产品销售率/%	总资产贡献率/%	资产保值增值率/%	资产负债率/%	成本费用利润率/%	劳动生产率/(元·人$^{-1}$)	流动资产周转次数/次
标准值	96	10.7	120	60	3.71	16500	1.52
权数	13	20	16	12	14	10	15

① 陈瑾玫.宏观经济统计分析的理论与实践[M].北京：中国经济出版社，2007.

第五节　海洋经济可持续发展分析

海洋经济开发活动在向人们提供海洋产品、满足其特定服务需要的同时，也会带来海洋资源与环境问题。许多地区在实施海洋开发的过程中，以海洋经济快速增长为目标，走了一条高投入、高增长、高消耗、高污染的发展道路。这种不可持续的海洋经济活动发展到一定阶段，人类对海洋的干预强度超过了海洋环境资源的自我更新能力，其积累效果超过了区域的承载能力，资源匮乏、环境污染、生态破坏等问题就产生了，并日益加剧呈全球化态势。因此，大力推进海洋经济可持续发展具有重要的现实意义。

一、可持续发展理论概述

可持续发展的概念是联合国环境与发展委员会 1987 年在《我们共同的未来》报告中提出来的，其定义是："可持续发展是在满足当代人需求的同时，不损失人类后代满足其自身需求的能力。"1992 年在联合国环境与发展大会上通过的包括《21 世纪议程》在内的 5 项文件和公约，标志着可持续发展思想已为世界上绝大多数国家和组织承认和接受，标志着可持续发展从理论开始走向实践。可持续发展思想源于环境保护，但却是对人类传统发展模式，尤其是工业革命以来的所有物质和精神成果的反思，有着极其丰富的内涵。[①]

（一）可持续发展理论

可持续发展的核心理论，尚处于探索和形成之中。目前大致可分为以下几种[②]：

（1）资源永续利用理论。资源永续利用理论流派的认识论基础在于：认为人类社会能否可持续发展决定于人类社会赖以生存发展的自然资源是否可以被永远地使用下去。基于这一认识，该流派致力于探讨使自然资源得到永续利用的理论和方法。

（2）外部性理论。外部性理论流派的认识论基础在于：认为环境日益恶化和人类社会出现不可持续发展现象和趋势的根源，是人类迄今为止一直把自然资源和环境视为可以免费享用的"公共物品"，不承认自然资源具有经济学意义上的

---

① 刘思华. 可持续发展经济学[M]. 武汉：武汉大学出版社，1996.
② 廖荣华. 区域可持续发展学与区域 PRED 系统论[J]. 邵阳师范高等专科学校学报，2001（05）：75 – 77.

价值，并在经济生活中把自然的投入排除在经济核算体系之外。基于这一认识，该流派致力于从经济学的角度探讨把自然资源纳入经济核算体系的理论与方法。

（3）财富代际公平分配理论。财富代际公平分配理论流派的认识论基础，认为人类社会出现不可持续发展现象和趋势的根源是当代人过多地占有和使用了本应属于后代人的财富，特别是自然财富。基于这一认识，该流派致力于探讨财富（包括自然财富）在代际之间能够得到公平分配的理论和方法。

（4）区域 PRED 系统论。该理论认为区域可持续发展是由人口、资源、环境、经济发展以及他们之间的相互关系所构成的复合系统（PRED 系统）。强调区域 PRED 系统内部各因素，即人口、资源、环境和经济的协调，只有协调发展的 PRED 才能使系统的功能大于各子系统的功能之和。区域 PRED 系统论要求系统内部的子区域在时间上和空间上的协调，即处在不同发展阶段、层次的区域，不同发展阶段上的同一层次区域以及同一区域的不同发展阶段都要在时间、空间以及功能上保持协调，区域可持续发展必须以区域 PRED 系统的协调发展为前提，只有区域 PRED 系统协调才能实现可持续发展。

（二）可持续发展与经济协调发展的关系

经济协调发展是可持续发展的过程和体现，经济可持续发展是经济系统内诸多要素互相联系、互相作用、互相制约，全方位协调的过程，它追求发展的可持续性和发展的可协调性。在一定时期内，经济的可持续发展是一个由起步期、成长期到顶级期的渐进过程，其在时空上的稳定和有序程度，都可以由系统内经济、资源、环境、科技、管理之间的协调程度来体现。

经济可持续发展实现的手段是社会经济与人口、资源、环境的协调发展，实现经济可持续发展是协调发展的目的，而协调发展就是为了保证实现可持续发展目标，凡一切偏离目标的行为都应以协调发展为手段进行调节和控制，在发展的同时使自然资源得到合理综合地开发和永续利用，使整个经济生态系统得到保护。

经济的协调发展是经济可持续发展的必要条件，经济的协调发展是经济可持续发展的重要因素，缺少了该项因素是不能实现可持续发展的。可持续发展是在实现协调发展的基础上，不损害其他区域发展能力的发展。

二、海洋经济可持续发展的概念和内涵

（一）海洋经济可持续发展的概念

海洋经济可持续发展是可持续发展概念在海洋经济领域的具体体现，是以海洋自然资源可持续利用和海洋生态环境持续发展为基础，以发展区域海洋经济为

前提，以谋求社会全面、协调发展为目标的一种发展模式。

海洋经济可持续发展是一种新的发展观，是为了满足当代及后代人对海洋产品的需求，人类利用现代科学技术和物质装备手段，选择适当的海洋开发方式和海洋资源利用模式，在确保海洋生态环境安全的前提下，科学合理地开发利用海洋和海洋资源的过程。对海洋各类资源的开发和利用，必须有利于海洋资源的永续利用，有利于海洋生态系统的良性循环，绝不能以浪费海洋资源和破坏海洋生态环境为代价。

(二)海洋经济可持续发展的内涵①

可持续发展是考虑自然资源和环境的长期承载能力，选择合适的发展模式，以实现环境、资源与经济社会发展的和谐统一。因此，海洋经济可持续发展就包括了三层含义：海洋生态系统的持续性、海洋经济的持续性和社会的持续性。海洋生态系统的持续性是发展的基础，海洋经济的持续性是发展的动力，社会的持续性是发展的目的。

1. 海洋生态系统的可持续性

海洋生态系统的可持续性是海洋经济可持续发展的基础，主要体现在海洋生态过程的可持续与海洋资源的永续利用两个方面。海洋生态过程的可持续表现为在时间和空间上，海洋生态系统构造的完整及功能的齐全，简称为海洋生态系统的完整性。

海洋生态系统的完整性是一个综合性概念，它主要包括海洋生态各种元素和资源的数量及在时间、空间的分布，同时包括它们所处的环境，又包括各个子系统之间正常的互相依存和影响的过程。生态系统的完整性，决定了其功能的持续发挥，才能保证海洋生态系统动态过程的正常进行，使海洋生态系统可持续。海洋生态系统的构造和功能的信息是连续变化的，其中很多信息是不可观察的，有的信息本身就具有不确定性，甚至于出现风险。人们期望能从海洋生态系统中找出最有特征的因素，尤其注意那些易对海洋生态系统产生不可逆转的危害因素，使它们能保持在一定合理界限内。对生态系统长期变化有影响的可再生资源，濒于灭绝物种，应特别关注。

海洋资源的可持续利用是海洋经济可持续发展的物质基础。海洋生态过程的可持续为海洋资源的可持续利用提供了保证，但是，人类对海洋资源过多的需求和有限供给形成了尖锐的矛盾。海洋资源的多用途，使不同使用者之间的竞争加剧。人类利用海洋资源的观念、方式和方法直接关系到海洋资源是否可持续利

---

① 张德贤，等. 海洋经济可持续发展理论研究[M]. 青岛：中国海洋大学出版社，2000：44.

用：①要正确解决资源质量、可利用量及其潜在影响之间的关系。②在利用资源的同时更要保护资源种群多样性、资源遗传基因的多样性与生产力关系。③在不影响海洋生态过程完整性的前提下，整合资源方式，减少资源利用中的冲突和矛盾。

2. 海洋经济的可持续性

海洋经济的可持续性是实现可持续发展的动力，也是实现海洋经济可持续发展的中心。但是，如果片面追求海洋经济的速度、产值和规模，损害了海洋的可持续，则会使海洋经济的可持续发展成为无源之水、无本之木。因此，应该把海洋经济发展建立在"技术—开发—保护"体系的基础上。海洋经济的持续性主要表现在以下两个方面。

1）海洋经济发展的协同性

海洋经济发展的协同性是指自然社会系统内人与人之间以及人与自然之间的相互扶持。在社会系统内，协同性代表了个体的活动之间的协调，并形成对一个整体的支持。在海洋开发中，每个企事业单位或每一个海洋产业都在向着它们自己的目标活动，它们之间会相互制约、相互影响，如开发利用海洋渔业资源可能会挤占海洋运输的航道，但是各部门不能把局部利益凌驾于整体利益之上，应该相互支持，实现整体系统的运转，并使整体的行为得到改善和整体的利益得到实现。在人与自然之间，协同性表示自然满足人类的福利需求，而人类活动引导自然进化，这两者是同步的。这就要求人们在开发海洋资源时，能自觉地调整自身的需求和价值观，不断改造自身，规范自身的行为，同时运用人类的智慧和能动性，使自然摆脱艰辛而缓慢的自发进化过程。例如，海洋生物工程在海水养殖中的运用，使某些海水养殖品种按照人类的需要生长发育，这就实现了人与自然的协同进化。

2）海洋经济发展的生态高效性

海洋经济发展的生态高效性是指对于海洋物质生产和交换的生态高效率和高效用，其中高效率包括：①高的生产活动效率，即以尽可能低的生态代价产出尽可能多的效益；②高的资源利用率，即在生态系统的整体性允许的界限内，达到在时空上对资源的最大利用率。高效性是以高的效率、公平和协同为基础，指实践活动的高效率要以人的需求为目标，以人的全面发展为目的。反过来，高效性是高效率的最终衡量标准，同时也是公平性和协同性的最终体现。欲实现海洋生态系统的可持续利用，就要全面认识海洋生态在生命、经济、环境等方面的价值与功能。海洋生态在这三方面的价值与功能是紧密相连、相互依存、互为前提的。同时在各种海洋资源中，也存在复杂的依存与制约关系。例如，如果因人类的不合理干预，使某种海洋资源难以持续存在、形成与积累，那么这种影响就会通过它所处的生态系统网络产生辐射作用，从而构成对其他海洋生态系统存在状况的影响，人类失去的将不仅是海洋生态系统作为生产要素的经济价值，而且还将失去海洋生态系统的生命支持、环境净化等方面的价值与功能。所以，实现海洋生态系统可持续利用的意义，不仅在于作为生产资料经济价值利用上的可持续，而且在于生存价值、环境价值的可持续的实现，这才是对当代海洋资源可持续利用完整含义的解释。但同时，实现海洋生态系统可持续利用的根本目的是对于人类效用的可持续实现。由于不同的地区处于不同的发展阶段，即使在同代人中人们对海洋资源的效用的看法也是不一致的，尤其是现在根本无法准确明晰地判断下一代人对于海洋资源效用的看法。因此，在海洋生态系统可持续利用的认识中，更重要的是树立一种崭新的生态资源观念和可持续发展观念，这是一种理想的追求，仅靠一代人或几代人是难以实现的，必须世代追求下去。

3. 社会的可持续性

社会的可持续性是可持续发展的目的。社会是由个体人组成的，可持续发展是以当代人的需要和后代人的需要来定义的，所以社会可持续发展的关键是人的问题。

首先，人口数量的急剧增长，使消费量随之增加，可能超过生态系统的生产能力；同时，还会污染环境，造成生态环境的退化，对地球生态系统形成威胁，反过来又给人类生存带来威胁。因此，控制人口数量是社会可持续发展的重要措施。其次，是人口的质量。发展经济是提高人口生活质量和文化素质的基础。生产的目的是为了消费，过度的消费也会导致生态系统发生危机。在满足当代人需求时，要考虑后代人的需要。最后，是公平性。公平是反映人与人之间相互关系的概念，它包括每个社会成员的人身平等、地位平等、权力平等、机会均等、分配公平，其中权力平等又包括生存权、发展权等。社会公平，即社会学意义上的公平，是社会财富分配与占有的公平、公正原则的体现。这里包括对海洋资源利用的公平，即对海洋环境资源选择机会的公平性，表现为既要体现在当代人之间，还要体现在世代之间。当代人之间的公平性要求海洋开发活动不应带来或造成环境资源破坏的不经济性，即在同一地区内一些人的生产、交往、消费等活动在环境资源方面，对没有参与这些活动的人产生有害影响；在不同区域之间，则是一个区域的生产、消费以及与其他区域的交往等活动在环境资源方面，对其他区域的环境资源产生削弱和危害。世代的公平性，要求当代人不应从事通过消耗包括自然资源在内的生态系统生产力基础以支持目前的生活水准，而把比当代人更贫困的前景和危机留给后代的实践活动。

三、海洋经济可持续发展相关因素分析①

1. 海洋经济可持续发展与人口的关系

人是海洋开发活动的主体，具有二重性。人既是海洋物质财富的生产者，又是生产物质的消费者。消费分为生活消费和生产消费两类，而生产消费本身就是生产过程。海洋物质财富的生产过程会产生三种结果：①一定量的可供人们享用的物质财富，例如，海产品、海洋油气等；②一定量的海洋资源的消耗；③一定量的废弃污染物。

第一个结果有利于海洋的可持续发展，因为它可以支持人的生存和发展，而后两个结果则不利于海洋的可持续发展。需要生产多少海洋物质财富才可以支持人的生存和发展以及将生产控制到何种程度，才可以相应减少海洋资源的消耗和污染物的产生，这些都决定于人口。毫无疑问，人口多，生活消费就多，为满足消费就必须生产较多的海洋物质财富，因而消耗的海洋资源必然增多，在同等条件下，排放的污染物也必然增多；人口少，就会出现相反的结果。所以，人口的多少是影响海洋经济可持续发展的基本因素。

除了人口数量以外，还有人口结构，包括性别、年龄、地区等构成状况以及人的素质，包括体质、教育程度、专业技术、思想观念和精神状态等也会影响海洋的可持续发展。

2. 海洋经济可持续发展与海洋资源环境的关系

海洋资源提供了海洋经济活动的物质基础，而海洋环境又是海洋资源得以存在和发展的环境场所。海洋经济活动必须依靠海洋资源，保护海洋环境，并创造某些适合人类生存与发展的人造环境，与海洋形成一种和谐共处的关系，才有利于海洋经济的可持续发展。但海洋有其自身的发展规律，不论是出现有利于还是不利于海洋经济可持续发展的自然现象，都是不以人的意志为转移的。

海洋为人类开发所提供的资源是相对有限的，其中不可再生资源的有限性无须解释，而可再生资源在一定时间内也是有限的，海洋资源利用的状况和配置效率将直接影响海洋开发的持续发展。过去，海洋经济的发展是以粗放型的扩张、过度开发利用海洋资源为代价换取的。由于海洋资源的浪费和过度开发，致使海洋资源短缺日趋严重化，直接或间接扰乱了海洋经济以至国民经济正常的发展秩序。在海洋经济可持续发展前提下，应当重新认识对海洋资源的管理问题。不论从哪种角度来认识，代际配置均衡是在可持续发展模式下资源

① 狄乾斌. 海洋经济可持续发展理论方法与实证研究[D]. 大连：辽宁师范大学，2007.

配置效率体系的核心内容之一。对于海洋资源的开发与利用，不仅要考虑满足当代人的需要，而且还要兼顾后代人发展对资源的需求，通过建立有效的资源管理体系，来规避配置失衡。

海洋环境的好坏对海洋经济活动有着重大的影响，同时海洋环境还对经济活动造成的污染具有一定的自净能力。20 世纪 60 年代以来，海洋进入全面开发的新阶段，特别是科技进步大大提高了人类开发利用海洋的能力。但随着海洋开发活动的深化和发展，海洋资源被过度利用以及大量污染物排入海洋，导致海洋生态环境日益恶化，例如，近海水域的海洋水质受到污染，超过了海洋的自净能力，对海洋鱼类的生存繁衍造成严重威胁。海洋生态环境的恶化使海洋资源的开发利用，特别是可再生资源的开发利用受到限制，反过来又对海洋产业的发展造成损失，制约着海洋开发的可持续发展。历史经验表明，造成环境污染容易，而治理环境污染相当困难。治理环境不但投资大，而且见效慢，当代人对环境所造成的污染，将会影响今后几代人或需要几代人的不懈治理。为治理海洋环境污染，就必须投入大量的人力、财力，大力开展污染治理技术和清洁生产技术的研究，兴建污染治理和环境保护工程等。但是这样做又有待于开发活动的深入和经济的发展，才能从财力和技术上对环保产业给予强有力的支持。反过来，环保产业的发展，又能保证经济与环境的协调发展。因此，海洋经济发展与海洋环境保护存在着相互制约的连带关系。

3. 海洋经济可持续发展与海洋经济的关系

海洋经济的发展为整个开发活动提供了物质基础和经济保障，没有海洋经济的发展就谈不上海洋的开发。由于近代海洋经济的快速发展是建立在海洋资源过度消耗的基础上，人们缺乏可持续发展的意识和相应的防御措施，于是在经济快速发展的同时，导致了难以持续发展的严重后果，如资源耗竭、环境污染、物种锐减等。

在实践中人们逐渐认识到必须抛弃不可持续发展的道路，坚决走可持续发展道路。要实现海洋的可持续发展离不开海洋经济的发展。因此，必须从海洋经济发展本身建设有利于可持续发展的体制、增长方式、消费模式和调节机制以及政策法令等。同时，还必须加强海洋和沿海经济的发展，为治理海洋环境污染，综合利用海洋资源以及发展与此相关的科学技术，提供雄厚的物质基础。

4. 海洋经济可持续发展与科学技术的关系

科学是认识世界的工具，技术则是改造世界的工具。在科学技术推动海洋开发不断发展的过程中，会产生不利于可持续发展和有利于可持续发展的两种影响，但从总体上来说，科学技术越进步，就越能够成为实现海洋经济可持续发展的强大力量。海洋资源的丰富性和多样性、开发环境的艰巨性和复杂性、开发方式的综合性和高技术等因素，决定了海洋经济的可持续发展必须要建立在依靠科技进步的基础上，实施"科技兴海"战略。科学技术的进步会大大提高对海洋资源的开采和消耗力度，甚至使某些资源几近枯竭，资源大量消耗的同时也导致了海洋环境的严重污染，这时科学技术表现为导致和加速海洋不可持续发展的因素。相反，同样由于科学技术的进步，会使多种海洋资源的利用效率大大提高，从而大量节约资源；治理环境污染和防止生态破坏的新方法、新技术的采用，使海洋环境质量得到改善和提高，这时科学技术又表现为实现可持续发展的重要手段。总的来说，科学技术对海洋经济可持续发展的负面影响是次要的，科学技术水平越高，可持续发展能力越强。

四、海洋经济可持续发展评价指标体系

海洋经济可持续发展评价指标体系是量化评价海洋经济可持续发展目标的基础，是判断海洋经济是否实现可持续发展的尺度标准。通过前面的分析可以知道，海洋经济的可持续发展取决于海洋资源与生态环境的支撑能力、海洋和沿海经济发展能力、海洋科技发展水平、人口数量与结构，每个部分又包含多个影响因素，这些因素相互关联、相互作用，或为基础、或为条件、或促进、或阻碍，共同支撑和影响着海洋经济的可持续发展。

(一)指标体系的设计原则

海洋经济可持续发展指标体系的设计应遵守以下原则。①

1. 科学性原则

科学性是指标体系具有意义的基本前提，它是对海洋经济可持续发展轨迹本质上的描述。海洋经济可持续发展具有深刻而丰富的内涵，因此描述和刻画海洋经济可持续发展概念的指标体系必须具有足够的涵盖面，全面而概括地反映海洋经济可持续发展内涵的各个侧面，对于主要内容不应有所遗漏。同时，指标体系的设计上要反映海洋经济可持续发展的内在规律，选取代表性较强的典型指标，以尽可能少的指标反映尽可能多的信息，避免选入意义相近、重复、关联性过强或具有导出关系的指标，力求指标体系简洁易用。单项指标功能要有科学的界定，综合性指标要有明确的含义、科学的界定和组合的合理性。

2. 系统性原则

海洋经济可持续发展涉及社会、经济、海洋资源和环境各方面，可以划分为若干子系统，每个子系统又包含若干因素。系统的划分要有明确的层次性，在不

---

① 狄乾斌. 海洋经济可持续发展理论方法与实证研究[D]. 大连：辽宁师范大学，2007.

同层次上采用不同的指标，可以较为准确地反映系统的状况。越基层的指标门类越细、越具体，越高层的指标综合程度越高。同时应注意的是，在不同层次之间或同一层次内不同指标之间存在相关性，因此在构建海洋经济可持续发展指标体系时，除了力求全面、概括描述子系统和子系统中不同主题外，还应注意反映不同子系统之间，相同子系统中不同主题之间的相互联系，从而有助于对海洋经济可持续发展整体性的把握。

3. 海洋主体性原则

由于海洋经济与陆地经济之间存在着密切联系，两者的协调发展共同促进了社会的进步、自然的和谐，也有着共同的社会目标和经济目标，因此，沿海城市和地区的社会可持续指标自然也成为海洋经济可持续发展的主要指标。但是，在设计海洋经济可持续发展指标体系时，要突出海洋经济可持续发展的特征。有关海洋经济可持续发展的指标，应是考虑的主体，其他相关因素可能是可持续发展的重要指标，在这里就不一定是最重要的，往往是用一个综合性指标表示，而不是采用更细化的方法。这种做法可以解决指标维数过大的问题。

4. 定性指标与定量指标相结合原则

对事务认识越深入就越容易量化。指标的量化是采用定量的评价方法的前提，因而它可以采用定量指标。如果一些意义重大的指标难于量化，也可以用定性指标来描述。在评价时，对定性指标也可以采用相对比较量化的方法。

5. 可靠性和可行性原则

可靠性和可行性往往是指标体系建立的最大制约因素，因此在设计海洋经济可持续发展评价指标体系时，必须考虑统计资料来源的可靠性和实现数据支持的可行性。在建立指标体系时，要考虑易于收集数据，一般采用统计年鉴等权威性出版物，同时评价指标要与现行的统计、核算口径相一致，便于取得评价指标体系的数据。

（二）指标体系的构建

根据以上原则，结合海洋经济可持续发展的内涵特征要求，并参考前人的研究成果，把海洋经济可持续发展评价指标体系分为海洋自然支撑能力、海洋经济发展支撑能力、海洋科技支撑能力、海洋经济管理调控能力和沿海社会发展支撑能力五个一级评价指标。在每个一级指标中又分别包括不同数量的二级和三级评价指标。见表6－12。

表 6-12　海洋经济可持续发展评价指标体系

一级指标	二级指标	三级指标
海洋经济可持续发展能力	海洋自然支撑能力	海洋资源支撑能力	海洋资源蕴藏量
			海洋资源已开发利用量
			海洋资源开发潜力
		海洋环境支撑能力	海洋环境容量
			海洋环境质量
			海洋环境保护
		海洋生态系统健康水平	海洋生物多样性
			海洋典型生态系统稳定性
		沿海地区人口承载能力	最大人口承载能力
			沿海地区人口密度
	海洋经济发展支撑能力	海洋经济发展水平	海洋经济年均增长速度
			海洋生产总值占 GDP 比重
			海洋第三次产业比重
			海洋战略性新兴产业比重
			海洋科技进步贡献率
		涉海就业人员	涉海就业人员占沿海地区就业人员比重
			涉海就业人员结构
		海陆经济协调发展水平	海陆经济关联协调度
	海洋科技支撑能力	海洋科技投入	海洋科技人员数量及构成
			海洋 R&D 投入比重
			海洋科研项目课题数
		海洋科技产出	海洋科技发明专利数
			海洋科技论文专著数
		海洋科技成果转化	海洋科技成果转化率
	海洋经济管理调控能力	海洋经济规划	海洋经济规划制定与评估
		海洋经济政策	海洋产业、财政、税收、投融资等政策
		海洋经济管理机制	海洋经济管理人员比重
	沿海社会发展支撑能力	沿海地区人口	沿海地区人口自然增长率
		沿海地区资本投入	沿海地区全社会固定资产投资总额
		沿海地区生活质量	沿海地区城镇化水平
			沿海地区恩格尔系数

五、海洋经济可持续发展评价方法

基于海洋经济可持续发展评价指标体系，按以下步骤开展分析评价：

（1）指标筛选、分类及标准化处理，包括指标选取、确定正向或逆向指标、数据收集、数据标准化处理等；

（2）指标计算与赋权，可利用主成分分析、聚类分析、层次分析以及主观赋权法、客观赋权法或组合赋权法等方法进行赋权；

（3）根据计算结果进行综合分析与评价。

具体的指标处理方法和分析方法参见其他章节。

第七章　海洋经济周期分析

　　经济周期是指经济运行中周期性出现的总体经济扩张与紧缩交替更迭、循环往复的一种现象，也称为商业周期或景气循环。早在19世纪中期，西方经济学界就开始对经济周期波动问题进行了较为深入的理论分析和探讨。20世纪80年代，我国学者开始联系实际情况，对社会主义经济周期波动进行研究。目前经济周期波动的研究越来越注重理论与经验的互动，重视经济周期波动的测度方法和实证分析，滤波、VAR等思想引入经济周期测度，非平稳性、非线性、非对称性等处理技术被大量应用。特别是国际金融危机以来，对经济周期波动的研究备受学者关注。改革开放以来，特别是进入21世纪以来，海洋经济得到快速发展，海洋经济规模不断扩大，已经成为带动东部地区率先发展、构建开放型经济的有力支撑。但不容否认，海洋经济的发展也不是风平浪静的，当前海洋经济正处于大发展时期，各种内部因素相互博弈，矛盾多发；而海洋经济外向型的特点决定了其更易受到国际经济变化的影响等外在冲击而产生波动。海洋经济比过去任何时候都更需要国家宏观指导和协调，因此对海洋经济周期波动规律研究的需求也尤为迫切。

第一节　经济周期相关理论和方法概述

一、经济周期的概念

　　在定义经济周期的时候，首先要明确"周期"和"波动"两者的区别。经济波动的含义相对宽泛，它表示一个经济体的总量随经济增长时快时慢甚至出现倒退的状况，只要存在货币交换和商品生产，经济波动就会存在，经济活动在不断的波动中实现。经济周期则不同，它是指经济运行中周期性出现的经济扩张与经济紧缩交替更迭、循环往复的一种现象。经济波动的概念比经济周期要广泛，经济周期只是经济波动的一种形式，而经济波动可以存在也可以不存在规律性的周期运动。①

　　在众多的关于经济周期的定义中，最权威的是美国全国经济研究局（NBER）

---

① 余晓钰. 安徽省经济周期波动特征分析及对策研究[D]. 合肥：合肥工业大学，2010.

创始人伯恩斯(A. F. Burns)和米切尔(W. C. Mitchell)在1946年为经济周期所下的定义，他们认为"经济周期是由工商企业占主体的国家的整体经济活动出现波动的现象；一个周期包括同时发生在许多经济活动中的扩张，接下来是同样普遍的衰退、收缩和复苏，复苏又融入下一个周期的扩张之中；这一系列的变化是周期性的，但不是定期的；经济周期的持续期从一年以上到多达十至十二年不等；它们不能再分为性质相似、振幅与其接近的更短的周期"。[①] 这一定义得到了经济学界的广泛认可，并被大量引用。

这一表述可以概括为下面四点：

(1)衰退和复苏的长度(持续期)。为了排除季节性因素的影响，经济周期的持续期至少一年，包括紧接着出现的复苏和衰退阶段的长度；而所观察的最长周期为十二年。

(2)对经济的影响(扩散)。一个经济周期必须以各产业和经济活动为基础。

(3)深度和反弹(增幅)。虽然经济活动下降的幅度没有明确规定，但是如果要认定一个经济周期，必须出现明显的经济活动下降并跟随有反弹。

(4)置换和利用。置换用来描述在经济衰退时经济活动中断的程度和经济在扩张时的能力利用程度，通常使用失业率和能力利用率指标来衡量，根据置换的严重程度和力度对经济周期进行分类。

尽管对经济周期的定义不同，但经济周期的以下特点是西方经济学界的共识：①经济周期不可避免，它是市场经济进行自我调节的必然结果。②经济周期是经济活动总体性、全局性的波动。③经济周期具有随机性，在每一轮经济周期中，经济波动的规模和幅度都是不同的，很难进行准确的预测。④波峰和波谷是经济周期两个重要的转折点。[②]

二、经济周期的类型

经济周期按照不同的划分标准可分成不同的类型，主要的划分方法有两种：按照波动持续时间的长短划分和按照经济周期的特点和性质划分。

1. 按照经济波动持续时间的长短划分

自19世纪中叶以来，人们在探索经济周期问题时，根据各自掌握的资料提出了不同长度和类型的经济周期。

(1)基钦周期(小周期或次周期)：由美国经济学家基钦(Joseph Kitchin)在1923年首先提出，基钦根据英国和美国之间票据清算、批发物价、利率等数据，

---

① 宋承先. 现代西方经济学(宏观经济学)[M]. 上海：复旦大学出版社，2004.

② 余晓钰. 安徽省经济周期波动特征分析及对策研究[D]. 合肥：合肥工业大学，2010.

发现物价、生产、就业人数等经济指数一般在 40 个月内就会有规则的波动，从而提出该周期。研究发现，经济周期实际上有大周期和小周期两种。小周期平均时间长度为 40 个月，大周期则是若干小周期的总和，一个大周期可能包括两个或三个小周期。

（2）朱格拉周期（大周期或主要周期）：法国经济学家朱格拉于 1862 年提出了资本主义经济存在着 9~10 年的周期波动，他根据利率、银行贷款、物价的统计资料，研究了英、法、美等国家工业设备投资的变动情况后发现该周期。他认为政治、战争、农业歉收以及气候恶化等因素并非周期波动的主要根源，它们只能加重经济恶化的趋势。周期波动是经济自动发生的现象，与人民的行为、储蓄习惯以及他们对可利用的资本与信用的运用方式有直接联系。朱格拉周期平均长度为 9 年，是中周期。

（3）库兹涅茨周期：美国经济学家库兹涅茨（S. Kuznets）1930 年在分析美、英、德、法等国从 19 世纪中叶到 20 世纪初期 60 余种工农业主要产品的产量和 35 种工农业主要产品的价格变动的时间序列资料时发现并提出该周期。由于该周期主要是以建筑业的兴旺和衰落这一周期性波动现象为标志加以划分的，所以其也被称为"建筑周期"。库兹涅茨周期平均长度一般约为 20 年，是中长周期。

（4）康德拉季耶夫周期：康德拉季耶夫 1925 年根据美国、英国、法国一百多年内的批发物价指数、利息率、工资率、对外贸易量、煤铁产量与消耗量等指标变动特点，发现有一种较长时间的循环，其平均长度大约为 50 年。后来，美国经济学家罗斯托（W. W. Rostow）对康德拉季耶夫周期又做了进一步的补充和延伸，划分了"大萧条"以后的长周期。该周期强调用资本主义经济的内在原因而非外来的偶发因素解释长波起因，将经济长波归因于主要固定资本产品的更新换代引起的经济平衡的破坏与恢复。康德拉季耶夫周期的平均长度大约为 50 年，是长周期。

在现实中，以上四种经济周期并不是完全独立存在的，各种经济周期相互重叠相互影响，不同类型经济周期的不同重叠方式会导致经济波动的幅度和规模不同，表现为现实经济运行中每个经济周期繁荣与衰退的程度各不相同。① 此外，美籍奥地利经济学家熊彼特在《经济周期》一书中认为资本主义经济中长、中、短三种经济周期是并存的。他认为，按照周期时间长度的周期划分是不可能完全孤立存在的。熊彼特认为，每一个长周期包括 6 个中周期，每一个中周期包括 3 个短周期。短周期约为 40 个月，中周期约为 9~10 年，长周期为 48~60 年。在

---

① 高鸿业. 西方经济学（宏观部分）[M]. 北京：中国人民大学出版社，2000.

每个长周期中仍有中等创新所引起的波动,这就形成若干个中周期。在每个中周期中还有小创新所引起的波动,形成若干个短周期。[①]

2. 按照经济周期的性质和特点划分

按照经济周期的性质和特点可以分为古典周期波动和现代周期波动。

(1)古典周期(古典循环周期):是指在经济波动的过程中经济的绝对规模增大或者缩小。这种观点的提出与当时的背景有关。第二次世界大战爆发以前,世界各国的经济不稳定,时常出现经济的绝对增长与衰退。因此,经济周期被定义为经济运行过程中经济规模的绝对增长与减小。

(2)增长周期(现代经济周期):是指在经济波动的过程中经济增长速度的加快与减缓,在经济波动过程中的衰退已经不再是绝对意义上的经济总量减少。凯恩斯学说提出以后,各国政府开始加强对经济进行调控,防止出现大的经济波动,因此,经济总量绝对减少的情况很少出现,经济学家们提出增长周期理论对古典的周期理论进行了修正。

增长周期已经被许多经济学家用各种统计方法进行过验证,被大多数经济学家所认同,更多的经济学家用"增长周期"取代"古典周期"的概念。

(3)增长率周期(现代经济周期):是现代经济周期的一种,其与增长周期的区别是在衡量指标的选取上,采用经济增长率指标来代替经济总量指标。

此外,根据经济周期形成的原因不同,经济学家们还将经济周期分为供给型、需求型和混合型经济周期波动等。

三、经济周期的阶段划分方法

最常用的经济周期的阶段划分方法有两种,即四阶段划分法和两阶段划分法。

1. 四阶段划分法

四阶段划分法将一个经济周期划分为复苏、繁荣、衰退、萧条四个阶段。

第一阶段是复苏阶段,复苏阶段是指经济活动走出萧条并转向上升的阶段。在这一阶段,生产和销售回涨,就业增加,价格有所回涨,整个经济呈现出上升的势头。随着生产和就业继续扩大,价格上升,整个经济又逐步走向繁荣阶段。

第二阶段是繁荣阶段,它处于高水平的时期,表现为就业增加,产量扩大,社会总产量逐渐达到最高水平。由于技术和资源的限制,繁荣阶段不可能无限持续下去。当消费增长减缓,引起投资减少时,或投资本身开始下降时,经济就会下滑而步入衰退阶段。

---

① 王金明,高铁梅. 经济周期波动理论的演进历程及学派研究[J]. 首都经济贸易大学学报,2003(2):23-28.

第三阶段是衰退阶段，由于需求首先是消费需求与生产能力的偏离，致使投资增加的势头受到抑制。随着投资的减少，生产下降，失业上升；另一方面，消费减少，产品滞销，价格下降，造成企业利润减少，企业的投资进一步减少，相应地收入也不断减少，最终会使经济跌落到萧条阶段。

第四阶段是萧条阶段，萧条阶段是指经济活动处于最低水平的时期。其明显特征是需求严重不足，生产严重过剩，销售量下降，价格低落，企业盈利水平极低，生产萎缩，出现大量破产倒闭，失业率增大。与繁荣时期一样，萧条时期也不会无限延长。随着现有设备的不断损耗，以及由消费引起的企业存货的减少，致使企业考虑增加投资，于是，就业开始上升，产量也逐渐扩大，从而使经济进入复苏阶段，紧接着又开始下一个周期循环。

2. 两阶段划分法

对经济周期的划分并不是唯一的，除了四阶段划分方法外还可以将这四个阶段合并为两个阶段，即每一个经济周期都可以分为上升和下降两个阶段。上升阶段也称为繁荣，最高点称为顶峰。然而，顶峰也是经济由盛转衰的转折点，此后经济就进入下降阶段，即衰退。衰退严重则经济进入萧条，衰退的最低点称为谷底。当然，谷底也是经济由衰转盛的一个转折点，此后经济进入上升阶段。经济从一个顶峰到另一个顶峰，或者从一个谷底到另一个谷底，就是一次完整的经济周期。实际上经济周期两阶段法是将四阶段法中复苏和衰退并入到总繁荣和总衰退两个更大的阶段中，使它们成为总体繁荣与总体衰退两个大阶段的衔接部分。对经济周期进行描述两阶段法比较笼统，但与四阶段法相比更为方便。一个完整的经济周期可以从一个高峰到另一个高峰（峰—峰法），也可以从一个谷底到另一个谷底（谷—谷法），一般习惯于用谷—谷法来划分经济周期。

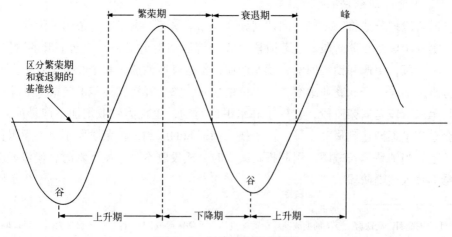

图 7-1　经济周期划分示意

四、经济周期波动的衡量指标

选择合适的指标是测定和划分经济周期的前提，比较常用的测度经济周期的衡量指标有两种，即总量指标和综合指标。

1. 总量指标

在测度经济周期时，一般采用国际通用的、具有较强可比性的、能全面反映总体经济活动水平的总量指标。我国学者普遍采用的是 GDP 和 GDP 增长率。

国内生产总值(GDP)又可分为名义 GDP 和实际 GDP，名义 GDP 是按当年价格计算得到的，而实际 GDP 则是按某一基年的不变价格计算得到的。实际应用中往往采用国内生产总值指数来反映计算期的实际 GDP 与基期的实际 GDP 的相对数，通常以计算期与基期相比来得到，用百分比表示。

GDP 增长率是指当年国内生产总值比上年国内生产总值的增长速度，用百分比表示。我国学者多采用按可比价格计算的实际 GDP 增长率来测定经济周期。

2. 综合指标

是指按照一定标准选取一组代表性指标，再用一定方法将这些指标合成一个综合指标，用该综合指标描述经济周期的波动。该方法也称为经济周期指标法。测度经济周期的综合指标主要包括扩散指数和综合指数两种。

扩散指数是基于扩散理论编制的综合指标，即经济周期的波动是由经济系统的一些部门向其他部门逐渐扩散的。经济系统中的一些部门的波动先于宏观经济波动，一些部门与宏观经济波动同步，而另外一些部门的波动则滞后于宏观经济，这样就能够确定出波动的先后顺序。扩散指数按先行、同步、滞后三类指标分别编制。

综合指数是为了弥补扩散指数不能明确表示经济周期波动的强弱程度这一不足而提出的。综合指数也按先行、同步、滞后三类指标分别编制，根据同类指标中各序列循环波动程度，并依据各序列在总体经济活动中的重要性进行加权。编制综合指数常用方法是美国国民经济研究局(NBER)综合指数法。

利用综合指标测定经济周期波动，首先需要从大量宏观经济统计指标中挑选出指数的构成指标，即能够灵敏、同步反映经济运行状况的经济指标，指标的选取范围应尽可能反映经济活动的主要方面。经济指标的选取一般遵循以下原则：

(1)经济上的重要性。指标能代表经济活动的某个领域，其在经济总量中具有重要地位，所选指标合起来能代表经济活动的主要方面。

(2)数据的充分性和可靠性。指标数据时间跨度较长，可以充分揭示经济波动的规律性。可靠性是指数据的准确性和统计口径的一致性。

(3)波动的平稳性。指标周期波动的振幅不太剧烈，波动轨迹比较平滑，反向运动及不规则变动较少。

(4)统计上的及时性。指标数据能及时定期被统计出来并予以公布。

实际工作中，大多数指标可能无法满足上述的全部要求，只能最大限度按照这些原则进行挑选。改革开放以来，我国的统计指标体系发生了巨大变化，这也给经济指标的选择带来了很大困难。[①]

五、经济周期波动特征指标

在经济周期问题的研究过程中，中外学者提出了许多可以研究周期波动特征的指标。正是由于这些指标的各不相同，才导致每个经济周期波动都是唯一的。

常用的周期波动特征指标主要包括以下几种。

1. 周期时间

经济周期时间是指经济周期过程上各状态的时点，通常指某一周期开始的时间和结束的时间。

2. 周期长度

经济周期长度也称为周期持续期，是指单个经济周期从一个波峰到另一个波峰(或从一个波谷到另一个波谷)所持续的时间长度。经济周期波动持续期通常用月度、季度或年度等时间单位来衡量。通常来说，一个周期的长度较长，则说明该时期内经济波动较少，经济较稳定；反之，经济周期长度越短则说明经济越不稳定。

3. 峰值

峰值是指一个经济周期顶点的指标数值。

4. 谷值

谷值是指一个经济周期底点的指标数值。

5. 周期波动幅度

经济周期波动幅度，又称"波幅"，是指在同一个周期内从峰值到谷值的指标差额。如以 GDP 增长率来衡量经济周期，某一个周期的波幅就是该周期峰值年份 GDP 增长率与谷值年份 GDP 增长率之差，用公式表示为

$$W = G_p - G_t \qquad\qquad (7-1)$$

式中：W 表示波幅；G_p 表示峰值；G_t 表示谷值。波幅是衡量经济周期波动强度的重要指标，波幅越大，表示经济运行由高点到低点的落差越大，经济震荡越大；反之，波幅越小，经济运行就越平稳。

---

① 姚庆彬. 我国经济周期的测度研究[D]. 青岛：中国海洋大学，2008.

6. 周期平均位势

经济周期的平均位势是指某一个周期内所有时间序列指标数值的算数平均值，它可以用来衡量某一个经济周期的整体经济增长状况。用公式表示如下：

$$\bar{Y} = \frac{\sum Y_j}{n} \tag{7-2}$$

式中：$\bar{Y}$ 表示平均位势；Y_j 表示一个周期内不同时间单位的增长率；n 表示周期长度。平均位势较高，说明该周期内经济运行处于较高水平；反之，则说明经济运行在低位徘徊。

7. 周期波动系数

经济周期的波动系数是指国民经济增长率围绕长期趋势上下波动的量值。它是衡量周期波动幅度对历史增长趋势偏离程度的标准化指标。波动系数的绝对值越大，说明经济增长率偏离长期趋势的程度越大，经济增长越不稳定；反之，波动系数绝对值越小，经济增长率偏离长期趋势的程度越小，经济增长相对稳定。波动系数的计算公式为

$$V = \frac{\sigma}{\bar{Y}} \tag{7-3}$$

式中：V 为波动系数；$\bar{Y}$ 为变量的算术平均值，表示一定时期内经济变量的平均增长率或长期趋势值；σ 为标准差，表示变量增长率偏离长期增长趋势的波动幅度。

8. 周期扩张长度

经济周期的扩张长度是指从经济周期谷底时刻到峰值时刻所跨越的时间长度。

9. 周期收缩长度

经济周期的收缩长度是指从经济周期峰值时刻到谷底时刻所跨越的时间长度。

10. 周期衰退转折点

经济周期的衰退转折点是指经济周期峰值所处的时刻。

11. 周期扩张转折点

经济周期的扩张转折点是指经济周期谷值所处的时刻。

12. 周期扩张差

经济周期的扩张差是指本次经济周期的峰值和前一次经济周期的谷值之间的离差。

13. 周期收缩差

经济周期的收缩差指本次经济周期的峰值和谷值之间的离差。

各指标在经济周期统计图中的位置见图7-2。

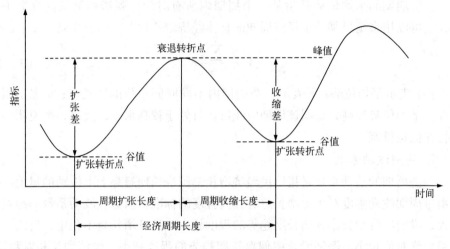

图7-2　经济周期统计示意

以上几个基本指标不能孤立使用，任何一个指标都不能完整说明某个周期的特征，只有协同使用这些指标才有可能准确地把握一个周期的总体特征。

第二节　海洋经济周期的测定与特征分析

不同类型的经济周期有不同的测定方法。传统古典周期的测定方法通常采用美国国民经济研究局（NBER）提出的指标体系方法。该方法主要是利用领先、同步及滞后指标，扩散指数或是综合指数来测度总量经济活动绝对水平的周期波动。增长周期的测定是将经济时间序列分为长期趋势要素 T、循环要素 C、季节变动要素 S 和不规则要素 I，测定经济周期波动，就是先从时间序列中消除长期变动趋势和季节变动，剩下周期性变动和不规则变动，然后，再进一步消除不规则变动，从而得到周期性变动值。剔除长期趋势的具体方法一般采用滤波方法，将时间序列分解为趋势成分和周期成分，常用的滤波方法有 HP 滤波和 BP 滤波。增长率周期的测定方法相对简单，通常是直接用经济总量的绝对值计算出增长率的时间序列来测定经济周期。

常用的季节调整方法有四种，即 Census X12 方法、X-11 方法、移动平均方法和 Tramo/Seats 方法，其中最经典且最常用的季节调整方法是 X-11 方法。由于目前的海洋经济统计数据大多为年度统计数据，不涉及对季节数据的调整，因此本章中不予介绍。

一、常用测定方法概述

1. HP 滤波分解方法

HP 滤波是实际经济周期研究中广泛使用的方法，是由 Hodrick 和 Prescott 于 1980 年分析战后美国经济周期的论文中首次提出的，其实质是过滤掉低频的趋势成分，保留高频的周期成分。

如果 $\{Y_t\}$ 是包含趋势成分 (Y_t^T) 和周期成分 (Y_t^C) 的经济时间序列，则 Y_t 可以表示成：

$$Y_t = Y_t^T + Y_t^C \tag{7-4}$$

一般地，时间序列 Y_t 中的趋势成分 Y_t^T 常被定义为下面最小化问题的解：

$$\min \sum_{t=1}^{T} \left\{ (Y_t - Y_t^T)^2 + \lambda \left[c(L) Y_t^T \right]^2 \right\}$$

其中：$c(L)$ 是延迟算子多项式 $c(L) = (L^{-1} - 1) - (1 - L)$，变换上述两式，则 HP 滤波就是下面的最小化问题：

$$\min \left\{ \sum_{t=1}^{T} (Y_t - Y_t^T)^2 + \lambda \sum_{t=1}^{T} \left[(Y_{t+1}^T - Y_t^T) - (Y_t^T - Y_{t-1}^T) \right]^2 \right\}$$

最小化问题用 $\left[c(L) Y_t^T \right]^2$ 来调整趋势的变化，并随着 λ 的增大而增大。当 $\lambda = 0$ 时，满足最小化问题的趋势等于序列 Y_t 自身；λ 越大，估计趋势越光滑；λ 趋于无穷大时，估计趋势将接近线性函数。一般 λ 的经验取值是：对于年度数据，$\lambda = 100$；对于季度数据，$\lambda = 1\,600$；对于月度数据，$\lambda = 14\,400$。

HP 滤波方法是模拟数据趋势成分最常用的方法，但是，一些研究认为其存在一定缺陷。如 Harvey 和 Jaeger、Cogley 和 Nason 都认为，对于相互独立且不存在序列相关的时间序列，利用 HP 滤波方法剔除趋势后的剩余成分之间将会存在明显的相关关系。

2. BP 滤波分解方法

BP 滤波理论的思路是把时间序列视为不同谐波的叠加，研究时间序列在频率域里的结构特征，又称谱分析。谱分析的基本思想是将时间序列视为互不相关的周期或频率分量的叠加，通过研究和分析各分量的周期变化，充分揭示时间序列的频域结构，进而掌握其主要波动特征。

考虑随机过程 $\{x_t\}$ 的线性变换：

$$y_t = \sum_{j=-\infty}^{\infty} \omega_j x_{t-j} \tag{7-5}$$

式中：ω_j 为确定的权重序列。将上式以延迟算子表示为

$$y_t = W(L) x_t \tag{7-6}$$

式中：$W(L) = \sum_{j=-\infty}^{\infty} \omega_j L^j$。

以上变换后的延迟多项式即为线性滤波，根据谱分析可知，$\{y_t\}$ 的功率谱可以表示为

$$f_y(\lambda) = |W(e^{-i\lambda})|^2 f_x(\lambda)$$

式中：i 为满足 $i^2 = -1$ 的虚数；$f_y(\lambda)$ 和 $f_x(\lambda)$ 分别为 $\{y_t\}$ 和 $\{x_t\}$ 的功率谱。关于 $e^{-i\lambda} = \cos\lambda - i\sin\lambda$ 的指数函数 $W(e^{-i\lambda})$ 被定义为

$$\omega(\lambda) = W(e^{-i\lambda}) = \sum_{j=-\infty}^{\infty} \omega_j e^{-ij\lambda}$$

上式为滤波的频率响应函数，称 $|W(e^{-i\lambda})|^2$ 为滤波的功率传递函数。实际应用中，只能对序列进行有限项滤波，如果截断点设为 m，则频率响应函数为

$$\omega_m(\lambda) = \sum_{j=-m}^{m} \omega_j e^{-ij\lambda}$$

通过适当确定滤波的频率响应函数中的权重序列，可以使 $\omega(\lambda)$ 在某些频率区间内等于或近似等于 0，这样就可以将在频率带中的分量过滤，留下其他成分。被保留下的频率处于低频处、高频处或某个中间带上，相应地分别被称为低通滤波、高通滤波和带通滤波。

截断点 m 的选择决定了相对于理想滤波的近似程度，m 不能选得太大，否则两端将缺失过多数据；但如果 m 取得过小，将会产生谱泄露和摆动现象。前者指滤波在剔除不想保留的成分的同时，也将想要保留下来的一部分成分剔除掉了；后者是指频率响应函数在大于1（或0）和小于1（或0）两种状态之间摆动。随着 m 的增加，这些现象明显改善。Baxter 和 King[1] 指出，截断点最好选择 3 年，即对于年、季和月度数据，m 分别选择3、12 和 36，这样的滤波结果与理想的滤波最为接近。

根据滤波权重所依据的目标函数不同，即计算移动平均权重的方式不同，BP 滤波又可划分为 BK 固定长度对称滤波、CF 固定长度对称滤波和 AF 全样本长度非对称滤波。

二、海洋经济周期的测定

1. 测定指标和数据的选择

根据国内外对经济周期的研究，在描述一个经济总体的经济总量的周期波动状态时，一般采用国际通用的、具有较强可比性的、能全面反映总体经济活动水

① Baxter Marianne, Robert G. King. Measuring Business Cycles: Approximate Band – Pass Filters For Economic Times Series. Reviews of Economics and Statistics, 1999: 81.

平的总量指标。目前，海洋生产总值（GOP）是被普遍采用的，并能够比较全面地反映海洋经济活动水平的总量指标。然而海洋经济历史统计数据中，1978—1993年只有主要海洋产业总产值数据而缺少增加值数据，且1978—1985年部分产业的产值数据缺失；加之由于海洋经济统计制度的改革，2001年以后的海洋经济统计范围和口径发生较大变化，对原有产业统计内容做了较大的调整，且增加了新兴产业、海洋科研教育管理服务业和海洋相关产业的统计。为便于分析研究，对统计数据进行了如下处理：

（1）采用主要海洋产业增加值之和替代海洋生产总值，以使长时间序列数据间具有可比性；

（2）采用趋势外推法对1978—1985年部分缺失数据进行插补，并根据各产业总产值数据推算1978—1993年主要海洋产业增加值数据；

（3）1978—2011年主要海洋产业增加值序列使用分产业国内生产总值平减指数（1978年=100）进行处理，以消除价格变动对产出的影响；

（4）采用位移法将1978—2000年数据进行平移，以消除2001年统计口径变化造成的数据突变；

（5）为增强数据线性化趋势、消除异方差，对1978—2011年主要海洋产业增加值序列取对数，记为序列{LNGOP}。

文中使用的基础数据均来源于历年《中国海洋统计年鉴》和《中国统计年鉴》，由于目前海洋经济统计数据均为年度数据，因此不存在季节变动。

2. 滤波分解结果与比较

使用HP滤波方法将序列{LNGOP}（记为LNGOP）分解为趋势要素序列（记为Trend - HP）和循环要素序列（记为Cycle - HP），参数λ的值设定为100。见图7 - 3。

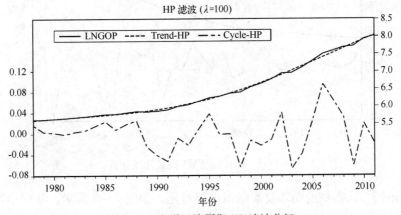

图7 - 3　海洋经济周期HP滤波分解

使用 BK 滤波方法将序列 $\{LNGOP_t\}$（记为 LNGOP）分解为趋势要素序列（记为 Non-cyclical-BK）和循环要素序列（记为 Cycle-BK），由于使用的是年度数据，所以先行/滞后项数设定为 3，循环周期的区间值采用软件默认的 $[2,8]$，由于计算移动平均权重时使用相同的先行、滞后项数，因此两项先行、滞后滤波得到的序列两端各失去 3 个观测值，时间范围变为 1981—2008 年。见图 7-4。

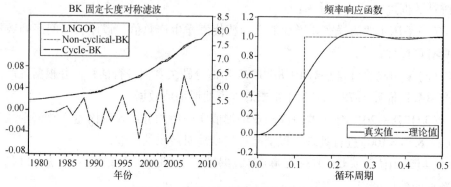

图 7-4 海洋经济周期 BK 滤波分解

使用 CF 滤波方法将序列 $\{LNGOP_t\}$（记为 LNGOP）分解为趋势要素序列（记为 Non-cyclical-CF）和循环要素序列（记为 Cycle-CF），平稳性假定设定为随机游走 I(1) 形式，剔除趋势方法设定为飘移调整法，CF 滤波分解结果如图 7-5 所示。

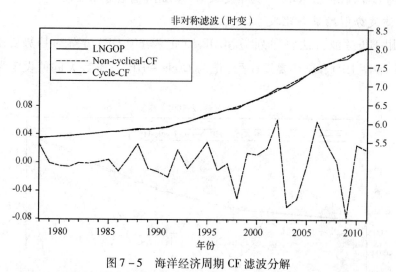

图 7-5 海洋经济周期 CF 滤波分解

将不同方法得到的循环要素序列进行对比，如图 7-6 所示。从图中可以看出，HP 滤波、BK 滤波和 CF 滤波方法所得到的海洋经济周期循环要素序列的波

形基本一致,波峰与波谷位置基本重合。说明各种滤波方法对海洋经济周期的测
定结果比较稳定。

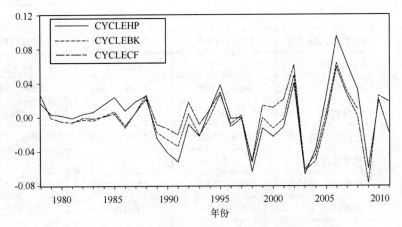

图 7 - 6　各种滤波方法海洋经济周期循环要素序列对比

　　进一步,对三种滤波分解得到的周期成分序列进行相关系数分析,各滤波分
解得到的周期成分之间的相关系数都在 0.8~1 之间,其中 BK 滤波与 CF 滤波循
环要素序列的相关系数最高,达到 0.947 5,相关关系十分显著,这也说明三种
滤波方法测定海洋经济周期的一致性较高。

　　按照谷—谷经济周期划分方法,将 1978—2011 年间的海洋经济周期进行划
分,各种滤波方法的测定结果如表 7 - 1 所示。从表中可以看出,HP 滤波、BK
滤波和 CF 滤波方法都大致将 1978—2011 年海洋经济划分为 4 个完整周期,且每
个周期的起止年份、波峰年和波谷年基本相符。其中 BK 滤波与 CF 滤波的测定
结果最为接近,不但起止年份、波峰年与波谷年相同,波动幅度也相差无几;而
HP 滤波测定的周期波动幅度最大,波动最为剧烈。

表 7 - 1　三种滤波方法海洋经济周期测定结果对比表(谷—谷法)

海洋经济周期波动特征		HP	BP	
			BK	CF
第一次周期	起始年,终止年	1979, 1991	1980, 1991	1979, 1991
	周期长度	12	11	12
	波峰年,波谷年	1988, 1991	1988, 1991	1988, 1991
	波动幅度*	0.077 6	0.049 0	0.046 4

（续表）

海洋经济周期波动特征		HP	BP	
			BK	CF
第二次周期	起始年，终止年	1991，1998	1991，1998	1991，1998
	周期长度	7	7	7
	波峰年，波谷年	1995，1998	1995，1998	1995，1998
	波动幅度	0.101 7	0.072 1	0.080 1
第三次周期	起始年，终止年	1998，2003	1998，2003	1998，2003
	周期长度	5	5	5
	波峰年，波谷年	2002，2003	2002，2003	2002，2003
	波动幅度	0.106 7	0.109 1	0.123 9
第四次周期	起始年，终止年	2003，2009	2003，2009	2003，2009
	周期长度	6	6	6
	波峰年，波谷年	2006，2003	2006，2009	2006，2009
	波动幅度	0.161 5	0.116 8	0.135 4
第五次周期	起始年	2009	—	2009
总计	完整周期个数	4	4	4
	平均周期长度	7.5	7	7.5
	平均波动幅度	0.111 9	0.086 8	0.096 4

注：*波动幅度数值是基于取对数后的不变价主要海洋产业增加值序列分解出来的循环要素序列进行计算，其数值大小仅具有相对比较意义，而不具有绝对经济含义。

根据上述分析结果，1978—2011 年间我国海洋经济大致经历了 5 个周期阶段：第一个周期，1978—1991 年，周期长度为 13 年；第二个周期，1991—1998 年，周期长度为 7 年；第三个周期，1998—2003 年，周期长度为 5 年；第四个周期，2003—2009 年，周期长度为 6 年；从 2009 年起进入新一轮海洋经济周期。

三、海洋经济周期的特征分析

海洋经济周期特征统计结果见表 7-2。

表 7-2　海洋经济周期特征统计

周期起止年份	波幅/%	波峰/%	波谷/%	波位/%	扩张长度/年
1978—1991	0.20	3.83	3.63	2.32	7

（续表）

周期起止年份	波幅/%	波峰/%	波谷/%	波位/%	扩张长度/年
1991—1998	7.77	10.79	3.02	7.50	4
1998—2003	16.89	18.36	1.47	11.89	4
2003—2009	18.47	21.87	3.40	13.80	3

根据海洋经济周期测定结果和表7-2可以看出，我国海洋经济周期是增长型周期，具有波动幅度趋大、周期长度变短、峰位高、谷位深、平均位势低和扩张时间缩短等特点。总体来看，我国海洋经济增长的稳定性不强，具体来看：

（1）海洋经济周期属于增长型周期。滤波分解结果显示，海洋经济的趋势成分是一条向右上方倾斜的曲线，证明海洋经济的周期属于现代经济周期。其基本特征是经济活动的绝对水平总体呈上升趋势，而相对水平有规律地出现上升和下降的交替和循环。总量指标在扩张阶段表现为正增长，在收缩阶段表现为增长速度的滞缓，而不是绝对量的下降。说明我国海洋经济总体呈稳步增长，发展态势良好，海洋经济增长呈现周期波动变化，但经济周期波动并没有影响我国海洋经济快速增长的趋势。

（2）周期长度逐渐变短。从波动周期来看，1978—2011年间，我国海洋经济大致经历了5个运行周期，其中4个为完整周期，周期长度分别为12年、7年、5年和6年，呈现逐渐变短的趋势。

（3）周期波动幅度逐渐变大。从波动幅度来看，海洋经济周期波动较为剧烈，在四个完整周期中，平均波动幅度为10.84%，其中后两个周期的波动幅度均在15%以上，且呈现逐渐增大的趋势。说明我国海洋经济增长的稳定性正在减弱，需要进一步提高宏观调控能力和水平。

（4）周期波峰高度逐渐变大。四个周期的平均高度为13.71%，且波峰高度呈现明显变大的趋势，表明我国海洋经济的增长在一定程度上存在盲目扩张性。

（5）周期波谷深度无显著变化。四个周期的平均波谷深度为2.88%，且波谷年份的经济增长率均为正值，同样也证明了我国海洋经济周期波动主要属于增长型周期。

（6）周期平均位势逐渐升高。海洋经济周期的平均波动位势从2.32%上升到13.80%，上升了11.48%，表明海洋经济总体增长水平有了显著提高。

（7）波动的扩张时间缩短。从扩张长度来看，我国海洋经济周期的扩张长度呈缩短趋势，表明我国经济增长在扩张期的持续性逐渐降低。

第三节　海洋经济周期的影响机制分析

经济周期性波动是经济运行中常见的现象，而经济周期的形成则是经济系统内在传导机制和外在冲击机制共同作用的结果。经济周期的内在传导机制是指经济体在各种内生变量作用下，对经济增长过程进行的自我调节，它反映了经济周期波动的内生性。外在冲击机制是指经济系统外部各种因素通过对经济系统内生变量的影响，从而改变经济运行轨迹的外在机制。经济周期机制分析就是从国民经济活动的有机整体的动态过程出发，系统考察影响和决定经济周期波动的因素，分析因素之间的经济联系和作用方式。同样，海洋经济周期波动也是内生因素和外生因素共同作用的结果，因此，分析海洋经济周期必须从内在传导机制和外在冲击机制两方面着手。

一、海洋经济波动内在传导机制分析

经济周期波动的内部传导机制是指经济系统内部结构特征所导致的经济变量之间的必然联系和对外在冲击的反应，它是一种内部缓冲机制或自我调节机制，在数学上表现为分布滞后关系，这种滞后关系反映了经济波动的自我推动。[①] 经济波动的内在传导机制主要有乘数－加速数机制、产业关联机制和经济增长的制约机制。[②]

(一)乘数－加速数机制分析

乘数－加速数机制反应的是构成总需求的投资和消费之间的作用和反作用过程，以及对总产出的贡献。根据投资的乘数－加速数原理，建立如下模型：

$$Y_t = G_t + C_t + I_t$$
$$C_t = \alpha Y_{t-1}$$
$$I_t = \beta(C_t - C_{t-1})$$

式中：Y 代表国民收入；G 代表政府支出；C 代表消费支出；I 代表投资；t 代表时间。假定 $G = a$ 时，方程可化为国民收入的二阶线性差分方程：

$$Y_t = a + \alpha(1 + \beta)Y_{t-1} - \alpha\beta Y_{t-2} \qquad (7-7)$$

可见，经济周期表现为系统自身内在机制作用的结果，即以分布滞后的方式

---

① 朱慧明，韩玉启. 中国经济周期波动的形成机制及其计量分析[J]. 美中经济评论，2004(5)：20－24.

② 赵彦云. 宏观经济统计分析 [M]. 北京：中国统计出版社，2000.

推动，经济波动主要由乘数和加速数所决定，而外在因素只是诱导因素，不是决定因素。经济体系本身存在加速力和减速力，经济波动是内在加速力和减速力共同作用的结果。在国民经济扩张期，滞后一期的产出 Y_{t-1} 代表加速力，滞后两期的产出 Y_{t-2} 代表减速力；在国民经济收缩期，滞后一期的产出 Y_{t-1} 代表减速力，滞后两期的产出 Y_{t-2} 代表加速力。

采用全面反映海洋经济活动水平的海洋生产总值(GOP)作为海洋经济系统的表征指标，建立二阶线性差分方程作为内在传导机制的度量，以反映从初始状态开始，由内生性投资、劳动供给、技术进步、产业链传导等内在传导机制所决定的内在演化过程。相应的，二阶线性差分方程的残差可作为外在冲击的度量。[①]

鉴于数据可获性的限制，采用 2001—2011 年海洋生产总值数据进行建模，记为 GOP；使用国内生产总值平减指数(2001 年 = 100)对序列进行处理，以消除价格变动对产出的影响；对序列进行 HP 滤波，以剔除趋势要素的影响，将循环要素成分记为 GOPC；使用 Eviews7.2 计量分析软件，对 GOPC 建立二阶线性自回归方程，结果如下：

$$GOPC = -245.0408 + 0.3298 \ GOPC(-1) - 0.6627 \ GOPC(-2) \quad (7-8)$$
$$(-1.42) \qquad\qquad (1.20) \qquad\qquad (-2.48)$$

$$R^2 = 0.5213, S.E. = 489.14, D.W. = 2.03, SMPL = 2001 - 2011$$

由回归方程结果可以看出：首先，海洋经济滞后一、二期的系数符号相反，说明海洋经济系统内部也存在着加速力和减速力，两者共同作用导致了海洋经济的波动。在海洋经济扩张期，滞后一期的产出 $GOPC(-1)$ 代表加速力，滞后两期的产出 $GOPC(-2)$ 代表减速力；在国民经济收缩期，滞后一期的产出 $GOPC(-1)$ 代表减速力，滞后两期的产出 $GOPC(-2)$ 代表加速力。其次，滞后一期海洋经济系数的绝对值小于滞后二期海洋经济系数的绝对值，说明 2001 年以来海洋经济周期波动幅度呈逐渐变大的趋势。最后，$R^2 = 0.5213$ 表明内在的传导机制可以决定海洋经济总波动的 52.13%，而外在冲击对海洋经济周期总波动的贡献率则为 47.87%。可见，海洋经济波动主要由内在传导机制引起，但外在冲击机制的作用也不容忽视。

(二)产业关联机制分析

产业关联机制反映各产业之间前向、后向的连锁效应。有的产业(如农业和基础产业)主要有前向关联效应，需要超前发展，否则就会对经济发展产生阻尼效应；有的产业(如加工工业)则主要具有后向关联效应，需要与具有前向关联效应的产业协调发展。

---

① 殷克东，孟彦辉. 我国海洋经济的发展周期划分[J]. 统计与决策，2010(10)：43-46.

海洋经济各个产业之间也是相互关联相互影响的。当前我国海洋经济发展中发生的若干产业部门的增长现象，反映了一个相当复杂的经济系统动态过程。海洋经济各种产业与海洋生态环境、社会经济环境都存在着与资源、劳动和物质能量等多方面的交换，系统中产业之间的分工与联系多样且复杂。海洋经济系统变动源自收入和消费的变化，又逐步传导到市场需求和市场销售的大规模扩张上，再引起基础产业部门的大规模发展；通过海洋资源的开发、利用和保护活动，形成海洋产品在生产、流通、分配和消费环节内的紧密结合，各个要素之间通过互相影响、互相作用推动海洋经济再生产的循环上升发展。当海洋捕捞业从上游产业——海洋船舶工业获取生产资料进行生产活动时，已产生向下游产业——海洋水产品加工业和海洋生物医药业或消费市场提供产品或服务的功能。产业之间在资本、技术、信息、人力等诸多方面必然存在着直接或间接的联系与交流，它们不仅仅是纵向链的状态，而且从链节点产生新的横向关系，互相结成网状关系，海洋经济发展的内在传导机制就在这样的网状结构上运行着。

投资的乘数 – 加速数机制正是通过产业之间的关联效应而对经济产生作用的。投资通过乘数机制作用于各关联产业从而影响海洋经济的增长波动，在这个过程中，如果关联产业间的投资结构协调，则投资对海洋经济具有正向作用；如果不协调，则对海洋经济具有逆作用。与此同时，海洋经济由于收入弹性或政策倾斜导向对各关联产业产生加速机制作用，如果关联产业发展协调，则既能发挥后向关联产业的潜在扩散作用，又能带动前向关联产业共同发展，降低前向关联产业的阻尼效应。

产业结构的变动会对经济波动产生影响，产业不同，在经济增长过程中的作用方式和程度也不同。一般来讲，第一产业或农业的波动幅度较小，比重呈下降趋势；以工业为主的第二产业波动幅度最大，第二产业占总产值的比重先是由低到高，再经历一段相对稳定的时期后，其比重又逐渐由高到低，比重越大，第二产业对经济周期波动的影响就越大；第三产业即服务业波动幅度最小，且第三产业在总产值的比重呈不断上升的趋势，因此，随着第三产业的不断发展，其比重不断提高，经济的稳定性就不断增强。[①] 但海洋经济发展有其自身的特点。2012年海洋经济三次产业比重分别为 5.3%、45.9% 和 48.8%，海洋第三产业比重最大，对海洋经济周期波动的影响也最大。海洋第三产业中的海洋交通运输业和滨海旅游业外向型程度较高，对外部经济环境变化比较敏感，当经济形势发生重大变化时，例如，2008 年爆发国际金融危机时，受到的影响较大，产业波动剧烈，从而导致海洋经济波动较国民经济更为剧烈，而不是稳定性增强。

---

① 白海军. 我国经济周期的成因及其测度研究[J]. 现代财经，2006(3)：64 – 69.

(三)经济增长的制约机制(上限－下限缓冲机制)分析

经济增长的制约机制，又叫上限－下限缓冲机制，作为经济波动的制衡机制，是由英国经济学家希克斯在分析乘数－加速数模型时提出来的，认为经济周期波动是有上下限的。

经济周期波动的上限是指社会总产品的产量和国民总收入无论如何都不会超过的一条界线，这取决于社会所达到的技术水平和资源的可利用程度。在既定的技术条件下，如果一切可利用的资源都被充分有效地利用了(实际上是不可能的)，那么经济的进一步扩张就会遇到一条不可逾越的鸿沟，经济活动就达到了上限，产出也因此停止增加。下限是指社会总产品的产量和国民总收入无论如何收缩都不会再下降的一条底线。这主要源于投资的特点和加速数作用的局限性，如果经济处于收缩阶段，经济活动不可能无止境地萧条下去，到了一定的程度便会稳定下来。这是因为收入不能下降到不能维持最低消费的地步，资本量也不会减少到净投资为负数的地步，这便构成了衰退(收缩)的下限。而从加速数来看，它必须是在企业没有闲置生产能力前提下才能起作用。在收缩阶段，企业肯定存在着大量的闲置的生产能力，因此在收缩阶段加速数实际上是不起任何作用的，而此时的边际消费倾向不可能为零，所以经济活动下降到一定程度之后便会停止。一旦收入不再下降，投资的乘数作用就会使收入逐步上升，经济便会开始复苏。[①]

希克斯的非线性模型为

$$Y_t = \begin{cases} C_t + I_t, & \text{当 } C_t + I_t \leq B_0(1+g)^t \\ B_0(1+g)^t, & \text{当 } C_t + I_t > B_0(1+g)^t \end{cases}$$

$$C_t = \alpha Y_{t-1}, \quad 0 < \alpha < 1$$

$$I_t = \begin{cases} \beta(Y_{t-1} - Y_{t-2}) + A_0(1+g)^t, & \text{当 } \beta(Y_{t-1} - Y_{t-2}) \geq -a \\ -a + A_0(1+g)^t, & \text{当 } \beta(Y_{t-1} - Y_{t-2}) < -a \end{cases}$$

$$A_0 > 0, B_0 > 0, g > 0$$

该模型中有两个分段表达式：收入达到"天花板"时与没有达到"天花板"时，给扩张一个上限，给收缩一个下限，从而通过间接的方式将非线性模型引入经济波动模型。这样保证了现有经济周期为有限摆动而不是发散状的上下运动。从这个意义上说，希克斯的非线性模型可以把经济周期看作经济系统自然的内在结果，把上限－下限缓冲机制看作是经济波动的内在机制。

短期来看，海洋经济扩张所遇到的约束主要是通货膨胀约束，目前绝大部分

---

① 白海军．我国经济周期的成因及其测度研究[J]．现代财经，2006(3)：64－69．

海洋产品和服务的价格由市场供求机制决定，这样价格机制的杠杆作用能有效地配置资源，也给海洋经济的运行起到了很好的指示器作用。经济扩张速度加大，各种资源的供应便会紧张起来，从而引发物价水平上升，通货膨胀率上升，经济扩张便受到约束。长期来看，海洋经济扩张所遇到的上限约束主要是资源约束，下限约束主要是生存性需求约束。

二、海洋经济波动外在冲击机制分析

(一)外在冲击机制的一般问题①

物质运动的牛顿定律表明，如果没有外力作用，物体将保持静止或匀速直线运动。经济现象也如此，在完全市场和完备信息等假设下，如果没有外来扰动，经济系统也会按照原来的均衡状态发展下去，并且具有保持均衡状态的惯性。无论是马歇尔的局部均衡理论，还是瓦尔拉斯的一般均衡理论都表明经济系统具有处于均衡状态的稳定性。然而，由于现实经济运行总处于波动当中，因此，一定存在打破经济系统均衡的扰动，这种扰动就是经济冲击。

经济波动是特征变量与其正常趋势的偏离，经济周期是这种偏离的统计规律性。外在冲击机制是系统外的冲击通过系统内部传导而发生的经济活动，而经济冲击是导致系统变量和特征变量变化的初始原因。但如果这种外在冲击力不能达到改变系统结构的关键参数，经济系统仍然会沿着它固有的路径运行，外在冲击作用仅表现在经济波动的程度上。

1. 经济冲击的效果

根据作用效果，经济冲击具有不同作用形式的传导机制。如果在传导过程中某些因素能够使得经济冲击延迟产生作用，则称经济冲击具有缓冲机制，例如，各种财政补贴、附加税等对价格冲击和收入冲击等具有缓冲作用。

如果在传导过程中某些因素能够促使经济冲击的作用减弱或消失，则称经济冲击具有吸收机制，例如，商品库存、保值储蓄和经济合同等具有吸收作用。

如果在传导过程中某些因素能够使得经济冲击的作用加强，则称经济冲击具有放大机制，例如，具有加速－乘数作用的投资、消费等具有放大作用。

经济冲击的传导机制通常也是宏观经济政策的作用机制，经济政策对经济运行的影响可以通过诱导并传导经济冲击实现。政策冲击传导机制决定政策是否灵敏和是否有效。如果经济政策冲击在传导中具有缓冲或者吸收机制，那么它的作用是非灵敏的，甚至会体现出中性或者无效性；如果经济政策冲击在传导过程中

---

① 刘金全. 宏观经济冲击的作用机制和传导机制研究[J]. 经济学动态，2002(4)：15－19.

具有放大机制，那么它将是灵敏的和有效的。

2. 经济冲击的类型

(1)确定性冲击和随机性冲击：如果经济冲击的作用方式和发生时点为已知，则称其为确定性冲击。例如，在某固定时点调整利率或者工资合同等均可以形成确定性冲击；如果经济冲击的作用方式和发生时点均是随机的，则称其是随机性冲击。突发事件和不确定性时间引起的经济冲击均属于随机冲击。在可能出现随机冲击的环境中，稳定性经济政策应该具有一定的稳健性，其政策工具变量应该具有对随机冲击的吸收或者缓冲机制；调控型经济政策应该具有一定的灵敏性，其政策工具变量应该具有对随机冲击的放大机制。

(2)持久性冲击和暂时性冲击：如果经济冲击作用能够持续一定时间，则称其是持久冲击。例如，技术创新形成的生产率冲击、工资水平提高形成的名义收入冲击等均具有一定的持久性。如果经济冲击作用仅维持较短时间，则称其为暂时冲击。例如，收入中的奖金、销售中的季节性变化等形成的冲击便是暂时冲击。持久冲击一般影响经济变量的趋势和变化率，暂时冲击影响经济变量的波动成分和绝对水平，例如，暂时货币供给冲击只能影响价格的绝对水平，而持久货币冲击却能够诱导一定程度的通货膨胀。

(3)整体冲击和单独冲击：整体冲击是指同时对多个系统变量产生冲击，并且在传导中形成整体影响的经济冲击。整体经济冲击可能同经济基本运行方向相同或者相反，可以导致经济的主要特征变量出现协同运动，是形成经济周期的主要因素；单独冲击是对经济的某个部门产生单一影响的经济冲击。经济中出现单独冲击的情形不多，分析单独冲击主要是为了分离冲击效果。

(4)名义冲击和实际冲击：名义冲击是对经济中名义变量的冲击。名义变量是指以货币为单位的变量(有时包括中性的增长率和指数等变量)。名义冲击中最为典型的是发生在货币供给和货币需求上的货币冲击；实际冲击是对经济中实际变量的冲击。实际变量是以实物为单位的变量。产出冲击、消费冲击和需求冲击等都是实际经济冲击。

(5)内生冲击和外生冲击。内生冲击是指作用在内生经济变量上的冲击，内生变量是由经济系统确定的变量；外生冲击是指作用在外生经济变量上的冲击，外生变量是由经济系统以外的因素确定的变量。

3. 外在冲击机制的分析方法和要素

外部冲击效应的分析一般采用线性回归方法。即把冲击要素当作一准外生变量(既具有内生性、又具有外生性的变量)，其中内生性决定其具有一定的规则性，外生性决定其不规则性。采用线性回归方法，建立冲击要素增长率与经济增长率之间的数量关系来解释其规则性部分，而不规则性部分则用要素实际增长率与拟合值的残差来度量。

我国海洋经济周期波动的冲击效应首先受到政府宏观调控政策的影响，包括货币政策和财政政策；同时考虑到现有经济发展方式，投资波动在我国海洋经济波动中扮演重要角色；又基于海洋经济外向性的特点，外贸政策对海洋经济的波动影响也较大。因此我国海洋经济周期的外在冲击要素主要包括货币政策、财政政策、投资政策和外贸政策。

(二)货币政策冲击机制分析

改革开放以来，随着我国金融体制的转轨和央行相对独立性的增强，央行开始通过调控货币供给来稳定币值、抑制通货膨胀，积极驾驭经济周期的波动。从目前实际情况来看，利率变动对货币供给量的影响相对较小，货币供给量在很大程度上仍然受政府控制，因此，货币供给只是一个准外生变量。

货币政策可分为规则性货币政策和不规则性货币政策。规则性货币政策主要通过预期等内在传导机制来促进经济增长，影响经济的周期性波动，是经济运行本身内在要求的货币供应。而不规则性货币政策则主要通过不规则的货币扩张和收缩外在地作用于经济增长，导致实际利率降低和收入增长"幻觉"，刺激投资和消费，从而影响经济周期波动。在经济周期处于低谷时期，这种冲击具有积极作用，可能会部分地缓解国有经济的资金紧张状况；但在经济周期处于高峰时期，这种冲击可能会成为经济过热的助燃器，而且不规则性货币供给扩张在软约束的环境中是以通货膨胀为代价的。[①②]

将货币供给量 M_2 的增长率作为货币政策对海洋经济波动效果的度量，则货币供给量 M_2 增长率可分为规则性和不规则性两部分，其中规则性 M_2 的增长率可由滞后一、二期的海洋经济增长率所引致，而回归方程的残差可作为不规则性 M_2 政策效果的度量。建立 M_2 的增长率 M_2R 与滞后一、二期海洋生产总值增长率 $GOPR$ 之间的线性回归模型，其中海洋生产总值 GOP 使用国内生产总值平减指数(2001 年 =100)进行处理，以消除价格变动对产出的影响，结果如下：

$$M_2R = 0.257\,0 - 0.295\,5GOPR(-1) - 0.316\,2GOPR(-2) \quad (7-9)$$
$$(4.30) \qquad (-0.91) \qquad\qquad (-1.05)$$

$$R^2 = 0.241\,7, S.E. = 0.041\,0, D.W. = 1.45, SMPL = 2002 - 2011$$

其中，$R^2 = 0.241\,7$ 表明，规则性货币供给量的增长率对海洋经济增长波动的贡献率为 24.17%，而不规则性部分的贡献率为 75.83%。货币供给量的不规

---

① 朱慧明，韩玉启. 中国经济周期波动的形成机制及其计量分析[J]. 美中经济评论，2004(5)：20-24.

② 白海军. 我国经济周期的成因及其测度研究[J]. 现代财经，2006(3)：64-69.

则性贡献偏高，意味着我国货币供给量的外生性较强，其变化对海洋经济波动的冲击作用较强，而货币政策对海洋经济波动影响的可控性偏低，对调控海洋经济周期波动的作用偏弱。

(三)财政政策冲击机制分析

改革开放前，统收统支，集权控制的财政政策决定了财政的经济建设主体地位和财政支出的外生性，软预算约束使得计划者成为经济周期波动的主要冲击源。改革开放后，随着财政体制的改革，财政的内在稳定机制开始发挥作用，但宏观财政调控能力下降。财政赤字、财政预算外收支以及地方政府和企业的扩张行为，开始成为财政政策不规则性的诱因，是我国经济周期波动的重要冲击源之一，财政支出也是一种准外生变量。

在经济活动的短期波动中，财政政策的作用相当程度上受限于其内在稳定器的作用。把完全由于内在稳定器作用而导致的财政支出作为规则性财政支出政策，它只能被动地、有限地对经济波动做出有限的反应，从而对经济周期的波动有一种减缓作用。但它并不能积极有效地对经济波动做出反应，从而阻止经济出现过热和衰退。因此，现代政府都采用随机不规则地改变财政收入结构和转移支付结构的方式，外在地作用于经济周期波动，称之为不规则的财政政策。

不规则财政政策主要通过以下两种方式外在地作用于经济增长，影响经济的波动：①不规则性财政扩张政策往往通过财政债务化、财政信用化、财政消费化等方式，使得本来就较软的预算约束更软，挤出非财政性投资，尤其是民间性投资，推动社会非生产性投资激增，从而使过热的经济更加热。②由于消费支出膨胀的刚性，不规则性财政支出的紧缩往往只能通过压缩基本建设支出而导致经济增长的急剧回落。财政支出主要有行政性消费支出和经常性支出，由于行政性消费支出具有易增而难减的刚性，所以紧缩财政支出只能压缩经常性支出，从而影响财政政策支持经济发展等基本职能，导致经济增长的大幅回落。①

把沿海地区的财政支出增长率作为财政政策对海洋经济政策效果的度量，则沿海地区财政支出增长率可分为"规则性"和"不规则性"两部分。规则性财政支出增长率由滞后一、二期的海洋经济增长率导致，而不规则性财政支出增长率则由回归方程的残差来度量。建立沿海地区的财政支出增长率 FR 与滞后一、二期海洋经济增长率 $GOPR$ 之间的线性回归模型，其中财政支出 F 使用居民消费价格指数(2001 年 =100)进行处理，海洋生产总值 GOP 使用国内生产总值平减指数(2001 年 =100)进行处理，以消除价格变动的影响，结果如下：

---

① 白海军. 我国经济周期的成因及其测度研究[J]. 现代财经，2006(3)：64 - 69.

$$FR = 0.944\ 5 - 3.166\ 4GOPR(-1) - 2.060\ 4GOPR(-2) \quad (7-10)$$
$$(1.38) \qquad (-0.86) \qquad\qquad (-0.60)$$

$$R^2 = 0.154\ 3,\ S.E. = 0.469\ 1,\ D.W. = 2.40,\ SMPL = 2002 - 2011$$

其中，$R^2 = 0.154\ 3$表明，规则性财政支出的增长率对海洋经济增长波动的贡献率为15.43%，而不规则性部分的贡献率高达84.57%。财政政策的不规则性贡献的较高，意味着我国沿海地区财政支出的外生性较强，其变化对海洋经济波动的冲击作用较强；进一步说明财政政策相较于货币政策，对海洋经济波动影响的控制力更低，对调控海洋经济周期波动的作用较弱。

(四)投资政策冲击机制分析

随着我国经济体制的转轨，投资对经济增长的作用和属性已经发生了根本性的变化。在计划经济体制下，经济波动几乎完全由投资决定，而投资又是一个典型的外生变量；改革开放后，投资对经济增长的决定作用开始弱化，投资自身受经济系统内部联系的制约作用逐步增强，投资作为准外生变量的特征比较明显；尤其进入20世纪90年代后，投资对经济增长的作用开始明显地表现为单纯的系统内部联系，已经从准外生变量变成内生变量。

投资是总需求的一个重要组成部分，作为拉动海洋经济增长、决定海洋经济总供给水平的主要因素，其波动在相当程度上影响着海洋经济的增长和波动周期。投资可以分为引致投资和自发性投资。引致投资是由过去的产出水平的变动直接或间接地引起的投资，是内生变量，通过加速作用等传导机制内在地作用于经济增长。而自发性投资是外生变量，是影响冲击机制的一个变量，它通过乘数效应作用于经济增长。此处的加速作用是指在没有闲置生产能力的条件下，海洋产业的收入增加，必然会促进总量消费的增加，总量消费增加的同时，对海洋产业消费的增加也是显著的，从而形成了新的有效需求，对海洋产业的投资也会增长。这里投资存量的增长几乎是海洋产业收入增长的一个正倍数。因此叫作加速作用。

投资对海洋经济周期波动的主要原因就是投融资体制的变迁和投资主体的多元化。而投融资体制的变迁和投资主体的多元化强化了投资的收益和风险的导向功能，使得引致投资的规则性增强，不规则自发投资开始成为海洋经济周期的重要冲击源。由于海洋经济的区域性，沿海地区外商投资企业的发展壮大，很大程度上促进了海洋产业的发展。外资的引入对海洋经济周期波动具有明显的冲击力。特别是1992年以后，随着市场的进一步改革和开放，投资的作用日益显著。同时随着海洋产业投资环境的优化，沿海地区可以吸引更多的国外资金、技术和管理经验进入海洋产业领域，以投资方式兴办海洋外商投资企业，促使海洋产业与国际接轨。①

把沿海地区固定资产投资总额增长率作为投资政策对海洋经济政策效果的度量，则沿海地区的固定资产投资总额增长率可分为"规则性"和"不规则性"两部分。规则性投资，即引致投资由滞后一、二期的海洋经济增长率所导致，而不规则性投资，即自发性投资则由回归方程的残差来度量。建立沿海地区的固定资产投资总额增长率 IR 与滞后一、二期海洋经济增长率 $GOPR$ 之间的线性回归模型，其中沿海地区固定资产投资总额 I 使用居民消费价格指数（2001 年 =100）进行处理，海洋生产总值 GOP 使用国内生产总值平减指数（2001 年 =100）进行处理，以消除价格变动的影响，结果如下：

$$IR = 0.327\,7 - 0.835\,6GOPR(-1) - 0.737\,5GOPR(-2) \quad (7-11)$$
$$(2.66) \qquad (-1.26) \qquad\qquad (-1.19)$$

$$R^2 = 0.329\,9,\ S.E. = 0.084\,4,\ D.W. = 1.62,\ SMPL = 2002-2011$$

其中，$R^2 = 0.329\,9$ 表明，引致投资增长率对海洋经济增长波动的贡献率为 32.99%，而自发性投资增长率对海洋经济增长波动的贡献率为 67.01%。投资政策的不规则性贡献相对较低，说明我国沿海地区固定资产投资的外生性偏弱，其变化对海洋经济波动的冲击作用稍弱，投资政策对以高投资为特征的海洋经济波动的可控性略强，对调控海洋经济周期波动的作用略高。

（五）外贸政策冲击机制分析

根据经济学基本理论，一国经济的周期性运行，通过该国进口和出口贸易的变动会影响到其他国家经济周期的进程。当一国经济处于经济周期的上升阶段时，该国的进口会增加，从而带动其他国家出口增加，出口增加会进一步通过乘数作用使这些国经济也趋于扩张。反之，当一国经济出现周期性下降时，该国的进口会缩减，从而引起其他国家出口减少，继而会使得这些国家的经济也趋于收缩。因而进口和出口贸易在经济周期的传递和扩散中起着非常重要的作用。正如马克思所言："关于进口和出口，应当指出，一切国家都会先后卷入危机。"在国家关税政策的作用下，进出口贸易受到引导而呈现一定的规则性变动，表现出内生性的特征；但是在市场机制的作用下，进出口贸易绝大部分属于市场行为，受到供需变化、国际政治经济形势、各国宏观调控政策以及突发事件等的影响，呈现出不规则变动，具有外生性，使得进出口贸易成为一个准外生变量。从直接投资角度来看，一国在经济周期的不同阶段对外直接投资和吸引外资状况的变动同样也会带来与其他国家经济的相互影响，从而使得各国经济周期的波动趋于同

① 殷克东，孟彦辉. 我国海洋经济的发展周期划分[J]. 统计与决策，2010(10)：43-46.

步。① 受计划经济体制的影响，地方在发展本地区经济时，往往出台一系列扶持政策鼓励招商引资，致使外商直接投资具有相当的内生性；但随着我国尤其是沿海地区经济的崛起，经济发展本身对资本的吸引力增强，外资出于逐利性的本能，表现出不规则变动，对海洋经济的冲击作用日益增大，外商直接投资也成为一个准外生变量。

分别使用沿海地区进出口总额增长率和沿海地区实际利用外商直接投资额增长率作为外贸政策对海洋经济政策效果的度量，则沿海地区的固定资产投资总额增长率和沿海地区实际利用外商直接投资额增长率可分为"规则性"和"不规则性"两部分。规则性部分由滞后一、二期的海洋经济增长率所导致，而不规则性部分由回归方程的残差来度量。分别建立沿海地区的固定资产投资总额增长率 IER 和沿海地区实际利用外商直接投资额增长率 $FDIR$ 与滞后一、二期海洋经济增长率 $GOPR$ 之间的线性回归模型，其中沿海地区的固定资产投资总额 IE 和沿海地区实际利用外商直接投资额 FDI 使用居民消费价格指数(2001 年 = 100)进行处理，海洋生产总值 GOP 使用国内生产总值平减指数(2001 年 = 100)进行处理，以消除价格变动的影响，结果如下：

$$IER = 0.184\,9 - 0.285\,1GOPR(-1) - 0.219\,2GOPR(-2) \quad (7-12)$$
$$(0.74) \qquad (-0.21) \qquad\qquad (-0.17)$$

$$R^2 = 0.012\,1, S.E. = 0.172\,3, D.W. = 1.69, SMPL = 2002 - 2011$$

其中，$R^2 = 0.012\,1$ 表明，沿海地区进出口总额增长率规则性部分对海洋经济增长波动的贡献率仅为 1.21%，而不规则部分对海洋经济增长波动的冲击高达 98.79%。

$$FDIR = 0.075\,4 - 0.702\,9GOPR(-1) + 0.811\,7GOPR(-2) \quad (7-13)$$
$$(0.51) \quad (-0.87) \qquad\qquad (1.08)$$

$$R^2 = 0.328\,3, S.E. = 0.101\,9, D.W. = 1.44, SMPL = 2002 - 2011$$

其中，$R^2 = 0.328\,3$ 表明，沿海地区实际利用外商直接投资额增长率对海洋经济增长波动的贡献率达到 32.83%，而不规则部分的贡献率为 67.17%，对海洋经济增长波动的冲击小于沿海地区进出口总额。

由于我国沿海地区进出口总额占沿海地区生产总值的比重很大，即对外贸易依存度很高，对外贸易对我国海洋经济增长的促进作用非常明显，但正是由于这种显著的促进作用，使得对外贸易对我国海洋经济周期波动的影响也比较大。一旦由于某些因素变动(国外需求变动、国内产业结构调整、国际原材料价格变动及政策变动等)使我国沿海地区出口或进口出现大幅度波动时，对外贸易的这种

---

① 张兵. 中美经济周期的同步性及其传导机制分析[J]. 世界经济研究，2006(10)：31-38.

促进作用将出现较大幅度的变动，这将导致我国海洋经济增长率降低或提高，从而使海洋经济表现出衰退或复苏的迹象。而由于各个地方吸引外资的政策具有导向性和可控性，外商直接投资对海洋经济的冲击作用远没有进出口总额显著。

三、主要结论

我国海洋经济周期波动主要是在乘数－加速数机制和产业关联机制的作用下，由经济系统内部的传导机制引起，其对海洋经济波动的贡献率达到50%以上。同时在上限－下限缓冲机制的约束下呈现周期性波动。短期来看，目前绝大部分海洋产品和服务的价格由市场供求机制决定，海洋经济扩张所遇到的约束主要是价格机制杠杆作用下的通货膨胀约束。长期来看，海洋经济扩张所遇到的上限约束主要是资源环境约束，下限约束主要是生存性需求对海洋产业发展的约束。

外部冲击机制通过改变系统结构的关键参数对海洋经济系统发挥作用，是导致系统变量和特征变量变化的初始原因。引起海洋经济周期波动的外部冲击因素主要有货币政策、财政政策、投资政策和外贸政策。总体来说，各要素对海洋经济的冲击作用都较强，贡献率达到75%以上。相较而言，进出口贸易、财政支出对海洋经济周期波动的冲击作用最大，其贡献率分别达到98.79%和84.57%；货币供应量对海洋经济周期波动的冲击作用次之，其贡献率为75.83%；外商直接投资、固定资产投资等资本要素对海洋经济周期波动的冲击作用最弱，其贡献率分别为67.17%和67.01%。这反过来也说明，投资政策和外商投资政策对海洋经济波动的调控作用最明显，政策效果最好；其次是货币政策；财政政策对调控海洋经济周期的作用相对较弱；而进出口贸易政策由于受到市场机制的作用，其政策效果最弱。

第四节　海洋经济与国民经济波动的协动性分析

经济波动特征包括五个方面，即波动性、协动性、持久性、非对称性及持续期依赖，协动性是其中一个重要方面。协动性是指经济周期之间所表现出的几乎同步的上下起伏波动特征。[①] 海洋经济是国民经济的重要组成部分，二者之间密不可分，存在着广泛而复杂的经济联系。海洋经济与国民经济的密切联系使得任何一方的经济波动，都可以通过不同的渠道作用于另一方。通过探讨海洋经济与

---

① 吕光明. 经济周期波动：测度方法与中国经验分析[M]. 北京：中国统计出版社，2008.

国民经济波动的协动性问题，可以加深对海洋经济波动规律的认识，进一步加强国家对海洋经济宏观调控的针对性和可控性。

海洋经济与国民经济周期协动性的作用机理主要有两方面：①外部冲击。随着我国对外开放的深入和外部依赖性的加强，海洋经济周期和国民经济周期在面临共同外部冲击（如世界经济的波动、世界能源和原材料价格的波动、国际贸易和国际资本流动的冲击以及其他一些突发事件）时往往会出现较明显的同步性。①例如，1997年东南亚金融危机、2003年"非典"事件以及2007年美国次贷危机所引发的国际金融危机都对我国国民经济和海洋经济产生强烈冲击。②经济政策。国家制定的宏观经济规划和政策，尤其是涉及海洋产业的政策，不仅对国民经济产生作用，更对海洋经济产生影响，从而导致海洋经济周期与国民经济周期的波动具有协同变动的特征。例如，国民经济和社会发展"十二五"规划、紧缩的财政政策、适度宽松的货币政策、应对2008年国际金融危机的4万亿投资计划等都同时对国民经济和海洋经济产生或正或负的影响。

本节从静态分析和动态分析两个方面研究海洋经济与国民经济周期的协动性。静态分析主要基于HP滤波、图示法、皮尔逊（Pearson）相关系数、斯皮尔曼（Spearman）相关系数、时差相关系数等，考察海洋经济与国民经济周期波动的演进路径、相关性及领先滞后关系。动态分析主要基于VAR模型，考察海洋经济与国民经济波动的因果关系、脉冲响应关系以及方差贡献等。

一、数据选取及处理

选取海洋生产总值（GOP）作为反映海洋经济活动水平的总量指标，选取国内生产总值（GDP）作为反映国民经济活动水平的总量指标。数据来源于历年的《中国海洋统计年鉴》和《中国统计年鉴》。在样本区间上，选择1978—2011年的年度数据作为样本。使用Eviews 7.2计量分析软件进行数据分析。

由于海洋经济统计早期不完善，1985年之前部分产业的产值数据缺失，1978—1993年缺少增加值数据，加之海洋统计标准和制度改革导致2001年以后的数据统计范围和口径发生了较大变化，因此对统计数据进行了如下处理②：

（1）采用主要海洋产业增加值之和代替海洋生产总值，以使长序列数据间具有可比性；

（2）采用趋势外推法对1978—1985年间部分缺失数据进行插补；

① 张兵，李翠莲. "金砖国家"通货膨胀周期的协动性[J]. 经济研究，2011（9）：29–40.
② 何佳霖，宋维玲. 基于滤波方法的海洋经济周期波动测度与分析[J]. 海洋通报，2013（1）：1–7.

（3）根据1978—1993年各产业总产值数据推算出主要海洋产业增加值数据；

（4）使用分产业国内生产总值平减指数（1978年=100）对1978—2011年主要海洋产业增加值和国内生产总值序列进行处理，以消除价格变动的影响；

（5）为了增强数据线性化趋势、消除异方差，对1978—2011年主要海洋产业增加值序列和国内生产总值序列取自然对数，分别记为 lnGOP 和 lnGDP；

（6）为了消除数据突变的影响，在分析海洋经济波动时，对1978—2000年的数据进行了平移。

二、基于相关系数的周期协动性静态分析

使用静态分析的方法研究海洋经济与国民经济周期的协动性问题。首先采用HP滤波方法剔除序列的趋势成分，运用图示法对比分析海洋经济与国民经济波动成分的运行轨迹；其次采用皮尔逊（Pearson）相关系数和斯皮尔曼（Spearman）相关系数研究海洋经济与国民经济波动的静态相关性，并以海洋经济周期划分为基准，分别研究各个经济周期内海洋经济与同期国民经济周期的同步性；最后使用时差相关法考察海洋经济与国民经济协动的传导时滞问题。

（一）海洋经济与国民经济周期波动成分图示分析

以 lnGOP 和 lnGDP 为考察对象，利用HP滤波方法剔出趋势成分，得到海洋经济和国民经济周期的波动成分，分别记为 lnGOPC 和 lnGDPC。按照"谷—谷"经济周期划分方法，改革开放以来，我国海洋经济大致经历了五个周期，即1978—1991年周期、1991—1998年周期、1998—2003年周期、2003—2009年周期以及正在经历的从2009年至今的周期，其中前四个为完整周期；而国民经济主要经历了四个经济周期，即1978—1982年周期、1982—1991年周期、1991—2003年周期以及正在经历的2003年至今的周期，中间两个为完整周期，如图7-7所示。

从图7-7可以直观地看出，除了个别年份外（1998—2003年、2009年），海洋经济与国民经济周期大体保持同步波动态势，周期上升阶段和下降阶段持续的时间基本重合，波峰和谷底出现的时间也比较接近。特别是1998年之前的两个经济周期波动基本同步，且周期长度和波动幅度也基本一致。说明海洋经济和国民经济总体呈现了较强的协动性。

但由于海洋经济系统稳定性较差，容易受到外部冲击的影响，导致海洋经济周期比国民经济周期波动更为剧烈，且周期长度呈缩短的趋势。特别是1998—2003年，受东南亚金融危机影响，海洋经济周期波动幅度大大高于国民经济周期；2009年，受国际金融危机影响，海洋经济下行幅度也明显大于国民经济。

从波动系数也可以得到相同的结论。海洋经济周期波动成分序列 lnGOPC 的

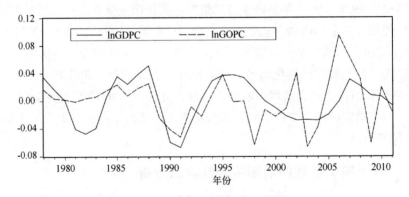

图7-7　海洋经济与国民经济周期波动成分对比

波动系数为1.35，国民经济周期波动成分序列 lnGDPC 的波动系数为1.23，两者数值接近，说明海洋经济与国民经济周期的协动性较强；但海洋经济的波动系数略大，说明海洋经济的波动程度较国民经济剧烈。

(二)海洋经济与国民经济周期波动相关系数分析

考虑到相关系数的显著性可能受到样本极值的影响，本文同时使用皮尔逊(Pearson)相关系数和斯皮尔曼(Spearman)相关系数来研究海洋经济与国民经济周期的相关关系。

假设两个随机变量分别为 X、Y，它们的元素个数均为 N，两个随机变量取的第 i($1 \leqslant i \leqslant N$)个值分别用 X_i、Y_i 表示。则 X、Y 的皮尔逊相关系数计算公式为

$$\rho = \frac{\sum_{i=1}^{N} (X_i - \bar{X})(Y_i - \bar{Y})}{\sqrt{\sum_{i=1}^{N} (X_i - \bar{X})^2 \sum_{i=1}^{N} (Y_i - \bar{Y})^2}} \qquad (7-14)$$

对 X、Y 进行排序(同时为升序或降序)，得到两个元素排行集合 x、y，其中元素 x_i、y_i 分别为 X_i 在 X 中的排行以及 Y_i 在 Y 中的排行。将集合 x、y 中的元素对应相减得到一个排行差分集合 d，其中 $d_i = x_i - y_i$，($1 \leqslant i \leqslant N$)。则随机变量 X、Y 之间的斯皮尔曼等级相关系数可以由 d 或者 x、y 计算得到，实际上斯皮尔曼等级相关系数同时也被认为是经过排行的两个随机变量的皮尔逊相关系数。其计算公式如下。

由排行差分集合 d 计算而得：

$$\rho = 1 - \frac{6 \sum_{i=1}^{N} d_i^2}{N(N^2 - 1)} \qquad (7-15)$$

由排行集合 x、y 计算而得(实际是计算 x、y 的皮尔逊相关系数)：

$$\rho = \frac{\sum_{i=1}^{N}(x_i - \bar{X})(y_i - \bar{Y})}{\sqrt{\sum_{i=1}^{N}(x_i - \bar{X})^2 \sum_{i=1}^{N}(y_i - \bar{Y})^2}} \qquad (7-16)$$

皮尔逊相关系数只能给出由线性方程描述的 X 和 Y 的相关性。而斯皮尔曼等级相关系数可以用来估计用单调函数来描述的 X、Y 之间的相关性。如果当 X 增加时，Y 趋向于增加，斯皮尔曼相关系数则为正，即 $0 < \rho < 1$；如果当 X 增加时，Y 趋向于减少，斯皮尔曼相关系数则为负，即 $-1 < \rho < 0$。斯皮尔曼相关系数为 0，表明当 X 增加时 Y 没有任何趋向性；当 X 和 Y 越来越接近完全的单调相关时，斯皮尔曼相关系数会在绝对值上增加；当 X 和 Y 完全单调相关时，斯皮尔曼相关系数的绝对值为 1。当 X 和 Y 的关系是由任意单调函数描述的，则它们是完全皮尔逊相关的。

一般，$\rho \in [0.8, 1]$ 时为极强相关，$\rho \in [0.6, 0.8]$ 时为强相关，$\rho \in [0.4, 0.6]$ 时为中等程度相关，$\rho \in [0.2, 0.4]$ 时为弱相关，$\rho \in [0, 0.2]$ 时为极弱相关或不相关。

使用 Eviews 7.2，计算 1978—2011 年 lnGOPC 和 lnGDPC 之间的皮尔逊相关系数为 0.394 6，斯皮尔曼相关系数为 0.439 0，二者均通过了 5% 的显著性检验，说明这段时期海洋经济与国民经济周期波动存在一定的协动性，但属于中等程度相关。

为了减少时间跨度对计算准确性的影响，以海洋经济周期划分为基准，按各个经济周期阶段来考察海洋经济与同期国民经济周期的同步性，分周期计算皮尔逊相关系数和斯皮尔曼相关系数如表 7-3 所示。

表 7-3　海洋经济与国民经济周期的相关系数

经济周期	皮尔逊相关系数	斯皮尔曼相关系数	相关程度
1978—1991 年	0.770 1[**]	0.881 3[**]	极强相关
1991—1998 年	0.566 8	0.666 7[*]	强相关
1998—2003 年	−0.433 0	−0.371 4	无法判断
2003—2009 年	0.513 1	0.535 7	无法判断

注：*表示通过 10% 的显著性检验，**表示通过 5% 的显著性检验，其余表示为通过显著性检验。

由表 7-3 可以看出，1978—2011 年间海洋经济与国民经济周期在前期具有较强的协动性，lnGOPC 和 lnGDPC 的斯皮尔曼相关系数较高，处于极强相关和强相关的区间，但相关程度呈下降趋势；而到了后期，两者的相关关系不甚清晰，以至于相关系数无法通过 10% 的显著性检验。

（三）海洋经济与国民经济周期波动时差相关分析

运用时差分析法研究海洋经济与国民经济周期的传导时滞问题。时差相关分析法是利用相关系数验证经济活动时间序列先行、同步或滞后关系的常用方法，是以一个重要的经济指标为基准，然后使被考察指标超前或滞后若干期，计算它们的相关系数。

假设 $x = (x_1, x_2, \cdots, x_n)$ 是基准指标，$y = (y_1, y_2, \cdots, y_n)$ 是被考察指标，l 为时差或延迟数，L 是最大延迟数，n_l 是取齐后的数据个数，则时差相关系数 r_l 为

$$r_l = \frac{\sum_{t=1}^{n_l} (x_t - \bar{X})(y_{t-l} - \bar{Y})}{\sqrt{\sum_{t=1}^{n_l} (x_t - \bar{X})^2 \sum_{t=1}^{n_l} (y_{t-l} - \bar{Y})^2}}, (l = 0, \pm 1, \cdots, \pm L)$$

$$(7-17)$$

一般计算若干个不同延迟数的时差相关系数，然后进行比较，其中绝对值最大的时差相关系数，反映了考察指标与基准指标的时差相关关系，相应的延迟数表示超前或滞后期，负数表示先行，0 表示一致，正数表示滞后。

以 lnGDPC 为基准指标，计算 1978—2011 年 lnGOPC 与 lnGDPC 的时差相关系数，结果如图 7-8 所示。

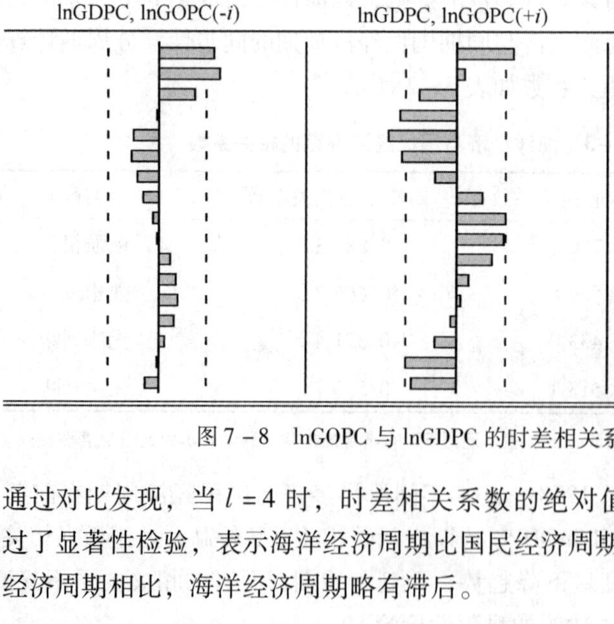

lnGDPC, lnGOPC(-i)	lnGDPC, lnGOPC(+i)	i	滞后	领先
		0	0.3946	0.3946
		1	0.4400	0.0610
		2	0.2621	-0.2489
		3	-0.0137	-0.3897
		4	-0.1675	-0.4616
		5	-0.1732	-0.3756
		6	-0.1436	-0.1420
		7	-0.1027	0.1839
		8	-0.0291	0.3452
		9	-0.0045	0.3357
		10	0.0887	0.2472
		11	0.1285	0.0902
		12	0.1371	0.0384
		13	0.1190	-0.0300
		14	0.0456	-0.1361
		15	-0.0020	-0.3404
		16	-0.0844	-0.2992

图 7-8　lnGOPC 与 lnGDPC 的时差相关系数

通过对比发现，当 $l = 4$ 时，时差相关系数的绝对值最大，$r_4 = -0.461\ 6$，且通过了显著性检验，表示海洋经济周期比国民经济周期滞后 4 个时期，说明与国民经济周期相比，海洋经济周期略有滞后。

三、基于 VAR 的周期协动性的动态分析

使用 VAR 的方法研究海洋经济与国民经济的协动的动态问题。首先对海洋经济和国民经济波动序列进行平稳性检验；其次运用格兰杰因果检验分析海洋经济与国民经济波动的因果关系；然后建立 VAR 模型，对模型的统计特性进行检验；进而运用脉冲相应函数分析海洋经济与国民经济随机扰动对系统的动态冲击；最后用方差分解法分析结构冲击对内生变量变化的贡献度。

(一)平稳性检验

对时间序列进行分析时有一个隐含的假设，即这些数据是平稳的，否则通常的 t 检验、F 检验等结果都是不可信的。通常使用单位根检验(unit root test)对序列的平稳性进行检验，常用的检验方法有 DF 法、ADF 法等。本文使用 ADF 法对主要海洋产业增加值和国内生产总值对数值的循环成分 lnGOPC 和 lnGDPC 进行单位根检验，结果如表 7-4 和表 7-5 所示。

通过检验发现，lnGOPC 和 lnGDPC 均拒绝了存在单位根的假设，说明两序列不存在单位根，都是平稳序列，可以进行时间序列分析。

表 7-4　lnGOPC 序列单位根检验结果

		t 统计量	p 值
ADF 检验统计量		-4.237 759	0.000 1
临界值	1% 水平	-2.636 901	
	5% 水平	-1.951 332	
	10% 水平	-1.610 747	

表 7-5　lnGDPC 序列单位根检验结果

		t 统计量	p 值
ADF 检验统计量		-5.142 491	0
临界值	1% 水平	-2.644 302	
	5% 水平	-1.952 473	
	10% 水平	-1.610 211	

(二)格兰杰因果关系检验

格兰杰因果检验在考察序列 X 是否是序列 Y 产生的原因时一般采用如下方法：先估计 Y 值由其自身滞后值所能解释的程度，然后验证引入新序列 X 的滞后

值后能否提高 Y 的被解释程度。如果是，则称 X 是 Y 的格兰杰原因，此时 X 的滞后期数具有统计显著性。同样地，如果 Y 序列的引入能够改善 X 序列的被解释程度，则称 Y 是 X 序列的格兰杰原因。由于 lnGOPC 和 lnGDPC 均是平稳序列，可以进行格兰杰因果检验，结果见表 7 - 6，其中滞后阶数为 5。

结果显示，在 10% 的显著性水平下，lnGDPC 是 lnGOPC 的格兰杰原因，但 lnGOPC 不是 lnGDPC 的格兰杰原因。说明海洋经济发展受益于国民经济的增长，国民经济的飞速发展和综合国力的日益增强显著推动了海洋经济的快速发展，同时国民经济的跌宕起伏也不可避免地对海洋经济产生影响；而尽管海洋经济是国民经济的重要部分，已成为国民经济增长的重要引擎，但其波动还不足以引起国民经济的衰退或复苏。

表 7 - 6　lnGOPC 和 lnGDPC 格兰杰因果检验结果

原假设	观测值个数	F 统计量	概率 P
lnGOPC 不是 lnGDPC 的格兰杰原因	29	0. 224 11	0. 947 3
lnGDPC 不是 lnGOPC 的格兰杰原因	29	2. 519 47	0. 067 5

(三)建立 VAR 模型

向量自回归(Vecotr atuo - regression)是 1980 年由克里斯托弗·西姆斯(Christopher·Sims)提出的，用于解决经济系统动态性问题的非结构化多方程模型。VAR 模型把系统中每一个内生变量作为所有内生变量的滞后值来构造模型，从而将单变量自回归模型推广到多元时间序列变量组成的"向量"自回归模型，常用于预测相互联系的时间序列系统及分析随机扰动对变量系统的动态冲击，从而解释各种经济冲击对经济变量形成的影响。由于 lnGOPC 和 lnGDPC 均是平稳序列，建立 lnGOPC 和 lnGDPC 的 VAR(2)模型，结果如表 7 - 7 所示。

表 7 - 7　VAR(2)模型参数估计表

	lnGDPC	lnGOPC
lnGDPC(-1)	1. 222 385	0. 437 790
	[8. 046 93]	[1. 339 30]
lnGDPC(-2)	- 0. 710 556	- 0. 572 317
	[- 5. 150 73]	[- 1. 927 96]
lnGOPC(-1)	0. 018 625	0. 186 571
	[0. 199 24]	[0. 927 50]

（续表）

	lnGDPC	lnGOPC
lnGOPC(－2)	－0.008 880	－0.068 392
	[－0.096 41]	[－0.345 07]
C	－0.000 514	－0.000 233
	[－0.181 60]	[－0.038 35]
R^2 统计量	0.772 017	0.204 553
修正后的 R^2 统计量	0.738 242	0.086 709
残差平方和	0.006 901	0.031 954
方程标准差	0.015 987	0.034 402
F 统计量	22.857 52	1.735 793
对数似然值	89.663 32	65.141 05
AIC 信息准则值	－5.291 457	－3.758 816
SC 准则值	－5.062 436	－3.529 794
因变量均值	－0.001 587	－0.000 619
因变量标准差	0.031 248	0.035 998

注：表中[ ]内为参数的 t 统计量。

进一步对模型进行 AR 根检验（图 7-9），结果显示 VAR 模型所有根模的倒数都在单位圆内，说明该模型是稳定的。对模型进行滞后阶数标准检验（表 7-8），结果显示根据各种标准选定的模型滞后阶数均为 2，说明模型滞后阶数的设定比较合理。对模型做滞后排除检验（表 7-9），结果显示在 1% 的显著性水平下，滞后 1 阶和滞后 2 阶的联合 χ^2 统计量均通过检验，进一步说明模型滞后阶数的设定较为合理。

表 7-8　VAR(2)模型的滞后阶数标准检验结果

滞后阶段	对数似然值	连续修正 LR 检验统计量	最终预测误差	AIC 信息准则值	SC 信息准则值	HQ 信息准则值
0	117.495 7	NA	1.19×10^{-6}	－7.965 221	－7.870 924	－7.935 688
1	131.956 1	25.928 91	5.80×10^{-7}	－8.686 624	－8.403 735	－8.598 027
2	141.664 6	16.069 29*	3.93×10^{-7}*	－9.080 316*	－8.608 835*	－8.932 654*
3	142.584 3	1.395 366	4.92×10^{-7}	－8.867 880	－8.207 806	－8.661 153
4	149.265 5	9.215 501	4.19×10^{-7}	－9.052 793	－8.204 126	－8.787 001
5	153.304 3	5.013 692	4.33×10^{-7}	－9.055 469	－8.018 210	－8.730 612

注：＊表示由临界值选定的滞后阶数。

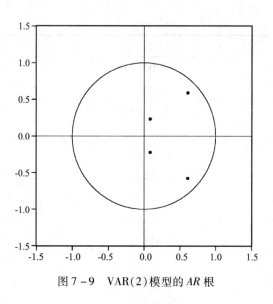

图 7 - 9　VAR(2)模型的 AR 根

表 7 - 9　VAR(2)模型的滞后排除检验结果

χ^2 滞后排除检验统计量 [ ]中的数为 p 值		
	lnGDPC	lnGOPC	联合方程
滞后 1 段	82.502 83	4.681 950	83.948 51
	[0]	[0.096 234]	[0]
滞后 2 段	27.428 71	4.163 250	27.761 56
	[1.11×10^{-6}]	[0.124 727]	[1.39×10^{-5}]
自由度	2	2	4

　　综上，所建立的 VAR(2)模型比较稳定，统计特性较好，可以用于分析海洋经济与国民经济波动的动态协动性问题。

(四)脉冲响应函数

　　在实际应用中，由于 VAR 模型是一种非理论性的模型，它无需对变量做任何先验性约束，因此在分析 VAR 模型时，往往不分析一个变量的变化对另一个变量的影响如何，而是分析当一个误差项发生变化，或者说模型受到某种冲击时对系统的动态影响，这种分析方法称为脉冲响应函数分析方法（impulse response function，IRF）。基于上述建立的 VAR(2)模型，lnGOPC 和 lnGDPC 的脉冲响应函数如图 7 - 10 和图 7 - 11 所示。

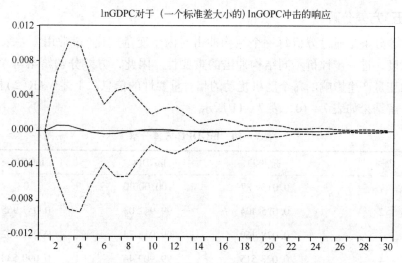

图 7 – 10　海洋经济周期波动引起的国民经济周期波动的响应函数

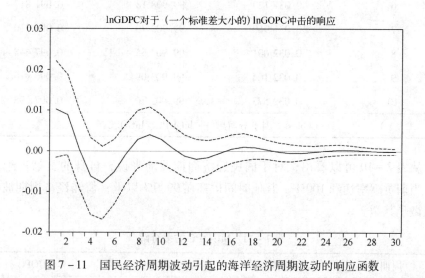

图 7 – 11　国民经济周期波动引起的海洋经济周期波动的响应函数

　　从图 7 – 10 可以看出，当本期给海洋经济一个标准差的正向冲击后，国民经济在前 3 期正增长，第 4 ~ 8 期转为负增长，之后影响逐渐趋于 0。但总体而言，国民经济周期对海洋经济冲击的响应较小，持续时间较短。

　　从图 7 – 11 可以看出，当本期给国民经济一个标准差的正向冲击后，在第 1、2 期给海洋经济带来正面影响，第 3 期开始影响由正转负直至第 6 期，第 7 ~ 11 期又变为正向影响，之后影响逐渐趋于 0。相较而言，海洋经济周期对国民经济冲击的响应较大,持续时间也较长。

(五)方差分解

方差分解是通过分析每一个结构冲击对内生变量变化(通常用方差来衡量)的贡献度,进一步评价不同结构冲击的重要性。因此,方差分解给出对 VAR 模型中的变量产生影响的每个随机扰动的相对重要性的信息。上述 VAR(2)模型的方差分解结果如表7−10、表7−11 所示。

表 7 − 10　lnGDPC 方差分解

周期	标准差	lnGDPC	lnGOPC
1	0.015 987	100.000 0	0
2	0.025 404	99.942 03	0.057 965
3	0.028 469	99.913 74	0.086 262
4	0.028 515	99.909 46	0.090 538
5	0.029 431	99.911 47	0.088 527
6	0.031 129	99.908 18	0.091 817
7	0.031 960	99.903 79	0.096 210
8	0.032 001	99.902 55	0.097 448
9	0.032 164	99.903 09	0.096 910
10	0.032 573	99.902 70	0.097 298

Cholesky 因子分解顺序:lnGDPC、lnGOPC

从表7−10 可以看出,对于国民经济周期波动来说,自身的贡献占绝大多数,当期贡献率达到100%,其他时间也都在99.9%以上;海洋经济周期波动的贡献微乎其微。

表 7 − 11　lnGOPC 方差分解

周期	标准差	lnGDPC	lnGOPC
1	0.015 987	8.877 715	91.122 28
2	0.025 404	14.185 99	85.814 01
3	0.028 469	14.191 79	85.808 21
4	0.028 515	16.647 47	83.352 53
5	0.029 431	20.295 90	79.704 10

（续表）

周期	标准差	lnGDPC	lnGOPC
6	0.031 129	21.771 29	78.228 71
7	0.031 960	21.797 29	78.202 71
8	0.032 001	22.240 74	77.759 6
9	0.032 164	23.103 32	76.896 68
10	0.032 573	23.542 82	76.457 18

Cholesky 因子分解顺序：lnGDPC、lnGOPC

从表7-11可以看出，对于海洋经济周期波动来说，自身的贡献较大，当期贡献率为91.1%，之后逐期下降，但均在76.0%以上；国民经济对海洋经济周期波动有一定的贡献，当期贡献率为8.9%，之后逐期上升，第10期达到23.5%。

四、主要结论

通过对1978—2011年海洋经济与国民经济周期的协动性问题的静态分析和动态分析，得出以下结论。

（1）图示法的分析结果表明，海洋经济和国民经济总体协动性较强。除个别年份外，海洋经济与国民经济周期大体保持同步波动态势，周期上升阶段和下降阶段持续的时间基本重合，波峰和谷底出现的时间也比较接近。特别是1998年之前的两个经济周期波动基本同步，且周期长度和波动幅度也基本一致。但由于海洋经济系统稳定性较差，容易受到东南亚金融危机、国际金融危机影响等外部冲击的影响，导致1998—2003年以及2009年海洋经济周期比国民经济周期波动更为剧烈，且周期长度呈缩短的趋势。波动系数的分析结果也说明海洋经济与国民经济周期的协动性较强，但海洋经济的波动系数略大，其波动程度较国民经济剧烈。

（2）相关分析的结果表明，1978—2011年间海洋经济与国民经济周期波动存在一定的协动性，但属于中等程度相关。分周期来看，1978—1991年、1991—1998年周期海洋经济与国民经济周期具有较强的协动性且相关系数较高，处于极强相关和强相关的区间，但相关程度呈下降趋势；而到了1998—2003年、2003—2009年周期，两者的相关关系不甚清晰，以至于相关系数无法通过10%的显著性检验。时差相关系数的结果表明，海洋经济周期与国民经济周期基本同步，但海洋经济周期略有滞后，大约滞后4个时期。

(3)格兰杰因果检验的结果表明，国民经济周期波动是海洋经济周期波动的格兰杰原因，但海洋经济周期波动不是国民经济周期波动的格兰杰原因。说明海洋经济发展受益于国民经济的增长，国民经济的飞速发展和综合国力的日益增强显著推动了海洋经济的快速发展，同时国民经济的跌宕起伏也不可避免地对海洋经济产生影响；尽管海洋经济是国民经济的重要部分，已成为国民经济增长的重要引擎，但其波动还不足以引起国民经济的衰退或复苏。

(4)脉冲响应函数的结果表明，当本期给海洋经济一个标准差的正向冲击后，国民经济先正增长，然后负增长，之后影响逐渐趋于0；但国民经济周期对海洋经济冲击的响应较小，持续时间较短。而当本期给国民经济一个标准差的正向冲击后，首先给海洋经济带来正面影响，然后才带来负面影响，随后又变为正向影响，之后影响逐渐趋于0；相较而言，海洋经济周期对国民经济冲击的响应较大，持续时间也较长。

(5)方差分解的结果表明，对于国民经济周期波动来说，自身的贡献占绝大多数，当期贡献率达到100%，其他时间也都在99.9%以上；海洋经济周期波动的贡献微乎其微。而对于海洋经济周期波动来说，自身的贡献较大，当期贡献率为91.1%，之后逐期下降；国民经济对海洋经济周期波动有一定的贡献，当期贡献率为8.9%，之后逐期上升，第10期达到20%以上。

第八章　海洋经济监测预警分析

经济监测预警(景气分析)是经济政策制定的重要基础。建立海洋经济监测预警系统，开展海洋经济监测预警分析，可以帮助管理部门准确把握海洋经济运行的脉搏，根据海洋经济周期波动的特点和各种先行特征对经济趋势做出超前判断，以便适时、适度地采取有效的措施予以调整，减小经济政策的时滞效应，延长海洋经济周期的上升期，缩短下降期，使海洋经济能够持续、稳定、协调发展。海洋经济监测预警分析的基础是海洋经济周期分析。

第一节　经济监测预警分析的一般问题

宏观经济监测预警，是在既有的统计指标基础之上，筛选出具有代表性的指标，建立经济监测指标体系，并以此建立各种指数或模型来描述宏观经济的运行状况和预测未来走势。因此，明确景气指标和景气指数的内涵、分类和选取原则等一般问题，是开展经济监测预警分析的根本。

一、景气指标

景气是对经济发展状况的一种综合性描述，用以说明经济的活跃程度。经济景气是指总体经济呈上升趋势，经济不景气是指总体经济呈下滑趋势。经济的景气状态，是通过一系列经济指标来描述的，称为景气指标。

(一)景气指标的选取原则

依据美国国家经济研究所(NBER)的标准，景气指标的选取原则如下。

1. 一致性

即所选单项指标变化的趋势与所监测的经济总体运行指标在方向上的一致情况。如果一个指标在总体经济活动的扩张阶段上升，在收缩阶段下降，那么这个指标与经济周期波动正向一致；反之，这个指标与经济周期波动反向一致。一致性可以从三个方面来衡量：①指标具体周期波动与经济周期波动相一致的阶段在经济周期波动中所占的比重。②指标具体周期波动中反常的周期波动数。③经济指标波动幅度上的一致性。

2. 重要性

每个指标的经济性质都比较重要：①指标的内容能综合反映经济发展的成果；②指标所表示的数量应该在经济总量中占据重要的地位。重要性原则要求所选择的经济监测指标应具有经济上的重要性，要按照一定的经济理论意义，选择与经济发展密切相关的指标，并能显著体现经济运行的总量特征、结构特征、协调性特征。

3. 灵敏性

即对经济波动的反应比较灵敏。灵敏性原则要求选择的经济监测指标能够对宏观经济的变化情况及时反映，成为经济运行的"晴雨表"。灵敏性主要考虑两个方面：①指标数据汇编的周期。②指标反映的滞后时间。与季度数据和年度数据相比，月度数据统计的及时性较好。

4. 稳定性

稳定性也有两层含义：①对所选指标变化幅度进行不同状态划分后，划分的标准能够保持相对的稳定；②每个指标波动的形态都比较均匀，首先是每次波动的时间长度和振幅都比较均匀，其次是指标之间每次波动的对应性较好，各个变量之间的动态联系比较密切。

5. 可操作性

即选择现行统计核算制度中可以获得的指标，而不是单纯地进行理论探讨。

（二）景气指标的分类标准

满足上述原则的指标全体构成了经济监测指标体系的内容，对这些指标，可按以下标准将它们划分为先行、同步、滞后三类。

（1）先行指标（又称领先指标或超前指标）是指在经济活动达到高峰或低谷之前，先行出现高峰或低谷的指标。先行指标是经济景气分析的有力工具，利用它们的变动特征和它们与总体经济变动之间的超前关系，可以分析预测总体经济何时扩张，达到高峰；何时收缩，落至低谷。

选取标准：先行指标应有明确、肯定的先行关系；与基准循环峰值相比，其峰值至少先行3个月以上，且在最近的连续3次周期波动中，至少有两次保持先行，先行3个月以上。

（2）同步指标（又称一致指标）是指其达到高峰或低谷的时间与经济总体指标出现高峰或低谷的时间大致相同的指标。同步指标可描述总体经济的运行轨迹，确定总体经济运行的高峰或低谷位置。它是分析现实经济运行系统状态的重要指标。

选取标准：同步指标应与其基准循环有明显同步特征；与基准循环的峰值接近，峰值差别在 2 个月以内。

（3）滞后指标（又称落后指标）是指其高峰或低谷出现的时间晚于总体经济出现高峰或低谷的时间的指标，可以对系统的已发生状态加以确认和验证。它有助于分析前一经济循环是否已结束、下一循环将会如何变化。

选取标准：滞后指标应与其基准循环有肯定的滞后关系；与基准循环相比，峰值要滞后 3 个月以上。

二、景气指数

（一）景气指数的含义

景气指数又称为景气度，它是对景气调查中的定性指标通过定量方法加工汇总，综合反映某一特定调查群体或某一社会经济现象所处的状态或发展趋势的一种指标。

景气指数是一种经济运行监测方法。它的基本出发点是：经济的周期性变动，是由国民经济中诸多经济现象的共同作用而造成的，周期波动是通过一系列经济活动来传递和扩散的，任何一个经济变量本身的波动过程都不足以代表宏观经济整体的波动过程。因此，为了正确地测定宏观经济波动状况，必须综合地考虑生产、消费、投资、贸易、财政、金融等各领域的景气变动及相互影响。各领域的周期波动并不是同时发生的，而是一个从某些领域向其他领域，从某些产业向其他产业，从某些地区向其他地区波及、渗透的极其复杂的过程。利用景气指数进行分析，就是利用经济变量之间的时差关系指示景气动向。首先，确定时差关系的参照系，即基准循环，编制景气循环年表；其次，根据基准循环选择超前、同步、滞后指标；最后，编制扩散指数和合成指数来描述总体经济运行状况，预测转折点。

通过景气分析，可以正确地描述宏观经济的运行轨迹，准确地预测其发展规律和趋势，正确地判断经济的运行现状，为管理部门调控经济提供重要依据。在景气分析的基础上建立的经济预警系统，能对国民经济运行过程中可能出现过热或过冷现象及时给予预警。因此，景气分析是经济管理过程中的晴雨表，能够更好地保持国民经济健康有序发展。

（二）景气指数的类型

根据反映对象和计算方法的不同，景气指数分为扩散指数 DI 和合成指数 CI。在 20 世纪 50 年代，以扩散指数 DI 为主对景气状况进行分析和预测，60 年代合成指数方法创立以后，侧重于用合成指数 CI 对景气状况进行分析和预测。自1988 年斯托克和沃森提出构造 SWI 景气指数的方法之后，虽然有美国的芝加哥储备银行和欧洲的经济政策研究中心于每月公布美国和欧洲的 SWI 景气指数，但由于计算 SWI 景气指数较为复杂，还没有其他机构定期发布该指数，其应用还不是很普及，因此没有取代扩散指数和合成指数的地位。

1. 扩散指数(DI)

扩散指数又称扩张率，它是在对各个经济指标循环波动进行测定的基础上，所得到的扩张变量在一定时点上的加权百分比。

扩散指数的基本思想是把保持上升(或下降)的指标占上风的动向看作是景气波及、渗透的过程，将其综合，用来把握整个景气状态。利用各种景气指标选择方法，可以从大量的经济指标中选择出先行、一致、滞后三类指标组，然后对这三类指标组分别制作扩散指数。

当 DI 大于50%时，意味着指标组中超过半数的指标呈上升趋势，经济活动也在总体上呈上升趋势；相反，当 DI 小于50%时，则意味着超过半数的指标处于收缩或下降状态，经济活动总体呈下降趋势。据此可以判断景气状态处于扩张还是收缩局面。

2. 合成指数(CI)

合成指数又叫综合指数，是由一类特征指标以各自的变化幅度为权数的加权综合平均数。即以多个指标的加权平均，用合成各指标变化率的方式，把握景气变动的大小。

除了能预测经济周期波动的转折点外，合成指数还能在某种意义上反映经济周期波动的振幅。合成指数 CI 和扩散指数 DI 一样，也是从表示各种经济活动的主要经济指标中选取一些对景气敏感的指标，合成指数的构成也分先行、一致、滞后指标组，各指标组的功能与扩散指数相同，所以扩散指数和合成指数常使用同一套指标组。

三、景气信号灯

景气信号灯是借鉴交通信号灯的方法，选取一些重要的、灵敏度高的经济指标作为信号灯体系的基础，从这些指标出发来判断当期各个指标对经济形势某一方面的冷热情况，并综合这些指标给出当前经济总体的冷热判断。景气信号灯系统采用"深蓝""浅蓝""绿""黄""红"五种颜色，分别代表经济运行过程中的"过冷""趋冷""正常""趋热""过热"五种情形。

通过观察分析信号灯的变动情况，来观察未来经济增长的趋势，并针对当前经济运行的动态来判断应当采取何种调控政策和措施。

若信号显示为"绿灯"，则表示当时的经济发展很稳定，可采取促进经济稳定增长的调控措施。

"黄灯"则表示景气尚稳，经济增长"稍热"，在短期内有转热和趋稳的可能。由"红灯"转为"黄灯"时，不宜继续紧缩；由"绿灯"转为"黄灯"时，在"绿灯"时期所采取的措施虽可继续维持，但不宜进一步采取促进经济增长的措施，并应密切注意今后的景气变化，以便及时采取调控措施避免经济过热。

"红灯"则表示景气"过热"，此时财政金融机构应采取紧缩措施，使经济逐渐恢复正常状况。

"浅蓝灯"表示经济短期内有转稳和趋于衰退的可能。由"浅蓝灯"转为"绿灯"时，表示经济发展速度趋稳，可继续采取促进经济增长的措施；由"绿灯"转为"浅蓝灯"时，表示经济增长率下降，此时宜密切注意今后的景气动向，适当采取调控措施，以使经济趋稳。

若信号由"浅蓝灯"转为"深蓝灯"时，表示经济增长率开始跌入谷底，此时政府应采取强有力的措施来刺激经济增长。

四、监测预警分析的作用

1. 正确评价当前经济运行的状态

评价当前经济运行的状态，其重点不在于对经济的历史成就进行全面总结，而在于恰当地反映当前经济形势正常与否，它应给出反映当前经济发展正常与否的重要标志和临界区间，从评价的时间范围上说，它应以短期分析为主。能够承担短期经济形势分析的指标或变量至少应具备两个特征：重要性和稳定性。这两个特征缺一不可，特别是后者不仅为评价指标所必备，而且还是预警指标和反映宏观调控效果指标所具有的共同特征。我们不仅要依据经济理论去设计这种指标，而且更重要的是，从统计分析中去选择这类指标。这是建立监测指标体系的基本任务，如果不能准确地评价海洋经济形势的状态，对经济形势的未来发展进行预测或预警的问题也就无从谈起。

2. 准确预测未来发展的趋势

准确预测未来经济形势可能发展的趋势，是经济监测工作的重点。只有了解经济发展趋势，政府才能对经济运行状态做出超前反应，从而促进经济健康发展。经济监测指标体系应该在经济发生重大转折之前，及时发出信息，起到预警作用。其特征是：指标本身的内容在经济发展过程和联系中，往往起到枢纽的作用，它们的正常与否，往往能起到推动或阻碍整个经济运行的作用，经济运行中的问题也常常在它们的变化中先行暴露及反映。解决预报问题，首先须解决指标的选择问题，其次要解决预测的方法和手段问题，否则往往事倍功半；此外，还需要预测人员具有良好的素质。一种成功的预测，除上述条件以外，往往还是经验和艺术的结合。

3. 及时反映经济调控的效果

对经济运行的动态预警并不是终极目的，终极目的是对经济运行中的不正常状态及时进行调控，使经济运行正常发展。虽然预警在先，但从预警到决策，再到实施，是需要一个时间过程的，而反映这种调控效果则更滞后一些。反映调控效果的指标应具备的特征是：能及时反映出经济系统的投入产出量的变化。宏观调控的常用手段主要有两类：一类是财政手段，如改变财政对基建的支出、改变税率、改变政府的公共支出等；另一类是货币手段，如变更贷款投向和贷款数量、改变利率、变动商业银行的存款准备金率等，调控的目的是改变系统的投入产出量，使经济系统的运行能保持常态。上述宏观经济政策直接或间接对产业进而对经济产生影响，当然，国家可以通过其他行政方式对经济的发展施加影响。因此，建立的经济监测预警体系也应能反映国家各种形式的调控效果。

第二节　基准循环的确定和监测指标的分类方法

宏观经济运行具有周期性，因此使得通过相关的经济时间序列对经济景气进行预测分析成为可能。在应用经济监测预警方法时，往往需要先确定宏观经济波动周期的基准循环，然后将其他经济指标与基准循环相比较，得到先行、一致、滞后三类指标，并用由先行指标合成的先行指数的变化来预警经济波动，用由滞后指标合成的滞后指数的变化来验证经济波动，因此确立经济波动的基准周期是十分重要的、基础的工作。

一、基准循环和基准日期的确定

（一）基准循环的确定方法

一般而言，经济波动主要指产出和就业波动，基准循环也用这两类指标来衡量。最常用的总产出指标是国内生产总值或地区生产总值，但 GDP 一般只有季度数据，当经济监测预警系统采用月度指标时，GDP 就不能满足要求，因此有的研究改用工业总产出，如工业增加值或工业销售收入，对于以工业为主导的国家或地区来说，工业波动和经济总产出的波动通常是一致的，因此也可采用工业波动作为基准指标。①

确定基准循环的方法有如下几种。

---

① 景气指数分析法，http：//baike. steelhome. cn/doc – view – 22761. html.

(1)以重要经济指标(GDP、工业总产值等)的周期为基准循环;

(2)专家意见及专家打分;

(3)经济大事记和经济循环年表;

(4)初选几项重要指标计算历史扩散指数(HDI);

(5)以一致合成指数转折点为基础。

(二)基准日期的确定方法

基准日期是基准循环转折点的位置,即基准循环中的峰谷点时间。一般说来,基准日期是根据经济周期波动年表、HDI(Historical Diffusion Index)以及专家的意见综合确定的。制定 HDI 的方法一般是选择经济上比较重要,而且被认为其变动与经济周期波动大体上一致的经济时间序列 5 ~ 10 个,对选出的每个序列进行预处理后确定其峰谷日期(即转折点日期)。

二、景气转折点的识别

要得到各个指标序列的具体周期波动,并进一步根据其与基准周期波动的关系对指标进行分类,首先要识别和确定这些指标序列的转折点(峰顶和谷底)。识别和确定转折点有三个步骤:①确定指标序列中一些潜在的峰顶和谷底;②确保这些转折点中的峰顶和谷底排列相间;③根据一些审查规则,剔除一些转折点,确保余下转折点满足持续期和波幅要求。

1. 月度数据指标转折点的识别

针对月度数据序列,NBER 的 Bry 和 Boschan 给出的确定方法通常称为 BB 法。在 BB 法中,首先,是把指标序列中反向变化至少 5 个月以上的时点作为潜在的转折点。假定序列已经进行过季度变动剔除、对数化处理等工作。其次,如果同时存在几个连续的峰顶和谷底,则选择相对较大(较小)的峰顶(谷底)。另外,对于审查规则,具体周期波动中相邻两个转折点间一个阶段的持续期必须在 6 个月以上;一个完整具体的周期波动的持续期必须在 15 个月以上;波动幅度也必须在一定标准(一般为一个标准差)以上。

BB 法的基本步骤是:①根据一定的上、下限规则(标准差原则)确定异常值,并加以修正。②进行 12 项移动平均,并初步确定峰顶和谷底等转折点。③对序列进行 Spencer 移动,其实质是一种 15 项加权移动平均,在得到的 Spencer 曲线上进一步确定转折点。④计算 MCD 值,并进行 MCD 值项的移动平均,在得到 MCD 曲线上确定转折点。⑤确定原始序列的转折点,并比较两组不同的转折点,最终确认原始序列的转折点。

AKO 方法是简化了的 BB 方法,仅根据单变量序列来确定转折点,其结果与

NBER 根据多指标得到的结果非常接近。步骤与 BB 法相近。

2. 季度数据指标转折点的识别

季度数据序列转折点的识别方法与 BB 法类似，但是一般确保序列中反向变化至少要在两个季度以上的时点才作为潜在的转折点，从而保证相邻两个转折点的持续期在两个季度以上。一些学者把参照 BB 法的季度数据序列转折点的确定方法以及相关的审查原则称为 BBQ 法。

3. 年度数据指标转折点的识别

对于年度数据序列，有些研究参考 AKO 法给出了转折点的确定方法。具体步骤是：①根据一定的上、下限规则确定异常值，并加以修正，比如用邻近两个观测值的算术平均值替代。②采用移动平均得到指标的平滑序列，以减少短期不规则波动使指标不能有效反映经济周期波动的情况。③重新回到未平滑序列，使用与②类似的识别方法和一些附加要求来初步确定未平滑序列的转折点。附加要求可以是对波动幅度或者周期持续期的规定。④比较两组初步确定的转折点，排除掉未平滑序列中与平滑序列不对应的转折点，最后得到未平滑的原始序列的转折点。

在各个指标序列的转折点确定后，就可根据转折点的日期划分出扩张时期和收缩时期，进而比较备选指标体系中各个指标序列的具体周期波动。

三、景气指标的分类方法

景气指标变动与总体经济变动在时间上存在着这样的三种关系，即根据指标变动的性质，分别称为先行、同步和滞后指标。常用的景气指标分析方法包括如下几种。

(一)峰谷对应法(图示法)

峰谷对应法又称图示法，是指在确定基准指标后，将备选指标与基准指标画在一张图中，观察两个指标的峰、谷对应关系，从而直观判断备选指标是先行指标、同步指标还是滞后指标(图 8 - 1)。

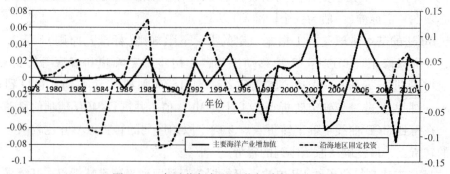

图 8 - 1   备选指标与基准指标峰谷对应关系

另外，在备选指标曲线图上画上基准日期线。基准日期线上的峰标记为"P"，谷标记为"T"，将景气循环峰—谷的收缩期给予不同的标记，从而可直观地观察到和基准日期相比，指标的峰、谷超前或滞后多少个月（或季度，如图8-2所示）。

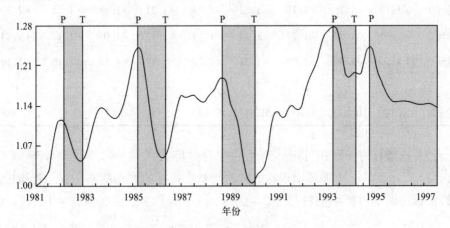

图 8-2　经济周期长度关系

峰谷对应法的缺陷是缺少精确性，而且多数已经统计的指标尚形不成周期，无法确定周期拐点，从而难以直观判断备选指标是先行指标、同步指标还是滞后指标。

（二）马场法

马场法是由日本著名学者马场正雄提出来的，又称为基准循环分段平均法。马场法是以景气循环基准日期为尺度，检验各序列本身的周期波动的峰和谷的关系，并将这种关系用经济指标变动分析表的形式给出。

（1）按经济循环基准日期把每一循环分成9段，除了谷和峰的月份外，把开始的谷和峰之间以及峰与后来的谷之间分别分割成大体相等的三段。对所选的指标序列求每一阶段上的平均值，对于峰（或谷）分别取包括峰（或谷）在内的前后三个月之值的平均值，这样共求出9个平均值。每个循环的最后一段的平均值和下一循环的第一段平均值相同。

（2）比较各段上的平均值。若比前一段增长了，则数字前符号取"＋"，比前一段减少了则取"－"，若相等则取"＝"。

（3）假定备选指标的数据期间包含 m 个循环，综合考虑 m 个循环的变动情况。平均栏中的符号是在 m 个循环中占多数的符号。检验栏中是平均栏中的符号在 m 个循环中所占比例。假设经济周期基准指标波动如表8-1所示：

表 8 - 1　马场法经济指标变动分析

	谷	扩张			峰	收缩			谷
	1	2	3	4	5	6	7	8	9
循环 1	+ 1.17	- 1.15	+ 1.19	+ 1.22	+ 1.23	- 1.21	- 1.18	+ 1.25	+ 1.30
循环 2	+ 1.30	+ 1.33	- 1.27	- 1.24	- 1.19	- 1.13	- 1.09	+ 1.17	+ 1.24
循环 3	+ 1.24	+ 1.30	+ 1.31	- 1.22	- 1.20	- 1.18	+ 1.18	- 1.16	+ 1.19
平均	+	+	+		-	-		+	+
检验	1.00	0.67	0.67	0.67	0.67	1.00	0.67	0.67	1.00

若备选指标为一致指标时，平均栏中符号应为(+， +， +， +， -， -， -， -)，表示在 m 个循环中指标的波动与基准指标的波动基本一致。若指标为先行指标，则平均栏中的符号是(+， +， +， -， -， -， -， -)，或(+， +， -， -， -， -， +， +)，或(+， -， -， -， -， +， +， +)，表示指标波动先于经济周期基准指标的变动，当景气变动仍在扩张区时，先行指标已经开始进入收缩区。类似的，当景气变动仍处于收缩区时，先行指标已经开始回升。确定滞后指标的标准可以按此类推。

马场法需要月度数据，而且马场法由于过于严格，具有一定的局限性。按照马场法，只有当备选指标的 m 个循环变动对应性都很好时，才能得出相应的结论。但这样的指标不容易找到，还可能会使一些比较好的指标漏选。

(三)时差相关分析法

时差相关分析法是利用相关系数验证经济时间序列先行、同步和滞后关系的一种常用的方法，是以一个重要的、能够敏感地反映当前经济活动的时间序列作为基准指标，规定基准指标不动，而另一些被分析指标在时间上相对于基准指标前后移动若干个月(季)，计算基准指标与这些移动后的序列的相关系数，从而根据时差相关系数的大小，对指标进行分类。

假设 $x = (x_1, x_2, \cdots, x_n)$ 是基准指标，$y = (y_1, y_2, \cdots, y_n)$ 是备选指标，r_l 为时差相关系数，称 l 为时差或延迟数，L 是最大延迟数，n_l 是数据取齐后的数据个数。

$$r_l = \frac{c_{xy}(l)}{\sqrt{c_{xx}(0) \cdot c_{yy}(0)}}, \qquad (l = 0, \pm 1, \pm 2, \cdots, \pm L) \qquad (8 - 1)$$

其中, $c_{xy}(l) = \begin{cases} \sum\limits_{t=1}^{n_t} (x_t - \bar{X})(y_{t+l} - \bar{Y})/T, & (l = 0,1,2,\cdots) \\ \sum\limits_{t=1}^{n_t} (y_t - \bar{Y})(x_{t-l} - \bar{X})/T, & (l = 0,-1,-2,\cdots) \end{cases}$

基准指标的数据类型一定要同计算相关系数的一批指标的数据类型一致。一般在选择景气指标时,计算若干个不同延迟数的时差相关系数,然后进行比较,其中最大的时差相关系数,反映了备选指标与基准指标的时差相关关系。计算结果显示的各指标时差相关系数的延迟数:负数表示超前,0 表示一致,正数表示滞后。[①]

时差相关法计算两个波动序列的相关系数,对数据的充分性要求很高,在指标选取时要满足一定的长度,一般不少于135 个月(季)。而且,相关系数仅从统计上表明数据的(线性)相关关系,即使相关系数接近于1,也并不意味着数据之间一定存在着经济上的因果关系,还要进一步进行分析。

(四)K-L 信息量法

K-L 信息量法由 Kull-back 和 Leibler 提出,是对指标总体形态分布的拟合程度进行评价的一种方法。对于偶然的带有随机性的现象,通常可以认为是服从某一概率分布的随机变量的一些实现值。如果已知或假设基准序列的概率分布,就可以比较备选指标的概率分布与其的近似程度。

设基准指标为: $x = (x_1, x_2, \cdots, x_n)$,因为满足 $p_i \geq 0$, $\sum p_i = 1$ 的序列 P 可视为某一随机变量的概率分布列。因此对基准指标做标准化处理,使得指标的和为 1,处理后的序列记为 P,则:

$$p_t = \frac{x_t}{\sum\limits_{j=1}^{n} x_j}, \qquad (t = 1,2,\cdots,n)$$

设备选指标为 $y = (y_1, y_2, \cdots, y_n)$,也做标准化处理,处理后的序列记为 Q,则:

$$q_t = \frac{y_t}{\sum\limits_{j=1}^{n} y_j}, \qquad (t = 1,2,\cdots,n)$$

K-L 信息量由下式计算:

$$k_l = \sum_{t=1}^{n_t} p_t \cdot \ln \frac{p_t}{q_{t+l}}, \qquad (l = 0, \pm 1, \cdots, \pm L) \tag{8-2}$$

---

① 姜向荣,司亚清,张少锋. 景气指标的筛选方法及运用[J]. 统计与决策, 2007, (2): 119-121.

式中：l 为时差或延迟数，L 是最大延迟数，n_l 是序列取齐后的数据个数。l 取负数时表示超前，取正数表示滞后。不断变化备选指标与基准序列时差，计算 K-L 信息量。选取一个最小的 k_l 作为备选指标最适当的超前或滞后月数（季度数）。信息量越小，越接近 0，备选指标与基准指标越接近。

K-L 信息量法需要大量数据，而且指标数据符合已知分布的情况很少，因此将信息量用来判断指标的先行、同步和滞后带有相当程度的局限性。

（五）多元数理统计与计量经济方法

随着经济活动中各部门对经济周期研究的发展，多元统计分析方法、计量经济学方法、灰色关联度法等逐渐应用到景气分析中。

1. 多元统计方法

近年来，景气预警预测中已经成功使用了多元统计方法。如日本在景气预测中起重要作用的两种景气指数——山一证券研究所的 YRI 景气指数和日本经济研究中心的 JCER 景气指数，就是利用主成分分析方法研究的。由于各种指标之间总是不同程度地存在着"亲疏远近"的差异，聚类分析方法就根据这种差异程度来将各个经济指标进行分类和筛选，初步得到先行、同步、滞后指数。然后利用 K-L 信息量及时差相关分析等方法进行再筛选，最后利用主成分分析方法将多个经济变量合成为一个综合变量来测度经济周期波动的总体状态，并进一步分析诸多经济变量对经济周期波动的影响程度。

2. 计量经济学方法

计量经济模型的本质是用回归分析工具处理一个经济变量对其他经济变量的依存性问题。计量经济学方法对经济指标进行分类和筛选时，主要是利用格兰杰因果检验和脉冲响应函数，格兰杰因果检验的主要步骤如下。

（1）采用 ADF 方法对基准循环序列和各备选指标序列进行平稳性检验，若基准序列与备选序列都平稳，则直接进入步骤（3），若序列都不平稳，则对差分后序列进行 ADF 单位根检验，若两序列同阶单整，则进入步骤（2），若两序列不是同阶单整，则计量方法无法进行该指标的分类；

（2）利用 Johansen 极大似然估计法分析指标间是否存在长期的均衡关系，若存在协整关系，则进入步骤（3），若不存在协整关系，则计量方法无法进行该指标的分类；

（3）进行 Granger 因果关系检验，通过 Granger 因果关系检验的结果判断先行、滞后指标。

许多地区在研究经济发展先行指数或者监测行业运行时运用了计量经济方法，并得到了很好的效果。但计量经济方法要求有大量数据，并对样本的分布和指标之间的关系有所要求，在数据量较少的情况下，很难满足方法的限制条件而找出规律。

3. 灰色关联度法

从灰色系统理论来看，经济周期波动就是一个内部存在灰色量和灰色关系的系统。因此可以根据灰色关联度的方法来判断各指标在先行、同步和滞后的一定时间点与基准指标联系的紧密程度，从而确定先行、同步、滞后指标。

将某备选指标序列(设 $k=0$)提前 $1\sim n$ 期(设 $k=-1$，…，$-n$)序列或推后 $1\sim n$ 期(设 $k=1$，…，n)序列，与基准指标的同期序列构成比较序列，然后计算在每个 k 值下的灰色关联度，最后通过比较确定最大的关联度，其相应的 k 值即可显示该指标的类别。若最大关联度的 $k=0$ 则为同步性指标，若最大关联度的 k 为正则为滞后性指标，为负则为先行性指标。

基于灰色关联度法对备选指标的分类方法和步骤如下。

(1)对备选指标的数据序列进行标准化处理，消除量纲的影响。

(2)把基准序列作为备选指标周期波动时差关系的参照系，构造比较序列，如表 8-2。

(3)计算比较序列的关联系数。

(4)计算关联度，也即各个关联系数的平均值。

(5)对关联度进行排序，得出结论。对每一个指标都把不同 k 值下计算出的灰色关联度从大到小排列，其中排在前面的作为最优 k 值。根据最终确定的 k 的正负情况，就可以将指标确定为先行、同步或滞后指标中的某一类。

表 8-2　经济指标周期波动时差关系的参照系

基准序列	某个经济监测指标序列				
	$K=0$	$K=-1$	$K=1$	$K=-2$	$K=2$
					$Yi(1)$
			$Yi(1)$		$Yi(2)$
$Y0(1)$	$Yi(1)$		$Yi(2)$		…
$Y0(2)$	$Yi(2)$	$Yi(1)$	…		
…	…	$Yi(2)$	…	$Yi(1)$	$Yi(n-1)$
…	…	$Yi(n-1)$	$Yi(2)$	$Yi(n)$	
$Y0(n-1)$	$Yi(n-1)$	…	$Yi(n)$	…	
$Y0(n)$	$Yi(n)$	$Yi(n-1)$		…	
		$Yi(n)$		$Yi(n-1)$	
				$Yi(n)$	

进行灰色关联分析时，关联度越大，说明比较序列与基准序列的关系越紧密。而从实用性上讲，通过引入时差比较，灰色关联度在指标分类时是切实可用的。但是，在运用灰色关联度分析试验数据的时候，仍有一些不足的地方，比如消除量纲的方法会影响对关联度的排序，而且排序与分辨系数有关，存在不确定性，另外时间序列的提前和滞后也会导致原始数据的损失。

四、景气指数的计算方法

1. 扩散指数的计算

扩散指数的计算步骤是：

(1)首先计算各指标的波动测定值，如环比增长率、滤波得到的循环要素数据，然后消除季节变动和不规则变动影响，从而使各指标序列比较稳定地反映循环波动。

(2)将每个指标各年月波动测定值与其比较基期的增长速度相比，若当月值大，则为扩张，此时 $I=1$；若当月值小，则为收缩，此时 $I=0$；若两者基本相等，则 $I=0.5$。

(3)将这些指标升降应得的数值相加，得出"扩张的指标数"，即在 t 时刻扩张的指标个数。

(4)以扩张指标数除以全部指标数，乘以 100%，即得扩散指数(DI)。

扩散指数的计算公式为

$$DI(t) = \sum W_i [X_i(t) \geqslant X_i(t-j)] \times 100\% \qquad (8-3)$$

若权数相等，则公式简化为

$$DI(t) = \sum I[X_i(t) \geqslant X_i(t-j)]/N \times 100\%$$

$$= 在 t 时刻扩张的指标个数 / 指标总数 \times 100\% \qquad (8-4)$$

式中：$DI(t)$ 为 t 时刻的扩散指数；$X_i(t)$ 为第 i 个指标在 t 时刻的波动测定值；W_i 为第 i 个指标分配的权数；N 为指标总数；I 为示性函数(取值为 0、1 或 0.5)；j 为两个比较指标值的时间差。

2. 合成指数的计算

合成指数的计算方法是先求出每个指标的对称变化率，即变化率不是以本期或上期为基数求得，而是以两者的平均数为基数求得(这样可以消除基数的影响，使上升与下降量均等)。然后，求出先行、同步和滞后三组指标的组内、组间平均变化率，使得三类指数可比。最后，以某年为基年，计算出其余年份各月(季)的(相对)指数。其计算步骤如下。

1）求单个指标的对称变化率

计算各指标序列逐月变动百分比或离差，为使正负值所起作用对称，首先要对其求对称变化率，以 $C_{i(t)}$ 表示：

$$C_{i(t)} = 200 \times \frac{X_{i(t)} - X_{i(t-1)}}{X_{i(t)} + X_{i(t-1)}} \qquad (8-5)$$

当 $X_{i(t)}$ 有零或负值时，或者指标是比率序列时，取一阶差分：

$$C_{i(t)} = X_{i(t)} - X_{i(t-1)} \qquad (8-6)$$

式中：$X_{i(t)}$ 是第 i 序列消除季节变动后的第 t 时刻的数值。

2）对称变化率的标准化

为了防止变动幅度大的指标在合成指数中取得支配地位，有必要对各指标的对称变化率进行标准化，使其绝对值的平均数等于 1。令标准化后的 $C_{i(t)}$ 为 $SC_{i(t)}$，则有：

$$SC_{i(t)} = \frac{C_{i(t)}}{A_i} \qquad (8-7)$$

其中：

$$A_i = \frac{\sum |C_{i(t)}|}{n}$$

式中：n 为时间点个数或第 i 个指标数据的个数。第 i 序列的标准化因子 A_i 是长期历史平均变化，只有当指数要进行全面更正时才重新计算一次。

3）求标准化变化率的加权平均数 $R_{(t)}$

$$R_{(t)} = \frac{\sum\limits_{i=1}^{k} SC_{i(t)} \times w_i}{\sum\limits_{i=1}^{k} w_i} \qquad (8-8)$$

式中：k 是组内的序列数；w_i 是第 i 序列的权重，一般使用等权，即权重均取为 1。

4）标准化和累积指数

对先行组和滞后组的加权平均变化率进行标准化，使它们的长期平均数（不考虑符号）等同于同步组相应变化率的平均数，标准化后的加权平均数：

$$V_{(t)} = \frac{R_{(t)}}{F}, \quad F = \frac{\sum |R_{(t)}|/n}{\sum |P_{(t)}|/n} \qquad (8-9)$$

式中：$P_{(t)}$ 是同步指标组的 $R_{(t)}$；F 也是一长期内的平均比率。

5）把标准化平均变化率 $V_{(t)}$ 累积成初始指数

计算初始指数是用来推导趋势调整因子的。初始指数的计算公式为

$$I_{(t)} = I_{(t-1)} \times \frac{200 + V_{(t)}}{200 - V_{(t)}} \qquad (8-10)$$

式中：$I_{(t)}$ 为 t 期的初始指数，把最开始月份的该指数定为 100。

6）趋势调整

为了使三个综合指数的趋势等于同步指数各构成序列的趋势平均数，需要进行季节调整。

建立目标趋势。首先，求同步指标组的每个序列最初特定循环和最末特定循环的月平均数，然后分别求出从最初循环到最末循环的月平均变化率。使用的方式是用下列复利公式：

$$T_{(i)} = \left(\sqrt[m]{\frac{C_i L}{C_i I}} - 1 \right) \times 100$$

式中：$T_{(i)}$ 为 i 序列趋势因子；$C_i L$ 为 i 序列最末循环的月平均数；$C_i I$ 是最初循环的月平均数；m 是从最初循环中心到最末循环中心之间的月数。

然后，求出按上述方法计算出的各同步指标的趋势平均值，并把它称为目标趋势（G）。

$$G = \frac{\sum T_{(i)}}{k}$$

对综合指数做趋势调整。①对先行指标、同步指标、滞后指标的初始综合指数，分别用上述的复利公式求出各自的趋势；②以目标趋势和初始指数趋势之差作为趋势调整因子，把每个标准化平均变化率 $V_{(t)}$ 加上趋势调整因子，得到 $V'_{(t)}$；③推导出指数 $I'_{(t)}$，并把指数 $I'_{(t)}$ 变成定基指数，从而得到综合指数 CI。

$$V'_{(t)} = V_{(t)} + (G - T), \qquad I'_{(t)} = I'_{(t-1)} \times \frac{200 + V'_{(t)}}{200 - V'_{(t)}}$$

$$CI_{(t)} = \frac{I'_{(t)}}{I'_{(0)}} \times 100 \qquad (8-11)$$

式中：$I'_{(0)}$ 是各指标在基准期的平均值。

第三节 海洋经济监测预警实证分析

开展海洋经济景气分析，首先要确定基准指标和基准日期，以确定基准景气循环；其次选择具有较高灵敏度的先行、同步和滞后三类经济指标，构建海洋经济景气分析指标体系；然后据此计算扩散指数和合成指数，对海洋经济周期波动进行分析和评价；最后，计算综合预警指数，运用景气信号灯对海洋经济运行趋势进行预判。

一、海洋经济景气基准指标和日期的确定

（一）基准指标的选取

开展海洋经济景气分析的首要环节是确定基准循环，而确定基准循环的前提是确定基准指标，基准指标选取的好坏，直接影响到对先行、同步和滞后指标判断的好坏，从而决定整个监测指标体系的成功与否。从理论上讲，在宏观经济监测指标中，作为基准指标较为理想的是国内生产总值、国民生产总值、国民收入或社会总产值，因为这些指标最综合、最全面地反映了国民经济的整体发展水平和运行状况。

在我国现有的海洋经济统计资料中，能够反映海洋经济总体运行情况的指标主要有全国主要海洋产业增加值、全国海洋生产总值和全国主要海洋产业总产值三个指标。其中，主要海洋产业总产值与主要海洋产业增加值仅考虑了主要海洋产业，并未将海洋科研教育管理服务业、海洋相关产业包括进去。因此，在上述三个指标中，海洋生产总值更能反映海洋经济总体运行情况。但从数据可获得性方面考虑，海洋生产总值的数据序列较短，目前只有 2001—2011 年的核算数据，主要海洋产业总产值从 2007 年开始已经不再统计，不适宜作为基准指标；主要海洋产业增加值的统计数据序列较长，且具有较好的连续性，比较适宜作为基准指标。

综上所述，在目前条件下，可以选择主要海洋产业增加值作为海洋经济景气分析的基准指标。随着数据序列长度的累积，海洋生产总值应该是最合适的基准指标。

（二）基准日期的确定

一般说来，基准日期是根据经济周期波动年表、HDI 以及专家的意见综合确定的。制定 HDI 的方法一般是选择经济上比较重要，而且被认为其变动与经济周期波动大体上一致的经济时间序列 5～10 个，对选出的每个序列进行预处理后确定其峰谷日期（即转折点日期）。由于海洋经济没有经济周期年表，也没有与海洋经济周期相关的历史研究，因而海洋经济监测指标体系的基准日期主要由专家意见结合数据特征确定。

在上一章的周期分析中可以知道，1978—2011 年间我国海洋经济大致经历了 5 个周期阶段，按照"谷—谷法"，第一个周期为 1978—1991 年，周期长度为 13 年；第二个周期为 1991—1998 年，周期长度为 7 年；第三个周期为 1998—

2003 年，周期长度为 5 年；第四个周期为 2003—2009 年，周期长度为 6 年；从 2009 年起进入新一轮海洋经济周期。因此，海洋经济运行的波峰年亦即峰点基准日期，分别是 1988 年、1995 年、2002 年和 2006 年，波谷年亦即谷点基准日期，分别是 1991 年、1998 年、2003 年和 2009 年。

单纯从经济周期的峰或谷考虑，海洋经济周期的波峰年可以作为海洋经济景气的峰点基准日期，波谷年可以作为海洋经济景气的谷点基准日期。

二、海洋经济景气指标体系的构建

海洋经济监测的对象可以分成两类：一类是对海洋经济系统运行状况的监测；另一类是对系统支撑因素的监测，包括陆域经济、社会和人为因素，比如区域经济的运行状况、金融和财政政策以及人类对海洋活动的约束等。在宏观经济的相关研究中，反映经济实力提升的指标通常通过经济总量及增长、经济结构优化、经济效益提高三方面来体现，这种分析方法也同样适用于海洋经济系统。

(一)备选指标的选取

参考宏观经济分析指标，在目前统计数据可获性的基础上，综合考虑海洋经济基础、海洋经济能力、发展水平、发展潜力和动力以及区域经济发展情况等，海洋经济景气监测备选指标主要包括反映总量、生产、就业、投资、对外经济、环保、指数、结构和区域经济 9 类指标。

(1)反映总量的指标：主要海洋产业增加值、海洋产业增加值、海洋生产总值等；

(2)反映生产的指标：海水养殖产量、海洋捕捞量、海洋造船完工量、海洋造船手持订单量、海洋造船新接订单量、海洋货物运输量(周转量)、港口集装箱运输量(吞吐量)、港口货物吞吐量、海洋油气产量、沿海城市旅游人数(国际旅游人数)、沿海城市国际旅游外汇收入、确权海域使用面积、海水养殖面积等；

(3)反映就业的指标：主要海洋产业就业人数、涉海就业人员总数等；

(4)反映投资的指标：沿海地区固定资产投资、沿海地区资本存量、海洋固定资产投资、海洋资本存量等；

(5)反映外贸的指标：远洋货物运输量(周转量)、港口外贸货物吞吐量等；

(6)反映环保的指标：受污染海域面积、海洋自然保护区面积等；

(7)反映指数的指标：上海航运指数、舟山水产品价格指数、涉海上市公司股票价格指数、波罗的海干散货综合运价指数(BDI)、中国沿海(散货)运价指数等；

(8)反映结构的指标：海洋第二产业增加值比重、海洋第三产业增加值比重、单位岸线海洋生产总值、海洋科技人员占沿海地区科技人员比重等；

(9)反映区域经济的指标：沿海地区生产总值，沿海地区社会消费品零售总额，居民消费价格指数(CPI)，沿海地区商品零售价格指数，沿海地区财政收入，沿海地区财政支出，沿海地区外商直接投资额，沿海地区金融机构各项存款余额，沿海地区金融机构各项贷款余额，货币供应量 M0、M1、M2 等。

在选取备选指标时，可以根据需要灵活地使用不同的修正指标，如比重指标和动态指标等，根据修正的指标或可更容易把握海洋经济的特点和变化趋势，以增强备选指标相对于基准指标变化的敏感度。

(二)先行、同步和滞后指标的划分

根据海洋经济只有年度统计数据的实际情况，马场法和 K－L 信息量法的使用受到了限制，因此，选择峰谷对应法、时差相关分析、灰色关联度法、计量经济学方法和聚类分析法五种指标分类法，以主要海洋产业增加值为基准序列，分别对备选指标进行筛选，确定出先行指标、同步指标和滞后指标。

在实际的指标筛选中，要找到一个与基准循环完全同步(或先行、滞后)的指标几乎是不可能的。一个先行指标有时也会滞后，一个滞后指标偶尔也会先行，同步指标也有类似的特征。实际筛选时，在一个指标和基准循环对应的全部循环次数中，如果有 2/3 的循环是先行的，那么这个指标就可确定为先行指标。同样，同步和滞后指标也可用类似办法确定。

1. 基于峰谷对应法的指标分类

利用峰谷对应法对备选指标的分类结果如下：

先行指标 10 个，分别是海洋造船完工量、海洋货物周转量、远洋货物运输量、远洋货物周转量、沿海地区固定资产投资、消费价格指数(CPI)、沿海地区财政收入、沿海地区存款余额、沿海地区贷款余额、货币供应量 M2；

同步指标 10 个，分别是海水养殖产量占海水产品产量的比重、海洋货物运输量、港口货物吞吐量、港口标准集装箱吞吐量、沿海地区国际旅游人数、国际旅游外汇收入、确权海域使用面积、港口外贸货物吞吐量、沿海地区生产总值、沿海地区消费品零售总额；

滞后指标 5 个，分别是主要海洋产业就业人数、海洋第三产业增加值比重、沿海地区财政支出、海洋造船手持订单量、海洋造船新接订单量。

2. 基于时差相关法的指标分类

利用时差相关法对备选指标的分类结果如下：

先行指标 11 个，分别是海水养殖产量占海水产品产量的比重、海洋造船完工量、海洋货物周转量、远洋货物运输量、远洋货物周转量、沿海地区固定资产投资、消费价格指数(CPI)、沿海地区财政收入、沿海地区存款余额、沿海地区贷款余额、货币供应量 M2；

同步指标 9 个，分别是海洋货物运输量、港口标准集装箱吞吐量、沿海地区国际旅游人数、国际旅游外汇收入、确权海域使用面积、港口外贸货物吞吐量、沿海地区生产总值、沿海地区消费品零售总额、港口货物吞吐量；

滞后指标 5 个，分别是主要海洋产业就业人数、海洋第三产业增加值比重、沿海地区财政支出、海洋造船手持订单量、海洋造船新接订单量。

3. 基于灰色关联度法的指标分类

利用灰色关联度法对备选指标的分类结果如下：

先行指标 10 个，分别是海水养殖产量占海水产品产量的比重、海洋货物周转量、远洋货物周转量、消费价格指数（CPI）、沿海地区财政收入、货币供应量 M2、海洋货物运输量、沿海地区国际旅游人数、主要海洋产业就业人数、海洋造船手持订单量；

同步指标 6 个，分别是远洋货物运输量、港口标准集装箱吞吐量、港口外贸货物吞吐量、国际旅游外汇收入、沿海地区生产总值、港口货物吞吐量；

滞后指标 9 个，分别是海洋造船完工量、沿海地区固定资产投资、确权海域使用面积、沿海地区消费品零售总额、海洋第三产业增加值比重、沿海地区财政支出、沿海地区存款余额、沿海地区贷款余额、海洋造船新接订单量。

4. 基于计量经济学方法的指标分类

利用计量经济学方法只能筛选出先行和滞后指标，其对备选指标的分类结果如下：

先行指标 9 个，分别是海洋货物周转量、远洋货物运输量、远洋货物周转量、沿海地区消费价格指数、沿海地区财政收入、货币供应量 M2、海洋货物运输量、港口外贸货物吞吐量、沿海地区生产总值；

滞后指标 3 个，分别是沿海地区消费品零售总额、海洋第三产业增加值比重、沿海地区财政支出。

5. 基于聚类分析法的指标分类

对前四种分类结果所确定的指标进行聚类分析，得到三类指标的分类结果如下：

先行指标 6 个，分别是海洋造船完工量、沿海地区固定资产投资、沿海地区存款余额、沿海地区贷款余额、货币供应量 M2、沿海地区财政支出；

同步指标 17 个，分别是海水养殖产量占海水产品产量的比重、海洋货物周转量、远洋货物运输量、远洋货物周转量、沿海地区财政收入、海洋货物运输量、港口货物吞吐量、港口外贸货物吞吐量、港口集装箱吞吐量、国际旅游人数、国际旅游外汇收入、确权海域面积、沿海地区生产总值、沿海地区消费品零售总额、主要海洋产业就业人数、海洋造船新接订单量、海洋造船手持订单量；
滞后指标 2 个，分别是消费价格指数(CPI)、海洋第三产业增加值比重。
不同分类方法的相应指标对照见表 8 – 3。

表 8 – 3 不同分类方法的先行、同步、滞后指标对照

	峰谷 对应法	时差 相关法	灰色 关联法	计量经 济方法	聚类 分析法
海洋造船完工量	先行	先行	滞后		先行
海洋货物周转量	先行	先行	先行	先行	同步
远洋货物运输量	先行	先行	同步	先行	同步
远洋货物周转量	先行	先行	先行	先行	同步
沿海地区固定资产投资	先行	先行	滞后		先行
消费价格指数	先行	先行	先行	先行	滞后
沿海地区财政收入	先行	先行	先行	先行	同步
沿海地区存款余额	先行	先行	滞后		先行
沿海地区贷款余额	先行	先行	滞后		先行
货币供应量 M2	先行	先行	先行	先行	先行
海水养殖占海水产品产量的比重	同步	先行	先行		同步
海洋货物运输量	同步	同步	先行	先行	同步
港口货物吞吐量	同步	同步	同步		同步
港口外贸货物吞吐量	同步	同步	同步	先行	同步
港口标准集装箱吞吐量	同步	同步	同步		同步
沿海地区国际旅游人数	同步	同步	先行		同步
沿海国际旅游外汇收入	同步	同步	同步		同步
确权海域使用面积	同步	同步	滞后		同步
沿海地区生产总值	同步	同步	同步	先行	同步
沿海地区消费品零售总额	同步	同步	滞后	滞后	同步
主要海洋产业就业人数	滞后	滞后	先行		同步
海洋第三产业增加值比重	滞后	滞后	滞后	滞后	滞后
沿海地区财政支出	滞后	滞后	滞后	滞后	先行
海洋造船新接订单量	滞后	滞后	先行		同步
海洋造船手持订单量	滞后	滞后	滞后		同步

(三)指标体系的确定

对上述分类结果进行综合分析，确定海洋经济景气监测指标共 25 个，具体如下：

先行指标 10 个，分别是海洋造船完工量、海洋货物周转量、远洋货物运输量、远洋货物周转量、沿海地区固定资产投资、消费价格指数、沿海地区财政收入、沿海地区存款余额、沿海地区贷款余额、货币供应量 M2；

同步指标 10 个，分别是海水养殖占海水产品产量的比重、海洋货物运输量、港口货物吞吐量、港口外贸货物吞吐量、港口标准集装箱吞吐量、沿海地区国际旅游人数、沿海国际旅游外汇收入、确权海域使用面积、沿海地区生产总值、沿海地区消费品零售总额；

滞后指标 5 个，分别是主要海洋产业就业人数、海洋第三产业增加值比重、沿海地区财政支出、海洋造船新接订单量、海洋造船手持订单量。

在此基础上，构建海洋经济景气监测指标体系，见表 8-4。

表 8-4　海洋经济景气监测指标体系

先行指标组	同步指标组	滞后指标组
1. 海洋造船完工量	1. 海水养殖占海水产品产量的比重	1. 主要海洋产业就业人数
2. 海洋货物周转量	2. 海洋货物运输量	2. 海洋第三产业增加值比重
3. 远洋货物运输量	3. 港口货物吞吐量	3. 海洋造船新接订单量
4. 远洋货物周转量	4. 港口外贸货物吞吐量	4. 海洋造船手持订单量
5. 沿海地区固定资产投资	5. 港口标准集装箱吞吐量	5. 沿海地区财政支出
6. 消费价格指数	6. 沿海地区国际旅游人数	
7. 沿海地区财政收入	7. 沿海国际旅游外汇收入	
8. 沿海地区存款余额	8. 确权海域使用面积	
9. 沿海地区贷款余额	9. 沿海地区生产总值	
10. 货币供应量 M2	10. 沿海地区消费品零售总额	

三、海洋经济景气指数的计算

海洋经济景气指数包括海洋经济扩散指数和海洋经济合成指数，主要分析方法包括峰谷图形分析和峰谷对应分析。由于不同的指标组合计算出来的指数有所差异，因此，需要反复尝试不同的指标组合，最终得到指数计算效果最好的组合。

(一)海洋经济扩散指数

由扩散指数的定义可知，当扩散指数大于50%时，意味着有过半数的指标所代表的经济活动上升；反之，扩散指数低于50%时有过半数的经济活动下降。扩散指数之值为50%时，就意味着经济活动的上升趋势与下降趋势平衡，表示该时刻是景气的转折点。

在确定扩散指数的转折点时，为了避免不规则因素的影响，一般采用移动平均后的扩散指数(MDI)序列确定扩散指数的峰、谷日期。当MDI由上方向下方穿过50%线时，取前一个年份作为扩散指数峰的日期。而当MDI由下方向上方穿过50%线时，取前一个年份作为扩散指数谷的日期。

利用各指标滤波后得到的循环要素数据，依据前文所述经济扩散指数编制方法，分别计算先行指标组、同步指标组和滞后指标组的扩散指数，进而找出各组扩散指数的转折点。计算结果和确定的转折点见图8-3至图8-5和表8-5。

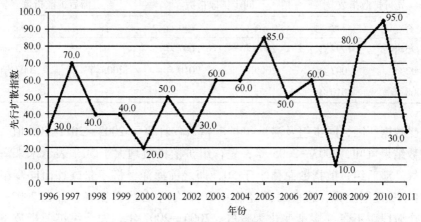

图8-3 海洋经济先行扩散指数

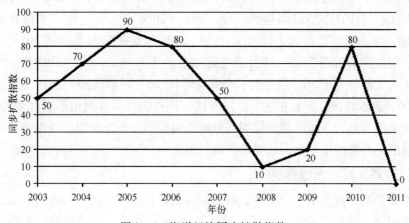

图8-4 海洋经济同步扩散指数

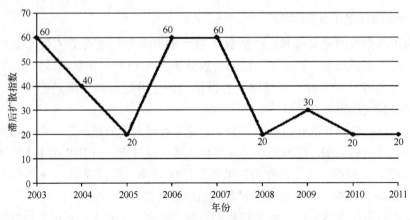

图 8 – 5　海洋经济滞后扩散指数

表 8 – 5　海洋经济扩散指数转折点

先行扩散指数		同步扩散指数		滞后扩散指数	
谷	峰	谷	峰	谷	峰
1996 年	1997 年	2003 年	2007 年		2003 年
2002 年	2007 年	2009 年	2010 年	2005 年	2007 年
2008 年	2010 年				

受数据所限，同步组及滞后组扩散指数仅计算了 2003—2011 年数值。由扩散指数结果可知，2003—2005 年，先行组扩散指数均大于 50，表示未来海洋经济景气，滞后组扩散指数总体小于 50，即之前海洋经济不景气，而同步组扩散指数由 50 逐渐上升，代表海洋经济在 2003 年左右达到波谷，且在 2003—2005 年这个阶段由不景气逐渐变化为景气；2005—2007 年，先行组扩散指数不小于 50，滞后组扩散指数大部分不小于 50，而同步组扩散指数自上而下达到 50，这说明海洋经济在这个阶段内达到波峰；2007—2008 年，先行组扩散指数大部分小于 50，滞后组扩散指数大部分大于 50，而同步组扩散指数越过 50 并不断下降，表明在这个阶段海洋经济由景气逐渐变为不景气；2008—2010 年，先行组扩散指数大部分大于 50，滞后组扩散指数小于 50，同步组滞后指数不断上升并穿过 50，表示海洋经济会在这个阶段内达到波谷，然后逐渐由不景气变为景气。该分析结果与第七章海洋经济周期的分析结果基本一致，说明扩散指数可以较好地表现海洋经济的运动方向及波动扩散过程。

（二）海洋经济合成指数

本部分按照前文所述合成指数的编制方法计算海洋经济景气合成指数，但由于数据限制，同步组、滞后组仅能够计算 2003—2011 年合成指数，而在这个阶段内海洋经济未形成两个以上周期，所以，在计算海洋经济合成指数时未进行趋势调整。考虑到2005年我国宏观经济调控趋于中性，基本实现了低通胀和适度增长，海洋经济也处于温和增长，所以，在计算合成指数时，选择2005年作为基准年。结果见图8-6至图8-8。

由结果可知：在计算区间内，海洋经济同步组合成指数在2003年达到波谷、在2006年达到波峰、在2009年再次达到波谷，该结果与上一章海洋经济周期分析结果相一致；而海洋经济先行组合成指数在2000—2002年达到波谷、在2005—2007年达到波峰、在2008年再次达到波谷，总体上先行于同步组合成指数。由此可以确定，海洋经济先行组合成指数可以用于预告同步组合成指数的动向，即未来海洋经济运行轨迹的变动趋势；海洋经济同步组合成指数可以用于显示当前海洋经济运行的方向和力度，海洋经济同步组合成指数的变化方向与海洋经济周期波动方向一致，当同步组合成指数增加时海洋经济周期处于扩张阶段，当同步组合成指数下降时海洋经济周期处于收缩阶段。

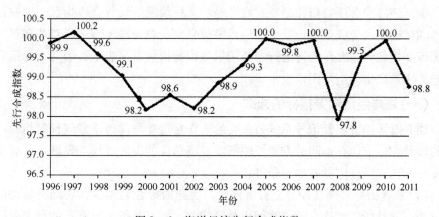

图8-6　海洋经济先行合成指数

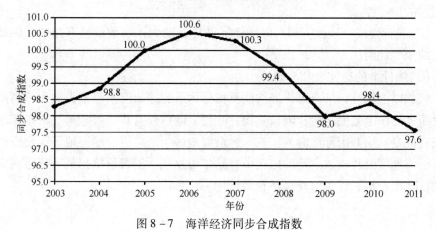

图8-7　海洋经济同步合成指数

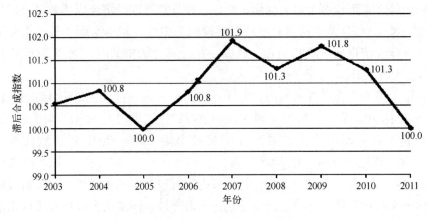

图 8 – 8　海洋经济滞后合成指数

四、海洋经济综合预警指数

海洋经济综合预警指数是反映海洋经济运行状况的景气合成指数，即在预警指标的基础上，合成预警指数，通过预警信号来反映海洋经济运行趋势和景气指标运行变化趋势。海洋经济运行趋势用景气预警指数图来表示，景气指标运行变化趋势用景气指标信号图来表示。

（一）海洋经济预警指标的选取

建立海洋经济预警信号系统最首要的工作是选择海洋经济景气预警指标。选取的预警指标应能在不同的方面反映海洋经济总体的发展规模、发展水平和发展速度。入选的指标应具备如下条件：

（1）所选指标必须在经济上有重要性，所选指标合起来能代表经济活动的主要方面，并且所选指标在一段时间内是稳定的，即对该指标所确定的预警界限保持相对的稳定性。

（2）先行性或一致性。即与海洋经济循环变动大体一致或略有超前，能敏感地反映景气动向。

（3）统计上的迅速性和准确性。

根据以上标准，结合海洋经济监测指标体系，选取海水养殖占海水产品产量的比重、海洋造船完工量、港口货物吞吐量、港口外贸货物吞吐量、港口标准集装箱吞吐量、沿海国际旅游外汇收入、沿海地区生产总值、沿海地区固定资产投资、沿海地区财政收入、沿海地区消费品零售总额、消费价格指数、货币供应量M2 共 12 个指标，作为海洋经济预警指标。

(二)海洋经济预警界限的确定

参考我国宏观经济监测预警系统，海洋经济的预警界限设 4 个数值，称为"检查值"。以这四个检查值为界线，确定"红灯""黄灯""绿灯""浅蓝灯""深蓝灯"五种信号。当指标的数值超过某一检查值时就亮出相应的信号，同时，每一种信号给予不同的分数，"红灯"5 分，"黄灯"4 分，"绿灯"3 分，"浅蓝灯"2 分，"深蓝灯"1 分。假设选择了 N 个预警指标，将 N 个指标所示的信号分数合计得到综合指数。当全部指标为红灯时，综合指数最高为 $5 \times N$；全为深蓝灯时，综合指数最低为 $1 \times N$。然后通过综合指数的检查值来判断当前的预警信号应亮哪一种灯。

1. 单个指标临界点的确定

预警指标的临界值采用分位点法确定。在确定单个指标临界点的时候，须遵循两个原则：①要根据每个指标的历史数据的实际落点，确定出指标波动的中心线，并以此作为该指标正常区域的中心；然后根据指标出现在不同区域的概率要求，求出基础临界点，即数学意义上的临界点。②在数据长度过短或是经济长期处于不正常状态的时候，必须通过经济理论和经验判断，剔除该指标异常值，重新确定中心线并对基础临界点进行调整。

(1)根据状态区域的概率，确定临界点。确定状态区域的概率主要考虑三个方面：首先，"绿灯"区居中原则。"绿灯"区属常态区域，其落点概率应在 40% ~60% 之间，选定为 50% 。其次，"红灯"区和"深蓝灯"区属于极端区，经济含义为"过热"和"过冷"，概率一般定为 10% 左右，选定"红灯"区和"蓝灯"区的区域落点概率各为 10% 。最后，"黄灯"区和"浅蓝灯"区为相对稳定区，即为可控区域，表示经济的"偏热"和"偏冷"，落点概率应较极端区大，选定这个区域的落点概率分别为 15% 。

(2)根据对经济形势的判断，剔除异常值并调整该指标的中心线值和基础临界点，然后求出修改后临界点所划分的区域落点概率，确认符合经济运行的态势后，确定为最终临界点。需要注意的是，在确定基准指标以外的其他指标临界点的时候，其他指标临界点的确定一定要与基准指标挂钩。如不变价类指标的临界点应大体与基准指标同步(至少变化幅度是同步)，而现价类指标的临界点应在基准指标的基础上，再加上通货膨胀的变化因素。

2. 预警指数临界值的确定

在确定了单个指标的临界值后，还要确定综合预警指数的临界值。绿灯与黄灯的界线为所有指标中一半显示为绿灯，一半显示为黄灯时的分值；黄灯与红灯的界线为只有一个指标为红灯，其余指标为黄灯时的分值；绿灯与浅蓝灯的界线为所有指标中一半为绿灯，一半为浅蓝灯时的分值；浅蓝灯与深蓝灯的界线为一个指标为深蓝灯，其余指标为浅蓝灯时的分值。其计算方法如下：

绿灯区中心线为 $N \times 3$（N 为指标个数）；

绿灯、浅蓝灯的界限为 $N \times (3+2)/2$（即处于绿灯区和浅蓝灯区的指标各占一半）；

绿灯、黄灯的界限为 $N \times (3+4)/2$（即处于绿灯区和黄灯区的指标各占一半）；

浅蓝灯、深蓝灯的界限为 $(N \times 2) - 1$（所有指标处于浅蓝灯，当任一指标落入深蓝区时）；

黄灯、红灯的界限为 $(N \times 4) + 1$（所有指标处于黄灯，当任一指标上至红灯区时）。

对于已选取的预警指标和相应的预警界线，还要随着经济结构的变化进行修正，一般是一个循环过后做一次修改。

按照上述标准及步骤计算得到各预警指标及海洋经济预警指数的状态区间如表8-6。

(三)海洋经济预警景气信号灯

根据上面得到的预警指标及预警指数临界值，绘制1995—2011年海洋经济景气信号灯表，见表8-7。

由表8-7可以看出，进入新世纪以来，我国海洋经济大多数年份处于"绿灯"区，基本保持稳定运行状态。其中2000年、2002年和2011年的海洋经济处于"浅蓝灯"区，海洋经济增长率出现下降，2006年海洋经济处于"黄灯"区，出现经济趋热的态势。特别是2011年海洋经济由"绿灯"转为"浅蓝灯"，表示海洋经济增长率出现下降，应密切注意今后的景气动向，适当采取调控措施，以使经济趋稳。

从海洋经济的各项预警指标来看，2000—2011年多数指标处于"稳定"和"尚稳定"状态，指标处于"绿灯"区和"浅蓝灯"区，但港口货物吞吐量、港口外贸货物吞吐量在2006年和2007年处于"红灯"区，表示这两项指标的增长率上升过快，出现景气过热；港口标准集装箱吞吐量在2007年处于"红灯"区、2008年处于"黄灯"区、2009—2011年连续三年处于"深蓝灯"区，表明该指标的发展极不稳定，需要采取强有力的措施来加以调控。

2011年，港口外贸货物吞吐量由前两年的"浅蓝灯"区转为"深蓝灯"区，表示该指标的经济增长率开始跌入谷底，应采取强有力的措施来刺激经济增长；国际旅游外汇收入和沿海地区生产总值由上年的"绿灯"转为"浅蓝灯"，表示这两项指标的增长率出现下降，可能会趋向衰退。

表 8-6 海洋经济预警指标及预警指数临界值

	深蓝色	浅蓝色	绿色	黄色	红色
海水养殖占海水产品产量比重(X_1)	($-\infty$, -0.044]	(-0.044, -0.023]	(-0.023, 0.024]	(0.024, 0.064]	(0.064, $+\infty$)
海洋造船完工量(X_2)	($-\infty$, -0.258]	(-0.258, -0.097]	(-0.097, 0.157]	(0.157, 0.247]	(0.247, $+\infty$)
港口货物吞吐量(X_3)	($-\infty$, -0.101]	(-0.101, -0.048]	(-0.048, 0.055]	(0.055, 0.084]	(0.084, $+\infty$)
港口外贸吞吐量(X_4)	($-\infty$, -0.058]	(-0.058, -0.029]	(-0.029, 0.052]	(0.052, 0.084]	(0.084, $+\infty$)
港口标准集装箱吞吐量(X_5)	($-\infty$, -0.108]	(-0.108, -0.060]	(-0.060, 0.070]	(0.070, 0.135]	(0.135, $+\infty$)
国际旅游外汇收入(X_6)	($-\infty$, -0.044]	(-0.127, -0.073]	(-0.073, 0.108]	(0.108, 0.185]	(0.185, $+\infty$)
沿海地区生产总值(X_7)	($-\infty$, -0.042]	(-0.042, -0.016]	(-0.016, 0.028]	(0.028, 0.055]	(0.055, $+\infty$)
沿海地区固定投资(X_8)	($-\infty$, -0.120]	(-0.120, -0.055]	(-0.055, 0.069]	(0.069, 0.167]	(0.167, $+\infty$)
沿海地区财政收入(X_9)	($-\infty$, -0.030]	(-0.030, -0.018]	(-0.018, 0.016]	(0.016, 0.063]	(0.063, $+\infty$)
沿海地区消费品零售总额(X_{10})	($-\infty$, -0.062]	(-0.062, -0.021]	(-0.021, 0.023]	(0.023, 0.087]	(0.087, $+\infty$)
消费价格指数(X_{11})	($-\infty$, -0.069]	(-0.069, -0.047]	(-0.047, 0.040]	(0.040, 0.101]	(0.101, $+\infty$)
货币供应量 M2(X_{12})	($-\infty$, -0.035]	(-0.035, -0.017]	(-0.017, 0.026]	(0.026, 0.046]	(0.046, $+\infty$)
海洋经济预警指数	($-\infty$, 23]	(23, 30]	(30, 42]	(42, 49]	(49, $+\infty$)

表 8 - 7　1995—2011 年海洋经济景气信号灯

年份	X_1	X_2	X_3	X_4	X_5	X_6	X_7	X_8	X_9	X_{10}	X_{11}	X_{12}	预警指数
1995	●	▨	◉	#	◉	▨	▨	#	◉	◉	▨	◐	#
1996	▨	◉	◉	◉	◉	◉	#	▨	◉	◉	◐	◐	●
1997	#	◉	◉	◉	◉	◉	#	◉	●	◉	#	◉	◉
1998	◉	◉	●	●	▨	◉	◉	◉	◉	◉	#	◉	◉
1999	◉	◐	●	●	◉	◉	◉	◉	◉	◉	◉	◉	◉
2000	◉	●	◐	◉	◉	◉	◉	◉	◉	◉	◉	◉	◉
2001	#	◉	◉	◉	◉	◉	●	◉	#	◉	◉	◉	#
2002	◉	●	◉	◉	◉	◐	◉	●	◉	◉	◉	◉	◉
2003	◉	◐	◉	◉	◉	●	◉	◉	◉	◉	#	◉	◉
2004	◉	◉	◉	◉	◉	◉	◉	◉	●	◉	◉	◉	◉
2005	◉	◉	#	#	◉	◉	◉	◉	◉	◉	◉	◉	◉
2006	#	◐	▨	#	▨	▨	◉	◉	◉	◉	◐	◐	#
2007	◐	◐	◉	◉	◉	#	◉	◉	◉	◉	●	◉	◉
2008	◐	◐	◉	◉	#	◉	◉	◉	◉	◉	●	◉	◉
2009	◉	#	◉	◉	●	◉	◉	◉	◉	#	◉	#	◉
2010	◉	#	◉	◉	●	◉	◉	◉	◉	#	◉	#	◉
2011	◉	◉	◉	●	●	◐	◐	◉	◉	◉	◉	◐	◉

注：● 代表深蓝灯；◐ 代表浅蓝灯；▨ 代表红灯；◉ 代表绿灯；# 代表黄灯。

第九章　国际海洋经济发展分析

　　海洋是世界贸易的主要通道，是潜力巨大的资源宝库，是人类生存和发展的战略空间。随着陆域资源的日益短缺，海洋经济已成为经济可持续发展新的增长极。实施海洋资源合理开发和利用，大力发展海洋经济已成为世界沿海国家的战略抉择，各主要海洋国家均把海洋经济发展纳入本国的海洋发展战略。近年来，世界主要海洋国家普遍认识到海洋对经济全球化发展的桥梁和纽带作用已经远远超出了海洋产业本身，海洋经济等于全球经济的概念已经成为沿海国家制定国家战略的基石。同时，海洋经济绿色发展和蓝色经济的理念也得到广泛认同，海洋可再生能源、海洋生物医药等产业已经成为海洋经济发展的朝阳产业。目前，世界主要海洋国家均瞄准前沿技术，力占海洋新兴领域科技竞争制高点，部署海洋经济的重点领域和发展路径。

第一节　世界海洋产业发展分析

　　世界海洋经济产值已经由 1980 年的不足 2 500 亿美元迅速上升到 2009 年的 4.5 万亿美元左右，海洋经济占全球 GDP 的比重已达 4%。在过去的 40 多年里，海洋经济产值每十年就翻一番，增长速度远远高于同期 GDP 的增速，海洋经济正在成为世界经济增长的重要引擎。经过数十年的发展，现代海洋经济逐步形成了海洋油气业、海洋旅游业、海洋渔业和海洋交通运输业四大支柱产业；同时，海洋可再生能源业、海底通信业、游轮游艇业和海洋生物技术产业则成为世界海洋经济中增长最快的四大产业。

一、主要海洋产业发展分析

(一)海洋渔业

　　渔业为世界经济社会的发展与繁荣做出了至关重要的贡献。水产品是世界众多人口摄取营养和动物性蛋白的重要来源之一。全球食用水产品供应在过去 50 年中出现了大幅增加，1961—2009 年的年均增长率为 3.2%，高于同期世界人口年均1.7%的增长率。世界人均食用水产品供应量从20世纪60年代的9.9千克(活重当量)增加到2009年的18.4千克。根据国际货币基金组织2013年4月公布的188个国家的统计数据,2011年世界食用水产品总量和人均食用鱼供应量分别比2010年增长1.9%和1.1%,而同期世界人口的增速只有0.69%。

海洋渔业在世界渔业中占据主导地位,海水产品产量占全部水产品总量的比重在65%左右。2006—2011年间,海水产品年产量由9 620万吨增长到9 820万吨,但占全部水产品总量的比重逐年降低,由2006年的70%下降为2011年的63.8%。从生产方式来看,世界海洋捕捞产量在逐年下降,海洋捕捞量由2006年的8 020万吨下降到2011年的7 890万吨,占世界全部捕捞产量的比重虽逐年降低,但仍高达87%以上;海水养殖产量则逐年上升,由2006年的1 600万吨提高到2011年的1 930万吨,占世界全部养殖产量的比重也是逐年降低,但基本保持在30%左右。在此期间,人均食用鱼供应量也在逐年增长,从2006年的人均17.4千克增加到2011年的人均18.8千克(表9 – 1)。

表9 – 1　2006—2011年世界渔业和水产养殖产量及人均利用情况

	2006	2007	2008	2009	2010	2011
捕捞						
内陆/×10⁶吨	9.8	10.0	10.2	10.4	11.2	11.5
海洋/×10⁶吨	80.2	80.4	79.5	79.2	77.4	78.9
捕捞合计/×10⁶吨	90.0	90.3	89.7	89.6	88.6	90.4
水产养殖						
内陆/×10⁶吨	31.3	33.4	36.0	38.1	41.7	44.3
海洋/×10⁶吨	16.0	16.6	16.9	17.6	18.1	19.3
水产养殖合计/×10⁶吨	47.3	49.9	52.9	55.7	59.9	63.6
世界渔业合计/×10⁶吨	137.3	140.2	142.6	145.3	148.5	154.0
利用量						
食用/×10⁶吨	114.3	117.3	119.7	123.6	128.3	130.8
非食用/×10⁶吨	23.0	23.0	22.9	21.8	20.2	23.2
人口/亿	66	67	67	68	69	70
人均食用鱼供应量/千克	17.4	17.6	17.8	18.1	18.6	18.8

数据来源:世界渔业和水产养殖状况2012[M].罗马:联合国粮农组织,2012.

从地区分布来看，亚洲水产养殖的产量占世界总产量的比重最高，达到89%，中国仍是世界最大的渔业生产国，海产品总产量约占世界的1/4，海水养殖产量约占世界的75%，海洋捕捞产量约占世界的20%。从海产品进出口来看，挪威、泰国、越南等是主要的出口国家，日本、西班牙、法国等是主要的进口国家，而中国和美国既是海产品的主要出口国，又是主要进口国。

此外，海洋渔业还为人们提供了直接和间接的生计和收入来源。在世界范围内，水产养殖业雇用了大约 2 340 万全职工人，其中包括 1 670 万直接就业岗位和 680 万间接就业岗位。①

(二)海洋交通运输业

海洋一直是世界的重要运输通道。在全球经济一体化发展中，国际贸易增长迅猛，而海运则是国际贸易和全球经济的中坚力量。全球约有80%的货物量和70%的贸易量经由海上运输，在大多数发展中国家，上述比重还要更高。统计数据显示，2011 年，世界海运贸易装载货物总量达到 87 亿吨的历史最高值，比2000 年的 60 亿吨增长了 45%。其中，原材料继续在世界海运贸易中占主导地位，原油和石油产品贸易占总吨数的1/3，其他干货包括集装箱占40%。分地区来看，分别有 60% 和 57% 的世界海运贸易是在发展中国家的港口装载和卸载的。② 亚洲是最重要的装货区和卸货区，分别占装货和卸货总量的 39% 和 56%。其他装货区按照从多到少的顺序，分别是美洲(23%)、欧洲(18%)、大洋洲(11%)和非洲(9%)。

近年来，世界物流中心正在向亚太地区转移，2012 年全球十大集装箱港中，中国占了七席，其他三个港口分别是新加坡港、韩国釜山港和阿联酋迪拜港。全球港口货物吞吐量排名前十的大港中，中国占了八席，其他两个港口是新加坡港和荷兰鹿特丹港。2012 年 1 月，世界商船队吨位首次超过 15 亿载重吨，比 2010年增加了 1.2 亿载重吨。希腊船主掌握了全球载重吨数的 16.1% 左右，其次是日本(15.6%)、德国(9.0%)和中国(8.9%)，见表 9 - 2 和表 9 - 3。值得注意的是，目前的海上运力已经超过了市场需求，在全球经济增速趋缓的情况下，运力过剩已经影响到航运的盈利能力。

---

① Valderrama D, Hishamunda N, Zhou X. 2010. Estimating employment in world aquaculture. FAO Aquaculture Newsletter No. 45, 2010(8): 24 - 25.

② 联合国贸发会秘书处. 航运述评 2011 - 2012[R]. 纽约和日内瓦：联合国, 2012.

表9-2　部分年份国际海运贸易发展状况(亿吨)

年份	石油	主要散货	其他干货	合计 (全部货物)
1970	14.40	4.48	7.17	26.05
1980	18.71	6.08	12.25	37.04
1990	17.55	9.88	12.65	40.08
2000	21.63	12.95	25.26	59.84
2005	24.22	17.09	29.78	71.09
2006	26.98	18.14	31.88	77.00
2007	27.47	19.53	33.34	80.34
2008	27.42	20.65	34.22	82.29
2009	26.42	20.85	31.31	78.58
2010	27.72	23.35	33.02	84.09
2011	27.96	24.77	34.75	87.48

数据来源：联合国贸发会秘书处.2012航运述评［R］.纽约和日内瓦：联合国，2012.

表9-3　截至2012年1月拥有最大船队的5个国家和地区

国别	船舶数量	载重吨位	占市场份额(%)
希腊	3 321	22 405 1881	16.10
日本	3 960	217 662 902	15.64
德国	3 989	125 626 708	9.03
中国	3 629	124 001 740	8.91
韩国	1 236	56 185 570	4.04

数据来源：联合国贸发会秘书处.2012航运述评［R］.纽约和日内瓦：联合国，2012.

(三)船舶修造业

全球造船业的新造交付量继2010年之后3年间连续超过或接近5 000万修正总吨，创下历史新高。2012年，造船市场受全球经济形势、海运需求、船舶运力和造船产能等多方面因素的影响，面临巨大的发展压力。在此背景下，新接订单量锐减，手持订单量快速下滑，危机笼罩造船业。[1] 据英国克拉克松研究公司

---

① 世界造船市场"前景暗淡"［N］.中国船舶网，2012-12-03. http://www.cnshipnet.com/news/8/38767.html.

统计数据，2012 年世界造船完工量、新接订单量、手持订单量同比分别下降 7%、44.6% 和 35.5%。① 从市场占有份额来看，中国、韩国、日本的造船产量已经占到全世界市场份额的 75% 左右，② 韩国的钻井船占国际市场的 80% 左右。③ 2013 年，在全球经济缓慢增长、国际造船新规逐步实施、技术发展创新驱动、老旧船舶拆解量保持高位、新船价格低位企稳、造船完工量下降等综合因素影响下，专家预测，全球航运市场可能会比 2012 年略有改善，世界新船订造量有望达到 6 000 万~7 500 万载重吨（表 9-4）。④

表 9-4　2012 年世界造船三大指标

指标		世界	中国	韩国	日本
2012 年造船完工量	万载重吨	15 215	6 460	4 844	2 930
	占比重/%	100	42.5	31.8	19.3
	万修正总吨	4 533	1 863	1 356	811
	占比重/%	100	41.1	29.9	17.9
2012 年新接订单量	万载重吨	4 548	1 903	1 479	921
	占比重/%	100	41.8	32.5	20.2
	万修正总吨	2 129	710	746	290
	占比重/%	100	33.3	35.0	13.6
2012 年底手持订单量	万载重吨	26 059	10 990	6 860	5 822
	占比重/%	100	42.2	26.3	22.3
	万修正总吨	9 294	3 312	2 851	1 564
	占比重/%	100	35.6	30.7	16.8

数据来源：2012 年船舶工业经济运行分析. 中国船舶工业行业协会，2013 - 01 - 25.

世界造船市场前景暗淡，主要原因是全球经济滑坡，需求不足导致产能过剩，但随着海洋油气的开采向深水发展，在经济不景气的条件下，政府投资大力支持海洋工程装备产业，由于航运业不景气，很多造船厂也从造船和拆船转向海

---

① 2012 年船舶工业经济运行分析 [N]. 中国船舶工业行业协会，2013 - 01 - 25. http://www.cansi.org.cn/cansi_ jjyx/251267.htm.

② 张长涛. 中国船舶工业的现状与未来 [J]. 微型机与应用，2007，26(2).

③ 2013 年全球海工装备市场展望 [N]. 中国海洋工程网，2013 - 02 - 07. http://www.chinairn.com/news/20130220/172739290.html.

④ 2012 年船舶工业经济运行分析 [N]. 中国船舶工业行业协会，2013 - 01 - 25. http://www.cansi.org.cn/cansi_ jjyx/251267.htm.

洋工程装备制造，这些导致全球海洋工程装备市场非常活跃。

2012 年，全球海洋工程装备市场延续了前两年的繁荣景象，市场热度不减，海工装备成交量仍处于历史高位，全年订单总额超过 600 亿美元，与 2011 年的历史高点基本持平。2013 年，全球经济形势有望得到改善，海工装备市场将从中受益，发展前景适度乐观。美国投行 Dahlman Rose& Co 的调查结果显示，2013年，全球用于海洋油气勘探与开发的投资约为 6 450 亿美元，同比上涨 5.5%。如果这一预测能够实现，那么 2013 年将是全球海洋油气领域投资额连续上涨的第 4 个年头。据摩根士丹利预测，未来 3 年浮式钻井装备的年均需求量约 75 座（艘），但交付量仅 60 座（艘），供需存在缺口。在海工装备制造市场格局方面，2012 年，韩国、新加坡和中国仍然在全球海工装备制造领域占据优势地位，巴西奋起直追，接单金额大幅增长。2012 年，这 4 个国家承接海工装备订单金额分别为 230 亿美元、170 亿美元、80 亿美元和 80 亿美元，从市场份额看，韩国有所减少，其他 3 国有所增加。2012 年，韩国船企继续占据全球海工装备接单榜首位，承接各类订单约 230 亿美元、40 座（艘），其中包括钻井船订单近 100 亿美元、16 艘。国际原油价格和市场需求状况比较理想，全球油气开发投资不断增加，海工装备运营市场整体飘红，受高油价的驱使，深海油气开发项目也在增加。据克拉克松研究公司统计，截至 2012 年 11 月，共完工交付海洋钻井装备974 艘（座），其中美国建造了 278 艘，新加坡、韩国、日本、中国、英国以及挪威企业分别完工交付了 212 艘、87 艘、80 艘、50 艘、25 艘、24 艘。[1]。

在修造船和海工装备制造方面，新兴国家基于劳动力优势始终在扩展，但在高新技术方面和经济收入等方面却始终落后于发达国家。近年来由于市场前景广阔，各国都高密度布局海工装备项目，与船舶制造一样，全球海工装备需提前筹谋，谨防产能过剩，尤其是结构性产能过剩。从外商投资中国海洋工程装备的情况来看，大部分企业以生产制造海工装备为主，只有少部分企业涉及模块设计，这说明外商投资的最核心的技术并没有转移到中国，中国在整个装备产业链中处于价值低端。中国应该尽快从制造业低端向高技术高附加值的海工装备模块设计和制造推进和转移。

此外，除了油气开采装备，海工装备还有一个非常重要的组成部分——海上风电设备，虽然还缺乏全球统计数据，但市场前景非常看好。美国、英国、印度、日本、中国等沿海国家都大力扶持可再生能源产业，海上风电和海洋能产业的迅速发展和政府的大力扶持，对海上风电机组及配套设备、海洋潮汐能、波浪

① 2013 年全球海工装备市场展望［N］．中国海洋工程网，2013 - 02 - 07. http：//www.chinairn.com/news/20130220/172739290.html.

能和潮流能发电装备、海水淡化设备等的需求也在同步增加。

(四)海洋旅游业

全球海洋旅游业产值逐年增加,成为许多沿海国家国民经济新的增长极。在全球经济不景气的大环境下,发展第三产业是促进经济增长和就业的有效途径。发展旅游业投资少、回报快,与发展工业相比,污染小。在欧债危机持续发酵的当下,欧洲实体经济遭受重创,旅游业成了一些国家提振经济、拉动增长的希望。英国通过举办奥运会,使伦敦从"世界最佳旅游城市"排行榜的第八位跃居榜首。从2005年开始,法国一直都是全球第一旅游目的地国,相比其他行业,法国旅游业更好地抵御了欧债危机的冲击。[①] 美国的旅游收入已多年稳居世界第一,2005年达到13 000亿美元,相当于每秒钟40万美元。每年给联邦、州、市各级政府上交的税收达1 000多亿美元,如果没有旅游对税收的贡献,美国每个家庭要多负担924美元的税收。直接旅游从业人员达730万人,占全美非农就业人数的1/8,每年旅游业员工的工资额达1 630亿美元。[②]

海洋旅游业已经成为当今世界的成熟产业之一,在全球市场体系日趋成熟、产业规模逐步扩大、产业结构不断优化、产业能级不断提升的同时,旅游业的竞争日益激烈,新型和高端旅游业态将成为滨海旅游业掘金的首选方向。针对客源不同,滨海旅游市场可分为高端旅游市场和大众观光旅游市场,高端旅游市场的前景更为广阔,更注重个性化理念,如英国白沙旅行社在南极建豪华旅店,仅三天住宿的费用就约20万元人民币,日前德国乐顺游艇公司建造的全球最大私人游艇已下水试航,造价37亿元,此外海底考古探索与摄影、奢侈品采购团、海洋美食文化等都是很受欢迎的高端旅游项目。

海洋旅游业对经济的贡献,除了增加税收和带动就业外,还体现在对其他产业的带动上。海洋旅游业带动的不仅是消费,还有需求。例如,游艇产业的兴起,带动了上游的游艇制造产业,配套基础设施即邮轮母港建设,促进了建筑业发展;旅游房地产刺激了沿海房地产行业的投资热情,供需两旺和高房价带来了滨海房地产的兴旺发达和高回报。此外,海洋旅游业还为下游的旅游和相关产品的批发零售、餐饮业等带来了可观的利润。值得深思的是,尽管发展旅游业有诸多好处,但旅游业发展需要旅游资源、旅游设施、旅游服务三大要素,整个海洋旅游产业要实现健康发展,需注重旅游资源的适度开发和个性化利用;发展要与当地的环境承载力和旅游设施的接待能力相匹配;提高旅游服务的水平,尤其是作为旅游服务灵魂的导游服务。

---

① 欧洲旅游业提振经济[OL]. 中国投资咨询网,2012 – 08 – 17.
② 美国旅游业发展状况[OL]. 中国中央电视台,2009 – 11 – 13. http://www.cctv.com.

综观全球海洋旅游业的发展，具有以下几个特点：①环保理念被放在首位，先污染后治理的老路已成为过去。②发达国家旅游业发展较成熟，设施完善，以休闲游和商务游为主。③发展中国家处于经济结构调整期，正在加紧发展旅游业，推动旅游产业国际化进程。中国提出把海南建设成为国际旅游岛，把澳门建设成为世界旅游休闲中心。① 全球商务旅行协会（GBTA）新近研究发现，中国将在2015年超越美国成为全球第一商务旅游大国。

（五）海洋油气业

2009年世界海洋石油和天然气产量分别占总产量的35%和30%。目前，世界上有100多个国家在开采大陆架海底石油。世界七大海洋石油产区为：波斯湾、马拉开波湖、北海、里海、西非、巴西、墨西哥湾。最多的地方是中东的波斯湾，包括伊拉克、伊朗、科威特、沙特阿拉伯等，还有美洲的墨西哥湾和加勒比海，包括美国、委内瑞拉等。另外，印度尼西亚浅海区及欧洲的北海也有丰富的海底石油。

近年来，全球海洋油气勘探取得了丰硕的成果。在波斯湾、墨西哥湾、北海地区，海洋石油勘探开发成效显著；在俄罗斯北部海域、南中国海及印度尼西亚沿海、巴西坎波斯盆地也发现了较丰富的石油天然气资源，且部分油气田已开发；在西非深海勘探也不断有新的发现，里海地区也发现不少大型油田。可以说，近年来新发现的较大的油气田主要集中在海上，海洋石油储量和产量在全球石油产量中所占的份额也在不断增加。海洋石油勘探已成为世界各大石油公司竞争的一个热点领域。

近年来对北极的争夺也愈演愈烈，附近国家纷纷展示实力。主要原因是北极地区蕴藏着极具经济和战略价值的丰富资源。据俄罗斯和挪威等国的估算，北极地区的原油储量大概为2 500亿桶，相当于目前被确认的世界原油储量的1/4；北极地区的天然气储量估计为80万亿立方米，相当于全世界天然气储量的45%。另外，据2008年美国地质勘探局发布的评估报告估算，北极总的石油和天然气资源达4 121亿桶石油当量，其中78%是天然气或天然气水合物。根据美国地质勘探局的保守估计，北极拥有的世界未开发传统石油和天然气总量约占世界全部未开发石油和天然气总量的22%，其中天然气约占30%。②

俄罗斯和美国非常关注北极大型油气田的开发。2011年，世界最大能源企业、美国埃克森美孚公司与俄罗斯国有石油公司签署在北极地区开采油气资源的

---

① 澳门建世界旅游休闲中心研究结题形成系统报告[N]. 中国网. http://www.chinanews.com/ga/2012/03-22/3764583.shtml.

② 郭小哲. 世界海洋石油发展史[M]. 北京：石油工业出版社，2012：101-105.

协议。2001年，俄罗斯率先提出对北极的领土主张，2008年7月，俄罗斯总统梅德韦杰夫签署法令，下令俄罗斯国有企业开采北极石油。2013年1月俄罗斯总统普京表示，俄将在核动力破冰船的基础上继续全面发展高科技造船业，为开发北极油气资源提供保障。2月普京签署《俄罗斯在2020年前北极地带发展战略》更是对此进行了强化。俄将制定相应措施，开发这一地区的油气等矿产资源，俄罗斯还准备成立北极地区石油天然气区块储备基金，旨在保证国家能源安全，保证2020年传统区块开采量下降后能源系统的长期发展。[①] 印度计划建立连接南亚次大陆和中亚地区的油气管道，届时通过俄罗斯的帮助，印度将很容易接入来自北极地区的油气。

(六)海洋可再生能源开发产业

全球海洋能现在处于小规模的预商业化示范阶段，相对于其他传统能源来说，大规模的商业化开发利用项目现在还难以实现。但全球海洋能储量巨大，其商业化前景非常可观。目前，世界海洋能发展领先的国家是英国，无论从发展海洋能的政策支持，还是从试验和示范来说，英国都走在世界前列。此外，加拿大、美国等大西洋沿岸的美洲国家的海洋能发展也比较好，中国、韩国和日本是技术比较领先的亚洲国家(表9-5)。

表9-5　世界海洋能装机能力统计

国家	类型	已装机容量/kW
加拿大	潮流和海流能(包含河流能)	250
	潮汐类能(水坝式)	20 000
中　国	波浪能	190
	潮流和海流能	110
	潮汐能	3 900
丹　麦	波浪能	250
新西兰	波浪能	2×20(一个在俄勒冈)
荷　兰	潮流和海流能	100
	盐差能	10
葡萄牙	波浪能	700
挪　威	盐差能	4

---

① 周超. 北极冰海：世界的边界还是中心？[N]. 中国海洋报, 2013 - 05 - 30.

(续表)

国家	类型	已装机容量/kW
韩 国	潮流和海流能	1
	潮汐能	254
西班牙	波浪能	296
瑞 典	波浪能	150
英 国	波浪能	4 340
	潮流和海流能	6 700

数据来源：Implementing agreement on ocean energy systems. Annual Report. 2012,
 The Executive Committee of Ocean Energy Systems.

海上的风能资源丰富，非常适合大规模开发，同时海上风电场具有临近对能源需求较高的主要港口城市的地理优势，可以避免陆上风电开发需要长线路传输的问题。因此在经济发达、人口稠密、陆地发展受约束的沿海地区开发海上风电是非常适合的(表9-6)。

表9-6 2012年世界海上风能新增装机容量(MW)和累计装机容量(MW)

国 家	2012年新增装机容量	2012年累计装机容量	2011年累计装机容量	2010年累计装机容量	2009年累计装机容量
英 国	1 423.3	2 947.9	1 524.6	1 341.0	688.0
丹 麦	63.4	921.0	857.6	854.0	663.6
中 国	167.3	389.6	222.3	123.0	23
比利时	184.5	379.5	195.0	195.0	30
德 国	65.0	280.3	215.3	107.0	72.0
荷 兰	0	249.0	249.0	249.0	247.0
瑞 典	0	164.0	164.0	164.0	164.0
芬 兰	0	30.0	30.0	30.0	30.0
日 本	0.1	25.3	25.2	2.0	1.0
爱尔兰	0.2	25.2	25.0	25.0	25.0
西班牙	0	10.0	10.0	10.0	10.0
挪 威	0	2.3	2.3	2.3	2.3
葡萄牙	0	2.0	2.0	0	0
总 计	1 903.8	5 426.1	3 522.3	3 102.3	1 955.9

数据来源：The World Wind Energy Association；2012 Annual Report . http：//www. wwindea. org .

(七)海水淡化与利用业

海水淡化作为淡水资源的替代与增量技术，愈来愈受到世界上许多沿海国家的重视。截至 2012 年年底，全球已经有 150 多个国家和地区在利用海水淡化技术，已建和在建的海水淡化工厂有 15 000 多个，合计装机容量为 7 170 万吨/日。目前，全球海水淡化日产量约 3 500 万立方米；直接利用海水作为工业冷却水总量每年约 6 000 亿立方米；每年从海洋中提盐 5 000 万吨、镁及氧化镁 260 多万吨、溴 20 万吨等。① 与世界平均水平相比，我国海水淡化工程总规模仅占世界的 1%左右；海水作冷却水用量仅占世界的 6%左右；海洋化学资源综合利用的附加值、品种和规模等方面与国外都有较大的差距。

在中东地区和一些岛屿地区，海水淡化水在当地经济和社会发展中发挥了重要作用。阿联酋饮用水主要依赖海水淡化水，在沙特、以色列、新加坡和日本，海水淡化产业都有较大的发展。中国通过《海水淡化产业发展"十二五"规划》《海水淡化科技发展"十二五"专项规划》和《国务院办公厅关于发展海水淡化产业的意见》确立了未来 5～10 年海水淡化产业的发展目标：到 2015 年，我国海水淡化产值超过 300 亿元，产能超过 220 万吨/日；对海岛和沿海地区缺水城市的新增供水量的贡献率分别超过 50%和 15%；海水淡化设备国产化率超过 75%。到 2020 年海水淡化产能将达到 250 万～300 万吨/日，是现有产能的 5 倍以上；2020 年海水淡化设备国产化率要达到 90%。

二、世界海洋产业发展特点分析

随着主要海洋国家越来越重视海洋经济的发展、加大对海洋产业的支持，未来海洋经济对世界经济的拉动作用将更加突出。综合来看，世界各国促进海洋产业发展的主要特点如下。

1. 海洋传统产业仍是海洋经济的支柱，但转型升级压力巨大

综合比较各国主要海洋产业发展情况，以海洋渔业、海洋交通运输、海洋船舶修造业、海洋旅游业、海洋油气业等为代表的海洋传统产业仍占海洋经济较大比重。例如，美国海洋旅游、海洋交通运输业占海洋产业的比重超过 70%，就业人数占海洋产业从业总人数的 88%。随着陆域石油资源的日益短缺和原油价格的不断上升，各国纷纷加大海洋石油的开采力度，加拿大、英国、澳大利亚海洋油气产业是本国第一大海洋产业。但是传统产业也面临诸多问题，渔业面临资源衰退、环境污染、非法捕捞等问题；海洋石油天然气产量下降，开采风险大，

---

① 国家海洋局.《海水利用专项规划》，2011 - 07 - 01.

2010 年的深水地平线事故，1993 年的布沙尔 155 号驳船相撞事件等造成了严重的社会经济影响；交通运输受全球贸易疲软影响，即使是位居全球五百强的运输企业也常处于亏损状态，海运需求的下降直接造成了船舶企业的不景气；而船舶拆解缺乏法律监管，目前将近 90% 的船舶是在亚洲拆解的。传统产业面临转型和升级改造，其核心是人海和谐的可持续发展。

2. 海洋新兴产业增长迅速，成为各国发展的战略重点

发达国家通过出台产业规划、注重海洋高新技术研究、加大对海洋科研的投入等措施，积极推动海洋生物医药、海洋可再生能源、海洋工程装备制造等产业的发展。例如，在新能源方面，2010 年和 2011 年美国分别出台了《美国海洋能源水动力可再生能源技术路线图》和《国家海上风电战略：创建美国海上风电产业》，路线图给出了至 2030 年海洋能源发展愿景，后者意图通过技术创新降低海上风电的成本，并以更加高效和先进的规划推动海上风电行业的发展，以确保美国在海上风电领域的领先地位；2010 年欧盟科学基金会（ESF）发布了《海洋可再生能源报告》，预测到 2050 年，可再生海洋能源能满足欧洲 15% 的能源需求；英国 2010 年发布《海洋能源行动计划》，2011 年又发布了《海洋产业增长战略》，都把海洋可再生能源当作重点领域来发展。在矿产资源和油气方面，日本 2010 年出台《海底资源能源确保战略》，提出要探勘海底热水矿床。海上风电、海工装备等活动在全球的布局和发展，也从一定程度上推动了海洋空间规划的发展，促使各国提前做好产业布局，充分合理利用海洋空间资源，降低发生产能过剩的可能性，避免海洋资源重复开发利用和浪费。

3. 实施基于生态系统的海洋经济可持续发展

当前世界上约有 40% 的人口居住在距离海岸线 100 千米的范围内。人们逐渐认识到健康的海洋生态系统对人类的重要性。在各国制定的海洋产业发展规划中，都开始重视海洋产业发展和生态环境平衡、资源持续利用的重要性。例如，重视开发可再生能源、实现产业的低碳发展等。2012 年 1 月，联合国环境规划署（UNEP）、开发计划署（UNDP）、粮农组织（FAO）等联合发布了《蓝色世界里的绿色经济》报告，通过对渔业和水产养殖、海洋交通运输业、海洋可再生能源、滨海旅游业、深海矿业等以海洋为基础的经济活动的实证分析，阐述并提出了一系列发挥海洋经济和环境潜能的建议。① 在 RIO + 20 峰会的协商过程中，蓝色经济作为概念和创意呼吁从政治上进一步关注渔业和海洋资源的可持续发展问题，确保达到以下三大目标：①提高 PSIDS 从利用其海洋生物资源中获得的利益的份

① IOC/UNESCO, IMO, FAO, UNDP. A Blueprint for Ocean and Coastal Sustainability[R]. Paris: IOC/UNESCO, 2011: 3 - 23.

额；②降低超出最大可持续产量之外的过度捕捞、破坏性渔业作业和非法的、无报告的和无控制的渔业作业；③提高海洋生态系统，尤其是珊瑚礁应对气候变化和海洋酸化的弹性。① 此外，2012 年欧盟提出了蓝色增长目标，发展基于海洋的蓝色产业，到 2020 年蓝色产业产值达到 6000 亿欧元。

4. 重视海洋政策制定，构建海洋经济发展战略

海洋对一国发展的战略地位、经济作用日益凸显。各主要海洋国家纷纷制定海洋政策战略，以在全球海洋竞备中占得先机。美国 2007 年发布了《规划美国今后十年海洋科学事业：海洋研究优先计划和实施战略》；2010 年奥巴马签署《关于海洋、海岸带与五大湖管理的总统行政令》，协调促进海岸带及五大湖地区的海洋经济发展；2013 年 4 月美国国家海洋政策委员会正式发布《国家海洋政策执行计划》，7 月 19 日，海洋政策委员会又发布了《海洋规划手册》（以下简称《手册》），据悉《手册》是落实美国《国家海洋政策》及其《国家海洋政策执行计划》的重要举措，也是指导和规范美国区域海洋规划工作的重要手段。日本 2008 年出台《海洋基本法》和《海洋基本计划草案》，推动海洋资源和专属经济水域等的开发及利用，振兴海洋产业及强化国际竞争力。韩国 2006 年开始实施国家海洋战略《海洋韩国 21》。欧盟 2007 年制定《欧盟综合海洋政策蓝皮书》。加拿大制定了《加拿大海洋战略》（2002）和《加拿大海洋行动计划》（2005）。主要沿海国家纷纷制定本国的海洋经济管理政策和法规，这些政策和法规为本国的海洋经济发展提供了宏观导向。

第二节　主要国家海洋经济发展分析

一、美国

美国是海洋大国，也是世界上开发利用海洋资源最早、开发程度最高的国家。早在 1920 年，美国就开始对其沿海的油气田进行商业性开采。20 世纪 70 年代以来美国政府认识到海洋的新价值，对发展海洋产业非常重视，相继开展了海上油气、海底采矿、海水养殖、海水淡化等新兴产业活动。20 世纪 80 年代中期，由于财政问题，美国的海洋经济曾一度出现迟滞，90 年代以来，随着世界海洋经济崛起，美国为保持其世界的领先地位，加强了对海洋工作的组织与调整，加

---

① Rio + 20 Pacific Preparatory Meeting Apia, Samoa 21 – 22 July 2011 The "Blue Economy": A Pacific Small Island Developing States Perspective.

大了海洋投入，使海洋产业特别是新兴海洋产业迅速发展，海洋经济已成为对美国国家安全、经济发展和社会兴旺极为重要的链条。①

美国统计的海洋产业主要包括建筑业、生物资源业、矿业、造船业、交通运输业、旅游和休闲业六大产业。2010年，六大海洋产业创造的GDP为2 580亿美元(现价)，占美国GDP的1.8%，占比与2005年持平，比2008年略有降低；其中，矿业、旅游和休闲业、交通运输业三大主要海洋产业占总量的比重分别为33.9%、34.6%和22.8%。2010年，美国海洋产业提供就业岗位约277万个，占全国就业总数的2.2%，比2005年增加5万个就业岗位；其中，旅游和休闲业、交通运输业提供就业岗位最多，所占比重分别为69.7%、16.0%。详见表9-7。

1. 海洋建筑业

美国海洋建筑业包括重型建筑公司从事的码头、港口、疏浚和石油平台等海洋结构之类的重型建筑活动。2010年，海洋建筑业GDP为55.1亿美元，比2005年降低2.5%，占总量的比重为2.1%；提供就业岗位4.6万个，占总量的1.8%。

2. 海洋生物资源业

美国海洋生物资源业由商业捕捞渔业、水产养殖、水产品市场、水产品加工等行业组成。2010年，海洋生物资源业GDP为60.2亿美元，比2005年增长12.5%，占总量的比重为2.3%；提供就业岗位5.9万个，占总量的2.1%。

3. 海洋矿业

美国海洋矿业包括联邦政府和州政府管辖水域中的石灰石、沙砾产业、油气勘探和油气生产及加工。2010年，海洋矿业GDP为873.7亿美元，比2005年增长12.5%，占总量的比重为33.9%；提供就业岗位14.4万个，占总量的5.2%。

4. 海洋造船业

美国海洋造船业包括轮船和游艇的制造和维修，主要方向是海军船舶的建造、维护和修理，游艇制造和修理业主要是为休闲船市场服务。2010年，海洋造船业GDP为108.4亿美元，比2005年降低16.5%，占总量的比重为4.2%；提供就业岗位14.4万个，占总量的5.2%。

5. 海洋交通运输业

美国海洋交通运输业由五个行业组成：①货物运输；②旅客运输；③海洋

① 李巧稚. 国外海洋政策发展趋势及对我国的启示[J]. 海洋开发与管理, 2008, 12: 36-41.

表 9-7 美国海洋产业 GDP、就业和工资数据统计

年份	海洋产业 GDP/亿美元	海洋产业 工资(现价)/亿美元	海洋产业 就业/万人	建筑业 GDP/亿美元	建筑业 工资(现价)/亿美元	建筑业 就业/万人	生物资源业 GDP/亿美元	生物资源业 工资(现价)/亿美元	生物资源业 就业/万人	矿业 GDP/亿美元	矿业 工资(现价)/亿美元	矿业 就业/万人	造船业 GDP/亿美元	造船业 工资(现价)/亿美元	造船业 就业/万人	交通运输业 GDP/亿美元	交通运输业 工资(现价)/亿美元	交通运输业 就业/万人	旅游与休闲业 GDP/亿美元	旅游与休闲业 工资(现价)/亿美元	旅游与休闲业 就业/万人
1990	746.2	357.0	179.7	18.6	8.6	2.6	42.3	15.6	7.9	78.2	9.3	2.3	64.1	60.8	21.1	244.9	137.4	36.7	298.2	125.3	109.1
1991	804.4	277.9	133.3	16.2	5.8	1.7	38.7	10.6	5.1	89.5	9.1	2.0	70.5	43.2	14.5	261.0	109.4	28.0	328.5	99.9	82.0
1992	803.7	305.8	141.8	16.2	6.3	1.8	36.7	11.1	5.2	71.6	9.7	1.9	70.0	48.1	15.5	253.2	116.5	28.1	356.0	114.1	89.4
1993	801.1	308.2	149.5	16.7	6.9	1.9	36.9	11.5	5.6	70.7	9.8	2.0	60.6	43.4	14.8	240.1	111.4	26.5	376.2	125.1	98.9
1994	822.6	332.8	158.6	20.0	8.7	2.2	37.7	12.2	5.8	74.2	10.8	2.1	63.4	48.7	14.6	236.2	114.2	26.6	391.1	138.1	107.4
1995	848.4	353.1	168.6	19.4	9.1	2.3	42.0	13.7	6.1	86.1	12.0	2.2	63.6	49.0	14.4	228.6	115.7	26.5	408.8	154.0	117.0
1996	921.1	381.3	179.0	22.0	10.4	2.5	43.5	14.9	6.6	114.6	13.5	2.5	64.9	50.0	14.7	235.9	122.7	27.1	440.3	169.7	125.7
1997	956.2	425.8	190.7	23.1	12.1	2.9	60.2	16.3	7.0	77.9	15.4	2.7	70.3	53.8	14.9	263.7	139.5	29.0	460.9	188.6	134.2
1998	982.4	486.6	210.1	24.9	13.7	3.1	56.8	16.9	7.1	66.4	17.7	3.0	78.8	59.3	15.9	267.7	157.5	31.4	487.9	221.4	149.6
1999	1025.9	510.2	216.6	24.3	13.7	3.1	58.4	18.0	7.0	85.8	15.1	2.5	78.9	61.4	16.1	253.3	160.2	31.1	525.3	241.8	156.8
2000	1116.5	525.5	216.1	23.2	13.4	2.9	59.9	18.0	6.8	139.3	16.0	2.7	91.9	64.7	16.2	251.4	159.2	30.2	550.9	254.2	157.5
2001	1117.1	545.7	217.7	25.0	14.1	3.0	61.1	18.7	7.0	134.3	18.4	2.7	87.0	65.2	15.5	243.5	164.2	29.1	566.2	265.1	160.6
2002	1156.1	566.2	220.6	26.3	14.2	3.0	59.3	18.7	6.6	112.2	19.5	2.8	100.5	64.6	14.9	247.0	168.5	29.0	610.8	280.6	164.3
2003	1260.6	595.4	225.4	28.6	15.0	3.1	65.1	19.7	6.6	146.9	20.1	2.9	100.9	70.1	15.5	272.3	176.3	28.8	647.0	294.3	168.5
2004	1382.5	639.2	232.4	31.9	16.2	3.2	73.2	19.8	6.4	196.1	22.0	3.0	109.0	75.8	16.3	275.8	188.9	29.7	696.5	316.5	173.7
2005	2240.0	870.0	272.9	56.5	25.7	5.0	53.5	21.2	6.6	776.8	136.8	13.2	129.9	78.8	16.5	447.8	260.0	45.7	778.9	346.9	186.0
2006	2460.0	936.0	280.0	55.8	29.2	5.3	56.7	21.7	6.5	911.7	156.4	14.3	131.5	83.1	16.7	480.2	276.3	47.3	826.3	369.0	189.9
2007	2710.0	1020.0	288.0	58.7	32.1	5.4	58.3	21.9	6.3	1043.9	182.0	15.2	143.3	90.6	17.2	512.1	293.3	48.1	891.0	396.9	195.7
2008	2970.0	1050.0	289.0	59.4	34.5	5.4	55.7	21.8	6.0	1298.1	202.0	16.3	140.4	93.4	17.1	546.1	296.2	47.9	871.2	405.0	196.6
2009	2550.0	1000.0	277.0	58.3	32.4	4.9	57.6	21.1	5.9	931.0	188.0	15.2	131.3	86.2	14.9	545.5	286.7	45.3	824.5	390.2	190.7
2010	2580.0	1020.0	277.0	55.1	30.3	4.6	60.2	21.8	5.9	873.7	185.9	14.4	108.4	86.5	14.4	587.3	289.3	44.4	892.5	404.6	193.2

数据来源：美国海洋经济项目网站 www. oceaneconomics. org.

运输服务；④仓储(位于沿岸邮政编码区内的仓储)；⑤搜索与航海设备电子行业。2010 年，海洋交通运输业 GDP 为 587.3 亿美元，比 2005 年增长 31.2%，占总量比重为 22.8%；提供就业岗位 44.4 万个，占总量的 16%。

6. 海洋旅游和休闲业

美国海洋旅游和休闲业主要包括动物园、水族馆、运动器材零售、水上观光、休闲船舶停靠、停车场、游艇码头、餐饮区、酒店住宿、游艇经销商、娱乐与休闲服务等活动。2010 年，海洋旅游和休闲业 GDP 为 892.5 亿美元，比 2005 年增长 14.6%，占总量比重为 34.6%；提供就业岗位 193.2 万个，占总量的 69.7%。

二、加拿大

加拿大拥有 24 万多千米的海岸线，是世界上海岸线最长的国家，依赖于海洋的经济活动对加拿大国民经济和沿海地区经济做出了巨大贡献。加拿大海洋经济活动包括直接依赖海洋的经济活动和间接依赖海洋的经济活动两类。直接依赖海洋的经济活动是指直接从海洋中获取资源或者直接利用海洋所发生的经济行为，如海洋渔业、海洋油气、海洋交通运输、海洋旅游等；间接依赖海洋的经济活动是指直接海洋经济的辅助经济行为，如管理活动、科研活动和安全活动等。①

据测算，2006 年加拿大海洋部门创造直接 GDP 约 177 亿美元，直接提供工作岗位 17.1 万余个。2006 年海洋部门直接贡献了加拿大 GDP 的 1.2% 和就业的 1.1%。如果海洋部门活动的统计范围拓展到直接影响和间接影响，海洋部门的影响则增长到国家 GDP 的 1.9% 和全国就业总量的 2.0%(表 9 - 8)。部分海洋产业增加值和就业情况见表 9 - 9。

表 9 - 8　2006 年加拿大海洋活动经济影响

	指标名称	海洋部门影响	海洋占全国的百分比/%
GDP (百万美元)	海洋直接影响	17 685	1.2
	海洋直接影响 + 间接影响	27 653	1.9
	全国	1 450 490	
就业 (全时当量人)	海洋直接影响	171 365	1.1
	海洋直接影响 + 间接影响	316 119	2.0
	全国	16 021 180	

---

① 何广顺. 海洋经济统计方法与实践[M]. 北京：海洋出版社，2011.

表 9 - 9　2006 年加拿大部分海洋产业增加值及就业情况

海洋产业	海洋产业增加值 （直接影响和间接影响）/千美元	就业（直接影响和 间接影响）/人
海洋渔业	3 143 340	51 469
近海油气业	8 827 216	6 893
海洋制造业	612 460	12 181
海洋建筑业	346 251	4 405
海洋交通运输业	4 169 258	59 943
海洋旅游业	3 190 917	70 495

1. 海洋渔业

加拿大海洋渔业（含海产品加工业）是劳动密集型行业，GDP 贡献较低而就业贡献略高。在 GDP 贡献中排名靠后，位列第四，在就业贡献中排名第三。相对较低的 GDP 贡献，是由于产业的资金回报普遍较低；较高的直接就业贡献是由于行业的劳动密集属性。例如，一个小型船舶渔业，特别是在东部沿海，支撑了大量的小型加工厂，而几乎没有加工厂是机械化的，因为工厂主要依靠劳动力来提高工作的灵活性，以适应资源和市场条件的变化。

2. 海洋油气业

加拿大的近海石油和天然气业是资本密集型行业，GDP 贡献高而就业贡献低。近海石油和天然气行业在对直接 GDP 的贡献方面超过 100%，但是在就业和劳动者收入方面所占份额却非常少。巨大的 GDP 贡献来自于高石油价格资金流所产生的高额回报，而相对较低的就业反映了这个产业的资本密集性。

3. 海洋制造业和建筑业

加拿大海洋制造业和建筑业的产业规模较小，GDP、就业、收入贡献均衡。制造业和建筑业不是一个大行业，产生的 GDP 不超过 10 亿美元。在这个物质生产部门中，GDP、就业和收入之间保持了相对的平衡。但影响中未考虑海洋产品制造业，其活动价值未在官方统计中单独列明。

4. 海洋交通运输业

加拿大海洋交通运输业的收入贡献排名第一，GDP 和就业贡献均较高。在对 GDP 贡献和就业方面排第二，在劳动者收入方面排第一。之所以有相对较高的就业影响，主要是由于该产业与公路、铁路运输、仓储方面的关联性较强。

5. 海洋旅游业

加拿大的海洋旅游和休闲服务业特征明显，就业贡献高于 GDP 贡献。旅游和休闲业在创造就业方面表现良好，主要是因为这种活动本质上属于服务业范畴，而且倾向于劳动密集型；相对较低的 GDP 影响主要是由于行业的工资和报酬普遍较低。

三、英国

英国作为典型的岛国，凭借其丰富的海洋资源、优越的地理位置以及悠久的开发历史，海洋经济发展取得了巨大成就。早在 18 世纪初，英国以海运业和造船业领先于世界，至今 95% 的进出口货物通过海洋运输来完成。20 世纪 60 年代，海洋油气业成为英国的支柱产业和新的增长点，海上油气总产量一直居世界第 12 位，海上天然气生产居世界第 4 位；海洋装备制造业发达，60% 以上产品出口海外；[1] 英国建筑业所需砂石料 20% 产自近海；进入 21 世纪以来，气候变化和能源需求紧张，海洋新能源产业迎来发展契机，潮汐能发电和海上风力发电稳居世界前列。

1999—2000 年，英国涉海经济活动产值达 390 亿英镑，占英国 GDP 的 4.9%。[2] 2005 年 11 月，英国环境部公布的《2005 年至 2011 年我们的海洋战略》中，披露了英国海洋经济数据，2003 年海洋事业的年产值为 370 亿英镑，英国渔船队的鱼、贝类上岸量达 63 万吨，价值 5 亿英镑；海上油气业年产值 230 亿英镑；2003 年滨海度假者有 2300 万，在滨海旅游胜地的消费达 40 亿英镑。

2008 年，英国皇家财产管理局（THE CROWN EATATE）公布了《英国海洋经济活动的社会经济指标》报告，报告系统地介绍了英国海洋产业统计数据，评估了海洋活动带来的经济价值和就业影响。报告显示，2005—2006 年，英国 18 个海洋产业总产值 868.06 亿英镑，增加值 460.41 亿英镑，海洋经济活动产值占英国国内生产总值的 4.2%，就业总人数达 89 万人，占全国就业的 2.9%，海洋经济对英国经济的贡献率为 6.0% ~ 6.8%。从目前海洋产业发展的情况看，海洋油气业是英国最大的海洋产业，海洋油气业总产值、增加值和就业人数均位居第一，其次是港口、航运业、休闲娱乐业和海洋装备制造业。增长最快的是海洋装备制造业和可再生能源产业，见表 9 - 10。

---

① 国家海洋局海洋发展战略研究所课题组. 中国海洋发展报告 2011 [M]. 北京：海洋出版社，2012.

② 世界主要海洋国家海洋管理趋势及我国的管理实践 [N]. 中国海洋报，2007 - 04 - 09.

表 9-10　英国海洋经济活动主要指标统计(2005—2006 年)

海洋产业	总产值 /×10⁶ 英镑	增加值 /×10⁶ 英镑	增加值占 GDP 的 比重/‰	就业 /人	就业占全国 就业的 比重/‰
油气业	28 693	19 845	18.1	290 000	9.4
港口业	8 108	5 045	4.6	54 000	1.8
航运业	8 820	3 399	3.1	281 000	0.9
休闲娱乐业	7 435	3 326	3.0	114 670	3.7
海洋装备制造	7 880	3 268	3.0	181 688	5.9
海洋国防	8 185	2 841	2.6	74 760	2.4
海底电缆	4 993	2 705	2.5	26 750	0.9
商业服务	3 006	2 086	1.9	14 100	0.5
船舶修造业	2 720	1 193	1.1	35 000	1.1
海洋渔业	3 740	808	0.7	31 633	1.0
海洋环境	981	482	0.4	16 035	0.5
研究与开发	797	426	0.4	10 360	0.3
海洋建筑业	558	228	0.2	6 200	0.2
航海与安全	450	150	0.1	5 000	0.2
滨海砂石开采	242	114	0.1	1 670	0.1
许可和租赁业	93	90	0.1	500	0.0
海洋教育	73	52	0.05	350	0.01
可再生能源	32	10	0.01	500	0.0
总计	86 806	46 041	42	890 416	29.0

数据来源：2008 年英国皇家财产管理局(THE CROWN EATATE)，《英国海洋经济活动的社会经济指标》报告。

1. 传统海洋产业

英国的传统海洋产业发展历史悠久，多属于资源消耗型产业，随着时间的积累，传统海洋产业主要是海洋渔业和海洋油气业的资源衰退问题凸显。海洋渔业产量占英国渔业总产量的95%以上，大陆架石油和天然气产量占消费总量的70%。近20年来，持续的海上捕捞和资源开发，加剧了英国海洋渔业和油气资源的衰退，1990—2010 年间，从事海洋捕捞的人数减少了 53%，① 2006 年的石油储量比 2001 年减少了 21.4%。

针对现实情况，英国政府也积极采取措施以振兴传统海洋产业。在海洋渔业方面，2011 年政府投入 190 万欧元促进海洋渔业的发展。在海洋油气业方面，政府致力于开发生物质能来改变能源结构，2008 年启动了世界上最大的藻类生物燃料公共资助项目，预计到 2020 年实现商业化，② 同时加强其他海域的油气勘探活动，如马岛探油，③ 但是近年来一直未发现可大规模开发的海上油气田。

2. 海上风电产业

目前英国海上风能发电项目设计、安装和运作技术已经成熟，占世界一半的海上风能发电项目都在英国。截至 2012 年，全球已建成的 25 个海上风电项目中英国有 11 个，包括全球最大的 Thanet 风电场；全球十大在建风电场中英国有 6 个；规划中的十大海上风电项目中英国有 8 个。④ 2013 年 7 月 4 日，世界最大海上风电场在英国东南部投入运行，这座被称为"伦敦矩阵"的海上风电场，建设总投资 15 亿英镑，发电能力达 63 万千瓦，可满足肯特郡 2/3 居民的用电需求。英国的海上风力发电不仅为国家提供了丰富的可再生能源，也为经济发展和就业做出较大的贡献。据估计，英国海上风力发电产业每年将创造 80 亿英镑的产值，⑤ 并可为英国新增 7 万个就业岗位。

3. 海洋旅游业

英国旅游业一直处于尴尬的状况，在相当长时期内被称为"经济中被忽视的巨人"。英国经济遭受经济危机的重创后，面临恢复经济的重任，伦敦申奥成功让政府再次看到了旅游业对于恢复经济增长的重要性。英国首相卡梅伦明确指出大力发展旅游业是英国经济增长战略的重要环节，并要求相关政府部门携手拟定英国旅游业发展战略。⑥ 2011 年 3 月，英国文化传媒体育部出台了新的旅游业发展战略，即"政府旅游政策"，提出了三大发展目标：①投资一亿英镑用于开展吸引海外游客的营销活动，以期在以后的 4 年内吸引 400 万海外游客；②增加英国居民在国内旅游的比例；③提高英国旅游业生产力，跻身世界效率最高和最富竞争力的旅游经济前五强。⑦

---

① 世界渔业和水产养殖状况 2012，联合国粮农组织.
② 英国启动世界最大的藻类生物燃料项目[OL]. 人民网，2008 – 12 – 02.
③ 英国石油公司马岛探油受挫[N]. 中国海洋报，2010 – 04 – 02.
④ 罗天雨. 全球海上风电排行[OL]. 上海情报服务平台，2012 – 02 – 28.
⑤ 英国海洋资源开发、管理与保护[OL]. 三海一核，2010 – 07 – 28.
⑥ 王涛. 英国：旅游业拉动发展[N]. 经济日报，2012 – 01 – 14.
⑦ Government Tourism policy. Department of culture, media and support，2011 – 03.

4. 海洋新能源产业

英国海洋能源产业的迅速发展，可谓是天时、地利、人和。首先，英国拥有欧洲几乎一半的海浪能资源、超过 1/4 的潮汐能资源；其次，政府政策给力，不仅制定了支持海洋能源产业发展的规划和战略，并在资金和技术上给予了大力支持；再次，全球有 120 ~ 130 家海浪及潮汐能开发商中，大约 35 家在英国，技术研发能力强，成本逐年降低。2012 年，英国政府在西南部沿海区域建立了英国第一个海洋能源区，以促进对海洋能源的开发利用，帮助应对能源和气候变化等问题。

据能源与气候变化部估计，英国的海洋能发电到 2050 年可达 270 亿瓦。① 政府的目标是 2020 年达到 200 ~ 300 兆瓦。② 英国可再生能源协会预计，到 2020 年，海洋能发电行业市场价值将达到 51 亿美元，到 2050 年海洋能源领域可以为英国带来 150 亿英镑的产值。英国正成为"海洋能源中的沙特阿拉伯"，海洋能有可能成为"英国制造"的标志性产业。

四、法国

2007 年，法国海洋经济增加值达到了 276 亿欧元，海洋产业就业人数超过了 48 万人。在就业方面，滨海旅游业提供的就业机会约占整个海洋产业就业人员的 50%，而海洋油气业并没有提供与其产值相应的就业岗位；在对海洋经济的贡献程度方面，近岸和海上交通运输业贡献的增加值约占整个海洋产业的 1/4，海洋渔业、造船业、海洋油气业和公共服务业也在法国海洋经济中占有相当大的比重。见表 9 – 11。

表 9 – 11　2005 年和 2007 年法国海洋经济活动数据

	2007 年			2005 年		
	总产值/亿欧元	增加值/亿欧元	就业人数/人	总产值/亿欧元	增加值/亿欧元	就业人数/人
产业活动		254.35	428 604		201.26	383 837
滨海旅游业	338.70	110.80	242 558	285.50	92.20	207 684
海产品产业		21.29	42 335		23.13	47 489
海洋渔业	10.15	6.34	11 396	10.36	6.43	11 937
水产养殖	6.10	4.26	10 394	5.92	4.14	11 187

---

① 英国建立首个海洋能源区[OL]. 新华网，2012 – 08 – 29.

② 金波. 英国海洋能发电行业市场价值将达到 51 亿美元[OL]. 北极星电力网新闻中心，2012 – 04 – 05.

（续表）

	2007 年			2005 年		
	总产值/亿欧元	增加值/亿欧元	就业人数/人	总产值/亿欧元	增加值/亿欧元	就业人数/人
海藻及加工	4.25	1.10	1 655	3.00	1.85	1 800
批发贸易	40.09	4.47	7 740	43.02	4.33	8 579
水产品加工	28.01	5.12	11 150	31.50	6.38	13 986
船舶制造业		22.72	48 429		17.75	38 107
商业船坞	10.65	2.11	3 650	6.17	0.77	3 708
军事船舶	21.26	8.34	11 995	23.24	9.12	12 159
海洋装备	23.00	6.00	22 000	10.00	3.00	12 000
船舶修理	3.02	0.99	1 533	2.13	0.76	1 667
游艇制造	15.73	5.28	9 251	12.71	4.10	8 573
海洋和内河运输		70.98	54 704		42.78	52 642
海洋交通	104.69	47.12	14 346	77.26	19.99	13 307
内陆航行	6.33	2.35	3 822	5.71	2.16	3 912
海洋保险	12.77	5.08	4 183	12.56	5.53	4 398
港口服务	12.97	9.49	8 706	12.71	9.20	9 685
货物装卸	10.35	6.94	5 638	9.01	5.90	5 192
其他港口活动		0	18 009		0	16 148
海洋矿物开采	0.75	0.25	100	0.25	0.10	100
海洋电力	未获得	未获得	6 539	未获得	未获得	6 475
海事活动	12.96	3.81	4 720	10.00	3.08	3 499
海底电缆	7.58	1.50	1 419	6.13	1.10	1 641
海洋油气服务业	80.00	23.00	27 800	61.00	21.12	26 200
非商业活动		21.63	55 944		18.61	59 570
法国海军		17.50	49 279		14.81	53 259
公益调解		2.00	3 300		2.00	3 300
公益海洋研究		2.13	3 365		1.80	3 011
合 计		275.98	484 548		219.87	443 407

法国海洋经济稳步增长，海洋经济增加值从 2005 年的 219.87 亿欧元增长到 2007 年的 275.98 亿欧元，增长速度为 25.5%；就业人数从 2005 年的 44.3 万人增长到 2007 年的 48.5 万人，增长速度为 10.2%。主要海洋产业范围包括滨海旅游业、海产品产业、船舶制造业、海洋和内河运输、海洋矿物开采、海洋电力、海事活动、海底电缆、海洋油气服务业、非商业活动、海军、公益调解和公益海洋研究。

五、澳大利亚

澳大利亚的海洋产业在许多方面都处于世界领先地位。2012 年 12 月，澳大利亚海洋科学机构（简称 AIMS）发布了《2009—2010 年度海洋产业发展情况报告》(The AIMS Index of Marine Industry)。报告显示，2009—2010 年度，澳大利亚基于海洋的经济活动总产值大约为 423 亿美元。2001—2002 年度至 2009—2010 年度，海洋产业的价值增长了近 80%，而受海洋相关产业产值降低的影响，2009—2010 年度则比 2008—2009 年度下降了 4%，见表 9-12。主要海洋产业的年度发展情况见图 9-1。

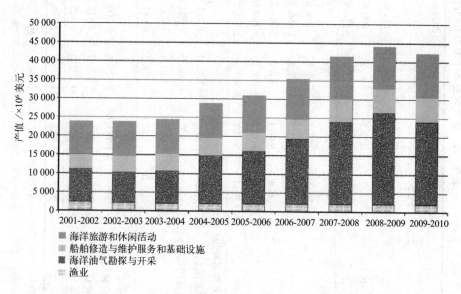

图 9-1 2001—2002 年度至 2009—2010 年度主要海洋产业产值变化对比

1. 海洋渔业

2001—2002 年度至 2009—2010 年度，受海洋捕捞产值下降的影响，澳大利亚海洋渔业产值基本呈缓慢降低趋势，从 25.2 亿美元降低到 22.1 亿美元，下降速度为 12.3%（现价，下同）。其中，海水养殖产值基本保持逐年上升态势，其

表 9-12 澳大利亚海洋相关活动产值估算值/×10⁶ 美元

	2001—2002	2002—2003	2003—2004	2004—2005	2005—2006	2006—2007	2007—2008	2008—2009	2009—2010
1. 渔业									
海水养殖	731.2	708.9	724.6	634.1	742.3	806	869.3.	866.6	870.4
商业渔业*（野生渔业捕捞）	1 783.9	1 655.5	1 499.2	1 490.8	1 461.5	1451.5	1 382.0	1 391.9	1 343.7
海洋渔业合计	2 515.1	2 364.4	2 223.8	2 124.9	2 204.1	2257.5	2 251.3	2 258.4	2 214.1
2. 海洋油气勘探与开采									
石油勘探	718.1	803.8	713.6	774.6	906.1	1 727.3	2 541.1	3 318.4	2745.5
石油生产	4 441.0	3 472.7	4 898.5	7 866.6	7 570.3	9 229.8	12 123.6	9 793.4	10 187.5
液化石油	856.3	981.1	717.3	861.3	1 037.1	1 037.7	1 181.8	1 043.5	1 105.1
天然气	2 613.0	2 607.0	2 174.0	3 199.0	4 416.0	5 220.0	5 854.3	10 078.8	7 788.7
海洋油气业合计	8 628.4	7 864.6	8 503.4	12 701.5	13 929.5	17 216.8	21 700.8	24 234.1	21 826.7
3. 船舶修造与维护服务和基础设施									
船舶修造与维修（国内和国防）	1 796.4	1 839.0	1 696.0	1 721.0	1 797.0	1 777.0	1 954.0	1 997.2	2 637
游艇制造与维修（包括休闲船只）	818	1 037.0	1 108.0	1 251.0	1 488.0	1 688.0	1 829.0	1 869.4	1 221
海洋设备零售	1 411.6	1 632.8	1 670.3	1 709.6	1 743.8	1 804.8	2 486.8	2 559.3	2 794
海洋船舶工业合计	4 026.0	4 508.8	4 474.3	4 681.6	5 028.8	5 269.8	6 269.8	6 425.9	6 652
4. 海洋旅游和休闲活动									
国内旅游商品和服务消费+	7 336.8	7 783.6	7 725.6	7 909.2	8 326.0	9 012.4	9 553.4	9 377.6	9 869.6
国际旅游产品和服务消费+	1 271.9	1 292.2	1 376.7	1 419.5	1 468.7	1 611.6	1 703.5	1 786.0	1750.3
海洋旅游业合计	8 608.7	9 075.8	9 102.3	9 328.7	9 794.7	10 623.7	11 237.9	11 163.6	11 619.9
总计	23 778.1	23 813.5	24 303.8	28 836.6	30 957.1	35 347.8	41 459.8	44 082	42 312

数据来源：澳大利亚海洋科学机构，《2009—2010 年度海洋产业发展情况报告》，2012 年 12 月。

注：带 "*" 号表示数据取整数，带 "+" 号表示数据已经更新，可能和以前发布的数据不一致。

增长速度为 19.0%；而海洋捕捞产值逐年下降，下降速度为 24.7%。

2. 海洋船舶工业

2001—2002 年度至 2009—2010 年度，澳大利亚海洋船舶工业保持快速发展态势，产值增长速度高达 65.2%。其中，船舶制造与维修、游艇制造与维修和海洋设备零售业产值均保持快速增长，增长速度分别为 46.8%、49.3% 和 97.9%。特别是海洋设备零售业产值，8 年间将近翻了一番。2009—2010 年度，澳大利亚海洋船舶工业总产值达到 66.5 亿美元。

3. 海洋油气业

2001—2002 年度至 2009—2010 年度，澳大利亚海洋油气业高速发展，产值增长了 1.5 倍，由 86.3 亿美元增长到 218.3 亿美元。其中，石油勘探、石油生产和天然气产值分别增长了 2.8 倍、1.3 倍和 2.0 倍，液化石油的增长速度为 29.1%。

4. 海洋旅游业

2001—2002 年度至 2009—2010 年度，澳大利亚海洋旅游和休闲业的产值由 86.1 亿美元增长到 116.2 亿美元，增长速度为 35.0%。其中，2009—2010 年度国内旅游产值为 98.7 亿美元，比 2001—2002 年度增长 34.5%；2009—2010 年度国际旅游产值为 17.5 亿美元，比 2001—2002 年度增长 37.6%。

六、日本

日本将海洋产业分为传统海洋产业和新兴海洋产业，传统海洋产业包括海洋渔业、海洋船舶工业、海洋交通运输业、港湾建设业、海洋工程建设业等；新兴海洋产业包括海洋牧场、海洋资源开发、海洋深层水利用和海洋可再生能源利用产业等。日本的经济高度依赖海洋，大约 99.8% 的贸易量和近 40% 的国内交通运输通过海洋运输来实现。海洋水产品为居民提供了 40% 的动物蛋白。因此，海洋和海洋相关产业已经构成了支撑日本经济和社会的基础产业。近年来，日本海洋经济占其国内生产总值的比重逐年提升，从 2000 年的 3.92% 提高到 2008 年的 4.85%，海洋经济总量已经超过 24 万亿日元。①

1. 海洋渔业

海洋渔业是日本传统的海洋产业。经过战后恢复，现已发展成为一个由捕捞、养殖、加工、渔船渔机工业以及水产科技教育等融为一体的现代产业。2002 年，日本海洋水产品产量达到 438.2 万吨，占世界海洋水产品总产量的 5.1%，成为世界第四海洋渔业大国。近年来日本的海洋渔业又有了新的发展，海水养殖

---

① 张浩川. 日本海洋产业发展经验值得借鉴[OL]. 凤凰网，2013 – 08 – 12.

越来越受到重视，提出了"从捕捞渔业向养殖渔业发展"的战略，要把整个沿海变为"海洋牧场"。日本海水养殖产量从 1980 年的 99.2 万吨上升到 2002 年的 133.3 万吨，占世界海水养殖产量的比重从 9.1% 上升到 22.8%。

2. 海洋船舶工业

金融危机之后，全球贸易量急剧下降，海洋船舶工业也驶入冰点，日本很多中小型船厂申请破产保护，船舶产业结构性调整势在必行。但从整体上看，日本仍是全球三大船舶主力制造国之一，在上一轮结构调整时日本已对造船企业进行了重组，在船市高峰期，日本国内也没有涌现出大量新生中小船企，所以在这一轮船市低迷时，日本造船业发展仍相对平稳，没有出现像中、韩两国结构调整一样的棘手难题。

在承接订单方面，日本船企在市场繁荣时适度接单的分寸把握得较好，在撤单潮中受冲击比韩、中两国相对要小。在发展思路上，日本目前的调整思路是直奔产品和技术。在发展方向上，在金融危机之后，日本船舶产业开始探索"稳增长、调结构"的可持续发展路径，稳增长即寻找新的产业增长点，游艇经济和海上军备出口可能成为两大突破口。调结构即调整产业内部结构，将目光投向海洋油气生产设备。游艇经济、海上军备出口和海洋油气生产设备三者共同构成了日本海洋船舶工业未来的发展方向。

3. 港口及海运业

新世纪日本的港口及海运业已成为海洋经济的重要支柱，呈现出新的发展态势：①港口高功能化。当前，日本产业结构面临的主要问题突出表现在高成本结构上，为改革贸易与港口的高成本结构，日本实施了一系列港口高功能化举措。②港口静脉物流据点化。2001 年 7 月，日本制定《新综合物流施政大纲》，以港口作为静脉物流网的据点，在全国先后指定 18 个港口，逐步构筑综合静脉物流体系，从 2002 年起，还在海运、铁路等运输行业，通过货主、物流企业等合作，实施降低环境负荷的相关举措，在确认已取得一定效果的情况下，由政府发给补助金。③船舶大型化。21 世纪随着亚洲经济的发展，日本海运业正在发生新变化，作为港口最大用户的船舶业为使集装箱船和能源运输船在激烈的市场竞争中取胜，纷纷以船舶大型化来降低成本。日本最新开发的 TSL（Techno Super Liner）船，兼备优越的适航性能与高装载能力，装有自动船舶识别系统，是超大型浮体式超高速客货船。

4. 海洋油气业

海洋油气业在日本经济发展中占有重要地位，也是海洋经济的重要支柱之一。近年日本海洋油气业的发展，呈现出开采、进口、储备齐头并进的态势。在海洋油气资源的开发与进口方面，日本的海洋油气资源储量少，开采量也不高，

20 世纪 60 年代是日本原油产量最高的时期，年均产量为 72 万吨，2000 年为 60.4 万吨。战后日本政府与企业尽管对有限的油气资源竭力进行开采，但毕竟因储量和技术限制，油气开采远不适应经济发展需要。近年来，日本为解决油气需求，看中了俄罗斯西伯利亚的油气资源，曾计划从国后岛铺设海上油气管道，经北海道直至千叶等地，成为海中干线输油管道。在国家石油储备方面，到 1996 年为止，日本已建成 10 座国家级石油储备基地，储备容量为 400 亿升，实际储备量已达 348 亿升。

5. 海洋矿业

世界范围内对稀有金属等资源的争夺正愈演愈烈。对资源小国日本而言，确保稳定的资源获取是当务之急。因此海洋资源备受关注。虽然日本矿产种类较齐全，但蕴藏量都很小，大部分矿产资源仍依赖进口。如 2013 年 1—4 月，日本进口稀土达 4 300 吨，其中，中国产稀土占 63%。① 为了加快对周边海域海洋资源的探测及开发速度，日本首先加快探测设备的研发和投入，如新型海洋资源调查船、无人深海探测器、自动潜航水下机器人等。截至目前，日本已经在海底发现了大量的可燃冰、稀土、海底热液矿产等稀缺资源，但鉴于目前的技术水平和开发难度，实现大规模的商业开发还有很长一段路要走。

6. 海上风电产业

福岛核电站事故后，开发核电以外的能源更成为当务之急，② 在海上风电领域，日本也是雄心勃勃，加紧技术研发步伐。2011 年，日本进行风镜型风车海上风力发电实验，2012 年开始进行浮体式海上风力发电实验，2013 年日本计划在其海岸线部署浮动风能发电站。据美国《新科学家》杂志报道，日本拟于 2013 年 7 月起，在距福岛市 16 千米的沿海建造共有 143 个风力涡轮机的全球最大海上风力发电场。如果完成，该项目将推动日本可再生能源产业飞速发展，进而摆脱对核能的依赖。③④

7. 海洋可再生能源产业

2012 年以前，日本尚未把波浪发电列为新能源，在开发上较难获得国家的支持，所以与其他国家相比发展较为缓慢。⑤ 受福岛核电站影响，日本政府开始注重海洋新能源开发。2012 年 5 月 25 日，日本政府召开综合海洋政策总部会议，决定致力于开发海洋能源。除海上风力外，还可以利用潮汐、海浪及海水温差进

---

① 日本进口中国稀土所占比重仍在提高[OL]. 环球网, 2013 - 06 - 30.
② 周周. 日本福岛将建全球第一个海上悬浮式风力发电站[OL]. 世界风力发电网, 2013 - 03 - 01.
③ 方新洲. 日本进行风镜型风车海上风力发电实验[N]. 中国海洋报, 2011 - 12 - 23.
④ 嘉敏. 日本建成大型海洋风力发电风车[N]. 中国海洋报, 2013 - 07 - 01.
⑤ 王磊. 日本将建设该国首家海水波力发电站[N]. 中国海洋报, 2009 - 09 - 08.

行发电。日本政府认为海上发电的潜力高于陆地。① 此次会议标志着政府层面开始关注和支持海洋能发展。

在技术研发上，海洋能发电处于小规模的实验阶段，尚未形成产业规模。2008 年，日本利用潮流发电实验成功，② 2009 年，日本称将建设该国首家海水波浪发电站，三井造船、出光兴产、风力开发三家公司目前正在推进日本国内首家波浪发电站的建设工作，预计该发电站的功率将达到 2 万千瓦。2011 年，日本龙飞崎海滨公园内利用隧道涌水发电成功，每小时可发电 24 千瓦，年发电量 21 万千瓦；冬季公园停业期间，还将其剩余的电卖给日本东北电力公司。

8. 滨海旅游业③

海洋旅游资源是日本重要的自然旅游资源，日本四面环海，海岸线为 3.2 万千米，是世界上海岸线最长的国家之一，滨海旅游业已成为日本重要的海洋产业。近年来日本沿海旅游业迅速发展，对滨海旅游业的重视程度也日益提高。主要表现在：①将旅游业置于战略产业地位。2002 年 12 月国土交通省制定《全球观光战略》；2003 年 1 月日本有识之士成立"观光立国恳谈会"，并提出"观光立国综合战略"；日本政府将 2003 年定为"访日旅游观光元年"，从此，旅游观光产业成为日本最重要的产业。②加速沿海旅游资源的开发与保护。如实施海中公园制度，指定海中公园地区。由环境大臣在国立、国定公园的海域内，指定海中公园地区，进行必要管理和开发。到 2003 年年末，日本在国立公园中指定了 33 个地区，在国定公园中指定了 31 个地区，共计指定了 64 个地区（2 664.2 公顷）的海中公园。③广泛开展沿海旅游活动。日本现有全国性旅游组织 30 多个，在国内外广泛开展旅游业务活动，2001 年导游的产值达到 2 亿日元以上。

除了上述产业以外，日本在海产品良种培育、海洋药物和海洋生物提炼方面已形成了规模产业，2000 年创产值约 150 亿美元。④

七、韩国

韩国海洋开发始于 20 世纪 60 年代，目前已形成以海洋船舶、海洋工程装备、海洋交通运输、海洋建筑、海洋水产、海洋旅游等为支柱产业的海洋经济体系。其中，海洋船舶和海工装备多年来稳居世界前三强，部分指标位于全球之首。从发展趋势来看，未来的韩国新兴和高端海洋产业发展速度可能超过传统海洋产业（如海运业、船舶业），跨海大桥和海上风电场、潮汐电站的建设将成为

① 众信. 日本将致力开发海洋能源[N]. 中国海洋报, 2012 - 06 - 01.
② 方新洲. 日本利用潮流发电实验成功[N]. 中国海洋报, 2008 - 06 - 24.
③ 杨书臣. 近年日本海洋经济发展浅析[J]. 日本学刊, 2006, 02：75 - 84.
④ 日本海洋经济发展概况及启示[OL]. 凤凰网, 2013 - 08 - 08.

拉动海洋经济的增长点，沿海旅游业将成为经济危机后恢复韩国经济增长，带动就业的主要动力。从对国民经济的贡献来看，2006 年韩国海洋产业增加值占全国工业增加值的 2.4%，见表 9 – 13。① 随着海洋产业门类的逐渐增多，海洋经济对国民经济的贡献也随之增大，目前初步估计在 5% ~7%。

表 9 – 13　2006 年韩国海洋产业产值和增加值(×10 亿韩元)

	所有工业增加值	海洋产业增加值	所有工业总产值	海洋产业总产值
海洋运输业		3 402 610 (0.399%)		19 872 555 (0.961%)
港口业		2 473 783 (0.290%)		4 379 334 (0.212%)
渔业和海洋产品	851 982 152	2 958 014 (0.347%)	2 068 807 934	10 220 020 (0.494%)
船舶工业		6 504 610 (0.763%)		23 222 843 (1.123%)
其他海洋产业		5 072 717 (0.595%)		9 653 175 (0.467%)
合　计	—	20 411 734 (2.396%)	—	67 347 927 (3.255%)

注：括号里的数字是海洋产业占工业的比重。

1. 海洋水产业

韩国的海洋水产业十分发达，近几年海洋水产品的产量维持在 325 万吨左右，占全国水产品总量的 99%，是世界第七水产大国。海洋水产业产值约占其海洋总产值的 1/3。从水产品产量结构上看，目前是以捕捞为主，现已建立一支拥有 734 艘船只的庞大远洋渔业队伍；海水养殖业发展也很快，全国有可养浅海滩涂面积 3 038 平方千米，已开发 1 800 平方千米，占可利用面积的 59%；韩国非常重视水产品加工业的发展，除了保鲜保活加工外，也向精细、方便加工方向发展，其加工水产品量约占水产品总量的一半以上(170 万吨)，其中保鲜冻品 140 万吨，精细加工水产品 32.5 万吨。从发展速度来看，远洋捕捞业发展速度最快。

2. 海洋船舶工业

韩国造船业在全球拥有强劲的竞争力，2010 年之前一直保持世界第一的位置，2010—2012 年连续三年落后于中国，2013 年上半年又略超中国居首位。2012 年韩国造船业新船订单量达到 746 万修正总吨，占全球造船项目订单量的 35%，订单金额达到 299.84 亿美元，其中钻井船的订单量占全球市场的 67%。② 根据 2013 年 6 月份的统计数据，韩国液化天然气(LNG)船手持订单占全球市场

---

① Chul – Oh Shin and Seung – HoonYoo. Economic Contribution of the Marine Industry to RO Korea's National Economy Using the Input – Output Analysis. Tropical Coast, 2009, 16(1)：27 – 35.
② 韩国海洋经济开发的经验与启示[OL]. 中国记协网，2013 – 07 – 02.

的份额由 2012 年的 73% 增加到 76%。① 在过去一年，韩国(含韩国企业在国外的造船厂)获得了全球成品油船 83% 的订单。② 2013 年上半年韩国承揽的船舶设备主要包括油轮、9 000 吨级大型集装箱船、液化天然气(LNG)船、海洋成套设备等订单。具体来看，韩国获得了全球油轮发货量 140 艘中的 85 艘、43 艘大型集装箱船中的 26 艘、21 艘液化天然气(LNG)船中的 12 艘、钻井船 3 艘、浮式生产储油卸油装置 2 个、液化天然气(LNG)浮式储油再液化装置 1 个。③

3. 海洋工程装备制造业

2008 年前，全球船舶业市场发展迅猛，导致金融危机后出现产能过剩，各国船企在订单荒面前纷纷转型求生。近年来，许多国家加大了海上油气资源的勘探与开采力度，韩国骨干造船企业及时抓住这一机会，利用自己在建造大型船舶过程中积累的技术优势，主动调整业务方向，积极开拓海上油气生产设备市场。海洋工程装备业顺应时势，成为造船业的主力。韩国海洋工程装备业与传统造船业的比重目前已经为 6:4，海洋工程装备业的未来非常光明。④ 事实证明，顺势转向使得韩国造船业的产品结构成功实现升级。与传统船舶订单相比，海上油气生产设备不仅订单规模大，附加值也更高。据韩国造船业界人士透露，与相同吨位的运输船舶相比，海上钻井平台的价格要高出 5 倍左右，而建造钻井平台所需的钢板原材料只不过是船舶的一半。由此可见，目前韩国造船业的生产结构变化不仅有利于实现利润最大化，同时也为其继续保持世界领先地位打下了基础。

2012 年 5 月，韩国"海工装备产业发展方案"最终定稿，这标志着韩国发展海工装备的路线图正式绘就。该方案是韩国今后产业发展战略的重要组成部分，主要包括 4 个方面的内容：①2020 年，韩国企业海工装备接单金额达到 800 亿美元；②将海洋工程装备及配套物资设备国产化提高到 60%；③培养海洋工程装备领域专业人才；④在水面和海底海洋工程装备领域形成综合竞争力。通过实施该方案，韩国要将海洋工程装备业发展成为其"第二造船产业"。⑤

4. 海洋交通运输业

受全球经济复苏缓慢的影响，海洋交通运输业持续低迷，韩国沿海港口货物、集装箱吞吐量仍处于低位运行。韩国国土海洋部 2013 年 1 月 30 日公布的统计数据显示，2012 年韩国各港口货物吞吐量计 13.3 亿吨，同比增加 1.6%。其中，釜山港 3.1 亿吨，增加 5.9%；光阳港 2.4 亿吨，增加 7.1%；蔚山港 2.0 亿

---

① LNG 船市场扩张韩国三大巨头将受益[OL]. 国际船舶网, 2013 – 07 – 12.
② 全球 83% 成品油船韩国制造[N]. 造船海洋日刊, 2013 – 05 – 24.
③ 今年上半年韩国船舶建造量超我国[OL]. 中国网, 2013 – 07 – 12.
④ 海工孕育千亿级蛋糕熔盛海事"出航"新加坡[N]. 第一财经日报, 2012 – 10 – 22.
⑤ 牛序谋. 韩国海工装备产业发展路线图绘就[N]. 中国船舶新闻网, 2012 – 09 – 19.

吨，增加 1.6%；仁川港 1.4 亿吨，减少 2.9%。上海国际航运研究中心发布的全球港口发展季报显示，2013 年第一季度韩国港口持续低迷，第一季度韩国港口共完成货物吞吐量 3.3 亿吨，较去年同期下跌 2.0%。

2012 年韩国全国港湾的集装箱吞吐量为 2 249.7 万标准箱，比 2011 年的 2 161.1 万标准箱增长 4.1%。港湾的集装箱吞吐量 2011 年首次突破 2 000 万标准箱以后，连续两年超过 2 000 万标准箱。由于釜山港的转运货物增加，光阳港吞吐量增加等因素，促使港湾的总集装箱吞吐量出现增加。釜山港的转运货物为 810 万标准箱，光阳港货物吞吐量为 214.4 万标准箱，同比增长 2.8%。仁川港货物吞吐量同比减少 1.4%，为 197 万标准箱。光阳港的吞吐量自开放港口以来连续三年达 200 万标准箱，而仁川港的吞吐量受与中国交易量减少的影响，不到 200 万标准箱。随着世界经济全盘低迷，货物吞吐量增速有所减缓，但转运货物增加使全国吞吐量连续两年超过 2 000 万标准箱。2013 年第一季度，韩国港口共完成集装箱吞吐量 557.38 万标准箱，同比增长 3%，但较 2012 年第一季度下滑两个百分点，表明韩国集装箱港口仍处于低位运行。

5. 海洋建筑业

韩国海岸地区由 3 174 个岛屿围绕，大多数岛屿有人居住，90% 的岛屿集中于半岛的南岸和两岸地区，其中大多数距离大陆在 1 千米以内。由于韩国政府的政策目标是地区平衡发展，因此要将 3 000 个岛屿与本土连接，近年来进行了史无前例的跨海桥梁建设活动，以跨海大桥为主的海洋建筑业蒸蒸日上。特别是在全罗南道，不停顿的跨海桥梁建设活动使桥梁数量持续增加，省政府计划修建总数 102 座桥梁连接较大岛屿，其中 33 座桥已建成，21 座正在施工中，48 座在规划中。

现在，韩国的桥梁工程师用国内技术来进行设计和施工，已达到很高的水平，能进行许多跨海大桥的安装。仁川斜拉桥居世界斜拉桥的第 5 位；光阳悬索桥主跨 1 545 米，居世界第 3 位。[①] 仁川大桥于 2009 年 10 月正式开通。仁川大桥的建设给仁川经济自由区带来 312 万亿韩元的生产效益，创造了 484 万个就业岗位，每年节约高达 4 800 亿韩元(约合 4.13 亿美元)的物流费用。除经济效益外，仁川大桥还以雄伟壮观的跨海大桥和秀丽风光相协调的新旅游景点广受欢迎。

6. 海上风电产业

韩国尚未进入海上风电强国之列，但海上风能资源非常丰富，近年来政府加大了对海上风电的扶持力度，将风能作为未来替代化石能源的主要清洁能源技术

---

① 韩国近年来大型桥梁发展综述[OL]. 中国桥梁网, 2010 - 03 - 25. 译自 Hyun - Moo KOH, JinkyoF. CHOO："Recent Major Bridges in Korea"，刊于 IABSE 2009 年上海会议论文集"Recent Major Bridges". http://www.cnbridge.cn.

进行重点支持。为此，展开"海上"攻势，加大海上风电项目投资力度，提高海上风电项目的贡献率。① 目前，韩国已在沿海地区建设了一些风电场，政府支持力度还在不断加大。2010 年 11 月 2 日，韩国知识经济部召开了海上风力促进合作会议，发布了《海上风力促进计划书》，计划至 2019 年累计投入 9.259 万亿韩元，在韩国西南海域建设发电能力达 2 500 兆瓦的海上风力发电产业基地，以期先期抢占全球海上风力发电市场，使韩国进入全球三大海上风力发电强国之列。

该风力发电基地计划分为 3 期工程。一期工程为 2011—2013 年，拟投资 6 036 亿韩元建设 100 兆瓦规模的国产海上风力发电机组测试基地，用以积累风力发电组运行的相关经验。二期工程至 2016 年，拟投资 3 万亿韩元将测试基地的发电能力扩大至 900 兆瓦，三期工程至 2019 年，拟投资 5.63 万亿韩元安装 300 台 5 兆瓦级风力发电机，进而使总发电能力达到 2 500 兆瓦。虽然韩国的海上风力发电产业还处于起步阶段，但在造船、海上平台、建筑、电器等关联产业均具有较强竞争力，因此海上风力发电产业抢占全球市场很有希望。

7. 海洋可再生能源产业

与海上风力发电一样，韩国的潮汐能发电也在快速建设之中。2011 年，韩国完成了世界装机容量最大（25.4 万千瓦）的潮汐发电站——希瓦潮汐能发电站建设。② 希瓦潮汐能发电站本预定于 2011 年 11 月投入运转，但为了满足不断增大的电力需求，其中 6 台机组提前投入了使用。涡轮机全部投入运转后，其规模将超过法国朗斯潮汐能发电站（24 万千瓦），成为世界第一。

更大规模的潮汐能发电站也在计划之中。韩国计划利用防潮堤连接仁川国际机场周边的几座岛屿进行发电。发电规模为 132 万千瓦，规模之大堪比大型火力发电站和核电站。除了这项计划外，韩国还计划在 2013 年之前，把位于全罗南道珍岛，于 2009 年起投入使用的 1 000 千瓦潮汐能发电站扩建到 9 万千瓦。此外，在全国各地还有加露林湾潮汐能（52 万千瓦）、江华潮汐能（84 万千瓦）、仁川湾发电站（100 万千瓦）等诸多电站建设计划。③④ 仁川湾发电站已经从 2013 年 6 月起开工建设。此外，2010 年首尔公布了一项五年计划，要斥资 360 亿美元发展可再生能源，作为下一次经济增长的引擎，而目标是成为全球新能源领域的前五强之一。⑤ 除了潮汐能之外，利用海流和波浪的发电技术也在开发之中。

---

① 韩国风电大力发展海上风电[OL]. 世界风力发电网，2012 - 01 - 05.
② 韩国、英国强化海上风电等能源合作[OL]. 北极星电力网，2012 - 07 - 18.
③ 韩国：可再生能源普及率偏低，以风电和潮汐发电谋求改变[OL]. 人民网 - 财经频道，2013 - 01 - 04.
④ 韩国海洋经济开发的经验与启示[OL]. 中国记协网，2013 - 07 - 02.
⑤ 韩国欲成为全球新能源领域前五[OL]. 世界风电网，2010 - 11 - 07.

8. 滨海旅游业

韩国旅游资源很少，但是开发利用却非常成功。自 2006 年起每年呈递增态势，2010 年首次突破 100 亿美元，2012 年突破 142 亿美元，月均旅游收入首次突破 10 亿美元。[①] 其中，滨海旅游业的贡献不容忽视，滨海旅游业已经形成了独特的"韩国开发模式"。产业政策扶持、整合旅游产业链（包括影视游、医疗游、留学游等）以及实施旅游目的地营销三大"法宝"，成就了韩国滨海旅游业发展的神话。这种模式能够集中、统一、高效配置目的地各种营销资源，从而走出了一条"低投入、高产出"的营销模式。

韩国着力打造济州岛旅游度假区和多个海岸旅游群开发区。济州岛充分发挥世界首个全岛自然文化遗产优势，大力发展休假游、游轮游、潜水游、渔民生活体验游等多种旅游方式。济州岛年接待游客 1 000 万人次，其中外国游客 168 万人次，特别是中国游客近年来增速明显，达到 100 万人次。此外，韩国南海岸的旅游群开发计划包含 13 个市郡，构建不同的开发主题，着力打造"海洋旅游群"，从地理上、空间上和邻近的旅游设施建立联系，提高地区旅游竞争力。如全罗南道开发的主题邮轮，宝城郡的主题是恐龙，顺天市的主题是湿地，珍岛郡的主题是岛屿开发等。

除了传统的海岸观光旅游、购物游和文化游之外，韩国沿海地区的特色旅游业也非常发达。医疗旅游业、影视旅游和留学旅游业是三大典型的特色旅游业。韩国的医疗旅游业的发达程度世界领先，目前访问韩国接受治疗（整形）的外国游客年增长 37%。韩国影视产业与其他产业形成了共栖、融合和衍生的互动关系，其连带和波及效益是无法用销售额来估价的。仅 2004 年，就有 71 万人次的海外游客是直接或间接受其影响赴韩国旅游的，这些"影迷"给韩国带来了 7.8 亿美元的收入。韩流时尚还带来了韩国留学潮，一大批青年学者前往首尔、釜山等地留学。留学旅游业不仅促进文化传播，还能带来巨大的经济利益。

八、越南

越南的海洋经济主要由渔业、油气业、海运业、滨海旅游业、制造业及建筑业等组成。[②] 2007 年，越南海洋经济产值约为 70 亿美元，占 GDP 的 12%。[③] 2013 年 6 月，越南政府副总理武文宁在越南海洋海岛周期间表示："近些年来，

---

① 2012 年韩国旅游收入创新高，突破 142 亿美元[OL]. 凤凰网，2013 - 02 - 07.

② Vu Si Tuan, Nguyen Khac Duc. The contribution of Viet Nam's economic marine and fisheries sectors to the National Economy from 2004—2007, Tropical Coasts, 2009, 16(1)：36 - 39.

③ 越南将扩大海洋经济［N］. 越南《经济时报》，2007 - 05 - 03. 中国东盟资讯网 www. cainfo. com. cn.

海洋资源为国家经济发展作出了巨大贡献。海洋和沿海经济不断发展，目前占国内生产总值的48%，其中海洋经济占22%。石油、航海、水产、海洋旅游等海洋经济拳头产业良好增长。多项海洋资源得到了有效开采和利用，服务于国家建设事业和人民日常生活。"[1]

1. 海洋渔业

渔业是越南重要的产业之一，丰富的海洋渔业资源为越南发展捕捞和养殖渔业提供了良好的资源保障。1990年，渔业总产量100多万吨，2000年渔业总产量翻了一番，达到200多万吨，年均增长7.05%。2000年，越南政府提出经济发展的方向要"从稻米生产转向鱼虾与海洋水产养殖"后，渔业产量实现了快速增长，到2010年渔业总产量已达到510多万吨，年均增长10.25%。其中，捕捞产量为245万吨，养殖产量（含咸淡水养殖，编者注）为270万吨。水产品出口创汇也由2001年的不到18亿美元增长到2010年的50多亿美元。越南渔业产量增长主要依靠养殖业的不断扩展，养殖产量占渔业产量的比重从1990年的30%增长到2010年的52%。见表9-14。

表9-14　越南捕捞和养殖渔业产量（1990—2010年）

年份	捕捞/吨	养殖/吨	总产量/吨	出口价值/×10³美元	出口增长率/%
1990	709 000	310 000	1 019 000	205	
1991	714 253	347 910	1 062 163	262 234	27.92
1992	746 570	351 260	1 097 830	305 630	16.55
1993	793 324	368 604	1 161 928	368 435	20.55
1994	878 474	333 022	1 211 496	458 200	24.36
1995	928 860	415 28	1 344 140	550 100	20.06
1996	962 500	411 000	1 373 500	670 000	21.80
1997	1 062 000	481 000	1 543 000	776 000	15.82
1998	1 130 660	537 870	1 668 530	858 600	10.64
1999	1 212 800	614 510	1 827 310	971 120	13.11
2000	1 280 590	723 110	2 003 700	1 478 609	52.26
2001	1 347 800	879 100	2 226 900	1 777 485	20.21
2002	1 434 800	976 100	2 410 900	2 014 000	13.31
2003	1 426 223	1 110 138	2 536 361	2 199 577	9.21
2004	1 923 500	1 150 100	3 073 600	2 400 781	9.15

---

[1]　苏俊. 越南可持续发展海洋经济. 越南之声（VOVworld），2013.

（续表）

年份	捕捞/吨	养殖/吨	总产量/吨	出口价值/×10³ 美元	出口增长率/%
2005	1 995 400	1 437 400	3 432 800	2 738 726	14.08
2006	2 001 656	1 694 271	3 695 927	3 357 960	22.61
2007	2 075 000	2 123 000	4 197 000	3 763 000	12.40
2008	1 850 000	3 399 000	5 249 000	4 509 000	19.82
2009	2 277 700	2 569 900	4 847 600	3 488 000	11.12
2010	2 450 800	2 706 800	5 157 600	5 034 000	18.40

数据来源：Nguyen Minh Duc. Value chain analysis. 2011. http：//www. fao. org/valuechaininsmallscalefisheries/participatingcountries/vietnam/en/.

根据越南水产总司的统计数字，2012 年越南的渔业总产量达到 590 万吨，比 2011 年增长 8.5%，其中捕捞产量为 270 万吨，增长 10%；养殖产量为 320 万吨，增长 6.8%。水产品出口创汇 61 亿美元，水产品为全国提供了 40% 的动物蛋白，为 400 万人提供了就业机会。①

2. 海洋油气业

2013 年 2 月，越南国家油气集团宣布该集团基本完成 2012 年的目标和任务，旗下各单位营业额达 773.7 万亿越盾（约合 387 亿美元），超过计划目标的 17.2%，同比增长 14.6%。该集团 2013 年的计划目标是油气开采总量达到 2 520 万吨，营业额达到 646.5 万亿越盾（约合 323 亿美元）。②

越南海洋石油勘探和生产最活跃的地区是胡志明市外海的九龙盆地（Cuu Long Basin）。越南的海洋石油开采始于 20 世纪 80 年代中期，白虎油田（Bach Ho）的产量几乎占越南全国产量的 50%。③ 在 2003 年达到 26.3 万桶的最高日产量后，从 2004 年开始逐年下降，到 2011 年初下降到日产 9.2 万桶。预计到 2014 年，白虎油田的日产量会下降到 2 万～2.5 万桶。2004 年，越南的石油日产量达到 40 万桶的最高产量，但产量此后缓慢下降，2011 年仅为 32.6 万桶。根据 EIA 预测，鉴于若干座小油田在 2015 年将进入生产，在未来两年内，越南海洋石油的日产量将增长 5 万桶。

① Intervention of the Vietnamese Delegation at the meeting of Fisheries Committee of the European Parliament. 2013 - 04 - 23. www. europarl. europa. eu/... /201304/20130424ATT65018/20130424ATT65018EN. pdf.

② 越南油气集团 2013 年营业额计划减少 64 亿美元［OL］. 中国日报网，2013 - 02 - 07. www. chinadaily. com. cn/hqcj/gjcj/2013/.

③ U. S. Energy Information Administration. Country Analysis Brief - Vietnam. 2012. www. eia. gov/countries/cab. cfm? fips = VM - Cached.

越南的天然气几乎全部生产自九龙、南昆山和马来三个海上盆地。2010年，越南的海洋天然气产量是82亿立方米，日产量为2 265万立方米，这个产量是2005年的一倍以上，预计2015年日产量将达到3 964万立方米。目前，越南的天然气可以自给自足。但根据越南国家天然气总体规划，到2015年天然气消费量将从2010年的82亿立方米增长到138亿立方米，消费量将超过产量。

3. 港口和海洋交通运输业

越南的海港主要由中小型港口组成，大部分的大港口，如胡志明港和海防港位于河道内，出海口深度不足。位于大城市的海港，疏港路配套系统不完善。除了一些新建的海港外，大部分海港已经运营多年，投资不足，老化严重，导致吞吐能力低下。① 目前，越南正在逐步改善港口基础设施和提高港口后勤物流服务质量。

最近几年，越南港口的吞吐能力以每年15%的速度增长。2011年，港口吞吐量达到2.9亿吨，预计2015年达到5亿~6亿吨，2020年达到9亿~11亿吨，2030年达到16亿~21亿吨。在国际航运方面，越南航运公司仅占需求量的20%，80%是由外国航运公司承担的，这个现实迫使越南政府和航运公司采取长期、稳健的发展战略，提高其占国际航运量的比例。②

2010年年末，越南共拥有1 636艘运输船，总吨位达到450万总吨，710万载重吨，总吨位比2005年增长108.8%。2010年，越南海上运输货物达到8 800万吨，比2005年增长109.4%，其中国内运输货物为2 640万吨，国际运输货物为6 240万吨。

目前，越南海港运输主要由通货港和专业港组成，集装箱港口的作用较小。③越南港口可容纳从8万到10万载重吨的集装箱轮船。集装箱港主要是胡志明港（承担全国72%的货运量）、海防港（20%）、凯莱（Cat Lai）港（4%）、岘港（1%）和归仁港（1%）以及2010年投入运营的位于巴地-头顿省的两个新港。此外，越南还在盖梅-施威（Cai Mep - Thi Vai）深水港试点接纳和装卸15万载重吨的集装箱船。

4. 海洋旅游业

海洋旅游是越南旅游业中游客数量最多、外汇收入最高的部门，对国民经济的贡献率占越南旅游业总贡献率的70%，为国家五大海洋行业之一。但是，根据2007年越南国家统计局的数字，海洋旅游对越南GDP的贡献仅达到1.94%，

---

① Istituto nazionale per il Commercio Estero. An Overview on the Logistics Market in Vietnam. 2011, 18.
②③ Tu Linh. Long - term Strategy, Right Investment Needed to Increase Shipping Market Share Posted. 2012 - 04 - 25.

是所有海洋部门中最低的。①

2011 年，越南宣布当年为国家旅游年，其主题是"海洋和岛屿旅游"。根据越南国家统计局统计，2011 年前 7 个月，越南接待国际旅游 342 万人次，比 2010 年增长 17.3%。其中，大约 200 万游客以休闲和探险为目标，比 2010 年增长 11.3%；大约 58.6 万人次以探亲为目标，比 2010 年增长 68.7%。2011 年全年的国际游客数量为 600 万人次左右。

2012 年，越南接待国际游客 684.7 万人次，比 2011 年增长 9.5%；国内游客 3 250 万人次，比 2011 年增长 8%；旅游总收入 160 亿越南盾，比上年增长 23%。2013 年，越南旅游业的目标是接待国际游客 720 万人次、国内游客 3 500 万人次，分别比 2012 年增长 5.2% 和 7.7%，总收入 190 亿越南盾，增长 18.8%。

越南也在计划发展海上休闲旅游业。目前越南的休闲船数量不超过 150 艘，低于市场的潜在容量和需求。目前，越南的休闲船是传统的木船，不久之后，将有玻璃钢船投入市场。②

九、马来西亚

海洋为许多马来西亚人提供了生计，也是国家社会经济赖以发展的主要资源，为马来西亚的经济发展做出重大的贡献。马来西亚把海洋经济定义为与海洋相关，促进经济收入、就业和投资的各种经济活动，由海洋捕捞和养殖渔业、港口航运业、船舶修造业、海洋油气业、滨海旅游业以及海洋国防、海洋工程建筑、海洋装备制造业、海洋服务业和海洋科研教育业等组成，限于数据的可获得性，本文仅讨论马来西亚海洋捕捞和养殖渔业、港口航运业、船舶修造业、海洋油气业、海洋旅游业。

1. 捕捞和养殖业

马来西亚拥有丰富的渔业资源，全国共有四大渔场，即马来半岛东西沿海、沙捞越与沙巴外海渔场，大部分的渔场均在 40 米等深线以内水域，相对靠近红树林区。近岸海域（离岸 30 海里以内）既有传统作业，又有商业作业，但深海主要是商业作业。传统作业渔船数量远超过商业作业，但后者捕获量占全国产量的 81% 左右。

海洋捕捞业是马来西亚经济的重要行业，不仅提供了主要的食物来源，而且

① Vu Si Tuan, Nguyen Khac Duc. The contribution of Viet Nam's economic marine and fisheries sectors to the National Economy from 2004—2007. Tropical Coasts, 2009, 16(1): 36-39.
② Andrew. Vietnam Marine Engineering Service Limited Company. http://www.shipforent.com/index.php, 2010-12-14.

增加了外汇收入，提高了就业率。渔业为国民提供了22%的总蛋白质，为动物提供了50%的饲料。在总捕捞量中，75%为人类食用，25%加工为肥料和鱼粉。2010年，马来西亚人均消费56千克水产品，使得水产品成为战略性食品种类。①

根据马来西亚渔业部门数据，2007年，马来西亚海洋总捕捞量为138.1万吨，产值50.4亿令吉（约15.1亿美元），对GDP的贡献率达到1.2%。其中，近海捕捞量为111.7万吨，占总量的81%左右，产值为41.7亿令吉；深海捕捞量为26.4万吨，占总量的19%左右，产值为8.7亿令吉。每船年均渔获量38吨。与2003年相比，产值增长了25.6%，见表9-15。

表9-15　2003—2007年马来西亚平均渔获量和产值

年份	渔船数量(不含无动力船)/艘	总渔获量/吨	平均渔获量/(吨·船⁻¹)	总产值/令吉	平均产值/(令吉·船⁻¹)
2003	32 728	1 283 616	39	4 013 619 991	122 636
2004	33 380	1 331 645	40	4 241 449 745	127 066
2005	33 316	1 209 600	36	4 017 520 520	120 588
2006	35 636	1 379 770	39	4 916 688 195	137 970
2007	36 644	1 381 424	38	5 039 916 177	137 537

从20世纪70年代以来，马来半岛水域的底栖鱼类资源下降了90%，沙巴和沙捞越水域下降了60%~70%。② 渔业补贴刺激导致过度捕捞是马来西亚渔业资源量下降的原因之一，渔业资源量下降转而刺激了水产养殖业的发展。从1995年到2000年，捕捞渔业的产量和产值的年增长率分别为3%和7%；同期，水产养殖的产量和产值的增长率分别为5%和18%。③ 2002年，水产养殖产量增长5.8%，而捕捞渔业产量却下降了2.7%。除了资源原因外，水产养殖产品市场价格高且稳定以及政府把水产养殖业列为农业提高竞争力的主要领域有关。④

① Abdullahi Farah Ahmed, Zainal Abidin Mohamed, Mahfoor Harron. The Influence of Consumer's Sociodemographic Factors on Fish Purchasing Behavior in Malaysia. Agribusiness and Information Systems. Faculty of Agriculture, Universiti Putra Malaysia.

② Abu Talib A, Mohd Isa M, Mohd Saupi I, et al. Status of demersal fishery resources of Malaysia//Silvestre G, Garces L, Stobutzki I, et al. Assessment, Management and Future Directions for Coastal Fisheries in Asian Countries. WorldFish Centre Conference Proceedings. 2003: 1120.

③ Based on data from Malaysian Fisheries Directory 2002. Asia Medialine Sdn Bhd, 2002: 38-39.

④ Ahmad Faiz A N, Khairuddin I, Shaffril H A M, et al. Aquaculture industry potential and issues: a case from cage culture system entrepreneurs: suggestions for intensification of aquaculture industry. Journal of Social Science, 2010, 6(2): 206-211.

水产养殖是马来西亚农业发展中的重要行业,马来半岛的水产养殖始于 20 世纪 20 年代,30 年代从淡水养殖再发展成咸淡水养殖。但在东马的沙巴和沙捞越,直到 20 世纪 90 年代初期才开始发展水产养殖。水产养殖对马来西亚 GDP 的贡献在上升,2003 年的贡献率为 0.283%,2004 年为 0.366 6%,2006 年为 0.3%,因此第三次国家农业政策(1998—2010 年)把水产养殖业确定为马来西亚提高农业竞争力的主要领域。

从 2003 年开始,政府实施了许多项目计划,投资水产养殖工业园区,改造和修建水产养殖设施,提高水产养殖的潜力,降低渔业资源压力、满足国内市场需求、增加出口创汇产品和增加就业机会。[1] 目前,水产养殖包括淡水、咸淡水和海水水产养殖,[2] 主要是咸淡水网箱养殖。马来西亚的养殖面积稳定上升,2008 年为 162 万平方米,2009 年增长为 174 万平方米,2012 年养殖面积达到 200 万平方米。[3] 国际粮农组织统计资料说明,2010 年,马来西亚的水产养殖产量高于 58 万吨,增长率达到 36.6%,其中,咸淡水网箱养殖产量 28 万吨,产值 110 万美元。

2. 港口航运业

在 20 世纪 80—90 年代,东南亚经济快速增长,马来西亚的港口也实现了巨大的发展,为航运业服务和内陆运输系统起到了纽带作用。如今,马来西亚的港口具有世界级的设施,并且已成为公路、铁路、航运以及空运等交通方式重要的连接点。全国的主要海港,如槟榔屿港、巴生港和丹戎帕拉帕斯港,具有极好的基础设施和连接性,且都位于太平洋—印度洋之间最为繁忙的马六甲海峡沿岸。

马来西亚拥有 1 000 总注册吨位及以上的船舶 526 艘,占世界总运输吨位的 1.12%。2011 年,马来西亚船东协会成员共有 822 艘船舶,注册总吨为 793 万吨,1 151 万载重吨。马来西亚的航运业在 2011 年 1 月 1 日位列全球第十九位,海上贸易量在 2010 年位列全球第十八位,占世界海洋贸易量的 1.3%。

2005—2010 年,马来西亚港口货运量逐年提升。全国 14 个主要港口的货运量从 2005 年的 33 万载重吨增长到 2010 年的 44.5 万载重吨,增长速度为 35%。其中,丹戎帕拉帕斯港和巴生港增长最快,分别从 2005 年的 11 万载重吨、6 万载重吨增长到 2010 年的 16.9 万载重吨、9.8 万载重吨,增长速度分别为 64.1%

① Ministry of Finance Malaysia. Economics report 2011. Kuala Lumpur:Ministry of Finance Malaysia. 2011.

② Rosita Hamdan, Fatimah Kari, Azmah Othman, et al. Climate Change, Socio-economic and Production Linkages in East Malaysia Aquaculture Sector, International Conference on Future Environment and Energy IPCBEE. 2012,28:201–207.

③ Department of Fisheries Malaysia (DOF). Statistics on Aquaculture Retrieved. 2012 – 09 – 24. http://www.dof.gov.my/html/themes/moa_dof/documents/jadual_pendaratan_marin_%20aquaculture.pdf.

和 53.7%。见表 9 - 16。

表 9 - 16　马来西亚港口货运量(载重吨)

港口	2005 年	2006 年	2007 年	2008 年	2009 年	2010 年	2011 年 第一季度	2011 年 第二季度
巴生港	109 659	122 004	135 514	152 348	137 615	168 558	44 966	48 168
槟城港	23 566	23 897	27 491	25 999	24 278	28 923	6 784	7 347
柔佛州	28 563	27 467	28 842	29 772	25 234	28 129	8 098	8 051
关丹港	9 411	10 673	10 065	9 605	10 273	12 079	3 427	3 783
民都鲁	36 441	36 506	38 585	40 471	38 444	40 538	10 528	10 239
Tg. Bruas	450	406	606	557	463	451	103	94
古晋	7 489	7 203	7 647	7 551	6 892	8 212	2 028	2 190
米里	5 046	5 615	6 839	6 838	5 633	6 156	1 502	1 518
拉让	4 723	4 833	4 973	5 008	4 737	5 186	1 181	1 231
沙巴港	26 174	26 140	29 153	28 500	24 770	28 388	6 391	6 863
波德申	12 101	12 047	12 795	11 857	14 048	12 657	3 455	3 059
甘马挽	3 020	3 268	3 798	3 913	3 723	4 308	745	775
伊瓦	3 583	3 758	3 763	4 123	4 019	3 952	1 031	855
丹戎帕拉帕斯	59 521	68 776	83 689	87 939	90 447	97 656	26 077	28 138
总 计	329 747	351 593	393 760	414 281	390 576	445 193	116 316	122 312

2005—2010 年，马来西亚港口集装箱货运量也在逐年提升。全国 10 个主要集装箱港口的货运量从 2005 年的 1 200 万标准箱增长到 2010 年的 1 841 万标准箱，增长速度为 52.8%。其中，增长速度最快的前四个港口是米里港、民都鲁港、巴生港和丹戎帕拉帕斯港，其增长速度分别为 95.3%、70%、60% 和 56.5%。见表 9 - 17。

按照集装箱吞吐量计，巴生港从 2008 年的世界第 16 位上升到 2010 年的第 13 位，丹戎帕拉帕斯港依然维持在世界第 17 位。巴生港 2012 年的集装箱吞吐量达 1 000 万标准箱，相比 2011 年增长 4.1%，2013 年吞吐量可达 1 400 万标准箱，跃升为全球第 12 大港口。该港计划加深南航道的深度，从原有 16.5 米挖深至 18 米，同时也会针对南航道的导航，以及陆路交通运输研究及改善之道，使该港在 2018 年达到 1 800 万标准箱。①

---

① 巴生港口跃升全球第 12 大港口[N]. 南洋商报，2013 - 04 - 03.

表 9 - 17　马来西亚港口集装箱货运量（标准箱）

港　口	2005 年	2006 年	2007 年	2008 年	2009 年	2010 年	2011 年第一季度	2011 年第二季度
巴生港	5 543 527	6 346 295	7 118 714	7 973 579	7 309 779	8 871 745	2 260 081	2 429 241
槟城港	795 289	849 730	925 991	917 631	958 476	1 108 428	278 161	63 282
柔佛州	842 303	880 611	927 284	934 856	844 856	876 268	216 152	195 281
关丹港	119 075	125 920	127 600	127 061	132 252	142 080	33 740	31 873
民都鲁	147 800	199 704	251 800	290 167	248 390	251 284	47 445	57 567
古晋	143 096	152 394	163 338	171 943	161 091	190 642	49 538	53 204
米里	14 823	16 837	21 159	28 085	25 102	28 959	7 275	8 189
拉让	54 377	53 741	65 908	74 320	66 210	80 333	20 154	22 895
沙巴	208 488	227 084	271 471	292 688	277 905	98 873	80 705	88 984
丹戎帕拉帕斯	4 177 123	4 637 419	5 297 631	5 466 191	5 835 085	6 535 838	1 733 233	1 818 116
总计	12 044 229	13 489 735	15 170 896	15 170 896	15 859 146	18 409 525	4 726 484	4 768 631

3. 修造船业

马来西亚拥有若干个世界级的船坞，最大造船能力达到 100 万载重吨，大部分船坞也有修理业务。2004 年，拥有最大船坞的马来西亚海运和重型机器制造业公司成为马来西亚国际船运有限公司（MISC）的子公司，标志着修造船业向更高的水平发展。[①]

2010 年，马来西亚修造船产量占世界的 1.25%，修造船业收入 73.6 亿令吉，提供了 3.1 万个就业机会。2010 年新造的 252 艘船中，有 65% 在沙捞越建造，出口 72 艘船，价值 11.2 亿令吉，占总造船量的 28.6%。2011 年，马来西亚修造船业收入约 70.5 亿令吉（23.4 亿美元），比 2010 年下降了 4%。吸引投资 60 亿令吉（19.9 亿美元），其中造船业、修船业、制造业和其他行业的比例分别为 57%、18%、17% 和 8%。

马来西亚地方船坞建造的船舶类型包括近岸船、集装箱船、散货船、油轮、专用船、外海船、客运轮、公务船和其他船舶。从类型上看，地方船坞建造的近岸船舶最多，2011 年的比例高达 70% 以上；从数量上看，2009 年建造的船舶数量最多，达 300 多艘，之后开始下滑。其中 2010 年近岸船舶的建造数量降低到不足 150 艘，为 6 年间最低。与 2010 年相比，2011 年建造的船舶数量略有增长，其中近岸船舶数量增长较快，增加到 200 多艘，增幅达 40% 多。2009—2011 年的 3 年间，地方船坞制造的新船数量相对稳定，诗巫依然是最主要的修造船基地，其次是米里，每年分别制造 142 艘和 55 艘新船。

2006—2011 年的 6 年间，马来西亚进出口船舶修造数量和吨位呈明显波动状态，见图 9-2。从进口来看，2008 年达到最高，约 180 艘，之后开始下滑，到 2011 年则降到约 70 艘；进口船舶的数量下降，说明本国船东对地方船坞的信任。从出口来看，2009 年达到最高，接近 150 艘，到 2010 年则下滑到约 80 艘，2011 年略有上升，约 120 艘。出口数量下降说明由于全球经济衰退，地方船坞难以占领外国的造船市场。从吨位上看，6 年间进口船舶总吨位在 25 万～250 万总注册吨位之间，其中 2007 年最高，超过 250 万总注册吨位；出口船舶总吨位近 4 年基本保持在 7 万～8 万总注册吨位之间。

马来西亚在其《第三个产业计划（2006—2020 年）》中，把修造船业确定为支持航运业和贸易增长的战略性产业。2011 年，马来西亚编制了《造船/修船产业 2020 年战略计划》，目标是跃升为世界主要修船国之一。在造船方面，计划到 2020 年占领国内市场的份额从 50% 增长到 80%，占领国际市场的份额从 1.0%

---

① Nazery Khalid，Zuliatini Md Joni. The Importance of the Maritime Sector in Socioeconomic Development：A Malaysian Perspective East Asian Seas Congress. Manila：2009 - 11 - 23.

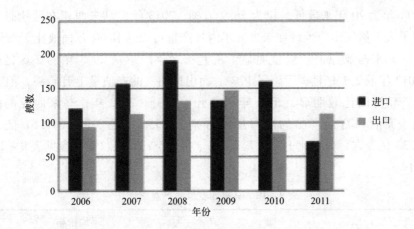

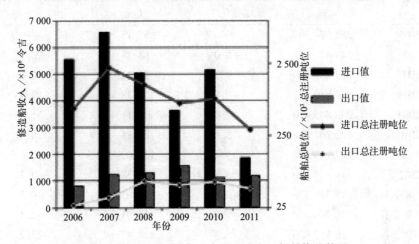

图 9 - 2　2006—2010 年马来西亚进出口船舶修造数量

增长到 2%。在修船方面，计划为马六甲海峡中 3% 的船舶和南海 80% 的海洋构造物提供维修服务。预计到 2020 年，产值率和就业率将分别增长 10% 和 6%，即形成 190.9 亿令吉(60.4 亿美元)的产值和 5.55 万个就业机会。而实现目标的主要措施之一，是提高国内 3 万载重吨以上的小型船舶建造能力。

4. 海洋油气业

马来西亚所有的石油均来自海上油田。马来西亚的油气业由上、中、下游行业组成。上游行业包括油气的勘探、开发和生产；中游和下游行业从运输、精炼一直延伸到终极产品的营销和贸易。自 1910 年在沙捞越打下第一口井起，马来西亚的油气产业始终是国民经济的主要驱动力，产量在 20 世纪 90 年代达到高峰，日产量曾达到 60 万桶。

马来西亚的油气产量中，天然气的产量占 60% 左右，2012 年产量为 58.6 万桶，2011 年为 20 年来最低，仅为 56.9 万桶。2013 年，马来西亚在沙捞越和沙巴发现了大天然气田，预计在未来五年内日产量可以达到 60 万桶液化天然气。①近年来，马来西亚原油产量呈明显下滑趋势，年产量从 2005 年的 2.6 亿桶下降到 2012 年的 2.1 亿桶，下降了 19%。而出口油气的产值呈上升趋势，但 2009年出口产值降幅比较明显，2010 年后又开始上升。2012 年，马来西亚的液化天然气、原油和石油产品的出口产值分别为 555.26 亿令吉、319.51 亿令吉和 476.33 亿令吉，分别比上年增长 6.7%、-1.5% 和 44.2%，参见表 9-18 和表 9-19。

表 9-18　马来西亚原油产量统计

年份	产量		平均价格	
	桶	年度变化率/%	美元	年度变化率/%
2005	264 674 000	—	57.15	—
2006	243 427 551	-8.0	68.77	20.3
2007	253 775 800	4.3	96.31	40.0
2008	251 810 741	-0.8	58.38	-39.4
2009	240 843 400	-4.4	79.11	35.5
2010	232 202 300	-3.6	85.85	8.5
2011	207 969 000	-10.4	117.09	36.4
2012	214 317 200	3.1	113.38	-3.2
2013 年 1 月	18 776 700	-0.4	116.01	-0.5
2013 年 2 月	16 746 800	-7.0	120.91	-2.1
2013 年 3 月	18 352 000	-3.3	114.49	-12.2
2013 年 4 月	16 719 000	-1.6	107.13	-16.7

来源：Department of Statistics, Malaysia and Bank Negara Malaysia, 2012, The Malaysian Economy in Brief.

马来西亚油气业对国民经济的贡献巨大，2000—2009 年，油气业对国民经济的贡献率达 20%，2008 年最高为 22%。2009 年，包括原油、石油产品和天然气在内的油气总产值达到 1 270 亿令吉，其中，上游产值 870 亿令吉、中游产值 160 亿令吉、下游产值 240 亿令吉；总产值占国民经济的 19%。产值增加的原因一是油气价格的上扬，二是下游产品价值的增加。②

① Florence Tan. Malaysia's $30 bln drive reverses oil decline, boosts gas. 2013. www.reuters.com/.../2013/.../malaysia-oil-idUSL3N0EM2UQ20130614.
② Economic Transformation Programme: A Roadmap For Malaysia, Chapter 6: Powering the Malaysian Economy with Oil, Gas and Energy.

表 9 – 19   马来西亚出口油气统计

年份	液化天然气		原油		石油产品	
	总产值/ ×10⁶ 令吉	年变化率 /%	总产值/ ×10⁶ 令吉	年变化率 /%	总产值/ ×10⁶ 令吉	年变化率 /%
1997	6 259	—	7 069	—	2 820	—
1998	5 952	– 4.9	7 535	6.6	2 643	– 6.3
1999	7 002	17.6	9 306	23.5	4 014	51.9
2000	11 422	63.1	14 245	53.1	7 232	80.2
2001	11 119	– 2.7	11 160	– 21.7	7 591	5.0
2002	9 888	– 11.1	11 600	3.9	6 679	– 12.0
2003	13 358	35.1	15 659	35.0	8 292	24.1
2004	17 215	28.9	21 856	39.6	12 059	45.4
2005	21 340	24.0	29 654	35.7	15 128	25.4
2006	23 675	10.9	31 983	7.9	18 404	21.7
2007	26 936	13.8	32 865	2.8	19 730	7.2
2008	41 475	54.0	43 582	32.6	29 093	47.5
2009	29 018	– 30.0	25 360	– 41.8	19 400	– 33.3
2010	38 742	33.5	30 765	21.3	25 542	31.7
2011	52 049	34.3	32 452	5.5	33 038	29.3
2012	55 526	6.7	31 951	– 1.5	47 633	44.2

5. 海洋旅游业

1994 年，马来西亚在海洋旅游投入/产出计算中，把海洋旅游业分为三部分：①旅馆和辅助食宿；②一般海洋旅游活动，对其他活动没有兴趣的海洋旅游景点一日游；③专项海洋旅游活动，包括需要特殊装备的水上运动项目等。

1990—2009 年，马来西亚的旅游收入和国际游客人次数年增长率分别为 14% 和 6%。旅游收入从 1990 年的 45 亿令吉增长到 2009 年的 534 亿令吉，旅游收入名列全球第十三位；接待的国际游客数量从 1990 年的 740 万人增长到 2004 的 1 600 万人，再增长到 2009 年的 2 400 万人，国际游客人次数名列全球第九位。其中，与 2004 年相比，2009 年的旅游收入增长了 1.8 倍，年均增长率为 12%；国际游客数量则增长了 1.5 倍，年均增长率为 9%。

发展海岛和海洋公园生态旅游是马来西亚海洋旅游的重点之一。马来西亚现有海洋公园 42 座，总面积达 4 224 万公顷。2000—2011 年，到达海洋公园的年平均游客数量为 49.7 万人次，最高数量发生在 2010 年，达到 60.6 万人次，其中 69% 为国内游客，31% 为国际游客。在地区差异方面，彭亨州的游客数量最多，但登加楼州的游客数量增长最快，柔佛州的游客数量增长最慢。

在马来西亚旅游部的大力推动下，"住家"和"马来西亚是我第二家园"（MM2H）计划①成为旅游业的重要组成部分。2012 年前 6 个月，参与住家计划的人数达到 15.6 万人（2011 年同期为 10.1 万人），入住率达到 37.2%（2011 年同期为 26.7%），国内和国际游客数量分别占 80.4% 和 19.6%（2011 年同期分别为 73% 和 27%），游客最多的住家计划区是滨海的彭亨和柔佛，分别占 26.7% 和 25%。2012 年前 6 个月，马来西亚旅游总收入增长到 268 亿令吉（2011 年同期为 257 亿令吉），游客人均支出 2 310 令吉（2011 年同期为 2 254 令吉）。游客数量达到 1 160 万人（2011 年同期为 1 130 万人），其中东盟游客最多，占总量的 73.8%。2012 年，马来西亚的游客数量达到 2 500 万人次，旅游收入达到 600 亿令吉。

十、菲律宾

1. 海洋渔业

菲律宾具有良好的渔业资源，渔业总量增长速度很快。菲律宾渔业主要分为养殖业、商业渔业和地方市政渔业三个部分，养殖业产量占 47%，但三部分产值相差不大。1998—2007 年，菲律宾渔业产量和产值保持基本一致的增长率，但商业捕捞的产值百分比和产量百分比有下降趋势，水产养殖的产量增幅较大，市政渔业捕捞产量趋于下降。

2. 海洋油气业

2004 年以来，菲律宾上游石油工业在诸多因素的推动下发展迅速。这些因素包括政府组织区块招标、马兰帕亚天然气项目成功实施、稳定的制度环境、优惠的财税体系和国际高油价等。30 多个国内外石油公司进入菲律宾石油工业上游，并通过竞标方式获得和签署了 22 个新服务合同，合同总数达到 29 个。合同覆盖面积由 1.27 万平方千米扩大到 19.7 万平方千米，提高了 15 倍。菲律宾海上和陆上共有 13 个沉积盆地，主要有巴拉望盆地、宿务盆地和民都洛盆地。巴拉望盆地西北地区是菲律宾最重要的油气区。

---

① 马来西亚第二家园项目是马来西亚政府为吸引外国资金、促进旅游、发展经济而出台的一项政策，目的是鼓励外籍人在马来西亚较长时间居住。马来西亚"我的第二个家园"计划让其他国家的人民能够在配偶及孩子的陪同下，选择在马来西亚居住或度过退休的生活。成功申请者将获得长达 10 年并可以终身更新的社交签证。

3. 海洋交通运输业

菲律宾港口众多，但海洋交通运输业增长缓慢。1999—2008 年，港口货物吞吐量年均增长 3.3%，而且本国货物吞吐量十年来变化不大，在 2 000 万吨到 2 500 万吨之间徘徊。集装箱发展速度与港口吞吐量的发展速度基本保持一致，1999—2008 年年均增长 3.6%，其中外国集装箱逐年增长。菲律宾全国共有大小港口数百个，商船千余艘，主要港口为马尼拉、宿务、怡朗、达沃、三宝颜等。

4. 滨海旅游业

菲律宾素有"花园岛国""西太明珠"的美誉。长期以来，旅游业在菲律宾国民经济服务业中占主要地位，其产值占国内生产总值的 45% 以上且逐年增加。旅游业是菲律宾外汇收入重要来源之一，主要游客来源国为韩国、美国、日本和中国。菲律宾国家旅游部鼓励外资和私人以控股或独资形式进入菲律宾旅游业，随着交通状况的改善和客运能力的不断提高，菲律宾旅游业得到了进一步的发展。

十一、印度尼西亚

海洋经济在印度尼西亚的国民经济中占有重要地位，主要海洋产业为渔业、油气业、制造业、交通运输业、旅游业、建筑业和服务业。根据可以获得的数据计算，海洋与渔业在总增加值（GVA）和劳动力使用方面对国民经济的贡献分别达到 573 万亿印尼盾和 1 087 万人，海洋经济占国民经济的比重达到近 20%。[1] 见表 9 – 20。

表 9 – 20　2005 年印度尼西亚海洋与渔业部门对国民经济的贡献[2]

经济分类	增加值总额/ $\times 10^6$ 印尼盾	劳动力/人
渔业	59 484 544.26	1 461 092
石油和天然气	219 820 547.36	311 753
制造业	49 724 516.72	407 963
交通运输业	18 943 879.03	755 282
旅游业	99 715 383.06	2 275 370
建筑业	2 492 698.44	72 380

①② CMFSER. 2008 Survey covering a major number of fisheries sector businesses in East Java. Center for Marine and Fisheries Social Economic Research. 2009.

（续表）

经济分类	增加值总额/×10⁶ 印尼盾	劳动力/人
服务业	122 865 282.90	5 584 171
非海洋与渔业	2 303 844 784.84	84 595 841
海洋与渔业总量	573 046 851.76	10 868 011
国民经济总量	2 876 891 636.60	95 463 852
海洋与渔业占国民经济比重/%	19.92	11.38

注：1 元≈1 336.104 1 印尼盾。

1. 海洋渔业

印度尼西亚的海洋渔业主要由捕捞渔业、养殖渔业、水产品加工零售业等构成。目前捕捞渔业的贡献率最大，其次是养殖渔业，但水产品加工业近年来发展迅速。自 2000 年以来，印度尼西亚的海洋渔业总量始终保持增长态势，年均增长速度达到 7%，渔业占国民经济的比重为 5.2% 左右，占农业的比重达 19.2%。[①] 2010 年，海洋渔业产量达到 1083 万吨，比 2009 年（982 万吨）增长 10.29%，[②] 成为仅次于中国和印度的世界第三大水产品生产国。[③] 2012 年全年水产品国内消费量达到 700 万吨，人均年消费水产品 30 千克。根据印度尼西亚海洋与渔业部制定的发展目标，到 2014 年海洋渔业产量将达到 2 230 万吨，比 2010 年翻一番，[④] 人均年消费水产品达到 31.5 千克。[⑤]

2. 海洋油气业

印度尼西亚在 1962 年成为东南亚唯一的 OPEC 成员国，石油和天然气为印度尼西亚国民经济的支柱产业。1982 年前后，油气收入曾占出口总收入的 80% 和国内财政总收入的 60%。2005 年以来，油气业对国库的贡献率在 20% 左右浮动，2011 年的贡献率为 22.68%，见表 9 - 21。

[①] Fisheries Industry at a glance – BKPM. www3. bkpm. go. id/img/file/fisheries. pdf.

[②][③] Daulat Pane/Ani H. Blue Economy Concepts Should be Applied in the Entire Area in Indonesia Commentary. World Service, Voice of Indonesia, 2012 – 06 – 12.

[④] Real Sector：Fishery industry seeks new opportunities, Business News, No. 7936, 2010 – 03 – 29.

[⑤] Indonesia to boost sustainable fisheries production. World Fishing and Aquaculture, Features. 2012 – 03 – 14.

表 9 – 21   印度尼西亚石油和天然气对国库的贡献

年度	国库收入 /×10¹² 印尼盾	石油/天然气收入 /×10¹² 印尼盾	贡献百分率/%
2005	494	104	21.05
2006	636	158	24.84
2007	706	125	17.71
2008	979	212	21.65
2009	847	126	14.88
2010	990	152	15.35
2011	1199	272	22.68

数据来源：Ministry of Finance（MOF）– Bureau of Statistics. ①

3. 港口航运业

印度尼西亚目前具有 1 324 个大小港口和码头，其中具有战略性地位的 25 个港口主要分布在爪哇岛、苏门答腊岛、苏拉威西岛和加里曼丹岛。印度尼西亚港口除专用码头外，大多偏中小型，最大、最繁忙的港口是雅加达的丹戎不碌港，年进出口量占到印度尼西亚全国的 60% 以上。2012 年，印度尼西亚港口有限公司独资建设这一港口，第一期工程将于 2014 年完成，年集装箱吞吐量将由现在的 260 万标准箱增加到 500 万 ~600 万标准箱。②

近年随着集装箱业的发展，泗水 Tanjung Perak 港成为继丹戎不碌港之后第二大港口，随着工商业的蓬勃发展，Tanjung Perak 港每天有数百艘国内外轮船进出，港口现有设施已不能满足日趋增长的需求，需要扩建或增建。新码头的地址已选定在泗水和锦石县交界的拉旺湾（Teluk Lamong），建设总面积 386.12 公顷，可容纳 100 万个标准集装箱。

4. 海洋船舶制造业

大力发展船舶工业是印度尼西亚的长期计划。根据 1998 年允许进口新的或二手商船和渔船的总统令以及 2007 年印度尼西亚贸易部进口二手生产资料的规则，印度尼西亚政府允许进口船龄达 25 年的二手船。但是出于安全和提升国内船舶工业建造国际标准化船舶能力的考虑，决定从 2010 年开始将进口二手船的船龄缩短为 20 年，2011 年缩短为 15 年。出台这项措施也反映出印度

---

① Oil and Gas in Indonesia Investment and Taxation Guide. 5th edition. 2012.
② 吴崇伯. 当代印度尼西亚经济研究[M]. 厦门：厦门大学出版社，2011：359.

尼西亚的船舶工业已经具备了建造新船的能力。

尽管印度尼西亚拥有不少船厂，但普遍只能建造小型船舶，印度尼西亚正在计划建造 3 000 ~ 5 000 艘 150 ~ 200 载重吨的挖泥船，在渡船和其他船舶方面也有很大的需求。印度尼西亚希望中国船舶企业到印度尼西亚独资或合资建立船舶制造厂，独资或合资建立船舶配套设备和来件组装的工厂，或对印度尼西亚进行技术转让，积极参与在印度尼西亚建造油船、液化石油气（LNP）船或 5 万载重吨以下的其他船舶。

5. 海洋旅游业

得天独厚的地理位置，优美的自然环境，丰富的海洋、火山与湖泊等自然景观，遍布各地的名山古刹以及多姿多彩的民间文化，使印度尼西亚在发展旅游业方面有着许多其他国家无法相比的长处和优势。印度尼西亚旅游业起步较晚，但 20 世纪 70 年代中期以来发展迅速，外国游客和旅游外汇收入逐年递增。旅游业的快速发展，不仅为国民经济建设带来了大量的外汇收入，促进了相关产业的发展，为商业、酒店业以及旅游商品的生产带来了生机，而且解决了大批社会闲散人员的就业问题。旅游业已成为印度尼西亚的一项支柱产业。①

2010 年，印度尼西亚共接待国际游客 700 万人次，2011 年达到 765 万人次，增长 9.24%。印度尼西亚旅游与创新经济部确定了 2012 年吸引 800 万国外游客的目标。截至 8 月，外国游客已达 520 万人次，中国游客达 36.646 万人次，比上年同期的 27.96 万人次有所增长，希望 2013 年将吸引 100 万中国游客前往观光。②

印度尼西亚目前共有 623 家国际标准的宾馆酒店，其中五星级 29 家，四星级 51 家，客房总数 57 389 间。印度尼西亚已在全国建立 35 所旅游学院、60 所旅游中等专科学校以及 30 多个旅游和饭店员工培训中心，旨在为旅游部门输送合格的人才，提高服务质量。另外，印度尼西亚政府也出台了多项措施，刺激旅游业尽快复苏：①修改落地签证规定，在 2011 年 1 月 26 号开始实行。②实施外国游客购物退税制度，在 2011 年 4 月 1 日开始实施。③推动欧盟解除对印度尼西亚的禁飞限制，以吸引欧洲游客。这些政策积极地推动了印度尼西亚的旅游业特别是滨海旅游业的发展。

---

① 印度尼西亚经济的新支柱：旅游业. 中国旅游指南，2010 - 12 - 03.
② 印度尼西亚望明年能吸引 100 万中国游客前去观光 [N]. 新加坡《联合早报》，2012 - 10 - 17.

表 9 – 22　2000—2009 年印度尼西亚国际旅游统计①②

年度	国际游客/人次	平均逗留时间/天
2000	5 064 217	12. 26
2001	5 153 620	10. 49
2002	5 033 400	9. 79
2003	4 467 021	9. 69
2004	5 321 165	9. 47
2005	5 002 101	9. 05
2006	4 871 351	9. 09
2007	5 505 759	9. 02
2008	6 429 027	8. 58
2009	6 452 259	7. 69

6. 盐业

印度尼西亚的盐业生产不能满足国内需求，大部分要从澳大利亚、印度和中国进口。③ 根据印度尼西亚中央统计局资料，2010 年，印度尼西亚盐进口量为218. 7 万吨，2011 年盐的总需求量为 340 万吨，其中食用盐需求 160 万吨，工业盐需求 180 万吨，进口量 102. 2 万吨。2012 年，印度尼西亚贸易部决定从 2012年 6 月 30 日起停止进口食用盐，计划 2012 年进口量减少 128 万吨。

为促进食用盐生产，海洋与渔业部在 2011 年实施了乡村渔业授权计划，为每个盐民组提供 5 000 万盾的经费，大约 1 万公顷的盐田获得政府资助，总产量达到 140 万吨。到 2012 年年底，获得政府资助的盐田面积扩大到 1. 6 万公顷。2012 年印度尼西亚的盐总产量达到 230 万吨，已经可以满足国内需求。④ 印度尼西亚在全国建设了 8 个盐产中心，通过实施农业与渔业联合纲领发展方案兴建盐工业，而且通过"提高国内盐产量，逐渐减少进口数量和提高国内盐价"的措施，推动上下游生产发展。计划到 2013 年，海盐生产除了满足国内需求外，还剩余7 700 吨，2014 年计划剩余 150 万吨。

---

① "Visitor Arrivals to Indonesia 2000—2008" (Press release). Minister of Culture and Tourism, Republic of Indonesia. 2009. http：//www. budpar. go. id/page. php？ ic = 621&id = 180. Retrieved，2009 – 03 – 19.

② "Visitor Arrivals to Indonesia 2001—2009". Ministry of Culture and Tourism, Republic of Indonesia. 2009. http：//www. budpar. go. id/page. php？ ic = 621&id = 180. Retrieved，2010 – 09 – 19.

③ 今年印度尼西亚盐进口量降至 102. 2 万吨[N]. 印度尼西亚商报，2011 – 06 – 29. http：//www. caexpo. org.

④ Fardah. News Focus—Indonesia Reaches Surplus of Table Salt Production，2012 – 10 – 20.

第三节　主要国家海洋经济发展政策分析

经济政策是指国家或政府有意识、有计划地运用一定的政策工具，调节控制宏观经济运行，以达到一定的政策目标。海洋经济政策是调控海洋经济运行的重要手段，同时也是海洋资源开发和保护的重要依据。沿海各国政府为了实现不同的海洋经济发展战略，相继制定和实施了财政、金融、产业、区域、科技、人力资本、保险和环境等方面的相关政策，以支持和促进本国海洋经济更好的发展。

一、美国海洋经济政策

作为世界第一大国，美国政府非常重视海洋经济的发展，先后出台了一系列的海洋发展战略规划，同时，成立了特别工作组，制定了详细的海洋开发计划，使美国海洋开发向着一个更好更快的方向发展。

1. 财政金融政策

美国的财政与金融政策的制定比较完善，借助其强大的经济实力和综合国力，美国联邦政府向海洋产业投入的资金量也很大，特别是在海洋科技的研发经费问题上，美国更是投入了大量的资金，在渔业和基础研究领域的投入都领先于其他国家。美国政府特别注重对渔民及船舶业的补贴，这是海洋经济发展的基础。

美国成立了专门的海洋政策委员会以及国家科学基金会，即海洋保护以及海洋经济发展的专用基金，在资金运用上具有更强的针对性，能更好地促进其发展并对海洋预算进行立法，严格监督资金流向，保障海洋财政政策的顺利实施。美国作为一个联邦制国家，各个州具有很强的独立监管能力。在海洋财政金融政策的制定上，除了国家制定的政策外，美国各州政府也制定了相关的政策，根据各州的具体情况进行相应的补贴与投资，大大加快了海洋区域经济的发展。从美国对海洋经济制定的财政金融政策，可以看出其资金利用是相当合理的，而且目的性强，富有针对性，这也更能保证其海洋经济的健康发展。美国具有高度开放的金融市场，投资与融资都比较方便，利于筹措资金。运用这些资金，对教育和科技进行专项投资，大力提倡科技兴海，进而推进海洋经济的运行。

2. 产业与区域政策

美国的区域政策最显著的特点就是各州的自治独立管理，各州根据国家制定的一些政策，结合自己的实际情况，制定政策、颁布法律条文，为各州的发展提供保障。根据这种情况，美国将海岸带划分为各个区域，在一些问题上允许各个州自行管理，增强了其独立性，也有利于海岸带的有序管理。这种分区域管理十分值得借鉴，以这种方式来管理海岸带及相关海洋产业，有利于各地区的自治以及产业的独立。美国特别重视海岸带的区域管理，也制定了相关海岸带的管理政策。同时，成立海洋区域生态系统委员会，通过强有力的行政政策手段来加强区域管理，使沿海经济发展更加有序。美国还制定了一套区域管理系统，利用科学方法结合沿海实际情况对区域进行管理。

3. 科技与人力资本政策

美国充分利用了其科技与教育在世界上的领先地位，大力发展海洋科技。美国海洋经济发展非常注重海洋技术的开发和研究以及对人才的培养。美国政府利用其领先世界的科技水平，将高新技术应用到相关产业，如渔业以及海洋资源开发等行业。美国政府现有研究与开发中心针对不同的海洋发展项目重点，有针对性地投资建设了一批科学研究机构，并以不同区域的海洋资源为依托兴办了不同形式的海洋科技园区。在海洋相关的教育方面，提倡终身教育，将海洋经济发展的观念灌输给个人，普及海洋知识。美国通过科学开发研究建立了领先世界的综合海洋观测系统和国家监控网络，利用高科技手段来保障海洋经济的运行。

4. 海洋经济保障政策

美国利用其强大的国家综合实力建立了强大的海洋战略保障体系，在海洋污染问题以及渔业保障上都出台了相关政策。虽然保险政策具有很强的独立性，但是在实施的过程中，政府干预起到了相当大的作用，通过政府的强硬手段来强制海洋保险的实施，保障了海洋产业从业人员的利益。而且与金融政策一样，美国同样建立了保险基金会，专门负责海洋保障资金的筹集与运用。虽然美国制定了许多海洋保险与保障政策，但是并没有形成相关体系，对于具体的海洋相关问题并没有出台相关政策，而只是一个大体的指导性政策法规。如何将强大的综合国力与具体的保障体系相结合，更值得政府部门去深思。

5. 环境政策

美国的环境政策是极其完善的，从个人环保意识的加强到国家采取相应的保护措施，都做了相关的政策规定。在一些容易受到破坏的方面进行强制立法管理，利用法律的手段来保障环境政策的实施。从这些政策的制定中可以看出，美国的海洋环境保护政策不仅在全局上进行把握，同时又针对各个具体方面制定政策，这样使得国家指定的统筹计划能更有效地实施。值得其他各国借鉴的还有美国通过高科技手段对海洋环境进行监控，不仅仅局限于污染后的治理，更在保护层面上做了很大的努力，来控制突发状况的发生，保障海洋经济的健康运行。

除了以上这些具体方面的政策措施，美国还制定了许多其他政策，如加强对海洋岛屿的管理、战略性海洋资源储备战略等，都在很大程度上完善了海洋经济政策，保障了海洋经济的发展。

二、加拿大海洋经济政策

随着海洋环境和海洋秩序的变化，加拿大政府对海洋环境价值的认识有了转变，不再期望从海洋中获取无限的生产力，必须追求海洋开发与保护的协调发展，依靠科学技术进步，创造新型高技术海洋产业。面对这些转变，加拿大政府也制定出了一系列海洋经济政策，并从各个方面深入、细致地制定了规章政策，以确保海洋经济向着更好更快的方向发展。

在海洋财政政策方面，具体政策措施是：实施海洋产业的减免税政策，通过政府补贴来带动海洋产业的发展；为海产品提供价格支持；为保护渔业资源，促进渔民转业而提供财政援助；明确联邦预算职能，为海洋产业提供明确的财政资金支持；提高能源的出口税，抑制国内能源的出口，加大政府对海洋能源产业的控制力度。

在海洋金融政策方面，具体政策措施有：为海洋渔业提供贷款支持；加大对海洋产业以及保护生态系统方面的资金投入；加大对海洋运输业的投资，推动对外贸易的发展；加大对造船业的投资力度。在加拿大造船业的发展中，政府的支持发挥了重大作用。

在海洋产业与区域政策方面，具体政策措施有：实施太平洋门户战略；实施联邦海洋保护区战略；建立海洋保护区域的政策；开发新能源，重点扶持海洋可再生能源产业；提高海洋产业的管理力度。

在海洋科技与人力资本政策方面，具体政策措施有：加深对海洋的开发研究；加强对海洋的综合规划和科学管理；海洋教育和培训公司为海洋油气部门、海洋运输和海洋通信提供服务；以税务奖励政策促进海洋科技的发展。

在海洋保险与保障政策方面，具体政策措施有：为渔业提供保险支持；制定海洋安全维护策略，保障正常的海洋经济运行。

在海洋环境政策方面，具体政策措施有：制定一套完善的海洋环境管理体制；制定有关海洋环境的立法；积极推行"北极环境政策"。建立具体的海洋环境管理制度，主要包括共同负责制度、污染者赔偿制度、环境评价制度、应急措施以及了解和保护海洋环境。

除了以上具体方面的政策措施外，加拿大还制定了市场化和多元化的能源政策，并建立了细致的海洋事务管理部门。加拿大地方政府也参与加拿大海洋事务管理，此外，根据一些协议，土著居民组织也有权参与加拿大海洋及海岸带事务管理，目前主要是通过"土著水生生物资源和海洋管理计划"来体现。在支持经济发展方面，加拿大政府主要提出了"改进和支持治理和海洋产业管理的部门措施""沿海海洋产业的新商机"以及"在海洋部门的发展方面通过合作与协调来支持和推动企业发展"这三方面政策。

加拿大政府提出了明确的国家海洋政策和充满活力、权威、统一和全面的海洋工作协调框架，因此，可以确保加拿大对海洋、海岸的有效管理，使它们变得更健康、对环境变化有更强的适应能力、更安全和有更高的生产力，同时也使人们更好地认识、了解和珍惜这些区域，为当代和子孙后代创造更多的福祉，使国家更加繁荣和安全。

三、欧盟海洋经济政策

欧盟拥有 7 万千米的海岸线，沿海地区海洋经济对整个经济的贡献率达到 40%，因此欧盟海洋经济的发展与自身的利益紧密相连。自 20 世纪 90 年代以来，欧盟及其成员国采取了一系列加强海洋工作的措施。

1. 财政政策

欧盟委员会在 2010 年 9 月公布了出资 4 500 万欧元的"2011 明日海洋"计划，该计划旨在资助欧盟范围内与创新和可持续海洋活动有关的研究项目。委员会希望在其资助计划公布后，有关方面以及候选机构和企业积极参与，提出具体可行的研究项目计划，使真正具有创新性、前瞻性和可持续发展的研究项目能够得到资助，从而最大限度地开发海洋的潜在能力。此外，欧盟委员会要求每个方面的资助项目都应涉及食品、农业、渔业、生物技术、能源、环境和交通等课题。

为进一步推进 2007 年制定的《欧盟综合海洋政策蓝皮书》，欧盟综合海洋管理委员会制定了一个阶段性的政策建议，并在财政上给予支持。英国政府为了支持海洋经济的发展，制定了如下海洋财政政策：①政府提供科研经费；②政府大力支持新能源开发；③对海运业给予税收优惠、经济补贴。

法国首先将港口作为重点发展对象，出台新的港口财政政策，例如，从税收上取消不利港口发展的种种限制，发行欧盟债券为海洋工程和沿海地区发展融资；加强海洋资源的有效开发和利用；鼓励发展海洋旅游业、航运业等。其中法国海洋经济财政政策中对海洋航运业的支持主要通过直接或者间接补贴，对国营航运公司或由政府控股的航运公司提供营运补贴，使各项营运费用与外国海运业的同项费用保持平衡，以增强其竞争能力，并使之能获得一定的利润以及进行船舶更新补贴。法国对折旧船按总吨或按船价的百分比，给予"以新换旧"的更新补贴。另外，20 世纪 90 年代以来，法国对渔业的公共支持力度不断增强。今后一个时期法国对海洋经济的强力支持将得以延续，其支持的方式与重心也将得到不断地调整和完善，同时对海洋渔业的财政补贴更为突出。

2. 金融政策

适当的金融支持，会极大地有利于综合海洋政策战略目标的实现，推动综合海洋政策的进一步实施，并有利于相关领域具体工作的开展。2003 年英国《能源政策白皮书》中指出，英国政府将海洋能源作为一个优先发展领域，并强调对这一部门的 R&D 支持将会带来阶段性的突破。在政策支持上，英国先后资助一系列项目激励海洋能源创新活动，包括英国政府的"技术项目"、碳信托的"海洋能源中的挑战"项目、"SuperGen Marine"海洋可再生能源研究项目等。具体表现在：①政府设立造船调整基金；②政府采取融资支援制度；③政府为海上风力发电提供支持。

法国是欧盟的渔业大国之一，也是最早建立农业（及渔业）政策性金融机构的国家。法国农业（及渔业）政策性金融体制是建立在合作金融基础之上的。法国农业信贷银行，既可以发放贷款，又可以吸收存款，能够提供各种金融服务，逐步向商业化、综合化、国际化方向过渡。

3. 产业与区域政策

在欧盟颁布的《海洋综合政策蓝皮书》中提出了重点行动领域：发展先进的造船、维修与海洋装备制造产业；建立"多产业海洋群集区"，整合欧盟海洋产业并提高其竞争力；鼓励公共与私营机构在建设和发展"优秀海洋中心"方面的合作，为不同领域、产业和行业的发展提供动力；大力发展可持续的水产养殖，鼓励企业家精神和创新精神，严格遵守环境标准和公共卫生标准。此外，在《欧盟海洋综合政策》中，鼓励在欧洲大力开展对环境不会造成污染威胁的养殖业。具体政策措施表有：①尊重不同地区行政机构的管理权力；②重点扶持海洋可再生能源产业；③发展新兴海洋科技产业。在管理体制上，作为欧盟成员国的法国也极具特色。1981 年成立了海洋部，成为海洋开发的一元化领导机构。1983 年，海洋部重新置于运输部的管辖之下，更名为海洋国务秘书处，但其职能基本未变。这一点充分显示了法国在海洋领域的先进性。

4. 科技与人力资本政策

在欧盟《海洋综合政策蓝皮书》中十分重视海洋科技的发展与人力资本投入，并提出了以下几方面措施：①加大对海洋研究与技术的投入；②发展海洋科学技术，鼓励创新；③建立高效的人才管理框架。

为了实施海洋科技发展战略，英国制订了一系列政策和措施：①制定海洋科技预测计划。制定海洋基础研究、战略性研究的支持计划和海洋科技领域的人才来源计划，通过计划的制订开发有限领域的海洋高新技术，不断增强英国在国际海洋科技计划中的有效参与；②设立海洋科学技术协调委员会，改组研究机构。英国于 1986 年成立"海洋科学技术协调委员会"，负责制定英国海洋科技发展规划，协调各部门海洋科技的发展。同时充实多家科研机构，以增强其科研实力；③建立大专院校、科研机构和产业部门之间的产学研合作开发体制。采取各种措施，促进科研机构与工业部门的相互交流，形成政府、科研机构和企业的联合开发体制。

法国的海洋资源虽不算丰富，但多年来在政府的重视下，建立了完整的海洋开发体制并确立了独到的海洋开发技术，一跃而成为世界海洋大国，特别是潜水技术，堪称世界一流。主要政策措施有：①建立官、民、学、产综合的海洋开发体制；②加大科研经费投入；③加强国际交流与合作；④集中力量开发重点领域；⑤加大劳动力在海洋经济发展中的正向拉动作用。

5. 保险与保障政策

18世纪后期，英国成为世界海上保险的中心，占据了海上保险的统治地位。英国对海上保险的贡献主要有两方面：①制订海上通用保单，提供全球航运资料并成为世界保险中心；②在保险立法方面，编制了海上保险法典，在此基础上，英国国会于1906年通过了"海上保险法"。这部法典将多年来所遵循的海上保险的做法、惯例、案例和解释等用成文法形式固定下来，其原则至今仍为许多国家采纳或仿效，在世界保险立法方面有相当大的影响。

在《1906海上保险法》的基础上，英国伦敦保险业协会分别修改了原先的S.G.保险单，生成了两个新的保险条款——英国海上货物运输保险条款(ICC)和英国船舶保险条款(ITC)。另外，英国创造的"舒坡尔"基金(super fund)为保险人提供了一定程度上的保障。

法国的农渔业保险和农渔业社会保障属互助性质。但国家财政在这些领域也发挥一定的作用：①对社会保障体系的监管，包括制定有关政府法规、确定保障费用交纳比例及补偿比例等；②对农渔业保障制定了一些优惠政策；③参与编制审定农业社会保障附加预算，弥补预算赤字。这不仅大大提高了农民自力更生的抗灾救灾的能力，还通过农村其他财产的保险收入弥补了农业方面的损失，增强了农业保险的实力。此外，对于海洋经济中优先支持的IT和通信技术行业，利用保险保障制度给予一定的鼓励，如对凡是参与"竞争力产业集群"的企业，均可享受减轻职员(研究人员、工程师、管理人员)的社会保险费用，提供国家补贴等优惠政策。

6. 环境政策

英国对海洋资源的开发与利用，既要求海洋资源的保值、增值和盈利，又强调资源的再生和可持续性开发，注重环境保护及生态平衡。为此，制定了一系列的海洋环境政策，主要表现在以下几个方面：①海洋生态安全立法；②严格海洋资源开发的行政管理；③注重对海岸带的保护；④成立海洋管理局，定期进行环境评估；⑤严厉的环保执法和高度的公众环保意识。

法国实施对海岸带自然资源的以可持续发展为原则的开发与利用政策。欧盟于 1970 年制定共同渔业政策——在共同体水域平等入渔，为法国批准有关渔业资源养护措施，如对总可捕量、一些技术措施和减船计划等提供了法律基础，并通过渔业结构政策和水产品营销措施引入了对渔业行业的财政支持机制。法国还通过环境税费对海洋环境进行保护，以市场经济作为运作的前提和基础，将税率费率与环境资源的价值相联系，其一体化理论既体现法国市场建设的需要，又体现法国环境保护与产品竞争力维护的需要。

除了以上具体方面的政策措施外，欧盟还制定了港口检查措施，并通过不断改进和优化巡航监视工作，在欧盟层面实现海洋巡航监视工作的联合，以应对各类威胁与挑战，包括航行安全、海洋污染、海上执法和欧盟整体安全方面面临的威胁与挑战。

四、澳大利亚海洋经济政策

澳大利亚政府早在 1997 年、1998 年就分别公布了《澳大利亚海洋产业发展战略》《澳大利亚海洋政策》和《澳大利亚海洋科技计划》三个政府文件，提出了发展海洋经济的一系列战略和政策措施。这些举措有力地推动了澳大利亚海洋产业的发展，其中许多方面已处于世界领先地位或已具有一定的世界竞争力。

澳大利亚海洋财政政策主要体现在以下三点：①通过财政政策鼓励利用国外优势资源；②通过财政政策来扶持相对落后的产业，实现产业转型；③通过财政政策来消除海洋面临的各种直接和间威胁。

在金融政策方面，悉尼鱼市场正在考虑引入电子商务系统，使产品可通过互联网进行销售。悉尼鱼市场希望这种销售机制能为生产者所采用，尤其是那些希望以固定价格或已知价格出售其产品的养殖者。① 通常情况下，多数水产养殖业是比较分散的，它由大量分属于不同部门的小实体组成，因此澳大利亚水产养殖企业要进行多样化经营，实现规模经济。②

根据澳大利亚法律和国际法，能源资源由政府拥有，分配给私人资本从事开发。政府在能源资源开发中发挥着重要的宏观政策制订和微观管理作用。外国资本在澳大利亚能源资源开发中起到至关重要的作用。澳大利亚绝大部分大型矿业公司均为跨国资本控制。澳大利亚政府认识到外国资本对其矿业发展的重要性，制订了一系列投资促进政策，鼓励国际矿业资本投资其资源勘探和开发。

---

① 普宁. 发展中的澳大利亚水产养殖业[N]. 环球瞭望, 2003(17): 22–24.
② Australian Government Department of Agriculture: Fisheries and Forestry Annual Report 2009. 2010: 64.

在海洋产业与区域政策方面，具体措施包括：改变政府以及国民的认识，强调海洋经济发展的重要性；坚持走可持续发展道路，注重海洋产业最佳化发展；在传统的海洋产业发展壮大的基础上，坚持海洋新产业的开发研究。

在科技与人力资本政策方面，澳大利亚政府在《澳大利亚海洋科技计划》中，从认识海洋环境的内涵、开发利用和保护海洋环境以及海洋环境方面的机构设置和基础建设三个方面阐述了澳大利亚海洋科技项目实施规划。海洋人力资本政策表现为：设立相关学术、科研机构；加强海洋教育力度。

在保险与保障政策方面，国际上对于海洋环境污染责任保险制度的运用已经十分广泛。澳大利亚将海洋环境污染责任保险作为工程保险的一部分，无论是承包商、分包商还是咨询设计商，如果在涉及该险种的情况下而没有投保的，都不能取得工程合同。政府通过这项保险措施达到海洋污染物低排放的目的，从而确保了海洋循环经济的反馈式发展模式。

在海洋环境保护和资源利用政策方面，具体政策措施有：综合协调利用海洋的各个方面，保持良好的海洋环境；对海洋实行综合管理政策；加强不同的海洋使用者之间的协调性，以达到海洋制度的统一性；充分发挥非政府、非营利性组织的作用；公众参与与社区共管。

除了以上具体方面的政策措施外，2008年12月12日，澳大利亚议会通过了《海上石油修正法案》。根据这项修订案，澳大利亚在2009年年初开始提出第一个商业碳储存项目，火力发电站排放出的二氧化碳被收集起来，注入到曾经开采但是现在已经枯竭的油气田所在的地下。此外，在海洋生物探索方面，澳大利亚已经针对生物探索活动制订了完备的法律保障，这方面的投入也在逐年增加，澳大利亚的目标不仅仅是要从生物研究中获得经济利益，而且还要让社会、环境和科研都获得利益。

五、日本海洋经济政策

日本是高度重视海洋的国家之一，日本的经济生活极大地依赖于海洋及其资源。为了实现日本的海洋战略，日本政府实施了一系列的海洋政策，使日本的海洋经济得到了前所未有的发展，海洋经济为日本经济的发展提供了强大的动力。

1. 财政政策

为了建设海洋循环型社会，日本政府已经开始对海洋循环经济给予经济支持，并制定和完善了促进本国海洋循环经济发展的税费政策。在日本政策投资银行等的政策性融资对象中，与海洋循环经济发展中的"3R"事业、海洋废弃物处理设施建设等相关的项目，可以得到税收14%～20%的税收优惠比例。此外，为了保证海洋保险能够获得持续的财政支持，日本政府规定每年都要在财政预算中列示对政策性海洋经济保险的补贴。①

2. 金融政策

日本政府在发展海洋经济方面制定了详细的金融政策。金融在日本海洋经济区发展中的作用体现在海洋经济区开发、海洋主体功能区建设、区域海洋产业发展、海洋经济区一体化管理和海洋远景规划等海洋经济区发展周期全过程。具体支持方式上，体现为外部性的资金扶持与经济区内资金融通的有机结合，金融支持方案具有层次性、连续性、区域适应性等特点。②

3. 产业政策

日本政府非常重视海洋产业的可持续发展。日本曾提出实现"环之国"的国家目标，旨在创建可持续发展的循环型社会。日本政府先后制定了《立足于长远发展的海洋开发基本构想及推进方案》《第九次港口建设七年计划》《21 世纪港口构想》等政策措施，以促进海洋产业可持续发展。同时，日本政府制定了完善的税费制度，对涉及可持续发展相关项目、海洋科研费用、购置研究用设备等给予一定的税收优惠。除政府财政拨款外，日本政府还积极引导商业银行银团贷款，给相关企业提供有力的信贷支持。

4. 区域政策

进入 2000 年以后，日本区域经济政策有三个方向：①提出了形成区域集群，构筑连锁的自主创新体制的政策。这一体制政策是区域内大学及研究机构的自主创新成果同企业实用化需求相互促进，使新技术与市场紧密结合。②提出利用高科技引领区域经济发展的政策。如近畿区域近年已转变经济增长方式，改变"重厚长大"的生产模式，以高科技推进医疗、生物技术研发和新产业创建。③提出以世界市场为目标，提升区域竞争力的区域政策。如神户、北九州市，成功地吸引了外资企业、国外大学及研究机构入驻，使其作为国际研发基地的知名度大为提高。

5. 科技政策

首先是推进研发体制改革。如引入竞争机制，改善研发环境；广泛普及任期制，加强人才流动；提高青年研究人员自主性；改革科研成果评价体系；实行有弹性讲效率的工作制度；开拓人才活用和多样化发展途径；实施创造性研发体制，培育战略性研发据点等。其次是产学官合作的改革，构筑信息流通系统，实施共同研究，促进人员交流，研发设施共同利用，设立成果转让机构，召开产学

① 王艳辉. 日本扩张性财政政策失效原因探析[J]. 财政研究，2009(10)：78－80.
② 日本金融政策做重大调整[N]. 环球时报，2006－03－16. http：//news. sina. com. cn/o/2006－03－16/04228451490s. shtml.

官合作峰会已成为主要手段。再次是推进科技活动国际化。积极推进国际间的合作研究和双边国家间的科技合作、积极开展国际间学者交流、积极开展国际间信息交流、积极促进国内研发环境国际化成为日本海洋经济科技政策的亮点。最后是加强计划与组织管理。日本将加强计划与组织管理作为实施科技政策的重要保证。

6. 人力资本政策

日本政府在发展海洋经济，实施科技创新立国战略的过程中，一直重视教育和人才的重要性，把教育和人才视为科技创新立国的根基。首先是营造有利于人才培养、发挥人才作用的社会环境的政策。其次是营造支持创新、鼓励创新的社会环境的政策。再次是完善地方创新体系，搞活地域社会的政策。然后是有效地推进科技竞争，发挥政策的激励作用的政策。最后是改革不合理的规章制度，消除科技创新的制度性障碍的政策。

7. 保险与保障政策

日本政府在政策性农业保险中扮演着重要角色，具体表现在：为农业保险提供立法、再保险、资金、管理和技术支持，建立相应的业务协作机构，为农业保险提供外部支持和管理监督，保险业务的经营完全由农业共济组合、联合会这样的农民组织来承担。在渔业保险政策方面，日本政府主要从政策上直接或间接地参与以促进中小型渔船稳定经营为目的，而实施的政策性保险，全国机动渔船基本都参加了这种行业互助保险。目前，日本渔船保险已经形成完善的体制，只要加入保险，国家就会给予保费的补贴。

8. 环境政策

日本重视海洋环境的问题，制定了一系列的海洋环境政策，使日本在海洋环境的保护和利用方面走在世界的前列。在海洋环境保护方面，提出制定综合的海洋环境保护规划，特别是加入防止和紧急应对海上原油泄漏事故、有害物质和放射性物质等危险品的海上运输问题以及其他的海洋环境保护措施方面的内容。日本政府的海洋环境政策集中表现在政府制定的一系列有关环境的法律上，因而日本海洋环境政策的内容主要反映在这些法律之中。目前，日本有关环境的法律是由环境基本法为基础框架构筑起来的。

六、韩国海洋经济政策

韩国将海洋开发摆在战略地位，近5年韩国陆续出台了《韩国海洋政策》《21世纪的承诺实现海洋强国》等未来海洋发展规划与方案，提出创造有生命的海洋、建设知识型的海洋产业和可持续利用的海洋资源。其中，发展高科技为基础的海洋产业、培育风险型海洋创新企业、振兴海洋旅游业、启动海洋教育基金项目、培养海洋专门人才、提高海洋科学技术竞争力是重中之重。韩国政府在颁布一系列政策法令之后，开展了许多具体工作。

在海洋财政政策方面，具体政策措施有：政府加大财政投入，为海洋经济提供资金支持；完善海洋经济发展的软硬件和基础设施建设；在财政上给予税收补贴等优惠政策。

在海洋金融政策方面，具体政策措施有：提供低息融资、预算资金促进渔业发展；完善港口建设，形成物流贸易通关金融信息一体化；政府对主要的造船公司提供信贷和融资的支持，促进造船业的发展；在海洋运输业中建设"全球物流网络策略"；在科技开发中对中小企业、海洋创新企业提供资金支持。

在海洋产业与区域政策方面，具体政策措施有：加大投入，发展可持续的、集约的渔业；建立先进的港口管理体系，从打造"东北亚地区的物流枢纽港口"到"打造全球物流网络"；实行新的造船政策，使韩国造船工业达到世界最高水平；建设自由化、全球化的海洋运输产业；打造"特色""亲海"的海洋旅游产业；积极展开对海洋能源的利用。

在海洋科技与人力资本政策方面，具体政策措施有：制定海洋科技计划——韩国21世纪海洋战略计划；充足的资金投入，保障科研经费；建设海洋科技基地，提供海洋科技研究的基础设施；加强与他国的海洋科技合作，保证与世界同步；启动海洋教育基金，培养海洋科技专门人才。

在海洋保险与保障政策方面，具体政策措施有：建立海洋水产部；强制性的渔业保险保障渔民利益；灾害政策性保险减少渔民损失；完善海洋法律体系，提供国家强制性保障。

在海洋环境政策方面，具体政策措施：制定海洋环境保护综合规划，明确行动方向；完善海洋环境法律与制度；加强海洋环境领域的国际合作。

# 第十章 海洋经济统计分析报告

统计分析报告是根据统计理论和方法，以大量统计数据和相关文字资料为依据，采用定量和定性综合分析来研究和反映经济活动的现状、成因、本质和规律，并做出结论、提出解决办法的一种应用文体。写好统计分析报告是做好统计工作的基本要求，是统计工作者一项最基本的技能，也是统计工作者综合素质和水平的体现。统计分析报告主要由文字和数据构成，辅之以统计表和统计图。统计分析是统计分析报告写作的前提和基础，而统计分析报告则是统计分析结果的最终形式。关于统计分析方法在前面章节中已经做了相关介绍，本章的重点是结合海洋经济分析实例，介绍海洋经济统计分析报告的编写思路和方法。

第一节 统计分析报告的特点和分类

作为一种文体，统计分析报告既要遵循一般文章写作的普遍规律和要求，同时，在写作格式、写作方法、数据运用等方面又有自身的特点和要求。①

一、统计分析报告的特点

1. 注重运用统计数据

统计分析报告以统计数据（包括统计表和统计图）为主要语言，描述和分析经济现象的发展情况，要充分利用统计部门的优势，让统计数字来说话，从数量方面来表现经济的规模、水平、构成、速度、质量、效益等情况，并把定量分析与定性分析结合起来，通过确凿、翔实的数字和简练、生动的文字进行说明和分析。

2. 注重运用综合分析方法

统计分析报告主要使用统计分析方法，如分组分析、对比分析、动态分析、相关分析、指数分析、平衡分析、回归分析等，结合统计指标体系和统计数据，

---

① 本节内容主要摘选自：怎样撰写统计分析报告，http://wenku.baidu.com.

对具体时间、地点和条件下的经济发展变化进行全面分析和研究。因此，要根据研究对象和研究目的的需要，综合运用这些统计分析方法，保证分析结果的全面性和科学性。

3. 注重准确性

准确性是统计分析报告乃至整个统计工作的生命。统计分析报告所使用的统计数据必须准确可靠、没有虚假，统计数据间应是相互联系的，如果统计资料的质量没有保证，势必会使统计分析结果偏离实际。除了统计数据准确之外，还要求论述有理，不能违反逻辑；观点正确，不能出现谬误；建议可行，不能脱离实际。

4. 注重针对性

统计分析报告应具有很强的针对性，要针对各级党政领导、管理部门和社会各界普遍关注的热点、难点、焦点、重点问题进行分析，只有这样才能做到有的放矢。要在各种科学分析的基础上，针对问题亮出观点，最后提出建议、办法和措施。

5. 注重时效性

统计分析报告要具有很强的时效性。失去了时效性，也就失去了实用性，统计分析报告即使写得再好，也成了无效劳动。要保证统计分析报告的时效性，统计人员要有"一叶知秋""见微知著"的敏感，要有争分夺秒的时间观念，要有连续作战的工作作风。做到未雨绸缪，避免"雨后送伞"，把统计分析报告提供在决策之前和需要之时。

6. 注重实用性

统计分析报告的主要功能是为管理者科学决策提供参考依据。因此，要具有很强的实用性。它不但包含了统计数据反映的信息，更为重要的是，它还能进行分析研究，进行预测，指出工作中的不足和问题，提出有益于今后工作的措施和建议，从而直接满足党政领导和社会各界在了解形势、制定政策、编制计划、检查监督、总结评比等方面的实际需要。但统计分析报告不是决策本身，而只是决策的参考。

二、统计分析报告的作用

1. 衡量统计工作水平的综合标准

统计分析报告是统计工作的最终成果，也是全部统计工作水平的综合体现。一般来说，高质量的统计分析报告来自高质量的统计设计、调查、整理、分析和写作。撰写统计分析报告要具备多方面的知识，同时还需要掌握党和国家的相关政策，需要具备较强的观察能力、思维能力、创新能力和组织能力等。因此，统计分析报告的质量直接反映了统计工作的水平。

2. 传播统计信息的有效工具

现代社会是信息的时代,信息已成为重要资源。统计信息不仅是社会信息的主体,而且是最全面、最稳定、较准确的信息。统计信息要通过载体传播,而统计分析报告是主要形式之一,适合于在报刊、杂志和网络上发表,传播条件比较简便,具有较大的信息覆盖面,是传播统计信息的有效工具,也是增进社会各界对统计工作了解的重要方式和手段。

3. 党政领导决策的重要依据

现代社会经济管理必须科学决策,而科学的决策又必须依据准确、真实的统计数据。统计分析报告把原始资料信息加工成决策信息,它比一般的统计资料更能深入地反映客观实际,更便于党政领导和社会各界接受使用,能更好地发挥参谋和助手的作用。因而,统计分析报告是党政领导决策的重要依据。

4. 统计服务与统计监督的主要手段

统计分析报告把数据、情况、问题、建议等融为一体,既有定量分析,又有定性分析,比一般的统计数据能更集中、系统、鲜明和生动地反映客观实际,同时又便于人们阅读、理解和利用,是表现统计成果的最好形式,自然也就成了统计信息咨询服务与统计监督的主要手段。

5. 提高统计社会地位的主要窗口

由于各种原因,一些人对统计不够了解,对统计工作不够重视,把统计置于可有可无的地位。要改变这种状况,一方面要加强统计宣传工作,扩大统计的影响,提高人们的认识;另一方面则要努力提高统计工作水平,编写好多种形式的统计分析报告,使统计工作得到最大程度的认可,提高统计工作的社会地位。

6. 促进统计业务能力的提升

统计分析报告的质量反映了统计工作的水平。在统计分析报告的写作过程中,能有效地检验统计工作各个环节的工作质量,要善于发现问题并及时改正,使统计工作得到改进、加强和提高。同时,经常撰写统计分析报告,能进一步提高统计业务人员的综合素质,全面增长统计业务人员的才干。

三、统计分析报告的分类

根据不同的划分方法,统计分析报告的种类可以有多种类型。通常情况下,经济领域的统计分析报告可以划分为以下四种。

1. 按照分析对象的层级划分

可分为国家级、省级、地市级和县区级统计分析报告。国家级统计分析报告的对象是全社会的经济活动，省级、地市级和县区级统计分析报告的对象是其行政管辖区域内的经济活动。其中国家级、省级和地市级由于地域较广，经济门类比较复杂，需要较多地注意平衡关系，所以也被称为宏观经济统计分析报告。

2. 按照时间长度划分

可分为定期与不定期的统计分析报告。定期统计分析报告，一般是利用当年的统计报表制度的统计资料来定期研究和反映社会经济情况。根据期限不同，定期统计分析报告可分为日、周、旬、半月、月度、季度、上半年、年度等统计分析报告。不定期的统计分析报告，主要是用于研究和反映不需要经常性定期调查的社会经济情况。

3. 按照分析内容和范围划分

可分为综合和专题统计分析报告。综合统计分析报告是研究和反映一个地区、部门或单位的全面情况的分析报告。这里的综合既包括综合各方面的意思，又包含着综合方法的意思。专题统计分析报告是研究和反映社会经济活动某一方面或某个专门问题的分析报告，有定期的，也有不定期的，且以不定期的居多。

4. 按照写作类型划分

可分为公报、快报、计划型、总结型、调查型、分析型、研究型、预测型、资料型、信息型、综合型和系列型12种常用类型。

(1)公报，是政府统计机关向社会公告重大社会经济情况的统计分析报告。统计公报是政府的一种文件，一般应由级别较高的统计机关发布。级别较低的统计机关不宜发表公报，但是可以采用统计公报的写作形式公布本地的社会经济发展情况。

公报的写作要点是：①要具有较强的政策性和权威性。②要充分反映本地区社会经济全面情况，主要由反映事实的统计资料来直接阐述，不做过多的分析。③公报的标题是一种公文式的标题。正文的结构是总分式。④要行文严肃，用语郑重，文字简练明确，情况高度概括。地区性的公报，文字在三五千字为宜。

(2)快报，是一种期限短、反应快的统计分析报告。一般为按日、周、旬、半月写作的定期统计分析报告。快报的突出特点是一个"快"字。按日写作的统计分析报告，常在第二天就要提交。以此类推。由于这种快的特点，快报常用于反映生产进度、工程进度等，便于领导了解情况，对生产和工作进行及时指导，所以快报在企业中使用得比较普遍。

快报的写作要点是：①统计指标要少而精，但要有代表性，能反映各个主要方面的数量情况。②要有连续性。为了观察进度的连续变化和便于对比，快报中的指标项目要相对稳定。③标题要基本固定。④结构多是简要式。通常全文分两部分，第一部分列出反映情况的主要数字，第二部分使用文字论述。⑤文字要简明扼要。全篇文字在一千字以下，日分析报告一般在两三百字即可。

（3）计划型，是按月、季、半年和年度检查计划执行情况的定期统计分析报告。

计划型统计分析报告的写作要点是：①检查计划是分析报告的中心。不但要有实际数、计划数，而且要有计划完成相对数。②检查计划执行情况的主要目的不是单纯地进行数字对比，而是通过分析找出计划执行过程中存在的问题，提出对策建议，以保证计划的顺利完成。③统计指标要相对稳定。在同一个计划期内，统计指标与计划指标的项目要一致，并相对稳定，以便进行对比检查。④标题有两种形式。一种比较固定，如《海洋经济信息系统建设项目上半年计划执行情况》；另一种可以变化，以突出某些特点，可以运用双标题，如《海洋经济信息系统建设任务完成过半——上半年计划执行情况分析》。⑤正文的结构多是总分式。开头对计划完成情况进行总体描述，然后进行分析，进而提出一些建议等。

（4）总结型，是对一定时期（大多是半年、一年或五年）社会经济发展情况进行总结分析的统计分析报告。从内容上看，有综合总结、部门总结和专题总结。综合总结是对地区的整个社会经济或企业整个生产经营的总结；部门总结是对行业部门经济（海洋渔业、海洋交通运输业、海洋船舶工业等）的总结；专题总结是对某些方面进行的专题总结。

总结型统计分析报告的写作要点是：①总结型的对象应是本地区、本部门或本单位的社会经济发展情况，并不是工作情况总结。②重点写作内容一般包括三个方面：一是分析社会经济发展形势；二是总结经验教训；三是提出建设性的意见。③要注意运用统计资料和统计分析方法，主要采用统计数字与文字论述相结合的方法，从数量上分析社会经济现象，从定量认识发展到定性认识。④正文结构大都采用总分式。开头是简要描述，接着写情况、形势、成绩与问题，再写经验体会与教训，然后写今后的方向和目标，最后写几点建议，每个部分应设小标题，使层次更分明。⑤标题可以适当变化，形式不拘一格。文字可以稍长一点，但语句要简洁精练，全篇文字宜在二三千字，地区与部门的也不应超过四五千字。

（5）调查型，是通过非全面的专门调查来反映部分单位社会经济情况的统计分析报告。调查型统计分析报告只反映部分单位的社会经济情况，一般不直接反映和推论总体情况。同时，其资料和信息来源于非全面调查（即抽样调查、重点调查和典型调查等），而不是来自全面统计。

调查型统计分析报告的写作要点是：①文章要有明显的针对性。要有具体、明确的调查目的。②要大量占有第一手材料，用事实说话，要有一定的深度，要解剖"麻雀"，以发现其实质和典型意义。③统计资料和具体情况相结合，对于调查方法和过程应该少写或不写。④标题应灵活多样，结构形式也可以不拘一格。一般采用叙事式，先概述调查目的、调查形式和调查单位之后，重点阐述调查情况，然后是概况的分析研究，并做出结论，最后可提出一些建议。全篇文字以一千字至三千字为宜。

（6）分析型，是通过分析着重反映社会经济现象具体状态的统计分析报告。它同调查型的主要区别在两个方面：①其既反映部分单位的情况，也反映总体的情况，并以总体情况为主；②其资料和信息来源是多方面的，可以是部分单位的调查资料，也可以是全面统计报表资料、历史资料、横向对比资料等，其中又以全面统计中的报表资料居多。目前统计人员写作的统计分析报告，大多属于这种类型。

分析型统计分析报告的写作要点是：第一，其主要内容和写作重点是反映某个社会经济现象的具体状态，一般不涉及规律性问题，要做到具体事情具体分析。第二，具体分析的主要方法有多种：①从总体的各个方面来分解和比较，如地区有经济、社会、科技、环境等；②从结构上分解和比较，如海洋产业结构、产品结构、地区收入结构等；③从因素上分解和比较，如海洋经济增长的各种因素、影响海洋经济周期的各种因素等；④从联系上分解和比较，如 GDP 与发电量的联系、农民收入与社会消费品零售总额的联系等；⑤从心理、思想上的分解和比较，如问卷调查对改革的看法，对物价的看法等；⑥从时间上分解和比较，如报告期与基期、"十二五"时期与"十一五"时期的比较等；⑦从地域上分解和比较，如与别的地区之间的比较，与外省的对比等。第三，标题应灵活多样，结构也可有多种形式。整篇报告以三千字左右为宜。

（7）研究型，是着重研究解决问题的办法和进行理论探讨的统计分析报告。与分析型统计分析报告相比，分析型对社会现象的认识仍停留在具体状态上，而研究型则是将具体状态上升到理论高度，提出理论性的见解或新的观点。所以，研究型比分析型的意义又进一步，是一种高层次的统计分析报告。

研究型统计分析报告的写作要点是：①在研究的题目确定之后可以拟定一个研究提纲，主要内容包括研究目的是什么、研究内容有哪些、需要哪些资料、如何收集、需要哪些参考书籍和文章等。②要进行抽象与概括。所谓抽象就是在具体分析的基础上，将事物的非本质属性抛在一边，而抽出其本质属性来认识事物的方法；所谓概括就是在抽象的基础上，把个别事物的本质属性推及为一般事物的本质属性。有了正确的概括就能认识社会经济现象中的共性、普遍性和规律性。③要多方论证。要做到论述严密、说理充分、没有漏洞。要从多方面、多角度、多种资料以及多种方法来论证。④标题可以有适当变化，但要做到题文一致，用词准确、郑重。文字容量可以大一些，全篇文字二三千字，以不超过五千字为宜。

（8）预测型，是估量社会经济发展前景的统计分析报告。与研究型统计分析报告相比，研究型着重对趋势性、规律性进行定性研究，而预测型是在认识趋势及规律的基础上，着重对前景进行具体的定向和定量的研究。通过预测人们可以超前认识社会经济发展前景，对制定方针、发展策略、编制计划、搞好管理具有很大的帮助。因此，预测型分析报告的作用很大，也属于高层次的统计分析报告。

预测型统计分析报告的写作要点是：①全文要以统计预测为中心，其他内容都要为预测服务。②推算过程要注意读者对象。如果是写给统计同行或统计专家看的，可以写数学模型的计算过程。如果读者是管理者和一般公众，数字模型和计算过程可以略写或不写。③应注意预测期的长短。一般来说中、长期及未来的预测，要体现战略性和规划性，不可能写得那么具体，文字可以概略一些。对近、短期预测主要是具体地分析和估量一些实际问题，所提的措施和建议要有一定的针对性和现实性，不宜太笼统，文字应详细、具体一些。④可用课题或论点做标题，也可用预测结果做标题。

（9）资料型，是着重提供统计资料的统计分析报告。资料型统计分析报告主要有两种形式：①数字式。数字式虽以数字资料为主，但它有文章的形式，也有观点和简要的分析。②概况式。例如地方概况、部门概况、行业概况等。概况式资料是通过数字和文字提供简要而全面的基本情况，以使读者对某个地区、某个部门或某个行业的概貌有所了解。

资料型统计分析报告的写作要点是：①要述而不论。主要是将客观事实提供给读者，而不是靠作者的议论去影响读者，不可妄加分析、议论和评价。②要明确中心。不可能将所有的数字都写进去，要写主要的数字，但要全面、系统。③要适当运用图表，标题可以多样化，结构形式也可多样，但要服从内容的需要。

（10）信息型，是以信息方式反映社会经济情况的统计分析报告。其特点是内容简要、篇幅短小、传递快速、读者面广。信息型统计分析报告不只在报刊上发表，也可以写成党政领导的内部参阅材料，如"经济要情"和"重大信息"。

信息型统计分析报告的写作要点是：①文字要高度概括，内容要高度浓缩。②在全面分析的基础上概括，在丰富材料的基础上浓缩。③标题可以灵活多样，文字要求精练，开门见山，直截了当，做到言简意赅。全篇文字以四五百字至一千字为宜。

（11）综合型，是综合多项内容的统计分析报告。包括情况、分析、预测、建议等多项内容。综合型统计分析报告又分为两种：一是重点式。是在多项内容中有重点内容与一般内容之别，但要注意重点内容虽详亦不可太繁，一般内容虽略亦不要太简。二是并列式。并列式无明显的重点内容，但要详略得当，结构均衡。

综合型统计分析报告的结构多为总分式与叙事式。每项内容为一个大的层次，均设小标题。全篇的文字以三千字左右，不超过五千字为宜。

(12)系列型，是运用系列形式而写作的一组统计分析报告。常用于反映和研究范围较广、层次较多、情况较复杂，事情又很重要的社会经济问题。

系列型统计分析报告的写作要点是：①写作内容是同一总体有联系的事情。不能一篇说全县的总体，另一篇又把企业当成总体。②既要有连续性和关联性，又要有相对的独立性。没有同一总体中的连续性和关联性，就不能成为系列，没有独立性，就不能单独成篇。③写作的形式及风格要统一。不能一篇是调查型或分析型的写法，另一篇又是资料型或信息型的写法。④要采用双层标题。每篇的正题可以多样化，但副题要一致，并写明"之一""之二"……以表明系列型。⑤每个系列及每篇文字都不能过长。每个系列一般以三至五篇统计分析报告为宜，每篇文字应控制在二千字左右。

需要说明的是，上述四种对统计分析报告的分类，只是理论概括性的划分。四种类型彼此间并不是完全独立的，实际写作时并不是一成不变的，往往是你中有我、我中有你，形成了一种互为包涵、互为补充的关系。比如，国家级统计分析报告中可以有综合分析报告，也可以有专题分析报告；而综合统计分析报告可以是一段时期内的，也可以是年度、半年度、季度或月度的；公报、快报、计划型和总结型统计分析报告通常是定期的，而调查型、分析型、研究型、预测型、资料型、信息型、综合型和系列型统计分析报告则往往是不定期的。因此，实际写作过程中，不必太拘泥于统计分析报告的分类，还是要根据实际的需求和需要，该综合的就综合写，该定期的就可以在一个时期内定期写。

四、撰写统计分析报告需要注意的问题

1. 要掌握三个基本要素

现状分析、找准问题和提出建议是统计分析报告的三个基本要素。现状分析要总结规律，总结特点，使人感到不但立论有据，而且相当明确，而不是简单的平铺直叙。找准问题是写好统计分析的难点，不但要从数据方面分析，更重要的是要对实际情况有深切的了解，从内在的原因上把握问题的准确性。通过横向和纵向比较，找出应该注意的问题。提出建议要有针对性，要与揭示的问题相对应，要讲究建议的可行性和可操作性，不能太原则太笼统。

2. 要适当控制数字密度

适当控制统计分析报告的数字密度。如果统计数字用得太多，容易使读者产生枯燥感和疲劳感，难以再读下去。一般来讲，统计数字的总用量以占全篇文字的 10% ~ 20% 为宜，不能超过 30%。同时，注意统计数字和典型情况的结合，典型情况可使分析报告"形象丰满"。

3. 要适当利用统计图表

描述统计数据的统计图表常常能够直观地表达意思，免去烦琐的文字陈述，所以在统计分析文章中用好数据图表很重要。关键是要直观和精要，且忌多而杂。在统计分析文章中，依数成理是基础，依理立论是灵魂，图表是为立论服务的，多了就会影响论述。

4. 要注意分析问题的专一性

"专"是深刻分析的前提，只有"专"，才能"深"。分析报告要尽可能立足于突破一点，尽量提炼新一点的东西，把问题说得深入透彻。专题分析不要面太宽，一般性的情况少讲，宁可将两个问题分开来分析，哪怕是两个联系得比较紧密的问题。

5. 要反复推敲，精益求精

好文章是改出来的。一篇好的统计分析报告需要反复推敲，反复修改，多方征求意见，力求精益求精。只要时间允许，就不要轻易出手。推敲的重点：①立论的数据基础是否可靠；②论点是否明确；③语言陈述是否准确稳妥；④现状分析、问题、建议等内容和题目是否互有照应。

第二节　统计分析报告的写作步骤

统计分析报告的写作通常包括选题定向、拟定提纲、采集资料、分析资料、撰写初稿和修改完善六个步骤。通过这些具体步骤和环节，最终形成一个有机的整体。

一、选题定向

统计分析报告的写作，首先要解决写什么的问题。确定选题不仅关系到统计分析报告是否具有实用性，同时也关系到写作过程是否能顺利进行。如果没有实用性，写得再好也不会有人需要；如果选题难度超过了作者本身的能力和条件，写作也不会成功。选题方向正确，具有实际价值，编写的统计分析报告就会受到关注和认可，起到事半功倍的效果。所谓"题好文一半"讲得就是这个道理。

选题应该遵循以下几条原则：①要根据社会经济发展的实际情况来选题，要贴近生活；②要根据服务对象的需要来选题，要"以销定产"；③要根据本身的工作条件来选题，要量力而行。一般情况下，最好是结合自己的专业工作，选择自己熟悉的、适合自身业务水平的、各项资料也比较齐全的领域来写。选题过大过难，以致力不从心，半途而废，即使勉强写出来，也不会有较高的质量。

统计分析报告的选题应该抓住三点，即"热点""难点"和"新点"。所谓"热点"，就是党政领导和社会各界比较关注的热点问题，如沿海地区经济开发、围填海等。所谓"难点"，就是问题比较集中、影响比较大、争议比较多且长期得不到很好解决的社会问题，如产业结构转型升级、社会就业等。所谓"新点"，就是我们常说的新情况、新问题、新联系和新趋势，如无居民海岛开发利用等。

在实际写作时，统计分析报告的选题可细化为：围绕方针政策选题、围绕中心工作选题、围绕重点选题、围绕经济效益选题、围绕人民生活选题、围绕民意选题、围绕薄弱环节选题、围绕较大变化选题、围绕横向比较选题、围绕形势宣传选题、围绕重要会议选题、围绕发展战略选题、围绕理论研究选题、围绕空白来选题等。

二、拟定提纲

写作提纲是对选题内容进行的初步构思，也是收集和整理资料的依据。拟定写作提纲，并不是写作统计分析报告必需的步骤，有些短小的统计分析报告可以打腹稿而不必拟提纲。但对于大型的，特别是涉及面较广的统计分析报告，以及初学统计分析报告写作的人来讲，拟定写作提纲是非常重要的。有了提纲不仅可以按图索骥去搜集资料，同时也可以避免偏题或出现内容上的遗漏。

随着写作的进行，统计分析报告的内容不断展开，作者的分析和认识也在不断加深，在具体的分析中，也常会出现新的问题，有新的发现。因此，在具体写作过程中，要根据不同情况随时补充新的资料、新的观点，论证新的发现。所以，提纲不是写作的框框，作者也不要受写作提纲的约束。一般情况下，最后完成的统计分析报告，总会或多或少与提纲有不同程度的差别。

统计分析报告的提纲有个约定俗成的格式，即"一情况、二问题、三建议"这种三段式，还有一种是"提出问题、分析问题、提出建议"。这是最常见的也是经常用的两种格式。提出问题是立场和观点的表述，在全文中起着纲的作用；分析问题是报告的主体部分，围绕提出的问题，从多个角度、选用大量的统计数据、运用适当的统计方法进行分析论证；提出建议是通过前面的分析顺理成章得来的结论，也就是作者的观点。

但是，统计分析报告的格式应该是多样化的。例如：有的统计分析报告是"情况、问题、根源、预测、建议"五个部分组成，有的是"情况、问题、根源、建议"四个部分组成，有的虽然也是三段式，但组成部分是"情况、问题、根源"或者是"问题、根源、建议"，还有的是"情况、问题"或"问题、根源"或"问题、建议"或"情况、建议"两部分组成，也有的则专门写情况，或专门写问题，或专门写建议。总之，统计分析报告的格式不局限于三段式，应该是多种形式的。

三、采集资料

资料在统计分析报告中的表现形式主要有文字、数字和图表三种。采集资料是统计分析的基础，也是统计分析报告写作的基础。每一篇统计分析报告都需要大量的资料提供支撑，搜集和整理分析资料贯穿统计分析报告编写的全过程。写作过程中强调的是充分占有资料，相关资料越多越好，资料不够就写不出好文章。资料的采集要明确采集方式、采集范围、采集内容和采集方法。

1. 采集方式

资料的采集方式包括常年采集和一次性采集，两者都是有目标地采集相关材料。常年采集是统计人员围绕整个专业工作的需要所进行的长年不断的采集。一次性采集是在常年采集的资料不能满足需要的情况下，为了保证写作的需要而进行的一次性采集。

2. 采集范围

资料的采集范围是指根据选题的意图，确定要采集什么地方的材料、采集什么时间的材料和采集什么内容的材料。一般来讲，资料的采集范围主要包括背景材料、理论材料、主体情况和相关材料。

背景材料是指对事情起重要作用的历史条件或现实政治经济环境；理论材料是指作为论述依据的政策法规、有关言论等；主体情况的材料是指写作对象的自身情况；相关材料是指与主体情况有各种联系的其他材料。

3. 采集内容

资料的采集内容有多种类型，主要包括统计资料、调查资料、业务材料、见闻材料、政策法规、有关言论、书籍材料、报刊材料和横向材料等。

统计资料又可分为定期报表资料、一次性调查资料、历史统计资料、统计分析资料、统计图表资料和统计书刊；调查资料是指通过观察、访谈、问卷、座谈等方法所获取的情况或资料；业务材料是指通过各业务部门以及有关业务会议获取的反映社会经济有关业务活动情况的文字材料；见闻材料是指通过日常见闻所获取的生动情况；政策法规是指党和政府的有关方针、政策、法律、条例、规定、决定、决议等文件材料；有关言论是指革命导师、领袖、党政领导、古今中外的专家、学者的有关言论；书籍材料主要是理论材料，是指有关的教科书、论著、专著、资料书与参考性的工具书等；报刊材料是指报纸、期刊发表的各类相关材料；横向材料是指同类地区以及市际、省际、国际之间的材料，主要用于横向比较。此外，还要掌握一些必要的文学材料，如诗歌、成语、典故、谚语等。这些文学材料若在写作中运用得好，能够增加统计分析报告的生动性与可读性。

4. 采集方法

资料的采集可以通过网络、报刊、书籍、年鉴和内部资料来获取，采集的主要方法包括抄录、搜集、调查和阅读。

抄录是对现有统计数字进行采集的方法，可以从统计报表、统计台账、统计年鉴、统计报刊上抄录或复印；搜集是对现有的业务活动材料进行采集的方法，要同各有关业务部门建立联系，参加有关业务会议取得资料；调查是对现有统计资料和现有业务活动材料之外的情况进行采集的方法；阅读是对书籍、报刊、文件及已有的统计分析资料进行采集的方法。

特别值得一提的是，在信息化时代的今天，网络已越来越成为人们查阅资料必不可少的工具，其信息源广、信息量大、查询速度快的特点，使其逐渐显露出替代传统手段的态势。写作统计分析报告时经常用到的电子资源包括：电子期刊、报纸、电子图书、索引与文摘数据库、学位论文数据库、会议论文数据库、统计资料数据库等。常用的查询网址主要有：国家、部委和地方政府统计网站，中国知网（CNKI 中文期刊全文数据库）、维普（中文期刊全文数据库）、万方数据库（中国学位论文全文数据库）、中国科技论文在线等电子期刊网站，书生之家、超星电子图书、亚马逊、当当等电子图书网站，百度（www. baidu. com）、搜狐（www. sohu. com）、新浪（www. sina. com. cn）、网易（www. 163. com）、谷歌（www. google. com）、雅虎（www. yahoo. com）等网络搜索引擎以及国外相关网站等。

四、分析资料

对采集的资料进行分析是形成观点的依据，同时也是阐明事物发展变化的依据。资料的分析方法有三种：①统计的方法；②逻辑的方法；③辩证的方法。

1. 统计的方法

没有比较就没有鉴别。事物数量的多少、质量的优劣、速度的快慢、力量的强弱、潜力的大小以及效益的好坏等，都是相对一定的时空条件和一定的社会经济环境而言的，是比较出来的。要正确判断事物的状况，做出中肯的结论，就要从多方面对数据资料进行比较鉴别，就要灵活运用统计方法去计算各种分析指标，并在此基础上进行抽象与概括，提炼出观点。常用的统计分析方法有十余种，具体参见本书相关章节。

2. 逻辑的方法

统计分析报告中常用的推理及论证的方法主要有归纳法、演绎法、类比法、引证法、反证法和归谬法。

归纳法是指从若干个具体事实做出一般性结论的方法；演绎法是以一般性道理对具体事实做出结论的方法；类比法是通过两个或若干同类的具体事实进行比较而得出结论的方法；引证法是引用某些伟人、经典作家的言论、科学公理或尽人皆知的常理来推论观点的方法；反证法是借否定对立的观点来证明自己观点正确的方法；归谬法是顺着错误的观点、错误的现象继续延伸，进而引出荒谬的结论，以间接证明自己观点正确的方法。

3. 辩证的方法

统计分析报告中使用的辩证的方法是指运用马克思主义哲学的唯物辩证法来分析的方法。如物质与意识、认识与实践、对立统一规律、质量互变规律、否定之否定规律等。

五、撰写初稿

1. 标题

标题也称为题目，是一篇文章的篇名。人们阅读文章，第一眼是看标题。标题是文章中心内容、基本思想和核心观点的集中体现，是文章的"眼睛"，在文章的结构中占有重要的地位。一篇统计分析报告有了好的标题，可以对读者产生强烈的吸引力，使统计分析报告增色。相反，一篇统计分析报告也会因标题定得较差而逊色。

在统计分析报告的写作中，有相当多的作者不重视标题。有些标题虽然如实反映了统计分析报告的内容，但缺乏新意，引不起人们的兴趣。一般有以下几种通病：①提法雷同。很多统计分析报告，一般都冠以"对比分析""几点看法""几个问题""情况""调查"等标题。这样的标题，大家可用，年年可用，显不出特色，显得呆板、千篇一律。②标题与内容不一致。一般文不对题的情况较少，但标题与内容不一致的情况则时有发生。例如，有的题义过宽，有的题义过窄。

③缺乏吸引力。由于标题无变化、格式陈旧，对读者没有吸引力。

要使标题新颖醒目、增加吸引力，引起人们的重视，可以采取以下一些方法：

（1）多用"论点题"和"事实题"，少用"对象题"。比较"海水淡化大有作为"和"关于海水淡化业的调查"。

（2）适当采用"设问题"。比较"海盐库存为什么升高"和"海盐库存情况的分析"。

（3）用具体的事实或突出的事实做标题。比较："我省海水养殖增产一百万吨"和"我省海水养殖获得丰收"；"我省海洋生产总值突破一万亿元大关"和"我省海洋经济大幅度增长"。

（4）加重语气。比较"我省水产品价格猛涨 2.65 元"和"我省水产品价格上涨 26%"。

（5）运用对比手法。比较"改革前长期亏损共达 1800 万，改革后一年盈利 300 万"和"改革后我厂扭亏为盈全年盈利 300 万元"。

（6）适当运用比喻。比较"后金融危机时期中国造船企业上市融资'触礁搁浅'"和"金融危机对中国造船业的影响"。

（7）适当运用诗词、成语、古语和警句。比较"开渔期将至 渤黄海渔民'蓄势待发'"和"渤黄海地区休渔情况调查"。

（8）适当运用副题。比较"我省海盐生产情况——全年海盐产量达 25 万吨，比上年增长 24%"和"我省海盐生产情况"。

（9）适当运用提示语和有强调作用的语句。比较"我省围填海面积大量增加，速度惊人"和"我省围填海面积大量增加"。

2. 开篇

开篇也称为导语，是统计分析报告的开头部分。开篇是为全文的展开理清脉络、牵出头绪、做好铺垫、主定格局的一段文字，写作时要抓住读者的心理，引起读者的注意和兴趣。具体形式大致有以下几种：

（1）开门见山，揭示主题。紧紧围绕文章的基本观点，简明扼要，直叙入题。这是统计分析报告最常见的一种。

（2）造成悬念，突出矛盾。在分析问题或阐述观点以前，先有意地提出一个问题，以引起读者的注意与思考，使文章内容在问与答中不断扩展深化，使读者在问与答中得到新的启迪和提高。

（3）交代动机，明确目的。这种开头方法目前也比较常见。其主要特点是起因线索完整，时间、地点俱在，分析动机清楚，命题明显自然。

（4）总览全文，高度概括。把全文所要阐述的内容做概括的介绍。使读者在开始即能了解总的情况，也为全文的论述定下基本的格局。这种开篇形式在各类公报中最为常用。

3. 正文

统计分析报告的正文结构没有固定的模式。可以先叙后议，先摆出数据，后做量化分析，予以议论阐述，揭示事物的规律与本质，提出针对性的建议。也可以夹叙夹议，边列数据，边量化分析，边做理论阐述。统计分析报告的结构有以下几种：

（1）并列结构。把正文横向展开为几个部分，各个部分之间是并列关系，没有明显的主次先后顺序，各部分从不同的角度和侧面共同说明或论证文章的中心论点。如在分析海洋经济发展状况时，按照海洋渔业、海洋船舶工业、海洋交通运输业、海洋服务业等一部分一部分地进行叙述。这种结构常用于公报和综合统计分析报告。并列结构可以细分为总分结构和分总结构。总分结构就是先提出文章的中心论点，再用演绎方式，分别通过若干段落分论点加以论述；分总结构则是先通过若干个段落分论点加以论述，再通过归纳方式，概括出文章的中心论点。①

（2）递进结构。把正文纵向展开为几个部分，各部分之间具有发展或递进的关系，位置顺序较为严格，不可随意交换，各部分间存在着相互因果制约的关系，从不同的角度和侧面不断深入地说明或论证文章的中心论点，层层递进，层层深入。这种结构常用于专题统计分析报告。递进结构一般又可分为按照事物之间的因果关系展开的递进结构，以及按照事物逻辑层次展开的递进结构。

（3）序时结构。按事物发展的经过和时间的先后次序安排层次。这种结构多用于反映客观事物随着时间的变化而变化的统计分析。如在分析海洋经济发展状况时，可按"十五"时期、"十一五"时期、"十二五"时期……来安排。

4. 结尾

统计分析报告的结尾是全篇文章的结束语。好的结尾可以帮助读者明确题旨、加深认识，又可引起读者的联想和思考。结尾的写法也是多种多样的，常见的有以下几种。

（1）总结全文，深化主题。在结束全文时予以归纳总结，加强基本观点，突出中心思想，这种结尾方法叫总括全文。总括全文式结尾的文章一般都有明显的"总起—分说—总结"的结构特点。且结尾的起始句多使用"综上所述""总之""总而言之"等概括性词语，然后再把文章前面叙述的内容进行简要回顾概括，使读者进一步明确全文的中心思想。

---

① 陈志强. 新编统计分析报告写作方法［M］. 北京：中国统计出版社，2008.

（2）表明态度，提出建议。统计分析报告以建议结束全篇的居多，并且形式各样。归纳起来主要有以下两大类：一是没有结尾段，以最后一个层次的若干条建议来收笔；二是专门有个建议结尾段，用简练的语言把建议内容概括在终篇段内。

（3）水到渠成，得出结论。这种类型的统计分析报告，在开头不亮出基本观点，经过一系列分析、论证，最后才在文章的收笔处照应题旨，点明题意。所谓"点"，就是用笔极少，但却含义深刻，富有概括力、表现力。

（4）呼应开头，首尾圆合。有的统计分析报告在导语提出问题，通过分析归纳，在结尾时给予回答。

（5）展望前景，提出看法。

（6）强调问题，引起重视。

（7）揭示事物，做出预测。

六、修改完善

统计分析报告的初稿完成后，要对文章的内容和形式再进行多方面的加工，使其不断完善提高。统计分析报告的修改要注意以下几个问题：

（1）修改需要冷处理。写作统计分析报告时要争取一气呵成，以求文意贯通、语气畅达。但在修改的时候却不能趁热打铁，而要冷处理。如果时间允许，可放一段时间，使头脑冷静后再修改，可能会发现许多不妥之处。

（2）要正确地听取意见。"当事者迷，旁观者清"，一方面要听取领导的意见，另一方面要听取其他统计人员的意见。

（3）抓住重点修改。修改当然要推敲某些字句，但这不是重点，修改的重点主要是核实数字和情况是否准确，观点是否正确，论据是否充分，说理是否透彻，意义是否深刻。

第三节　海洋经济统计分析报告编写实例

一、中国海洋经济统计公报

从 2003 年开始，国家海洋局每年年初都发布《中国海洋经济统计公报》，将上年全国海洋经济发展情况向社会公布。最近几年，一些沿海省市也相继发布了本地区海洋经济统计公报。经过十多年的发展和完善，海洋经济统计公报已经形成了相对固定的形式和内容，其基本框架包括开篇、海洋经济总体运行情况、主要海洋产业发展情况、区域(地区)海洋经济发展情况和展望五部分。

(1)标题。作为政府部门发布的报告,中国海洋经济统计公报采用的是公文式标题,即"××××年中国海洋经济统计公报"。

(2)开篇。中国海洋经济统计公报的开篇采用的是总览全文、高度概括的写法,用很短的几句话,将全年海洋经济面临的形势、开展的工作、海洋经济发展情况及取得的成绩等进行高度概括和总结。

(3)正文。中国海洋经济统计公报的正文采用总分结构,在正文的第一部分先点明全国海洋经济发展的总体情况,包括海洋生产总值及其增速、海洋生产总值占国内生产总值的比重、海洋三次产业增加值及其比重、涉海就业人员总量及其增量等,然后再分别按海洋产业和区域加以论述。如有必要,公报正文中还可加入相关统计图表。

(4)结尾。中国海洋经济统计公报的结尾一般采用展望前景、提出看法的写法,将新的一年海洋经济发展的部署、发展方向、主要做法和发展目标进行简要的概述。如有必要,还可以对新的一年海洋经济的发展情况进行预测。

【范文】

2013 年中国海洋经济统计公报

2013 年,各级海洋行政主管部门深入贯彻落实党的十八大和十八届三中全会精神,紧紧围绕建设海洋强国的战略部署,加快推进海洋经济发展方式转变,海洋经济继续保持良好发展势头。

(一)海洋经济总体运行情况

据初步核算,2013 年全国海洋生产总值 54 313 亿元,比上年增长 7.6%,海洋生产总值占国内生产总值的 9.5%。其中,海洋产业增加值 31 969 亿元,海洋相关产业增加值 22 344 亿元。海洋第一产业增加值 2 918 亿元,第二产业增加值 24 908 亿元,第三产业增加值 26 487 亿元,海洋第一、第二、第三产业增加值占海洋生产总值的比重分别为 5.4%、45.8% 和 48.8%。据测算,2013 年全国涉海就业人员 3 513 万人。

(二)主要海洋产业发展情况

2013 年,我国海洋产业总体保持稳步增长。其中,主要海洋产业增加值 22 681 亿元,比上年增长 6.7%;海洋科研教育管理服务业增加值 9 288 亿元,比上年增长 7.3%。

主要海洋产业发展情况如下:

——海洋渔业 海洋渔业平稳较快增长,海水养殖业发展态势良好,远洋渔业较快增长。全年实现增加值 3 872 亿元,比上年增长 5.5%。

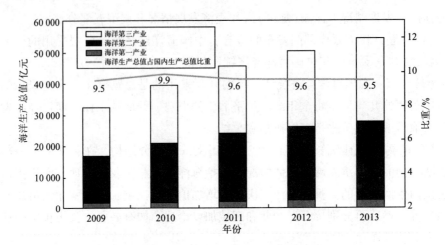

2009—2013 年全国海洋生产总值情况

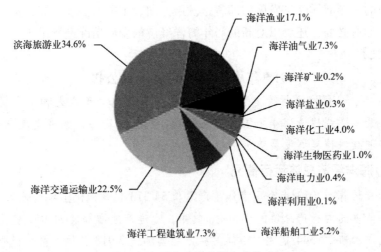

2013 年主要海洋产业增加值构成

——海洋油气业 海洋油气业保持稳定发展，海洋原油产量 4 540 万吨，比上年增长 2%，海洋天然气产量 120 亿立方米，比上年减少 4%。全年实现增加值 1 648 亿元，比上年增长 0.1%。

——海洋矿业 海洋矿业较快发展，海洋矿产资源开采秩序进一步规范有序。全年实现增加值 49 亿元，比上年增长 13.7%。

——海洋盐业 海洋盐业呈现负增长，全年实现增加值 56 亿元，比上年减少 8.1%。

——海洋化工业 海洋化工产业运行平稳，全年实现增加值 908 亿元，比上年增长 11.4%。

——海洋生物医药业 海洋生物医药产业持续较快发展，全年实现增加值 224 亿元，比上年增长 20.7%。

——海洋电力业 海洋电力业稳步发展，海上风电项目有序推进。全年实现增加值 87 亿元，比上年增长 11.9%。

——海水利用业 海水利用业较快发展，产业技术应用和推广不断加快，产业化水平进一步提高。全年实现增加值 12 亿元，比上年增长 9.9%。

——海洋船舶工业 海洋船舶工业生产经营形势依然严峻，经济效益持续下滑。全年实现增加值 1 183 亿元，比上年减少 7.7%。

——海洋工程建筑业 海洋工程建筑业继续保持稳步增长，全年实现增加值 1 680 亿元，比上年增长 9.4%。

——海洋交通运输业 我国沿海港口生产形势总体良好，航运市场依旧持续低迷，海洋交通运输业增长继续放缓。全年实现增加值 5 111 亿元，比上年增长 4.6%。全年沿海规模以上港口货物吞吐量 72.7 亿吨，同比增长 9.3%；集装箱吞吐量 1.69 亿标准箱，同比增长 7.3%。

——滨海旅游 滨海旅游继续保持良好发展态势，产业规模持续增大。全年实现增加值 7 851 亿元，比上年增长 11.7%。

（三）区域海洋经济发展情况

2013 年，环渤海地区海洋生产总值 19 734 亿元，占全国海洋生产总值的比重为 36.3%，比上年提高了 0.5 个百分点；长江三角洲地区海洋生产总值 16 485 亿元，占全国海洋生产总值的比重为 30.4%，比上年回落了 0.9 个百分点；珠江三角洲地区海洋生产总值 11 284 亿元，占全国海洋生产总值的比重为 20.8%，比上年回落了 0.2 个百分点。

2014 年，按照十八届三中全会和中央经济工作会议精神，各级海洋行政主管部门将进一步发挥市场在资源配置中的决定性作用，不断推进海洋产业结构调整升级，加快海洋经济发展方式转变，推动海洋经济向质量效益型转变。

（文章来源：国家海洋局，2014 年 3 月）

二、海洋经济综合统计分析报告

海洋经济综合统计分析报告通常是对某一年度或某一时期内海洋经济发展情况进行的全面、系统的分析论述。如 2011 年海洋经济发展情况，"十一五"海洋经济发展情况等。一般情况下，海洋经济综合统计分析报告是定期的，其中以年度和五年度(针对海洋经济发展规划)居多。

以"十一五"我国海洋经济发展情况为例。"十一五"结束以后，我国海洋经济发展情况如何，在总量、结构上有哪些变化，经济增速多少，还存在哪些问题，等，这些问题不仅是各级海洋管理部门和统计分析人员急于想了解掌握的，而且也是制定"十二五"海洋经济发展规划时必不可少的依据。为此，国家海洋信息中心适时组织开展了"十一五"海洋经济分析研究，形成了"'十一五'我国海洋经济取得显著成就"综合统计分析报告。

（1）题目。采用的是"论点题"的标题方式，直接点明"十一五"期间我国海洋经济发展成绩斐然。当然，也可根据需要选用"事实题""主副标题"等其他方式。

（2）开篇。高度概括我国海洋经济面对国内外经济环境的严峻考验，不断加强海洋管理，努力推进海洋经济增长方式的转变，海洋经济已成为国民经济新的增长点和带动东部地区率先发展的有力支撑。

（3）正文和结尾。采用常用的"情况、问题、建议"三段式结构。首先对"十一五"期间我国海洋经济整体发展情况及特点进行分析归纳，然后对海洋经济发展过程中存在的问题进行分段论述，最后用四点建议作为全文的结尾。

【范文】

"十一五"我国海洋经济取得显著成就

"十一五"期间，沿海各级政府积极贯彻落实科学发展观，不断加强和改善宏观调控，努力推进海洋经济增长方式的转变，我国海洋经济经受住了国内外经济环境的严峻考验，在海洋经济总量、产业结构调整、区域布局优化等方面迈出了可喜的步伐。海洋经济已成为国民经济新的增长点和带动东部地区率先发展的有力支撑，为"十二五"海洋经济发展奠定了坚实的基础。

(一)海洋经济发展特点综合分析

1. 海洋经济总量快速增长

"十一五"期间，我国海洋经济年均增长 13.5%，持续高于同期国民经济增速。据初步核算，2011 年全国海洋生产总值 45 570 亿元，比上年增长 10.4%，海洋生产总值占国内生产总值的 9.7%。海洋经济已经成为拉动国民经济发展、构建开放型经济的有力引擎。

2. 海洋产业结构不断优化

随着海洋技术创新的不断突破，海洋传统产业得到改造提升，海水利用业、海洋可再生能源业等以海洋高技术为支撑的海洋战略性新兴产业快速发展，年均增速超过 20%。2011 年，我国海洋经济三次产业构成为 5:48:47，基本呈现出"三二一"的发展格局。同时，邮轮、游艇、休闲渔业、海洋文化、涉海金融及航运服务业等一批新型服务业态初露端倪，成为"十一五"期间海洋经济发展的新亮点。

3. 涉海就业人员不断增加

海洋经济快速发展的同时为沿海地区创造了千万就业岗位，据测算，"十一五"期末我国涉海就业人员达到 3 350 万人，比"十一五"期初增加涉海业人员 570 万人，单位涉海就业人数创造的经济价值从 2001 年的 4.5 万元/人，上升到 2010 年的 11.5 万元/人。2011 年我国涉海就业人员继续增加，已达到 3 420 万人。

4. 产业集聚能力显著增强

随着我国参与经济全球化程度不断加深，沿海地区区位优势日益凸显，产业空间布局趋于优化。环渤海、长三角和珠三角地区海洋经济规模不断扩大，2011 年三大区域海洋生产总值之和占全国海洋生产总值的 88%。"十一五"期间，国家加强了对沿海地区经济发展的分类指导，从北到南，沿海区域发展规划纷纷上升为国家战略，沿海地区增长极不断涌现，一批临港临海产业园区快速崛起，产业集聚能力显著增强，加快了东部地区的现代化进程。

5. 重大海洋基础设施建设取得突破性进展

"十一五"期间，我国港口设施大型化、规模化、专业化和航道深水化水平大幅提升，青岛海湾大桥、杭州湾跨海大桥、青岛胶州湾海底隧道等一批跨海桥梁和海底隧道开工或建成。重大海洋基础设施的不断完善，加快了生产要素的流动与区域经济的融合，促进和支撑了沿海地区经济的发展。

6. 海洋产业的国际地位和影响力不断提升

我国海运能力不断提高，超过亿吨的港口 20 个，货物吞吐量连续 7 年保持世界第一；海洋油气生产跨入大国行列，2010 年海洋油气产量超过 5 000 万吨油当量；造船能力全面提升，2010 年造船工业的造船完工量、手持订单量、新承接订单量位居世界第一，船舶出口覆盖全球 169 个国家和地区。随着海洋产业国际地位的提升，我国海洋经济的国际竞争力和抗风险能力进一步增强。

（二）海洋经济发展主要问题分析

海洋经济发展过程中存在的主要问题是重近岸开发，轻深远海域利用；重资源开发，轻海洋生态效益；重眼前利益，轻长远发展谋划的"三重"与"三轻"矛盾比较严重。从区域产业布局情况看，产业园区建设雷同、产业结构雷同；传统产业多、新兴产业少；高耗能产业多、低碳型产业少的"两同、两多、两少"问题比较突出。

1. 海洋经济发展缺乏宏观调控和统筹协调

一是海洋产业同构、趋同现象严重。（略）

二是沿海各地临港产业布局相似。（略）

三是经济布局与资源环境失衡。（略）

2. 海洋经济发展对海洋生态环境的影响比较严重

在我国，海洋开发和海洋生态、资源和环境的矛盾表现得越来越激烈，也越来越复杂。一是近岸海洋资源面临耗竭。二是海洋污染严重，海洋环境治理和恢复任务艰巨。三是生态系统整体功能退化。四是海洋防灾减灾形势更加严峻。（略）

3. 海洋科技创新能力有待提高

我国虽然是一个海洋大国，但还不是一个海洋强国，一个根本原因就在于科技创新能力较弱。与一些发达国家的差距较大，在一些领域特别是深海资源勘探和环境观测方面，技术装备仍然比较落后，科技投入相对不足，体制机制还存在不少弊端，在关键、前沿领域的海洋领军人物严重不足，更缺乏国际领域的学科带头人，海洋科学研究水平有待提高。（略）

（三）促进海洋经济发展的对策建议

1. 摸清家底，动态监控评估海洋经济发展

按照国务院批示精神，今年国家海洋局将在山东、浙江、广东开展全国海洋经济试点调查工作，准确深入掌握三省海洋经济发展现状，为即将开展的全国海洋经济普查打下良好基础。同时，谋划建立业务化运行的国家海洋经济运行监测评估系统，对影响海洋经济运行的主要要素、产业、规模等进行监测，为国家综合部门提供真实、准确、及时的决策依据。

2. 深化研究，科学规划"十二五"海洋经济发展蓝图

做好"十二五"全国海洋经济发展规划编制的系列前期研究工作，包括产业政策、货币政策、财政政策、环境政策、科技政策、人才政策、安全政策等经济政策研究体系，特别是重点扶持战略性海洋新兴产业的政策、措施，研究制定海洋产业发展指导目录。

3. 加强立法，促进节约集约用海，切实保护海洋生态环境，促进防灾减灾工作

深入做好《海洋基本法》等法律的前期立法研究，抓紧制定《海洋观测预报条例》《南极考察活动管理条例》《专属经济区大陆架巡航执法条例》以及《海域法》《海岛法》《海洋环境保护法》等配套制度，积极推进海洋经济领域的立法研究工作。

4. 重视海洋科技发展，提高海洋公共服务能力

按照国家的统一部署，以促进海洋科技成果转化和产业化为主线，以推动沿海地区海洋经济发展为重点，坚持"加快转化，引导产业，支撑经济，协调发展"的方针，采取政府引导、市场驱动、统筹协调、优化配置、集成创新、示范

带动等原则，进一步增强海洋资源与生态环境的可持续利用能力，提高海洋管理与安全保障水平，促进海洋产业结构优化和发展方式的转变，提升海洋经济的发展水平。

（文章来源：国家海洋信息中心，2011 年 7 月）

三、海洋经济专题统计分析报告

海洋经济专题统计分析报告通常是针对海洋经济发展过程中出现的一些新情况、新问题、新成绩，或者突发事件等而开展的命题式统计分析。如金融危机、海上溢油、海洋自然灾害等对海洋经济发展的影响，海洋经济发展取得新突破等。一般情况下，海洋经济专题统计分析报告是不定期的，但时效性非常重要。

以金融危机对我国海洋经济发展的影响为例。2007 年开始的全球性金融危机对世界经济造成了很大的冲击，对我国经济的影响和冲击也非常严重。作为我国国民经济重要组成部分的海洋经济究竟受到了哪些影响、影响程度有多大、影响时间有多长等，都是人们普遍关注的问题。为此，国家海洋信息中心组织力量开展了相关分析研究工作，最终形成了"金融危机对我国海洋经济影响深远"这样一篇专题统计分析报告。

（1）题目。采用"论点题"的标题方式，直接点明金融危机不仅对当前我国海洋经济发展造成了影响，而且其长期影响也不容忽视。

（2）开篇。开门见山，直入主题，用几句话概述我国海洋经济是以外向型为导向的经济，不可避免地受到国际金融危机的波及和影响，其中受冲击最大的海洋产业是海洋交通运输业、海洋船舶工业、海洋油气业、海洋渔业、滨海旅游业和海洋高新技术产业。

（3）正文。采用总分式结构，分为两部分内容。首先将金融危机对我国海洋经济整体发展的影响进行分析，得出 2009 年我国海洋经济整体增速将放缓，增幅将有所回落的结论；然后将金融危机对重点海洋产业的影响和冲击进行分段论述，并分别得出结论。

（4）结尾。用建议作为结尾，提出了充分利用国家金融救市政策、加快海洋产业结构调整和提高海洋经济服务能力三条建议，并分段进行阐述。

【范文】

金融危机对我国海洋经济影响深远

随着全球金融危机的蔓延，我国海洋经济作为外向型导向的产业综合体，不可避免地受到波及与影响，特别是对外依存度较高的海洋交通运输业、海洋船舶工业、海洋油气业、海洋渔业、滨海旅游业和海洋高新技术产业，受金融危机的影响和冲击尤为直接和显著。

（一）海洋经济整体增速将放缓，增幅将有所回落

愈演愈烈的国际金融危机严重冲击着全球经济的发展，海洋经济作为世界经济的增长极和重要组成部分，由于涉及行业多、范围广，加之自身具有的高投入、高技术、高风险特点，不可避免地会受到这次金融危机的冲击与影响。总体表现在以下方面：一是受世界经济与我国国民经济整体增速放缓的影响，我国海洋经济的增长动力和内在需求不足，继续保持快速增长的压力增大；二是我国海洋对外贸易形势严峻，出口前景堪忧，海洋外向型产业生产和就业形势不容乐观；三是受美国次贷危机与国际金融急剧动荡的影响，我国企业向海外融资的困难加大。这些都将对今后我国海洋经济的增长态势构成较大的压力。

由于金融危机对海洋经济的影响存在一定的时滞性，一些潜在的风险到2009年才会显现，海洋经济发展面临的困难与不确定性，决定了2009年将是海洋经济发展比较艰难的一年。受金融危机的影响，预计2009年海洋经济整体增速将放缓，增幅将有所回落。

（二）部分海洋产业受到的影响和冲击明显

1. 海洋渔业

金融危机对我国海洋渔业特别是对海洋渔业出口冲击很大。山东省海洋与渔业厅的统计数据显示，山东省水产品出口2008年2—6月份出现了连续5个月负增长，为近10年来所未有。对日本出口最大降幅高达18.4%，对韩国的出口量下降14.5%。很多规模较小的水产加工企业处于停产或半停产状态。

2. 海洋船舶工业

一是新船订单撤单现象出现。2008年1—8月份全球已有94艘新船订单撤单，其中我国有21艘，主要是大型散货船和集装箱船。二是新接订单出现下滑。如中国船舶重工集团公司2008年10月份承接新船订单量只占前10个月累计的2%，大大低于平均水平。三是利润增长率减少。2008年1—8月我国规模以上船舶工业企业实现利润总额211亿元，比上年同期增幅下降33.7个百分点。四是新兴或中小船企的产能过剩问题凸显。目前全球经济下滑已经导致全球船舶订造需求大幅下降，我国中小船企产能过剩的问题将更加突出。但从对我国船舶工业总体影响来看，由于目前我国造船企业手持订单较充裕，主要交船日期基本要到2011年，因此金融危机对船舶工业的短期影响不是很剧烈，但长期影响不容忽视。

3. 海洋油气业

一是原油价格大幅走低。金融危机给全球经济带来显著的负面影响，经济滑坡抑制了全球原油需求，加剧了原油市场的供求失衡。需求减弱和国际资本流动

性下降，共同推动近期油价从 147 美元的高位大幅下行，2008 年 12 月 24 日，国际油价暴跌逾 9%，直逼每桶 35 美元。油价的大幅走低，对我国海洋油气生产造成了一定影响：①制约油田开发建设，导致石油专业服务业工作量降低，同时导致海上油田的开发困难加大，桶油成本上涨压力逐步显现；②一旦石油价格下跌到一定程度，势必使得根据高油价预期做出的石油投资，特别是海外投资项目不仅不能取得丰厚的利润，反而使投资无法收回，影响油气勘探开发业务的利润；③与常规石油相比，非常规石油和石油替代品的基本建设费用和周期、生产成本都明显偏高，开发难度也较大。油价大幅回落后，盲目快速发展和大量投资建成的非常规项目会受到不同程度的影响。

二是石油石化产品需求增速下降。国内成品油表观需求增幅将显著下降，同时油价下滑以及 CPI 涨幅下降，使成品油价格接轨可能性加大，将会促使市场参与者增加和新增炼油能力的投产，成品油供需矛盾将由 2008 年上半年的不足转为供应有余，炼油开工负荷率将下降。下游行业产品出口受阻，导致石化产品需求增幅放缓。世界乙烯产能将在 2009 年和 2010 年有较大增长，届时生产负荷率将降至 87.8% 和 86.5%，世界石化景气周期进入下行通道。经济衰退将强化石化景气下行的后果，可能延迟景气恢复期。

三是企业融资困难。金融风暴已给石油生产造成很大的资金压力。此外，金融危机还将促使监管机构加强对金融机构信用和流动性风险的重视。2008 年央行已五次大幅降息，未来金融机构将会在杠杆率较低的环境下运作，从而降低市场流动性，企业融资难度加大。2008 年我国股市一路下行，波动幅度很大，新股发行节奏放缓，促使大量投机资金撤出，短期内将加剧资金面的紧张状况，进而使企业资本运作风险加大。

4. 海洋交通运输业

航运业是资金密集型、周期性的高风险行业。近年来全球航运市场呈现出运力严重过剩、需求大幅萎缩的局面。特别是 2008 年以来，金融危机引发的全球投资恐慌，投机资金加速撤离航运市场，加剧了航运市场的进一步波动。2008 年 1—11 月份，规模以上港口累计完成 54.1 亿吨，同比增长 12.6%，增幅连续四个月回落。集装箱吞吐量累计完成 1.16 亿标准箱，同比增长 13.6%，增幅较上年回落近 9 个百分点。近几个月以来，海路运输生产虽然继续保持增长态势，但增长乏力，港口吞吐量增幅连续下滑，运输价格大幅下挫，海运企业经营十分困难。航运市场需求持续走低的严峻形势，使得部分港口出口货物量呈下跌趋势，预计 2009 年海洋交通运输业将维持低于 5% 的增长速度，不排除负增长的可能。

5. 滨海旅游业

金融危机及其所带来的经济衰退影响严重滨海旅游业。一是入境旅游出现滑坡。我国沿海地区入境旅游客源主要来自中国香港、澳门、台湾，韩国、日本、俄罗斯等周边地区和国家，目前中国香港、台湾，韩国、日本等国家和地区的经济均已深受冲击，股市暴跌，经济发展放缓，从而使得赴我国的入境旅游增长放缓，甚至出现绝对量的减少。2008 年 9—11 月，海南全省接待外国游客过夜人数分别比上年同期减少 15.6%、1.4% 和 33.1%，减幅趋势明显。二是国内旅游支出消减。一方面，金融危机加剧了我国 A 股市场的下滑，使投资者资产缩水，减弱了部分居民的实际购买力。另一方面，金融危机存在的诸多不确定因素和潜在风险，也使得人们对未来的就业状况和收入预期不甚乐观，当居民收入预期不佳时，首先压缩的就是旅游等非必需性消费。因此，国内旅游也会受到一定影响。海南省往年都是冬季热点线路，今年一反常态，大幅度的降价仍不能撩动百姓旅游的欲望。

6. 海洋高新技术产业

金融危机对我国以高新技术为特征的新兴海洋产业，如海洋生物医药、海水淡化、海洋电力等产业，也将构成潜在和深远的影响。由于海洋高新技术产业其投资周期长、资金回收慢，在研究、开发、投入生产和推广过程中一般需要巨额资金投入，通常都会利用资本市场进行融资，但这场金融风暴导致全球股市暴跌，上市公司资产缩水，银行资本金充足率下降，投资银行尚且自顾不暇，投资人则更加谨慎，这样必然使得全球的资本市场正常运转受到影响。由此造成海洋高新技术产业融资渠道变窄、融资难度加大，直接从国际市场上融资的额度将变小，成本将升高，导致海洋高技术企业发展没有足够的资金支持，技术发展速度放缓，直接造成新技术推广受阻或者无法做到实际的应用，使得整个高新技术产业的发展速度放缓。同时，受全球资金回笼的影响，产业出口将大幅下滑。

(三)应对措施和建议

1. 抓住机遇，充分利用金融救市政策和措施

从某种意义上讲，金融危机也为海洋经济生产要素优化重组和海洋产业结构调整优化，以及加快海洋高新技术产业培育提供了良好的契机。因此，应充分抓住我国扩大内需、增加投资的机遇，坚持以改革开放和科技进步为推进海洋经济发展的动力，以强化海洋管理和发挥市场机制为推动海洋经济发展的重要手段，努力促进海陆经济一体化、海洋生态良性发展，提高国民经济的保障程度，实现我国海洋经济的又好又快发展。

2. 加快产业结构调整，提高海洋科技自主创新能力

大力发展海洋科技，促进科技成果的转化，依靠科技成果转化和产业化，加大对海洋高新技术产业的培育与发展。重视发展海洋循环经济，形成资源高效循环利用的产业链，发挥产业集聚优势，提高资源利用率。加强海洋交通运输业、海洋船舶工业和海洋渔业等产业的政策引导和发展。加快港口航运行业结构调整，引导企业实行集约化、规模化、专业化经营，帮助竞争实力强、资产结构优良、发展后劲足的企业实施逆周期发展战略，实施跨区域的兼并和重组，实现港口经济的可持续发展；海洋船舶工业要调整市场结构，加大技改投入，提高企业经济效益，实行严格的市场准入政策，控制盲目扩张新造船资源。海洋渔业要重视产业的优化升级，加快渔业结构战略性调整，推进海洋渔业现代化进程。

3. 积极应对，提高海洋经济建设服务能力

积极应对我国海洋经济发展中的问题，加大对海洋管理的基础投入，加强海洋科学研究、海洋政策法规建设等工作，强化海洋生态环境建设，进一步提高我国海洋经济服务能力，促进我国海洋经济的可持续发展。一是建设海洋经济运行监测与评估系统，加强对海洋经济运行状况的跟踪分析，为海洋经济发展提供决策依据，提高海洋经济宏观调控能力；二是科学划分海洋主体功能区，指导沿海地区海洋开发活动，实施分类动态管理，统筹海洋区域开发活动，宏观调控海洋空间开发秩序，形成合理的海洋空间开发格局；三是进一步完善海洋经济核算体系，为我国海洋经济宏观管理和调控提供基础数据支撑。

（文章来源：国家海洋信息中心，2009年1月）

四、其他类型海洋经济统计分析报告

海洋经济统计分析报告有多种多样的类型，除了前面提到的公报、综合统计分析报告和专题统计分析报告以外，还可以有专报、总结型、信息型、计划型、调查型、分析型、研究型、预测型、资料型和系列型等。限于篇幅所限，仅举几个范文作为实例说明。

1. 海洋经济专报

【范文】

2006年全国海洋生产总值占GDP比重首次突破10%

进入新世纪以来，我国海洋经济持续快速增长，连续多年高于同期国民经济增长速度，呈现出稳健增长态势。据初步核算，2006年全国海洋生产总值（GOP）20 958亿元，同比增长13.8%（按可比价格计算），占GDP比重首次突破1/10，达10.01%。其中，海洋产业增加值11 648亿元，海洋相关产业增加值9 310亿元。海洋产业中，海洋第一产业增加值1 697亿元，比上年增长2.4%，增长速度回落近7个百分点；海洋第二产业增加值3 178亿元，比上年增长12.8%；海洋第三产业增加值6 772亿元，比上年增长15.0%；海洋第一、第二

和第三产业比重分别为 15%、27% 和 58%。全国涉海就业人员 2 960.3 万人，比上年增加 180 万个就业岗位。海洋经济在国民经济和社会发展中的地位和作用日趋突出，已成为国民经济新的增长点。

然而，我国海洋经济发展中仍存在一些矛盾和问题尚未解决，如水产品养殖环境与水体污染令人担忧，海水产品食品安全有待加强；部分海域生态环境恶化趋势尚未得到有效遏制，海域总体污染形势依然严峻；部分海洋产业自主创新能力还很弱，产品国际市场竞争仍靠规模取胜等。

新时期下，党中央、国务院不失时机地做出"实施海洋开发"的战略部署，特别是《海水利用专项规划》和《可再生能源法》的相继颁布实施，为我国海洋经济发展提供了良好的发展机遇和强有力的政策支持。2006 年，海水利用业迈出可喜步伐，沿海各地海水淡化项目相继启动运营；海洋电力业建设步伐逐渐加快，海上风能、潮汐能与潮流能等清洁能源发电项目纷纷建设投产；海洋生物医药业成长迅速，同比增长近 20%；海洋船舶工业发展势头强劲，造船完工量连续 12 年位居世界第三；海洋交通运输业发展势头良好，截至 2006 年年底上海港货物吞吐量 5.37 亿吨，继续位居世界第一大港等。这些成绩的取得，让我们感受到我国海洋经济在国民经济的地位和作用越来越重要。

随着《全国海洋经济发展规划纲要》的贯彻实施，以及省级海洋经济发展规划编制和评估工作的全面完成，沿海地区海洋经济发展逐渐步入健康、有序的发展轨道。为保障海洋经济的持续健康发展，国家海洋局与各级海洋行政主管部门将切实履行海洋管理职能，不断提高管理与服务水平，引导海洋经济逐步向"又好又快"的方向发展。

（文章来源：国家海洋局，2007 年 4 月）

2. 总结型统计分析报告

2008 年 12 月 12 日，《中国海洋报》发表了一篇介绍山东省荣成市海洋经济发展情况的文章。该文章以总结型统计分析报告的写法，用简练的语言、确凿的数据、新颖的标题和高度的概括，将 2007 年荣成市海洋经济发展取得的成绩进行了较全面的论述。不失为一篇好的统计分析报告。

【范文】

做海洋经济发展的"助推器"
——荣成市海洋与渔业局"四大突破"，促海洋经济又好又快发展

山东省荣成市海洋与渔业局坚持以科学发展观为指导，以建设"海上荣成"为目标，努力做好"四大突破"，使荣成的海洋经济实现了跨越式发展。2007 年完成水产品产量 126 万吨、渔业经济总收入 371.3 亿元，渔业固定资产总值达到 358 亿元，分别比 1988 年增长 2.33 倍、32.2 倍和 57.2 倍，渔业主要经济指标连

续 26 年位居全国县级市第一。

（一）放大资源优势，在改造传统产业上求突破

近几年，荣成紧紧追踪国内外海水养殖发展趋势和市场需求，在稳固海带等传统养殖品种的同时，充分发挥浅海滩涂资源优势，适时组织实施"以养兴渔"战略，集中资金、集中力量，主攻鲍鱼、海参、牙鲆等八大名优养殖新品种，养殖领域迅速由浅海向高区、由水面向海底、由海上向陆地延伸，养殖品种由传统单一的海带迅速发展到鱼、虾、贝、藻等五大类 30 多个品种，养殖面积达到 32.5 万亩（约 2 万公顷），比 1988 年增长 2.25 倍。2007 年，全市海水养殖产量达到 58 万吨，实现产值 72.8 亿元，分别比 1988 年增长 3.2 倍、30 倍，其中名优海珍品养殖收入达到 52.4 亿元，占养殖业总产值的 71.9%，荣成已成为全国著名的海珍品养殖基地。

（二）放大基础优势，在培植新兴产业上求突破

20 年前，荣成的海洋二三产业非常薄弱，今天，以造船、港口、航运、旅游为主的产业已经成为现代海洋经济的朝阳产业。到目前，共投资 200 多亿元，构建了海洋生物加工、船舶制造、临港经济、滨海旅游等日趋完善的海洋二三产业体系。

到 2007 年年底，水产加工企业达到 742 家，实现收入 152 亿元，占海洋经济收入的 40% 以上，比 1988 年建市初期增长 41 倍。

船舶制造业，2007 年造船产能达到 60 万载重吨，成为拥有多种船舶制造能力的中国北方重要修造船基地。

海洋交通运输业，2007 年全市港口货物吞吐量突破 1 000 万吨，实现收入 40 多亿元。

荣成凭借海、港、山、石等优良景区景点，2007 年，共接待国内外游客 500 多万人次，实现收入 50 亿元。

（三）放大区位优势，在发展外向经济上求突破

荣成坚持在搭建平台与开辟通道上做文章、搞突破，加快海洋经济国际化进程。该市先后多次举办荣成国际渔民节、海洋高新技术论坛、海洋渔业和水产加工技术国际研讨会暨博览会，成功地打响了"荣成——中国海洋渔业的硅谷"这一知名品牌，以此搭建起对外交流与合作的平台。

充分发挥临近日、韩等区位优势广泛开展国际合作与交流，加大招商引资力度，利用国外先进的技术、设备和管理经验，嫁接改造传统海洋产业，促使其上档次、上水平，拉动了海洋经济的发展。到 2007 年年底，全市涉海涉渔"三资企业"发展到 176 家，合同利用外资 3.97 亿美元，实际利用外资 2.7 亿美元，合

资领域由过去单一的海水养殖、水产品加工拓展到食品加工、船舶制造、旅游开发等多个方面，出口创汇能力显著增强。

(四)放大科研优势，在提升渔技水平上求突破

多年来，荣成市坚持科学发展、科技先行，不断加大科技投入、科研攻关、人才引进和科技成果转化力度，依靠科技推动海洋经济实现了新突破，先后被批准为国家级海洋综合开发示范区、科技兴海示范基地、海洋"863"计划成果产业化基地，科技对海洋经济增长的贡献率达65%以上。

到2007年年底，全市拥有各类水产研究机构12处、水产专业学校3处，年培养海洋科技人员600多名，并建有市、镇、村三级海洋科技推广网络，形成了"千里海洋科技长廊"。到2007年年底，全市共取得海洋渔业科研成果40多项，30多个国家海洋"863"项目落户荣成，推广应用海洋新技术、新成果200多项，被国家确定为科技兴农与可持续发展海水养殖示范县、国家级高新技术成果转化基地和国家级科技产业示范中心。

作者：山东省荣成市海洋与渔业局　张忠兴　王麦全　卢　岩

（文章来源：《中国海洋报》2008年12月12日）

3. 信息型统计分析报告

【范文1】

我国港口吞吐量今年前4个月增速放缓

受国内宏观经济增速放缓的影响，我国港口吞吐量的增势趋缓。2012年前4个月，全国规模以上港口完成货物吞吐量30.9亿吨，同比增长7.5%，增速较去年同期放慢7.5个百分点。航运市场仍在低位徘徊，形势不容乐观。总体上说，目前航运市场仍然呈现出"需求放缓、运力过剩、成本上涨、运价下降、亏损扩大"的态势。

作者：运　维

（文章来源：中国海洋在线 http：//www.oceanol.com，2012年5月28日）

【范文2】

潍坊港月吞吐量首次突破200万吨

进入2012年以来，山东省潍坊港吞吐量连续5个月实现稳步增长，5月份完成200.67万吨，单月吞吐量首次突破200万吨大关，比去年同期增长21%。1—5月，潍坊港累计完成吞吐量841.83万吨，比去年同期增长24%。

作者：魏　文

（文章来源：中国海洋在线 http：//www.oceanol.com，2012年6月18日）

【范文3】

山东各港口迎来开门红

进入 2013 年，山东省各港口 1 月生产均保持在 10% 以上增长速度，实现开门红。截至 1 月 31 日，青岛港完成港口吞吐量 3 937 万吨，同比增长 14.4%；烟台港完成货物吞吐量 1 893.3 万吨，同比增长 11.2%；日照港完成货物吞吐量 2 676 万吨，同比增长 11.4%。

作者：桂　园

（文章来源：中国海洋报，2013 年 2 月 5 日）